# 商用
# 大數據分析

第2版

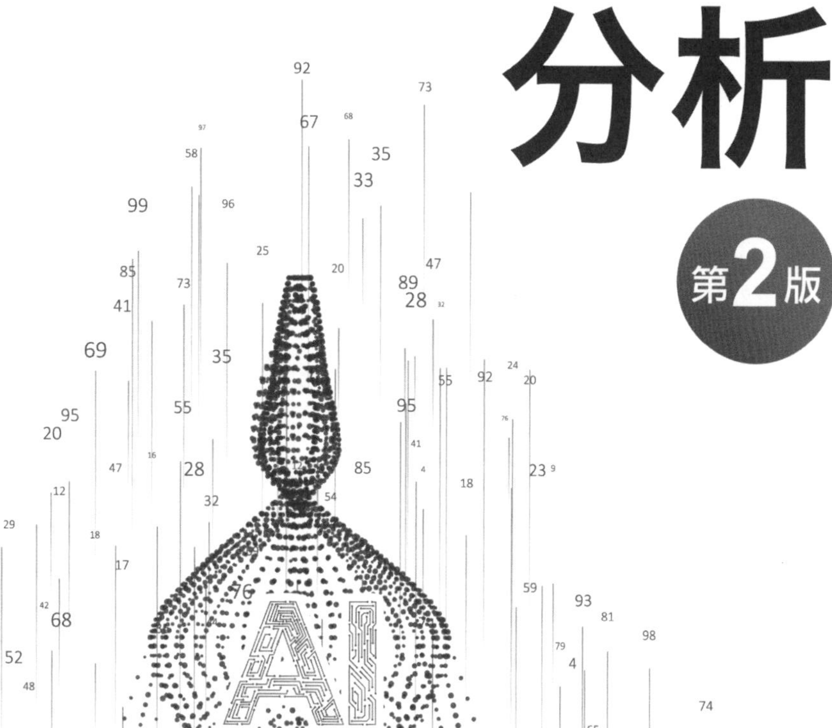

# 序

隨著科技的進步與資料分析技術的不斷演進，大數據分析已經成為企業決策與市場競爭中不可或缺的一環。自本書第一版問世以來，我們收到許多來自學術界與業界的回饋，這些寶貴的意見不僅讓我們更深刻地理解讀者的需求，也促使我們決定推出這本《商用大數據分析》第二版，以更完整、實用的內容來協助讀者掌握大數據時代的核心能力。

本書的初衷是讓非資訊背景的讀者——尤其是商管領域的學生與職場人士——能夠以淺顯易懂的方式學習大數據分析的理論與應用。因此，在本次改版中，我們不僅更新了部分章節內容，補充最新的資料分析技術與案例，也進一步優化了原有的解釋方式，使讀者能夠更直觀地理解資料科學與商業應用之間的關聯。此外，我們也特別針對生成式人工智慧（Generative AI）等新興技術進行介紹，讓讀者可以在大數據的框架下，掌握未來技術的發展趨勢。

在撰寫過程中，我們仍然堅持「理論與實務並重」的精神，透過管理面敘事與技術面實作相互搭配的方式，幫助讀者從概念學習到實際操作，真正應用於自己的專業領域。我們希望，無論是大數據初學者，還是希望在職場上提升競爭力的專業人士，都能透過本書，獲得扎實的數據分析能力，並將之轉化為管理決策的核心競爭力。

最後，我要感謝與我並肩努力的共同作者震耀、瑞益、惟元，以及所有在本書撰寫與編輯過程中提供寶貴建議的夥伴們。特別感謝許秉瑜院長的支持與指導，讓本書能夠更臻完善。同時，也感謝家人與朋友的鼓勵，讓我能夠堅持完成這項挑戰。

希望本書能為讀者提供更完整的學習體驗，並在數據驅動的世界裡，成為各位探索與應用大數據的起點。期待您在翻閱本書的過程中，能夠發現更多可能性，並將所學轉化為實際行動，為未來開創更多價值！

梁直青敬上

2025 年 2 月

# 目錄

CHAPTER
## 9 隨機森林與最近鄰



CHAPTER
## 10 執行一下隨機森林吧



CHAPTER
## 11 執行一下 kNN 吧



CHAPTER
## 12 類神經

本書相關資源請線上下載，其內容僅供合法持有本書的讀者使用未經授權不得抄襲、轉載與散佈。
網址：https://lihi.cc/vogcG
密碼：businessaidata

CHAPTER

# 01

# 簡介

## 本章目標

1. 介紹本書目的
2. 了解從本書可以學到什麼
3. 了解大數據分析基本概念與應用
4. 知道何謂監督式與非監督式探勘
5. 明白資料探勘的步驟
6. 了解圖表該如何應用

## 本章架構

1.1 認識商用大數據分析

1.2 資料探勘（Data Mining）

1.3 說人話的圖表

本書旨在透過明確易懂的詞彙和介紹，協助商業管理類學生、讀者以及對大數據分析感興趣的人士迅速掌握大數據的理論和應用。為便於商業管理學生快速上手，本書選用了目前主流的 Python 作為主要分析工具。此外，為避免界面操作的困難以及版本更新造成程式無法運作的問題，本書的所有程式碼均可在 Google Colaboratory（簡稱 Colab）上執行。在撰寫內容方面，本書透過直接說明的方式，幫助學生了解大數據分析的原理並掌握應用方法。與市面上以程式碼介紹 Python 大數據分析的書籍不同，本書著重於協助讀者迅速上手，並以管理面議題作為主要論述起點。管理面的案例和介紹有助於商業管理（或非資訊科技）類學生產生共鳴。

本書前三章為大數據分析的基礎知識：第一章為基本介紹，對大數據的意義進行說明；第二章則探討大數據分析的前置作業和資料查找技巧，並對探究主題進行概要分類和說明。從第三章起，本書主要以第一章管理面的說明為基礎，逐章介紹分析方法，並根據大數據分析工具進行操作和詳細解釋。若希望在課堂中使用本書作為大數據分析教材，可遵循以下建議：以一週三小時的課程為例，首先在第一週進行基本介紹，簡單介紹可查找大數據分析資料的網站，幫助學生在網路上找到可用的公開免費資料檔案。接著引導學生理解資料需經過整理並挖掘管理意義，才能呈現大數據分析的真實價值。然後，運用一到兩週時間介紹 Colab 系統運作和基本語法或操作，以便學生了解如何應用 Python 進行大數據分析。在接下來的十三週課程（不含期中考與期末考）中，逐步引領讀者深入大數據分析領域。

另外，在上述的分析章節中，為了配合 Python 分析，本書提供的商業管理分析資料集源於大型超市百貨業的實際數據。然而，為了實現數據去識別化，資料已經過處理，不再顯示產品名稱、客戶名字等可識別的原始資訊。本書以專業的方式呈現大數據分析的理論和實踐，著重於協助讀者快速上手，並以管理面議題作為主要論述起點。透過提供清晰易懂的介紹和實用的案例，本書旨在幫助商業管理類學生、讀者及對大數據分析感興趣的人士深入理解大數據的學理與應用，並在實際操作中不斷提升分析能力。

## 1.1 認識商用大數據分析

大數據被定義為「極為龐大的資料集合」（Big Data）（De Mauro, Greco, & Grimaldi, 2016）。在此領域中，經常提及的大數據分析（Big Data Analysis）涵蓋了資料探勘或資料挖掘（英文皆為 Data Mining, DM）以及商業智慧（Business Intelligence, BI）。雖然商業管理人員對這些術語可能略知一二，但對於它們的具體應用、區別以及對商業管理領域的意義可能仍然不太了解。

實際上，資料探勘（Pujari, 2001）與商業智慧（Watson, 2007）都是大數據應用的重要組成部分，如圖 1.1.1 所示。從應用層面來看，商業智慧主要是幫助分析者可以快速整合企業內部各種資料，並以圖表形式呈現具有實際應用價值的分析結果。而資料探勘則主要是透過關聯（Association）、分類（Classification）、集群（Clustering）、趨勢預測（Trend）、以及序列樣式（sequence pattern）等多種分析方法，從企業內外部資料中挖掘出有助於公司發展的見解和結果（Pujari, 2001）。

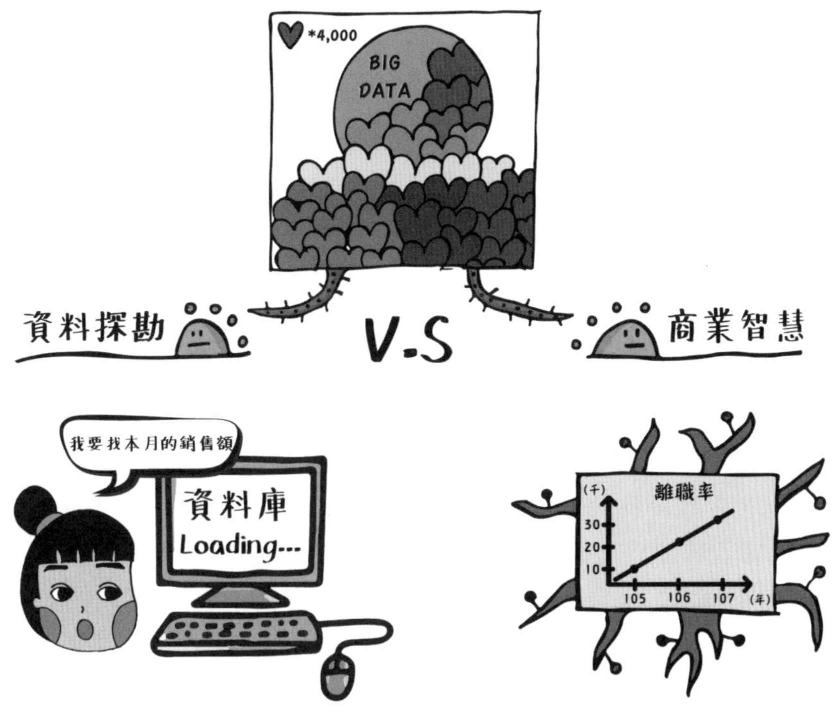


^ **圖 1.1.1** 大數據是在分析什麼

公司在透過資料探勘發現潛在結果後，便可依此制定行銷策略。例如，某公司可能在分析關聯規則時，發現部分顧客在購買尿布時同時購買啤酒。由於尿布與啤酒的關聯並非日常生活經驗中常見的組合，對於此發現產生疑惑的反應是正常的。然而，具有敏銳商業直覺的人應能從此例中衍生出以下想法：「這些顧客可能具有相似的行為模式，或許屬於特定族群，或在特定情境下展現此購買行為，這些顧客可能具有商品促銷的潛力」。

透過資料探勘手法及敏銳的商業直覺，公司能從客戶資料庫中找出這些潛在顧客。若已建立完善的會員制度，公司通常能獲得這些顧客的聯繫方式，並針對他們的交易資料進行精準行銷（Precision Marketing）（Hou, 2015）。在確立這些顧客的行為模式並理解可能的促銷策略後，可將資料探勘分析結果應用於後續具購買行為的新客戶。

分析結果整理後，分析人員需要以圖表形式呈現，以供公司高層主管或分析人員參考以協助決策制定。雖然圖表呈現看似簡單，但實際上需將資料完整整理，方能達到統整並揭示公司各部門資訊一體適用的目的。換句話說，這涉及商業管理人員必須學習的企業資源規劃（Enterprise Resource Planning, ERP）（Jacobs, 2007），以及可能對非資訊相關科系的學生較陌生的資料庫管理 （Al-Masree, 2015）。若能完整彙整公司內部 ERP 資料進行報表呈現與分析結果展示，並透過資料探勘手法揭示資料背後的意義，便能使公司主管全面了解企業的整體狀況。從上述對大數據探勘的客觀數據分析中，我們可以看到它與主管的「主觀意念」—即「決策制定」—具有密切的關聯。

為了充分利用大數據分析結果，公司應建立跨部門的合作機制，以確保各部門能充分利用分析結果進行策略制定。此外，企業還需要投入資源培養員工的數據分析能力，以提升整體決策效率。在實施數據驅動的決策制定過程中，公司應重視數據的準確性、完整性與時效性，以確保決策的有效性與可靠性。

總結來說，大數據探勘與分析在商業管理領域具有重要價值。它能幫助企業更好地了解顧客行為，制定更精準的行銷策略，並提升整體決策品質。企業應積極投入資源，完善數據分析基礎設施，並培養具備數據分析能力的人才，以充分利用大數據分析帶來的機遇。

大數據探勘在客觀分析的基礎上，需經過主觀解讀以提煉出實際應用價值。在進行資料探勘時，需要專注於兩個關鍵因素：「資料的數量」與「管理意涵」。管理意涵是指經過探勘所得到的資訊能如何幫助企業和部門，即商業管理人員應逐步培養的「嗅覺」（De Mauro, Greco, & Grimaldi, 2016）。

舉例來說，假設探勘結果顯示兩組數據：第一組有 100 筆資料，其中 80% 的顧客在每光臨三次後購買一次尿布；第二組有 10,000 筆資料，同樣有 80% 的顧客在每光臨四次後購買一次尿布。決策者可能會認為資料量較多的第二組結果較為準確，進而將其作為推廣業務的參考。然而，實務上除了考慮資料量外，還需關注其他因素。例如，若這 100 筆資料來自近三個月，而 10,000 筆資料則來自過去 10 年，則這 100 筆資料可能具有更高的可靠性，因為 10 年間的資料可能受到消費者搬家、更換電話或信箱等因素的影響，且產品品項可能已經發生變化（Pujari, 2001）。

「嗅覺」作為商業管理人員必須具備的關鍵技能，是能在初步接觸資訊時即判斷出可能的利基市場機會。這種嗅覺通常是經過長期的市場實戰經驗累積而培養出來的（Hou, 2015）。在學生時期，學習資料探勘的重點應該是理解演算法和基本原理，並思考如何在實際應用中運用這些演算法，同時透過反覆練習來鞏固學習成果。對於商管學生而言，培養商業嗅覺可透過觀察身邊的實際案例並進行思考。例如，若想了解「某人是否會想要購買口香糖？」可以運用 5W1H（When 何時，Who 何人，Where 何地，What 何事，Why 為什麼，How 如何進行）的方式進行探討。分析人們在特定場景、時間和原因下可能購買口香糖的行為，甚至探究其消費方式等，這些方向都有助於深入了解目標議題（Simon, 2011）。

透過這樣的思考練習，學生可以培養對市場現象的敏銳洞察力，從而在未來的職場生涯中更有效地應用所學。對於經驗豐富的產品經理或市場經理來說，他們往往能在產品提案或行銷策略階段就憑直覺判斷是否能夠吸引消費者，這些洞察力和反應能力正是長時間大量經驗累積所習得的（Kotler, Keller, & Cunningham, 2012）。

學生在學習資料探勘時應專注於理解演算法和基本原理，並在實際應用中運用這些演算法。同時，透過反覆練習和觀察身邊案例，培養出對市場現象的敏銳洞察力。在未來的職場生涯中，這些技能和經驗將有助於學生在商業管理領域取得成功。

此外，僅憑「商業嗅覺」並不足夠。由於數據分析結果將影響企業的後續行為，因此負責判定分析結果的人需要展現「負責任」的態度。錯誤的選擇可能導致公司聲譽受損，甚至影響獲利（Kahneman & Tversky, 1979）。因此，在「商業嗅覺」之外，商業管理人員更需要培養一種「負責任」的態度。例如，在前述案例中，如果決策者認為 10,000 筆資料對企業更具管理意義，則決策者需要承擔決策的後果，並在必要時制定補救措施。即使數據探勘提供客觀且有用的資訊，決策者仍需主觀地判定這些資料對解決問題的價值（Provost & Fawcett, 2013）。

本書旨在以大數據探勘為主題，並以商業管理人員易於理解的方式進行介紹。我們希望幫助商業管理人員理解資料探勘方法背後的意義，以及如何迅速應用資料探勘來完成分析。在大多數情境下，大數據探勘在實務上與傳統統計分析相似，因為它們都經常使用大量的統計技術。然而，大數據探勘與統計分析之間存在顯著差異（Tufféry, 2011）。許多從業人員往往將兩者混為一談，然而實際上，傳統統計分析可以在資料量相對較小（數十筆至數千筆）的情況下進行有效分析，並非常重視統計檢定。統計檢定意味著統計分析結果必須經過驗證，以確定是否存在顯著差異（Fisher, 1970）。

然而，由於大數據探勘涉及大量數據，進行檢定可能變得困難（以至於許多檢定由於大數據量而顯著，失去深入探討的意義）（Mann, 1945）。在這種情況下，決策者需要更多地依賴圖表或混淆矩陣等工具，以主觀判定結果是否具有價值（Han, Kamber, & Pei, 2011）。

本書旨在協助商管人員更深入地理解大數據探勘方法，並學會如何應用這些方法來解決實際問題。雖然大數據探勘與傳統統計分析在某些方面相似，但兩者之間仍存在顯著差異。因此，商業管理人員需要在培養「商業嗅覺」的同時，兼顧「負責任」的態度，以便更好地利用數據分析結果，為企業創造更多價值。

### 本節心得

資料探勘是有從資料庫找尋有商業意義的資料。

### 回饋與作業

1. 請說明資料探勘與傳統統計分析的差異。

## 1.2 資料探勘（Data Mining）

資料探勘，顧名思義，是從一個完整的結構中發現有意義的資訊（如圖 1.2.1）（Fayyad, Piatetsky-Shapiro, & Smyth, 1996）。這個過程也可以被稱為挖掘或挖礦。重要的是，探勘的目的取決於所需求的資源。例如，在建築領域，目標可能是挖掘適合建築的沙土。然而，如果在挖掘過程中發現黃金，這些黃金對於建築可能並無直接價值。在這種情況下，黃金不是挖掘過程中的目標，而是尋找有助於實現特定目標的資源（如建築材料）。

**圖 1.2.1** 探勘就是在發現意涵

**註解**

從挖礦角度來看，從礦坑裡挖出一堆泥土，不知道這堆泥土裡面有什麼，這堆泥土就叫做資料（「看不懂的東西」），將泥土（資料）過篩（資料整理）後，會變成想要的黃金，這黃金就叫做資訊也就是（「看得懂的東西」）

如果決策者靈活地運用策略，例如將挖掘到的黃金出售以購買建築所需的沙土，這也是一種可行的方法（Chapman, Clinton, Kerber, Khabaza, Reinartz, Shearer, & Wirth, 2000）。這種策略依賴於決策者的判斷和商業嗅覺。在資料探勘過程中，意外發現的資訊可能成為具有管理價值的結果。

資料探勘並非像初學者所想的那樣容易（遍地黃金）。事實上，即使挖掘出黃金，也不一定對特定目標有用。因此，建議初學者在進行商業資料探勘時，不要隨意根據直覺作出結論。多數情況下，初學者的發現之所以難以理解，是因為對該領域不熟悉，而非發現本身無用。換句話說，培養商業直覺和基本嗅覺是學習資料探勘過程中，商管人員需要從職場實戰經驗中獲得的能力（Provost & Fawcett, 2013）。

此外，商管人員在進行資料探勘時，必須首先了解「資料」的本質。這將決定他們能否挖掘出有用的資訊，如圖 1.2.2 所示（Han, Kamber, & Pei, 2011）。理解資料的特性與結構對於確保資料探勘成果具有相應價值至關重要。

**圖 1.2.2**　什麼是資料

> **註解**
>
> 如果是蓋房子，圖上面的黃金是資料還是沙子是資料？如果要從資料（挖到的東西）中萃取資訊（可以用來建築的材料），那兩者都是資料。因為還看不懂挖到的東西。

在實際應用中，資料探勘與機器學習技術可以幫助商管人員從大量資料中提取有意義的見解和趨勢，進而做出更明智的商業決策（Witten, Frank, Hall, & Pal, 2016）。然而，商管人員在運用這些技術時，應該保持謹慎，確保他們了解所探勘的資料，並能夠判斷哪些資訊對解決問題具有實際價值。

資料探勘是一個複雜且具挑戰性的過程，商管人員需透過不斷學習和實踐來提高他們的技能和嗅覺。在探勘過程中，挖掘出的資訊可能對特定目標有用，也可能無用。因此，商管人員需要具備扎實的專業知識和經驗，以確保他們能夠在資料探勘過程中做出明智且負責任的決策。此外，了解資料的本質和特性對於確保資料探勘成果的有效性和可靠性至關重要。

何謂「資料」？與資訊相比，資料可以被視為「未經解析的原始內容」。當我們面對一個充滿文字、數據和符號的表格（如表 1.2.1 所示），通常我們可能無法立即理解其意義。在這種情況下，我們可能會根據過往的經驗和直覺，對表格內容進行初步的猜測。例如，當我們看到類似「日期」的記錄（如 "20201012"），並知道提供者來自採購部門時，我們可能會認為這是「進貨日期」、「出貨日期」等。然而，在確切了解欄位意義之前，我們不能僅憑直覺對這些資料進行解釋。事實上，我們甚至無法確定該記錄是否真的代表「日期」。

**表 1.2.1　看不懂的就是資料**

| 1201 | 1026 | 1 | 20020102 | 1321 | 32976 | 42113 | NULL | NULL | 9004061 | 4061 | NULL |
|---|---|---|---|---|---|---|---|---|---|---|---|
| 1201 | 1026 | 1 | 20020102 | 1322 | 32977 | 42113 | NULL | NULL | 4710543215040 | 10010491 | NULL |
| 1201 | 1026 | 1 | 20020102 | 1324 | 32978 | 42113 | NULL | NULL | 4710012241549 | 10016892 | NULL |
| 1201 | 1026 | 1 | 20020102 | 1324 | 32978 | 42113 | NULL | NULL | 4710583100016 | 10003407 | NULL |
| 1201 | 1026 | 1 | 20020102 | 1324 | 32978 | 42113 | NULL | NULL | 5010006100128 | 10013929 | NULL |
| 1201 | 1026 | 1 | 20020102 | 1327 | 32979 | 42113 | NULL | 0200030083-00 | 4710908110423 | 10031661 | NULL |
| 1201 | 1026 | 1 | 20020102 | 1327 | 32979 | 42113 | NULL | 0200030083-00 | 4710552062703 | 10020623 | NULL |
| 1201 | 1026 | 1 | 20020102 | 1327 | 32979 | 42113 | NULL | 0200030083-00 | 4715545051054 | 10033645 | NULL |
| 1201 | 1026 | 1 | 20020102 | 1327 | 32979 | 42113 | NULL | 0200030083-00 | 4710249001732 | 1008241 | NULL |
| 1201 | 1026 | 1 | 20020102 | 1327 | 32979 | 42113 | NULL | 0200030083-00 | 4710011408011 | 10004020 | NULL |
| 1201 | 1026 | 1 | 20020102 | 1327 | 32979 | 42113 | NULL | 0200030083-00 | 4710088411785 | 10008448 | NULL |
| 1201 | 1026 | 1 | 20020102 | 1327 | 32979 | 42113 | NULL | 0200030083-00 | 4710583100016 | 10003407 | NULL |
| 1201 | 1026 | 1 | 20020102 | 1327 | 32979 | 42113 | NULL | 0200030083-00 | 4711022100338 | 10003352 | NULL |
| 1201 | 1026 | 1 | 20020102 | 1327 | 32979 | 42113 | NULL | 0200030083-00 | 20000101286 | 10005055 | NULL |
| 1201 | 1026 | 1 | 20020102 | 1327 | 32979 | 42113 | NULL | 0200030083-00 | 4710315012358 | 10006847 | NULL |

為了確切理解資料的意義，我們需要對表格中的各個欄位進行側面對照。這意味著我們需要參考一些資料，以了解表格中各個欄位的確切定義。在資料庫管理和系統開發領域，這種對照被稱為資料字典（Data Dictionary）（Uhrowczik, 1973）。資料字典是一本解釋資料組成及其基本意義的參考工具。換句話說，我們需要一本字典 / 參考書，以便了解表格中各個欄位的含義。

當我們理解資料及其意義之後，這些資料將不再被稱為「資料」，而是變成了「資訊」。資料和資訊之間的差異在於它們是否可被理解。資訊是「已解析的資料」，而資料則是「未解析的資訊」。因此，理解資料的含義是將資料轉化為有價值的資訊的關鍵過程。

當我們理解資料內容的意義後，可以根據其意義選擇合適的欄位進行後續分析。然而，在進行資料探勘之前，我們還需考慮資料「品質」。資料品質是指資料需符合分析目的的要求。我們需要評估欄位選擇、資料完整性、數值正確性以及資料型態等方面，以確保資料品質達到標準。

對於商業管理人員來說，在進行大數據探勘之前，了解大數據探勘的組成是至關重要的（如圖 1.2.3 所示）。這包括「資料本身」以及大數據分析的「目的」。資料本身涵蓋資料品質和資料意義；「資料意義」即是資料字典（data dictionary）的存在原因（Rashid et al., 2020）。此外，資料品質和意義需與分析目的相互協調，以符合最初分析意圖和企業需求。

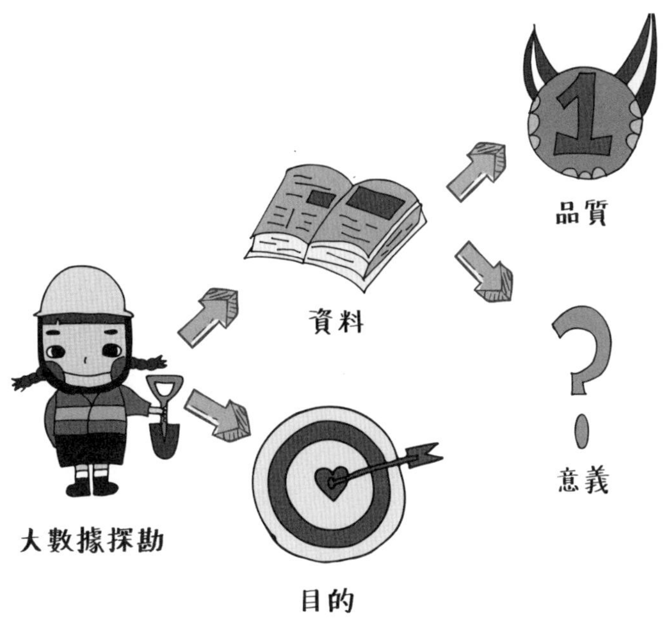


^ 圖 1.2.3　大數據探勘的組成

分析「目的」依賴於商業管理層對分析結果的期望，通常與公司獲利、盈利或成本節省等方面息息相關。因此，在進行資料探勘時，綜合考慮資料品質、意義以及分析目的，將有助於實現項目初衷並滿足企業需求。

資料探勘的目的是挖掘有價值的資訊。正如建築業中砂石具有高於黃金的價值，資料探勘旨在挖掘「亮點」。這些「亮點」即指具有深刻「意涵」的結果。

從商業管理的角度來看，管理意涵需要與商業目標相一致才具有價值。如果挖掘出的結果在理論上合理，但在實際管理或企業應用中缺乏意義，則不能認為具有管理意涵。例如，分析商品在台北的銷售，透過關聯分析銷售紀錄後發現「台北與台灣北部有強烈的關聯性」。儘管這個結果看似有趣，但從市場營銷的角度來看，這一探勘結果並無實際管理意涵，因為台北本來就位於台灣北部。

值得注意的是，大數據分析不僅限於商業管理。例如，若分析的主體是公共部門，則相應的「意涵」可能指向政策意涵。下面將概述一些具有意涵的資料探勘案例：

## 一、公共安全

為了識別潛在的恐怖分子，我們可以請求通訊業者提供通訊紀錄，分析可疑人物在網絡間的對話內容及時間特徵。有人可能認為只需檢查對話中是否包含恐怖分子可能使用的關鍵詞；但僅憑對話中出現的刀、槍或攻擊等字眼，無法確定某人是否潛在的恐怖分子，因為他們可能只是在開玩笑。

我們可以對可疑對話進行關聯分析資料探勘，例如：探究刀、槍或攻擊等字眼與其最相關的詞語。若分析結果顯示這些詞語與網絡遊戲或口語等相關，則該人可能不是我們要找的潛在恐怖分子。這種不針對特定文句進行指定關聯探詢的方法被稱為非監督式探勘（Unsupervised）。

另一方面，如果將「是否是恐怖分子」作為決策樹的樹根（即設定目標），接著分析哪些欄位可以將「是否是恐怖分子」有效區分，以評估各欄位在識別恐怖分子方面的重要性。之後，將潛在的可疑恐怖分子對話輸入該決策樹，根據分類結果判定是否是恐怖分子。這種分析過程被稱為監督式探勘（Supervised）。

**註解**

監督與非監督的差異就是以「是否有標的物」，也就是在做統計分析時候的 Y。以有沒有這個明確的 Y 可以依附進行分析作為區隔監督與非監督的分水嶺（Thearling, 1999），如圖 1.2.4 所示。

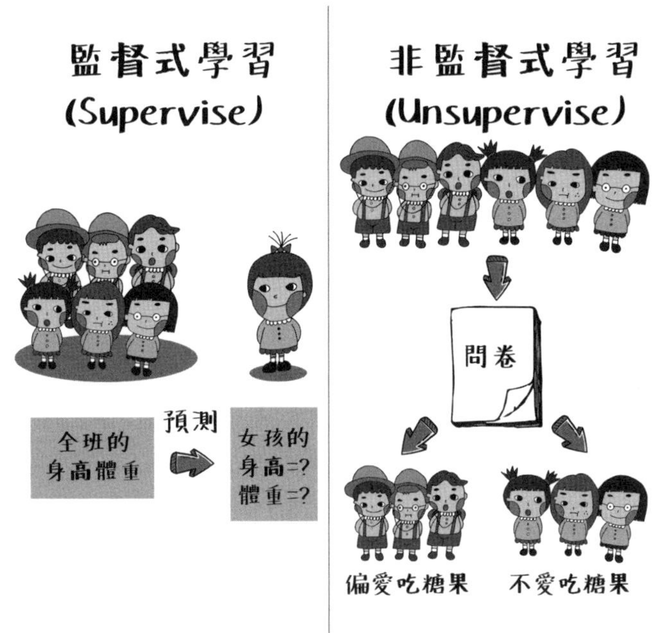


^ 圖 1.2.4　監督與非監督

在統計學中，Y 通常表示依變項（dependent variable），也被稱為目標變數。我們研究其他自變項對這個 Y 的影響，以明確地設定目標。例如，若擁有一班學生的身高體重資料，現在有一位男生加入，我們可以預測這位學生的身高體重，這時「預測人的身高」便是一個明確的目標。另一種情況是，如果知道一位學生的身高體重，我們可以預測該學生的性別，這樣的「預測性別」作法也具有明確目標。然而，如果對全班進行興趣問卷調查，最後發現在「是否喜歡吃糖果」的回應上有顯著差異，並以此區分兩個群組，則此分析在一開始沒有明確目標。因為我們僅根據問卷結果進行分組，但未設定具體目標。另外，需要注意的是：資料探勘與問卷調查的主要區別在於資料探勘探討的資料都是「真實發生過的事後資料」（Real Data），而問卷調查主要關注人們對某一事件的看法或感受上的經驗談。

## 二、事件紀錄分析

在商業領域，我們可以透過 Web Log 分析（事件紀錄分析）來了解網站訪問者的需求和興趣。事件紀錄分析指的是儲存在電腦中的網頁瀏覽數據。若透過第三方軟體擷取消費者的網頁數據，可以了解消費者通常瀏覽哪些類型的網站，並針對消費者感興趣的內容進行精準行銷（Facca & Lanzi, 2005）。

## 三、選舉與政治分析

近年來，許多政治候選人將宣傳目標轉向網路。為了將網絡知名度轉化為實際的選票支持，他們可以利用關聯規則、決策樹和深度學習等技術，對現有資料進行整理，分析特定議題對該政治人物的影響，並根據這些影響為政治人物提供參考建議，以提高支持率（Makulilo, 2017）。

## 四、商品之間的關係距離

尿布與啤酒之間的故事（Sison, 2006）有多個版本，本書提到的版本描述了一家美國大型超市利用關聯規則意外發現，在某個特定月份的每個週五晚上，尿布和啤酒的銷售額特別高。儘管樣本數量有限，但尿布和啤酒的出現具有顯著關聯性。然而，僅從數據上觀察結果並不能真正了解背後的原因。因此，質化解釋在資料探勘中也是至關重要的一環。該店家透過質化的「出口調查」（即在收銀機旁訪問消費者）發現，年輕父親會去超市為嬰兒購買尿布，並順便購買啤酒回家，以便在週末觀看超級盃比賽。

## 五、購買某項產品的機率

要了解顧客下次可能購買的商品（Nakahara & Yada, 2012），可以分析顧客再次光臨時購買尿布的機率。這可以透過分析顧客每次購買的商品和購買日期來探勘其消費時間規律。例如，若從數據中發現該顧客平均每三次光臨會購買尿布，那麼在其第二次光臨時，商家可以提供尿布折價券，以促使顧客再次光臨並購買尿布。因此，在行銷管理上，這意味著「提高顧客下次光臨時購買尿布的可能性」。

## 六、銀行保險風險控管

某些公司可能希望銀行或保險業對其進行投資（即放款），這時可以利用資料探勘技術分析公司過往的交易紀錄，以判斷該公司是否值得投資（Hamid & Ahmed, 2016）。例如，分析公司是否有拖欠債務等紀錄，從中萃取出關鍵因素作為信用評等指標，進而評估公司的信用狀況，以便決定是否進行投資。

## 七、精準行銷

值得注意的是，探勘分析不一定需要依賴電腦。例如，已故台灣首富王永慶先生曾以賣米起家。他並非僅等待顧客上門購買米，而是主動將米送至顧客家中。每次為新顧客送米時，王永慶會觀察該家庭的米缸容量、家庭成員數量以及每人的飯量，並將細節記錄在簿子上。根據這些紀錄，他預估顧客下次購買米的時間，並主動將米送至顧客家中。同樣地，企業也可以從客戶資料中探勘顧客的消費行為，了解他們購買產品的動機。透過從顧客需求的角度進行觀察，針對不同顧客進行精準行銷，有助於提高企業的獲利能力。

^ 圖 1.2.5　資料探勘應用

行銷上，依據探勘出來的結果發現，星期五的啤酒與尿布銷量最好，因為爸爸去超市購買尿布時會順便為了週末的球賽購買啤酒。管理上另一個案例則是：知名企業家會主動送米到客人家並觀察這家有多少人、多久買一次米等資訊。

資料探勘在眾多領域具有廣泛的應用，對商管專業人士而言，這無疑是具有吸引力的。然而，無論是統計資料分析還是資料探勘，都必須遵循嚴謹的方法並進行驗證。進行資料探勘分析時，需要遵循特定的手法和程序。SEMMA 模型是 SAS 公司提出的一種分析流程（Shafique & Qaiser, 2014），包括以下五個步驟：

1. 資料抽樣（S, Sample）
2. 資料探索（E, Explore）
3. 資料轉換（M, Modify）
4. 模型建立（M, Model）
5. 模型評價（A, Assess）

根據 SEMMA，首先需要進行資料抽樣。從資料庫的角度來看，抽樣指的是選取橫向的行，依需求從中抽取資料；如表 1.2.1 所示，每一行代表一筆完整的資料。若需抽取特定時間範圍內的資料，則需要從該時間範圍內抽取資料進行分析。驗證模型時，通常會透過隨機抽樣將資料抽出固定比例的行資料來進行探究。例如，若老闆要求分析師利用公司五年內的營運資料建立模型，預測公司未來的營收成長率。預測完成後，分析師需要驗證模型的有效性。有兩種方法可以選擇：第一種方法是使用過去五年的資料建立模型，然後利用該模型觀察下一年的預測效果。第二種方法是使用前三或四年的資料建立模型，然後將模型應用於後一年或兩年的資料進行驗證。兩種方法均可行，但由於第一種方法需要花費較長時間來驗證模型，可能無法及時應對瞬息萬變的商業環境，因此職場上更常使用第二種方法，即將歷史資料切割後進行預測效度評估。然而，第二種方法也存在缺陷。例如，在股市分析領域，2008 年股市崩盤前的數據無法使任何模型預測到這樣的災難（Famer, 2012）。

在資料探勘過程中，緊接著進行的是**資料探索**。此階段需要對抽樣出的資料進行檢核，確定所需資料。檢核完成後，可能需要對部分數值資料（如日期）進行調整，以解決資料庫格式不一致的問題。此外，有些資料可能需要進行格式轉換（**資料轉換**），例如將文字資料轉為數字或將連續數值轉為離散值，或反之。一般而言，資料轉換是根據需求將連續值與離散值互相轉換，如將看似數字的文字資料（1, 2, 3, 4, 5）轉換為數值，這需要預先定義資料欄位的型態。類似的功能可以在 Microsoft Excel 中找到，將資料格式轉換為分析演算法所需的類別或數值。在建立一致且可供分析的資料後，可以利用資料探勘程式碼、套裝軟體等工具**建立模型**並開始進行分析。分析完成後，模型評價階段將對模型的優劣進行**模型評估**。

Chakrabarti 等人（2006）提出的資料探勘分析步驟與 SEMMA 相似，包括以下幾個環節：資料清理（Data Cleaning）、資料整合（Data Integration）、資料選擇（Data Selection）、資料轉換（Data Transformation）、資料挖掘（Data Mining）、範式評估（Pattern Evaluation）以及知識呈現（Knowledge Presentation）。另一方面，SPSS 公司研發的跨行業標準資料探勘流程（Cross-Industry Standard Process for Data Mining，縮寫為 CRISP-DM）（Shafique & Qaiser, 2014），已成為業界資料探勘的標準程序。CRISP-DM 包含以下六個步驟：

1. 了解商業行為（Business Understanding）
2. 了解資料內容（Data Understanding）
3. 資料準備（Data Preparation）
4. 建立模型（Modeling）
5. 評估（Evaluation）
6. 部署（Deployment）

在應用CRISP-DM時，首先需要充分了解企業的商業行為（Business Understanding），這意味著將資料探勘與前述目的相結合，如圖1.2.6所示。接著是了解資料內容（Data Understanding），這兩點構成資料探勘的核心。為了成功實施資料探勘，商管人員需要不斷與資料及管理相關人士進行溝通，以便清晰地理解進行探勘時兩者結合的真實含義。在充分了解這兩點後，可以進行資料準備（Data Preparation）以建立模型（Modeling）。完成模型建立後，需要對其進行評估（Evaluation）。

建立任何模型都需要有充分的理據，可以利用統計分析方法評估模型的優劣；此外，還需評估該模型在商業上是否具有意義，因為優美的數據不一定在商業上具有意義。換句話說，評估結果的好壞具有主觀性，而這主觀性來自於管理者（或提出分析需求者）的判斷。因此，在完成評估（Evaluation）後，必須回顧其是否符合商業行為（Business Understanding），由提出分析需求者或管理者來確定客觀數據是否符合需求，最終結果才能得以部署。經過評估確認後，便可進行最後一步：部署（Deployment）。部署可以是發布、報告，或簡單來說，將其應用於解決問題，如圖1.2.6所示。

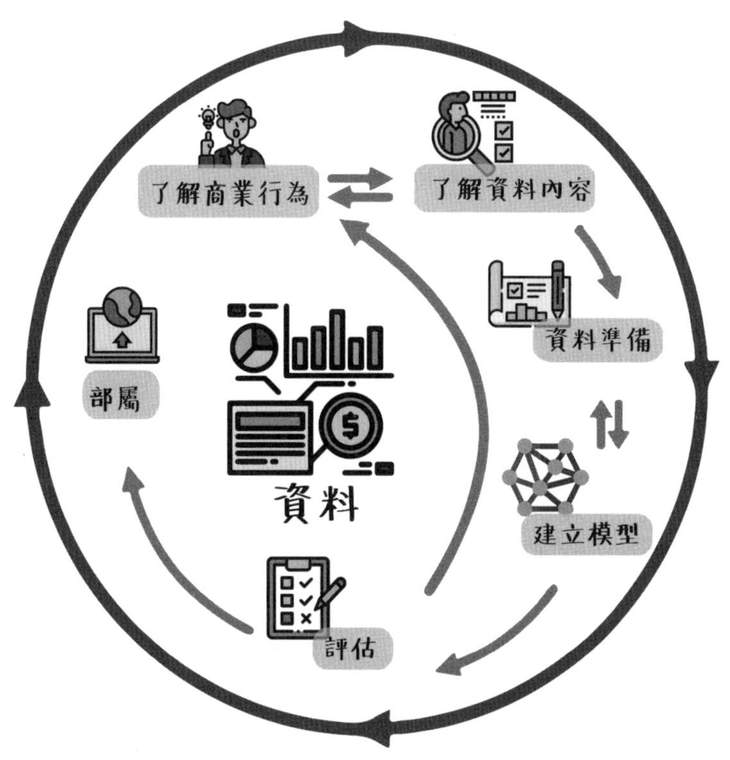


^ **圖 1.2.6**　資料探勘標準 CRISP-DM

本書建議商管人員至少應該從以下三個基本角度來思考資料探勘：**資料輸入**、**資料分析**與**資訊輸出**。這三個基本動作可以作為衍生其他可能程序的起點。資料輸入是指將資料存儲在Excel、各類資料庫或資料倉儲中，以便資料探勘軟件能夠進行擷取與分析。

資料分析要求在具有各類管理意涵的基礎上進行有意義的資料分析，例如：運用 5W1H 方法找出管理意涵。商管人員需要能解釋分析結果在人事、時地、物等方面的意義，如果分析結果具有意義，則可以確認所得出的分析結果是有價值的。最後，將資訊輸出整理成書面報告，呈現給主管或進行公開揭露。

## 1. 資料輸入

### (1) 資料欄位選擇

依據領域知識（Domain Know-how）（五管）來確定資料收集的目標，並根據目標資料集廣泛收集大量數據。在這個過程中，應該注意所選擇的資料欄位是否是分析議題上真正需要的，若非必要，則無需納入選擇。

### (2) 資料品質判別與處理

此部分主要涉及資料品質稽核的動作，對廣泛收集的資料進行前置處理，剔除錯誤或不一致的資料。例如，應對空值、輸入錯誤或不合理的離群值（Outlier，指資料異常大或小的值）進行修正。

### (3) 依照需要轉換資料格式

在前置作業完成後，進行資料簡化與轉換工作。由於資料量龐大且可能存在許多無用的資料，以下列舉幾種方法：

a. 精簡維度，即精簡欄位，將不必要的欄位刪除或排除分析。

b. 調整顆粒度（Granularity），亦即解析度。例如，應確認資料分析的層級，是需要每日還是每月的資料，並將其轉換以供分析使用。

c. 調整編碼方式，將原始資料轉換為較易理解的格式。例如，表 1.2.1 所示的看似日期格式的 20200102，實際上仍需進行編碼與轉換（如：2020/01/02），以便系統理解。

d. 資料型態轉換。在分析過程中，連續值與離散值轉換一直是一個重要議題。若資料格式不符，則無法進行分析。由於每種演算法都有其限制或適用性，因此必須針對所應用的演算法進行資料轉換，以便順利將資料納入資料探勘分析。

## 2. 資料分析

### 開始探勘

在此步驟中，我們需要確定要使用哪種演算法，並判定其為監督式或非監督式。一旦確認，便可將整理後的資料輸入該演算法以產生結果。這一過程甚至可能衍生出商機。目前市場上已有多種自動建模（Auto-modelling）軟體，如 Mobagel™，這些軟體透過建立模板專案或直接投放資料，能夠自動選擇最合適的演算法並生成數據。

3. **資訊輸出**

**解釋探勘後的資訊成為知識**

在分析過程的最後階段，我們需透過生成報告或圖表來解釋結果資訊，以便提供決策支援。然而，本書強烈建議商業管理專業人士不僅僅應該透過圖表來解讀結果，而應該從質性角度深入理解這些結果以獲得更完整的視角。這可以透過觀察、訪談或次級資料分析等方法來實現，有助於更好地理解分析結果的真實含義。

## 本節心得

探勘的目的就是要挖出看的懂且用的到的知識。

## 回饋與作業

1. 資料與資訊之間的差異？

# 1.3 說人話的圖表

在了解資料探勘之後，接下來本書將概要說明發現有趣結果後如何有效呈現。考慮到資料探勘中的龐大數據，若能透過圖表呈現結果，有助於讀者理解製圖者想要表達的真實意義。因此，這章節對即將進入商管工作的讀者非常實用。

## 圖和表的意義：為什麼要用圖表？

現代社會的資料量龐大，對於一件事情的觀察，往往需要引用大量的資料分析才能夠詳細說明。此外，由於身處數位時代的現在，每個行為如搜尋、購買，甚至單純人與人的溝通、移動都會產生大量的資訊與資料，若能妥善使用這資訊與資料，就能夠在商業社會上產生其價值。

**圖表的意義就是有效縮短溝通距離，簡化理解程序，**
**可以視覺化呈現一個故事。**

然而，資料探勘所獲取的大量資訊，若無法進行適當的整理與賦予意義，將難以發揮其價值。因此，圖表作為能簡單傳遞概念的工具，在現代社會的溝通中扮演著重要角色。以員工出勤狀況為例，若僅以數字呈現，只能獲得非常概略的資訊，無法深入了解各部門的狀況。然而若能以圖表方式呈現，如圖 1.3.1 所示，則可以輕易地看出業務部門的離職率高於後勤部門，且每年離職率最高的時間在 3 月。此外，透過資料分析可知，離職率與加班狀況高度相關，因此若要穩定員工狀況，可能需要針對員工進行個別面談，以了解其實際狀況，並進而進行工作優化或改善溝通模式等方式，以減少加班頻率並提高員工滿意度。

**2020年我司各部門離職率與離職數**

| 部門別 | 業務部門 | | 品管部門 | | 生產部門 | | 後勤部門 | | 全公司 | |
|---|---|---|---|---|---|---|---|---|---|---|
| 編制人數 | 50人 | | 30人 | | 150人 | | 20人 | | 250人 | |
| | 離職數 | 離職率 | 離職數 | 離職率 | 離職數 | 離職率 | 離職數 | 離職率 | 離職數 | 離職率 |
| Jan. | 16 | 32.0% | 4 | 13.3% | 24 | 16.0% | 4 | 20.0% | 48 | 12.2% |
| Feb. | 13 | 26.0% | 5 | 16.7% | 38 | 25.0% | 3 | 15.0% | 59 | 23.6% |
| Mar. | 24 | 48.0% | 11 | 36.7% | 45 | 30.0% | 6 | 30.0% | 86 | 32.0% |
| Apr. | 15 | 30.0% | 5 | 16.7% | 42 | 28.0% | 5 | 25.0% | 67 | 26.8% |
| May. | 12 | 24.0% | 7 | 23.3% | 33 | 22.0% | 3 | 15.0% | 55 | 23.0% |
| Jun. | 14 | 28.0% | 7 | 23.3% | 35 | 23.0% | 2 | 10.0% | 58 | 23.2% |
| Jul. | 13 | 26.0% | 6 | 20.0% | 41 | 27.0% | 0 | 0.0% | 60 | 24.0% |
| Aug. | 15 | 30.0% | 4 | 13.3% | 25 | 17.0% | 4 | 20.0% | 48 | 19.2% |
| Sep. | 15 | 30.0% | 5 | 16.7% | 18 | 12.0% | 3 | 15.0% | 41 | 16.4% |
| Oct. | 9 | 18.0% | 3 | 10.0% | 36 | 24.0% | 2 | 10.0% | 50 | 20.0% |
| Nov. | 5 | 10.0% | 3 | 10.0% | 25 | 17.0% | 1 | 5.0% | 34 | 13.6% |
| Dec. | 11 | 00.0% | 4 | 13.3% | 13 | 9.0% | 1 | 5.0% | 29 | 11.6% |
| Avg. | 162 | 27.0% | 64 | 17.8% | 375 | 20.8% | 34 | 15.2% | 635 | 11.6% |

**2020年我司離職率與月加班工時對照**

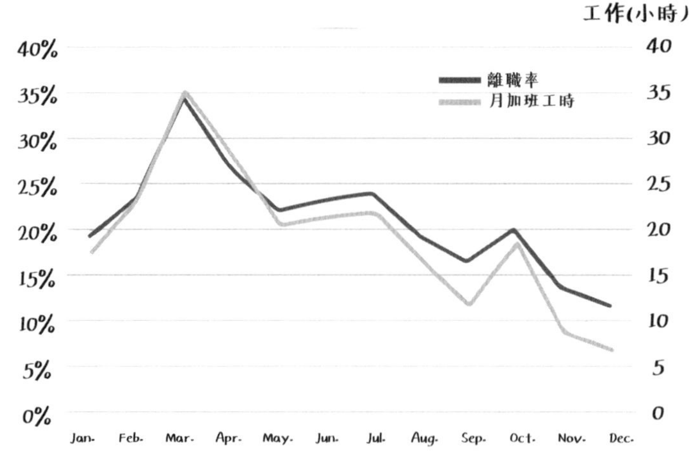


▲ 圖 1.3.1　細部與綜觀的分析圖表

圖表的使用能夠展現相當多的意涵，尤其對於企業主來說，一旦閱讀完圖表，接下來就需要思考如何因應這些資訊，進而做出相應的行動。例如，離職率的線條表示三月份離職狀況嚴重，而另一張圖表則顯示出三月份的離職高峰；然而，表格中並非僅有離職，還包括了加班等其他資訊。因此，製作圖表的人初衷可能在於希望讓上級主管了解加班與離職之間的關聯性，並請求其重視問題並解決。考慮到當月的離職情況很可能是前個月加班的反應，或者圖表中的加班情況是因為有員工離職導致的，因此有必要參考其他圖表來進一步確認。在閱讀圖表時，必須具備理解資料背後意義的能力。

此外，在網站行銷方面，圖表也能夠提供許多有用的範例。例如，透過眼動分析可以幫助了解行銷效果。網頁設計可能很精美，吸引消費者瀏覽，但真正讓消費者下單的因素卻是另一回事。因此，了解哪些因素會吸引消費者，就可以透過眼動分析了解當瀏覽網站時消費者會一直盯著看的地方，或者最先會看哪些地方。如圖 1.3.2 所示，熱區圖和軌跡圖可以用眼動儀觀察，熱區圖使用顏色區分消費者注視的時間長短，最深色表示注視時間最長，其次是依照灰階深淺，沒有注視的地方則呈現不顯示顏色。此外，眼動軌跡分析也能幫助了解觀看者第一時間看的點在哪。因此，最深色區域是消費者最關注的因素，而觀看者最先注意的點也可以理解為消費者最在意的因素。這些因素可以理解到觀看者最優先會看些什麼，將這些因素納入網站設計就能提高消費者下單的意願。受試者同時觀看兩張眷村照片的熱區圖與軌跡圖的實驗照片，如圖 1.3.2 所示。利用眼動儀可觀察熱區圖，其顏色區別消費者注視的時間長短，當注視時間越久，顏色就會由淺灰色轉深灰色，其餘顏色依序遞減。眼動順序的軌跡分析（即眼球觀察畫面的順序）亦可協助判斷觀看者的視線焦點位置。因此，顏色越深的地方表示消費者越關注該因素，或可了解觀看者的優先關注點，將這些因素納入網站設計中可提高消費者下單意願。

^ **圖 1.3.2** 熱區圖（左）與軌跡圖（右）

雖然上述兩種圖像來自同一資訊來源，但除呈現方式外，其結果亦截然不同。熱區圖能指出網站最能吸引消費者注意的資訊，並提供建議及引導消費者進行導購，進而提高消費者下單的意願；而軌跡圖則更適合呈現具有故事性及過程性的敘事，例如先呈現產品內容再顯示價格，因此可藉由軌跡圖來規劃及調整網頁版面。精通此領域的專業人員不會只是簡單地呈現大量圖表，而是會選擇最適切的圖表，並透過加註、調整及刪減不重要的資訊等手法，提供解決問題的方案，進而幫助決策者做出更好的判斷。有經驗的分析師甚至可進一步模擬方案的實行過程，改善圖表的呈現方式，縮短決策者與分析者的溝通距離，進而提高解決問題的效率。不過，在呈現這些之前，有些事情需要先思考：

## 一、能了解目的與目標：對誰說話？

在企業中，每個人的工作時間都相當寶貴，因此無論是提供報告的人或是閱讀報告的人都應該將時間成本盡量精簡。在進行所有產出之前，需要先衡量一些目標，例如報告的接收者、其期望內容以及報告是否有助於決策等目標（「這份報告給誰看」，「這個人希望看到的是什麼」，以及「報告內容否否協助完成決策等目標」）。

一般報告圖表分為專案報告和維運報告兩種面向。這兩者主要差異在於「是否已經發現了問題」；前者是針對問題提出解決方案，後者是發現問題並提供解決方向。例如，某電商公司的銷售人員需要針對上個月份運動類別的商品銷售狀況不佳進行檢討報告，並提出後續改善的方法、時程、成本預估及預期成效，此時報告的目標相當明確。另一種圖表是例行性的作業，承載的目的不是非常明確。例如，某連鎖賣場的董事長特助需要定期提供各營業店點的銷售狀況，此時特助需要突顯問題並提出解決方案的建議。在資料整理完成之前，並不會知道最終會看到什麼結果，因此需要在資料蒐集與累積時有更健全的邏輯與脈絡，並根據蒐集與累積出來的資料發掘問題、提出方法。一些更優秀的分析者，甚至可以將這樣的報告變成完整的執行方案，羅列成本與預期成效，以提高執行方案的可行性。

## 二、圖表呈現的適用性：怎麼呈現？

每一種圖表都有其適用的場景，有些圖表炫彩而詳盡，但若長時間觀看仍難以理解，則遠離了圖表的目的，即縮短溝通距離。因此，在選擇圖表種類時，必須謹慎選擇，以確保其能達成使用圖表的目的。在此列出幾種常用的圖表與其適用的範圍：

### 1. 圓餅圖

圓餅圖通常用於顯示特定標的中，各類別所佔的百分比，加總為 100%。透過圓形的切割線，讀者可以輕鬆地了解整體的配比。然而，許多人會將細小的比例（如 3%、2%、1%）一併標示在圓餅圖中，使得圖表切分比例過小，難以閱讀。因此，建議將過小的比例歸納為「其他」，單獨呈現為一個區塊，並以表格方式呈現其他各類別的比例分配。

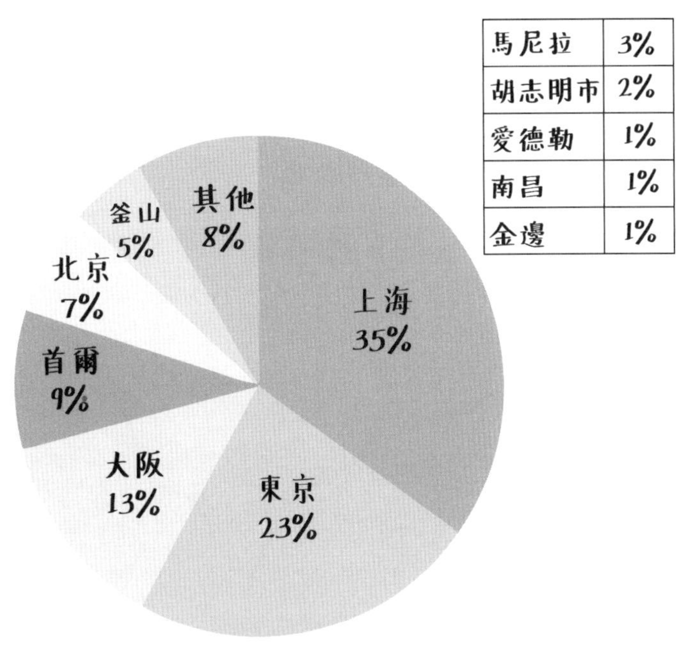


^ **圖 1.3.3** 圓餅圖的呈現方式

### 2. 長條圖 / 堆疊長條圖

長條圖通常用於比較各個類別間的數值差異，透過高低差讓讀者能夠一眼獲得所需訊息。然而，若單一數值太大（例如其中一個類別的數值為 10000，而其他類別的數值均在 100 以下），其他類別的數值差異便難以辨識，因此這種情況就不適合使用長條圖進行呈現，如圖 1.3.4 所示。堆疊長條圖是另一種常用的長條圖，可清晰標示每一個類別中各子類的佔比，並在多個圖表整合時發揮更大的效益。

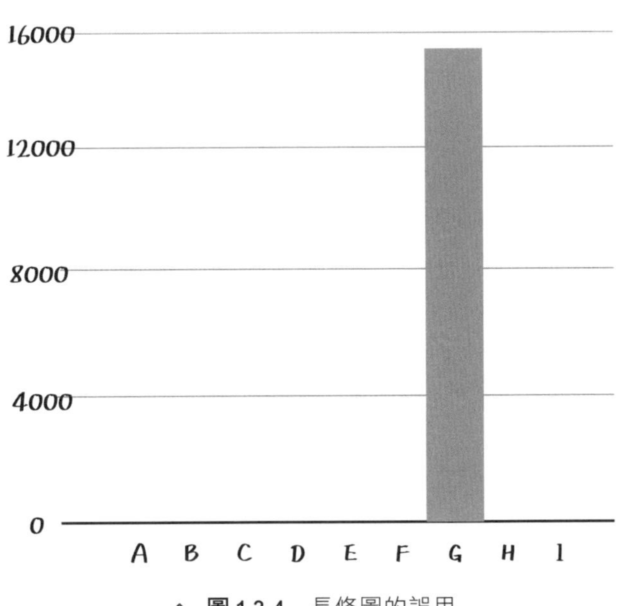


^ **圖 1.3.4** 長條圖的誤用

### 3. 折線圖

折線圖通常用於描繪趨勢，如將時間標記在類別軸（X 軸），將數值標記在 Y 軸，可以表示隨著時間變化數值的趨勢，如圖 1.3.5 所示。在應用上，可以加入趨勢線，以讓讀者更了解和預期趨勢的整體變化。

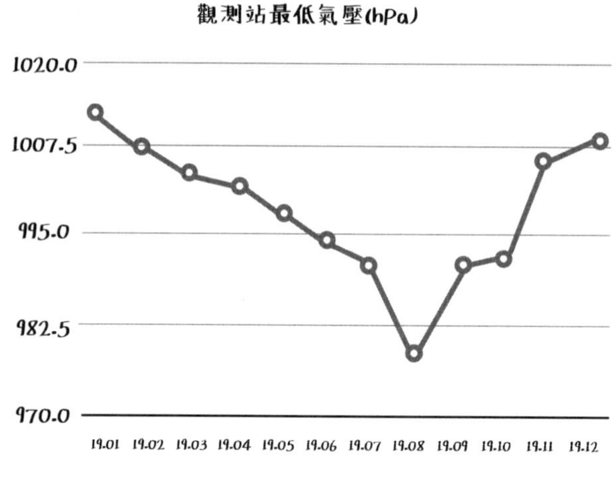


^ **圖 1.3.5** 氣壓變化報告

### 4. 散佈圖

散佈圖通常用於呈現兩個數值之間的關聯性，可以在同一張圖上將 X Y 軸均設為數值，或是用於呈現某一類別與其他類別在兩種數值上的比較，如圖 1.3.6 所示。此外，製圖者也常在散佈圖上標註 R 值，並透過多張散佈圖的比較來進行相關性分析。

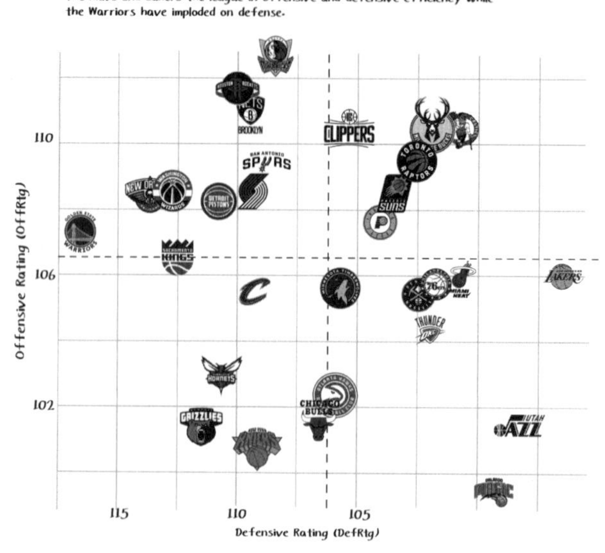


^ **圖 1.3.6** NBA 球隊攻防效率圖

*（出處：http://conormclaughlin.net/2019/11/checking-in-on-the-start-of-the-2019-2020-nba-season/）*

### 5. 雷達圖

散佈圖將所有隊伍放在同一張圖中比較，而雷達圖則是透過多張圖表比較不同屬性之間的差異，如圖 1.3.7 所示。當某個類別具有多個不同的屬性時，可使用雷達圖顯示該類別中哪些屬性的數值較高或較低，通常這些屬性之間有優劣之分。此外，也可同時呈現多個雷達圖或重疊兩張，透過面積的概念讓讀者理解不同類別的屬性之間的變化關係。

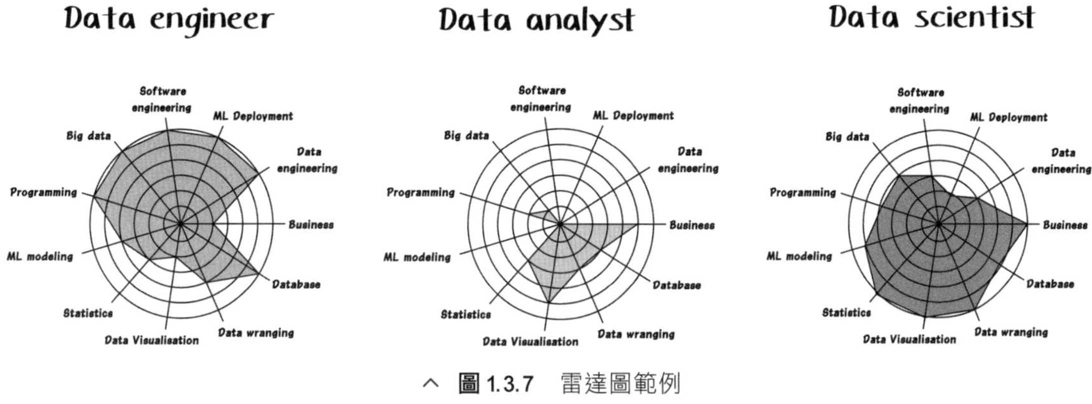


^ 圖 1.3.7　雷達圖範例

（出處 https://www.efinancialcareers.co.uk/news/2019/07/data-science-careers-finance）

圖表的種類還有相當多，在應用前也可以先注意該圖表與其他圖表最大的差異為何，去猜想該圖表想要強調的重點再進行使用，切忌為用而用。

## 三、武器盤點：怎麼凸顯特色？

提供圖表給讀者時，常需要搭配大量描述，但應記得圖表的目的是縮短溝通距離，敘述越多表示效益越低。傳統的報告方式是以靜態圖表呈現，但在大量或複雜資料，或需要地理資訊時，靜態圖表已不足。因此，業者開始透過線上呈現的方法，利用互動式圖表及應用程式（例如 Power BI 或 Tableau）呈現更視覺化、具互動性的資料。

例如，2020 年爆發 COVID-19 疫情時，每個確診者均有不同的軌跡及感染路線，且有些人感染的病毒株與他人不同。因此，媒體透過互動式圖表提供讀者可以點擊每一個確診者的資訊，以動態方式完整呈現訊息。此外，John-Hopkins 大學也建立了全球 Dashboard（儀表板如圖 1.3.8 所示），透過線上呈現的方式，呈現疫情相關的資訊。

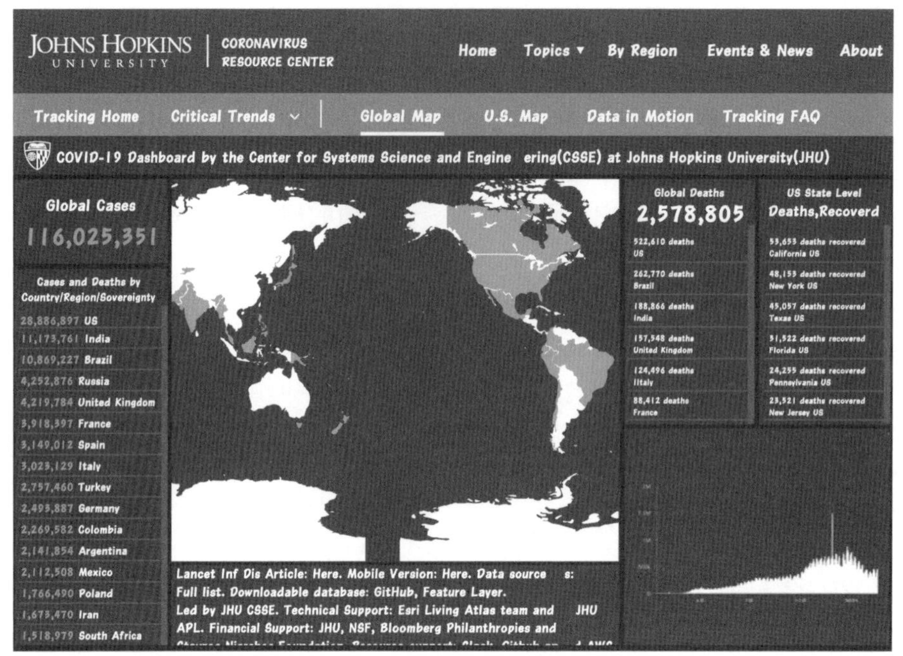


^ **圖 1.3.8**　新冠肺炎全球即時報告

*（https://coronavirus.jhu.edu/map.html）*

雖然這個網頁內容講求的是即時性，但其完整整合了大多數人需求的資訊在同一個表格裡，讓讀者可以以自己的邏輯去點擊拼湊，藉以完整了解圖表提供的訊息。

當花費了大筆的時間進行拼湊，調整與結論之後，送出去給主管過目之前也別忘了進行最後檢查：

### 檢查一：賦予的圖表意義是否與目的相吻合？

某位記者曾以台灣彩券中獎數量為基礎，設計出各縣市中獎情形的圖表。然而，該記者卻採用「中獎數」而非「每百萬人口中獎率」作為圖表設計的意義，這樣的做法容易忽略人口數量的影響，造成盲點。例如，如果新北市中獎人數為 100 人，澎湖縣為 75 人，該圖表可能讓人以為新北市中獎率大於澎湖縣，但實際上以人口數下去比對，才能得知澎湖縣的中獎率遠大於新北市。這樣的盲點常常存在，卻會對論證產生極大的影響。

### 檢查二：拿掉不重要的訊息、強化重要的訊息

有些時候在圖表中過度密集的資訊，可能會讓讀者失去了看到核心目標的快速方法，甚至可能會因為資訊太小而被忽略，例如圓餅圖。在這種情況下，建議將佔比太小的數值另外列出，以便讓讀者更充分理解。同樣地，在地圖上，當特定地區顯示出顯著

不同的值時，例如在全台灣各測站的雨量統計中，彰化和投資的雨量較大，而其他區域的雨量極小時，可以考慮單獨繪製一個地圖，以便更清楚地顯示特定區域的數值。

當使用的數值非常大時，例如人口數或國家年度預算等大型數值時，可以將其簡化。只要確定數值只會在某個位數上有變化時，就可以將其簡化，例如 10,000,000 人略為 10（百萬人），以幫助讀者更快地理解資訊。

此外，一種常見的強化方式是在圖表中加入趨勢線。例如，當折線圖以時間作為類別時，可以透過趨勢線來進一步說明清楚。以台北氣象觀測站近 20 年一月份降水時數為例，如果只使用折線圖，讀者可能只會注意到 2003 年的降水時數異常高，而 2014-15 的降水時數較低。但是，當加入趨勢線後，就能顯而易見地表達「近年來，台北市的降水時數逐漸下降」的結論，如圖 1.3.9 所示。

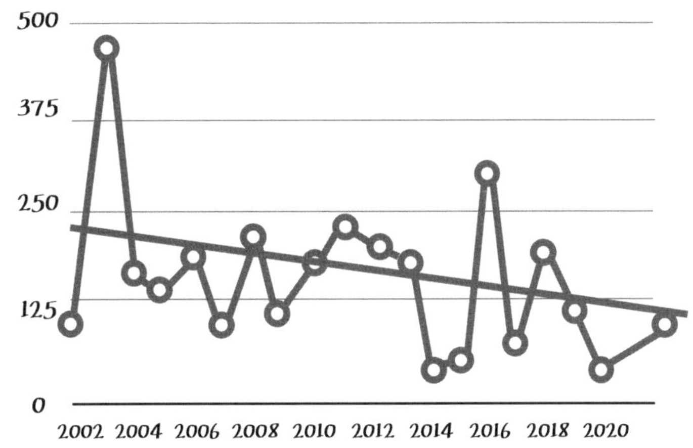


^ **圖 1.3.9** 台北市近 20 年一月份降水時數圖（含趨勢線），單位：mm

此外，除了前述的技巧之外，像是在呈現複雜的資訊時，常會運用「三次原則」，強調重要的資訊，並且透過適當的配色，提高圖表的可讀性。選擇適當的明度與彩度，更能讓讀者快速理解圖表的內容。

## 檢查三：一些常見的錯誤

相信各位有過這個經驗：在引用圖表的時候發現圖表怪怪的，有些是標示錯誤，有些看起來像話沒說完，筆者整理了幾個常見的錯誤，供檢查時參考：

1. **圖表的單位標示不正確**：如長條圖的左側標示的單位可能進行了千分位數的縮減，就需要額外標注單位。
2. **圖表數值不正確**：錯誤雖然看起來不可思議，但在許多報告上仍常見，如圖 1.3.10 所示，製表者想表達台北市生育率於五地相比最低，但在同一張表的香港（1.19%）

與韓國（1.25%）之長條圖居然都低於台北市，顯然有疏漏（可能是圖表繪製錯誤或數值標示錯誤）。百分比圖表也常有類似問題，需反覆檢查加總，例如圓餅圖個區塊加總是否超過 100% 等。注意，加總超過 100% 在理論上是可能的，因四捨五入後有極端的機率使加總高於或低於 100%，這時建議在圖表下方標示四捨五入的位數。

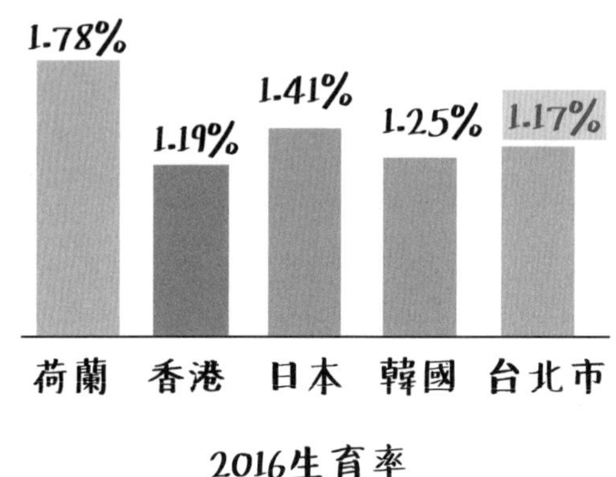


^ **圖 1.3.10** 圖表錯誤範例

*（出處：臺北市公共住宅推動情形 _ 臺北市政府（工作坊））*

3. **分析方法的錯誤**：這也是一個常見的錯誤，因為大多數的圖表都是逐一製作而非以同一個資料母體重複生成（或批量產出），所以當圖表放在一起說故事時，就容易發生分析方法上的錯誤。例如，我國平均每 5 個人就有 1 個人有買書的習慣；而屏東縣每 3 位具買書習慣的人就有 1 位超過 50 歲。這兩者並不能合併為屏東縣每 15 人中就有 1 位超過 50 歲的人有買書的習慣。這種錯誤是可以避免的，只要在資料產出時，詳細列出資料的細節，例如研究方法、母體大小、抽樣等。在報告製作的過程中，逐一核對這些細節，可以確保沒有疏漏，並提高建議的精準度（顆粒度）。

以上提到的錯誤不僅會造成讀者不便，更可能導致錯誤的結論，進而影響後續的決策。若錯誤明顯，還可能讓讀者產生「資料不嚴謹」的印象。因此，在提交圖表前，務必應仔細檢查。

## 本節心得

圖表的意義就是有效縮短溝通距離，更好地講一個故事，因此充分掌握每個圖表的特性與適用性就相當重要。除此之外，也要特別注意圖表上資料的邏輯與嚴謹度。

## 回饋與作業

1. 如果想知道雲林縣虎尾鎮高鐵站區過去一年雨量變化，該用哪一種圖？

## 本章習題

1. (　) 將不必要的欄位刪除或不納入分析這是程序上哪一個環節？
   (A) 精簡維度　(B) 調整編碼方式
   (C) 調整顆粒度　(D) 資料型態轉換
2. (　) 將原始資料改變為較能理解的格式這是程序上哪一個環節？
   (A) 精簡維度　(B) 資料型態轉換
   (C) 調整編碼方式　(D) 調整顆粒度
3. (　) 「決定資料是要分析到每日還是每月？」這是程序上哪一個環節？
   (A) 調整編碼方式　(B) 調整顆粒度
   (C) 精簡維度　(D) 資料型態轉換

## 參考文獻


- Al-Masree, H. K. (2015). Extracting Entity Relationship Diagram (ERD) from relational database schema. *International Journal of Database Theory and Application*, *8*(3), 15-26.
- Chakrabarti, S., Cox, E., Frank, E., Güting, R. H., Han, J., Jiang, X., Kamber, M., Lightstone, S.S., Nadeau, T.P., Neapolitan, R.E., D. Pyle, M. Refaat, & Witten, I. H. (2008). *Data mining: know it all*. Morgan Kaufmann.
- De Mauro, A., Greco, M., & Grimaldi, M. (2016). A formal definition of Big Data based on its essential features. *Library Review*, 65(3), 122-135.
- Facca, F. M., & Lanzi, P. L. (2005). Mining interesting knowledge from weblogs: a survey. *Data & Knowledge Engineering*, *53*(3), 225-241.
- Farmer, R. E. (2012). The stock market crash of 2008 caused the Great Recession: Theory and evidence. *Journal of Economic Dynamics and Control*, *36*(5), 693-707.

- Hou, Y. (2015). *Data Mining for Hospitality Industry: A Humanizing Approach*. The Chinese University of Hong Kong (Hong Kong).
- Jacobs, F. R. (2007). Enterprise resource planning (ERP)—A brief history. *Journal of operations management*, *25*(2), 357-363.
- Makulilo, A. (2017). Rebooting democracy? Political data mining and biometric voter registration in Africa. *Information & Communications Technology Law*, *26*(2), 198-212.
- Nakahara, T., & Yada, K. (2012). Analyzing consumers' shopping behavior using RFID data and pattern mining. *Advances in Data Analysis and Classification*, *6*(4), 355-365.
- Pujari, A. K. (2001). *Data mining techniques*. Universities press.
- Rashid, S. M., McCusker, J. P., Pinheiro, P., Bax, M. P., Santos, H. O., Stingone, J. A., Das, A.K. & McGuinness, D. L. (2020). The semantic data dictionary–an approach for describing and annotating data. *Data intelligence*, *2*(4), 443-486.
- Shafique, U., & Qaiser, H. (2014). A comparative study of data mining process models (KDD, CRISP-DM and SEMMA). *International Journal of Innovation and Scientific Research*, *12*(1), 217-222.
- Sison, R. (2006). KNOWLEDGE MANAGEMENT: Concepts, Techniques & Cases.
- Thearling, K. (1999). An introduction to data mining. *Direct Marketing Magazine*, 28-31.
- Tufféry, S. (2011). *Data mining and statistics for decision making*. John Wiley & Sons.
- Uhrowczik, P. P. (1973). Data dictionary/directories. *IBM Systems Journal*, *12*(4), 332-350.
- Watson, H. J., & Wixom, B. H. (2007). The current state of business intelligence. *Computer*, *40*(9), 96-99.

CHAPTER

# 02

# 開挖

## 本章目標

1. 了解進行資料探勘的起手式
2. 如何找到可挖掘的探勘地點
3. 可以判斷資料品質的準則
4. 了解常見的資料錯誤與修正方式

## 本章架構

2.1 了解資料探勘過程的初步步驟

2.2 如何找到可挖掘的探勘地點

2.3 選擇探勘工具

在基本概述之後，本章節將對挖掘過程進行深入探討。首先，必須確定挖掘的目標地點，然後對施工進行前期規劃，包括確定挖掘目標和所需工具。事實上，挖掘過程的準備工作在資料探勘中同樣不可或缺。以下將逐節展開詳細說明。

## 2.1 了解資料探勘過程的初步步驟

在進行挖掘作業之前，必須先確定挖掘地點。這可以借鑑實際金礦挖掘的經驗，以監督式學習的方式先確定可能含有目標物（例如黃金）的位置；或者以非監督式學習的方式，在尚未確定挖掘目標時，藉由分析挖掘結果來推導出可能具有價值的資訊。這兩種方式在挖掘前都必須經過嚴謹的規劃和分析。

除了確定「為何挖掘」之外，「挖掘何處」同樣具有重要性。實際上，特定議題的挖掘地點與商業需求息息相關，而商業需求通常是指具有商業價值的關鍵點或痛點。例如，機車腳踏板的設計問題可能會引起使用者劇痛，這就是一個痛點，需要解決。因此，在進行資料挖掘前，必須先確認商業需求和痛點，並選擇相應的挖掘地點。

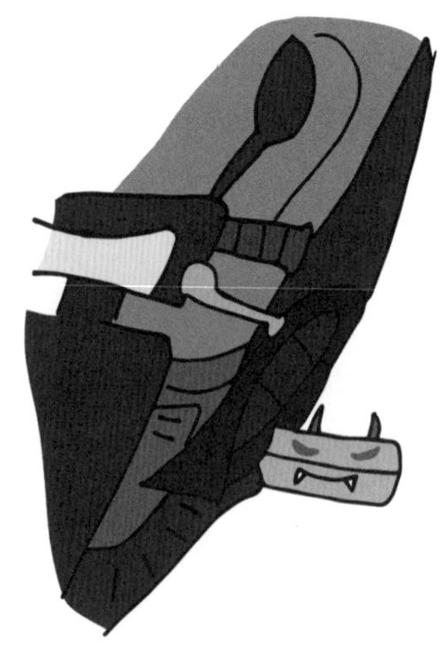

^ **圖 2.1.1** 痛點即代表意涵

以 2020-2021 年間的 COVID-19 疫情為例，全球普遍缺乏防護物資，例如口罩，商人必須提前部署下一步行動。當確認（或直覺上認為）這種趨勢將成為常態時，商人需要思考後續人們生活中的新必需品或痛點，例如快速篩檢。面對全球 70 億人口，無法完全依賴醫院進行篩檢，因此，各國逐步開放家用快篩試劑。商人必須敏銳地捕捉商機，並評估是否調整或增加生產線，投入開發家用篩檢試劑作為新產品，以實現全球出口。因此，商業上對於市場需求的敏銳度和及時反應非常重要，以迎合市場的需求並獲得商機。

有時，需求和商機不是那麼明確。例如，在夜市中，假設有一個攤販賣旗魚黑輪，但連續兩週生意冷清。起初，攤販可能會歸因於經濟衰退，對此感到無奈。但是當攤販發現隔壁旗魚黑輪店每天都能賣完商品時，才意識到問題可能不是經濟因素，而是需要改善自身的營運。進一步分析可能是店鋪位置不佳（區位因素）、價格不夠親民（定價策略）、口味欠佳（產品開發策略），或是前幾週的原料品質問題（品管）。

相較於前述案例，這個案例是從比較中發現實務問題。兩者的共同點在於「如何抓住消費者需求」，不同之處在於預見（前者）或事後（後者）的認知。然而，預見未必優越，因為在許多情況下，儘管預見到新的商機，但若缺乏天時、地利、人和等因素，依然無法獲得成功。

分析者可以透過多種分析方法識別商機，然而，若推廣時機不佳，成功的可能性則大幅降低。例如，近年來，人們提及「平板電腦」時，往往會聯想到蘋果公司的 iPad。然而，事實上，平板電腦這一概念早在 2000 年前後已引起廣泛討論，即二十世紀末期（Garcia, Kimura, Martins, Rocha, & Nozaki, 1999）。當時，熱切關注的需求點源於高階主管在使用電腦時遇到的操作困難，尤其是打字。這些高階人士打字速度較慢，對下屬的報告不滿意，希望進行調整，但又不願直接向下屬提出要求，以免被認為年事已高。基於此，許多電腦公司（如台灣的 Acer Tablet PC）紛紛將此視為商機（Pryma, 2002），認為有機會將相對便宜的個人電腦（與大型主機相較）銷售給管理層，從而獲得豐厚利潤。然而，由於當時技術尚不成熟（缺乏多點觸控功能），產品重量過重（2 公斤），並不夠便攜等因素，該產品逐漸退出市場。儘管之後幾年仍有一些探索，例如將 Tablet PC 應用於教育市場（Godsall, Crescimano, & Blair, 2005），但在蘋果公司的 iPad 推出之前，平板電腦並未能真正普及。因此，需求的重要性並非商人的誤判，而是時機不對。換言之，即使已經找到潛在商機並挖掘出一定價值，但若推廣時機不合適，依然無法獲得成功。

所謂的「痛點」，可理解為「值得關注之處」。換句話說，研究主題主要取決於人們對相關事物的看法與態度。當某一問題未得到解決時，人們會感受到不適（無論是因為應該採取行動卻未能實現的無力感，或是已經產生負面影響的迫切需求），這便是所謂的「痛點」。在企業經營中，「痛點」可以視為「具有價值的分析要點」。只有當人們感受到「痛點」時，他們才會想要進行深入探究。因此，綜合上述觀點，「尋找地點」實際上等同於「尋找痛點」。

進行探勘分析不僅僅是尋找可挖掘的地點，更需要思考其在管理層面的意義，即分析的實際價值。若進行探勘分析後得出的結果僅為「台北位於台灣的北部，相關性為 100%」，則這樣的結果並無意義。然而，若從資料庫中選擇的欄位包括「城市」、「位置」、「人口數」和「登革熱病例數」，在關聯規則探勘後發現，除了熱度較高且蚊蟲容易繁衍的南部地區之外，登革熱病例最多的地區竟然「並非」中部地區，儘管那裡同樣具有較高熱度和蚊蟲繁衍。這種情況可能具有一定的意義。

所謂的「意義」在此指的是「與過去經驗的差異」。然而，發現與過去經驗的差異並不一定意味著重要發現。在確定一個值得探究的點時，必須進一步進行研究以驗證所得出的結果。

在實際商業應用中，若數據分析得出的結果均可透過常規方式推導，則該分析的成果和意義在主觀上可能相對薄弱。然而，若數據分析揭示了一個出乎意料的結論，則其在主觀上具有顯著意義。換句話說，具有真正意義的數據詮釋，需要透過質化和量化的反思以及深入研究，找到獨特的發現、與經驗判斷有所差異的地方，或者能讓決策者眼前一亮的地方。這些地方可以被認為是值得深入了解的「痛點」。在這種情況下，可以將這些「痛點」作為進行探勘的議題。換句話說，當得出探勘結果時，不應將其擱置，而應透過質化和量化的方法繼續深入了解其內在意義。

在確定「痛點」之後，表示可以擁有初步的探勘直覺，以發現具有潛在意涵的結果。接下來，便需要理解商業與管理大數據可從何處挖掘。要深入了解這一點，可以從大數據的四個 V（ur Rehman, Liew, Abbas, Jayaraman, Wah, & Khan, 2016）開始思考。大數據應至少具備的第一個 V 是「Volume」（資料量要足夠大）。只有當資料量足夠大時，才能被稱為大數據。因此，挖掘的地方必定是擁有大量資料的地方。資料量不夠大（如幾百筆或幾十筆）不能被視為大數據。

然而，在實務上，初學者經常會遇到資料量不大的情況。有時候，資料量不大是因為不知道從何著手，而尋找到不合適的挖掘地點；或者由於條件限制，僅能找到一小部分資料。對於**第一點，商管人員需要思考痛點所在**，以確定真正的挖掘地點。**第二點則需要考慮是否僅受「條件」限制**。例如，若想了解氣候與股市股價的關聯性，應首先決定觀察的是全台灣的氣候資料還是部分地區的資料。氣候包括天氣狀況、雨量、風向、風速等因素，但分析時不太可能僅考慮一個因素。此外，還需考慮氣候資料是每日還是每小時記錄等條件。對於股市而言，需確定觀察的是大盤變化、特定族群或特定股票變化；以及變化是每日、每小時還是每分鐘。這些考慮因素有助於思考是否需要放寬「條件」以擴大資料擷取量。

在當今強調大數據的時代，人們往往認為資料量越大越好。然而，在實務上，也存在一些情境並不適合使用大數據方法呈現，例如內容相對有限的中小企業消費者資料庫、特定時間段的門市消費資料，甚至個人十年來的投資記錄等。這些情況並非不具有資料探勘價值，而是與消費者如何確認資料以及符合問題需求息息相關。

實際上，大多數大數據應用都是基於理想狀況。例如，在某款威士忌品牌剛上市時，產品經理已預先確定該款酒由於風味較為粗獷且價格較高，因此在形象上主要針對從事高強度戶外運動、山林活動等的 30 歲以上男性。在這種情況下，消費者的特徵已被限制得相當細緻，因此後續可用作分析的資料變得非常有限。例如，可以透過某戶外協會的會員資料及其在裝備上的購買記錄來抓取消費者的特點與共性，即能引起消費者共鳴之處。雖然這些資料無法被視為大量（Volume）資料，但在實務上仍具有重要意義。

此外，資料顆粒度過粗可能會導致資料量不足。因此，分析人員需關注資料顆粒度（Granularity）的適用性與一致性（Pedrycz & Chen, 2014）。若資料顆粒度以時間為基礎，並使用每小時資料，則在整合不同資料時，必須確保所有資料均能一致地以小時為計算單位。**將顆粒度細的數據與顆粒度粗的數據相匹配時，轉換方法相對簡單，可取平均值、中位數或具有意義的數據**（例如：將每秒股價數據轉為每小時數據，可直接查看每小時的股價）。

例如，若有每日雨量資料，則可取該月平均雨量值作為該月雨量數據。若需將顆粒度粗的數據轉為顆粒度細的數據，方法則與之相反；如有每月累積雨量數值，可將其平均分配到每一日，即該月總雨量除以該月天數即可得到概略數據。有人可能認為這種方法會使資料看起來很奇怪，因為一個月內每天的雨量不可能完全相同。然而，從顆粒度粗轉換到顆粒度細的過程本身就會出現失真，因為只能透過平均將總和歸納後的數據進行切割並進行思考，如圖 2.1.2 所示。

| 每分鐘股價 | 氣溫 |
| --- | --- |
| 48.5 | 32.2 |
| 48.6 | 32.2 |
| 49.0 | 32.2 |
| 48.7 | 32.2 |
| 48.8 | 32.2 |
| 48.8 | 32.2 |
| 48.9 | 32.2 |
| 48.5 | 32.2 |
| 48.5 | 32.2 |
| 48.5 | 32.2 |
| 48.4 | 32.2 |
| 48.4 | 32.2 |

| 每分鐘股價 | 氣溫 |
| --- | --- |
| 48.6333333 | 32.2 |

^ **圖 2.1.2** 每分鐘股價對應氣溫的顆粒度變化

> **註釋**
>
> 顆粒度的例子（由大到小）：
>
> - 時間 （年、月、日、時、分、秒）
> - 長度（公尺、英尺、公分、公寸）
> - 重量 （噸、公斤、公克）
> - 金額 （萬、千、百、十…）
>
> 氣溫只有以天為顆粒度，展到分鐘的股價，因為氣溫無法累加，在沒有其他參考資料下，只能複製到這每一分鐘，以對應股價。但如果是要將每分鐘股價與整日氣溫對應，那就只能做股價的總平均。

除了前述問題外，數據探勘者需要反思的另一個問題是：**是否尚未仔細尋找足夠的資料，導致僅能選擇顆粒度粗的資料**。例如，僅觀察月報表，即使有十年的資料，對於統計學而言，120 筆記錄或許已足夠；然而，對於大數據分析來說，這樣的數據量可能無法呈現有意義的結果。因此，對於大數據探勘，若系統負擔得起，應盡量取得最細顆粒度的數據。

在行銷實務中，品牌進行產品調研時，經常採用小樣本調查作為立論點。然而，這些調查結果的可信度仍需考量資料的代表性，例如人口統計變量的男女比例是否與目標族群相符。在預算允許且可執行的情況下，這類調查應盡量接近母體輪廓。焦點團體（Focus Group）是另一種常用的立論方法，通常應用於質性研究和深度訪談。雖然能深入挖掘量化資料無法呈現的內容，但由於參與者多半為篩選後的特定群體，推回母體時的代表性可能有待考量。因此，不建議將此方法應用於量化資料分析。若欲尋找大數據資料進行練習，可以參考加州大學爾灣分校的網站（UCI Machine Learning Repository, https://archive.ics.uci.edu）或政府資料開放平臺（https://data.gov.tw）。這些平臺提供眾多資料，可助於找到有趣且適合分析的目標。

第二個 V 指的是「Variety」（多樣性）。資料探勘的目標物（即待分析的資料）可能具有各種類型，如結構化（Excel 或資料庫）、非結構化（純文字）、圖像或影片等。然而，在分析這些資料之前，需考慮與所面臨問題相關的因素。此外，這些多樣的結構必須先經過整理才能納入分析。實務上，經常有人在進行資料分析時，僅採用某個資料庫的資料，篩選特定欄位，提取指標後便提交所謂的「分析報告」。然而，這實際上僅能稱作「基於特定統計資料的觀察」。資料分析需根據問題的核心，設想所有可能與問題相關的因素，並盡可能收集資料作為資料整合的基礎。只有在資料不斷疊加與交叉的過程中，才能真正挖掘資料中的價值（黃金）。

第三個 V 是「Velocity」（快速）。資料挖掘的結果需要具有時效性，換言之，挖掘過程必須迅速並且在特定時間點具有意義。若挖掘過程耗時過長，即使找到有用的結果（金礦），也可能因無法及時應用而喪失其價值。因此，要快速處理大數據並產生有意義的結果，大數據分析能力亦應納入考慮，如技術方面的程式設計和系統操作能力，以及管理層面的觀察角度和準確性，即找出「痛點」的經驗和能力累積。

許多企業由於內部未配備資料科學家、資料工程師或資料分析師，可能需借助外部資源以合作進行專案。然而，在理解企業需求方面，這些外部資源往往已消耗大量寶貴時間，更不用說實現即時性。

前三個 V 與技術或資料本身相關，而第四個 V「Value」（價值）則尤為重要。挖掘出的大數據資料必須具有價值，即滿足需求並在管理或商業層面具有意義，且能為公司創造利益。判別價值所在的最佳方法是從利害關係人（例如：市場消費者或賣家）的角度思考其需求（痛點），以確定適當的挖掘方向。

此外，管理人員可以結合五大管理領域，包括「生產管理」、「行銷 / 銷售管理」、「人力資源管理」、「研究與發展管理」及「財務會計管理」，並運用 4 個 V 來衍生可能的主題，以便確定潛在的挖掘地點，例如需要處理的資料庫、欄位或資料。以下將以商業應用中可能具有價值的案例進行說明（**4 個 V 以反白表示，有助於讀者在遇到類似情況時培養自己對潛在金礦礦脈的感知**，如圖 2.1.3 所示）。

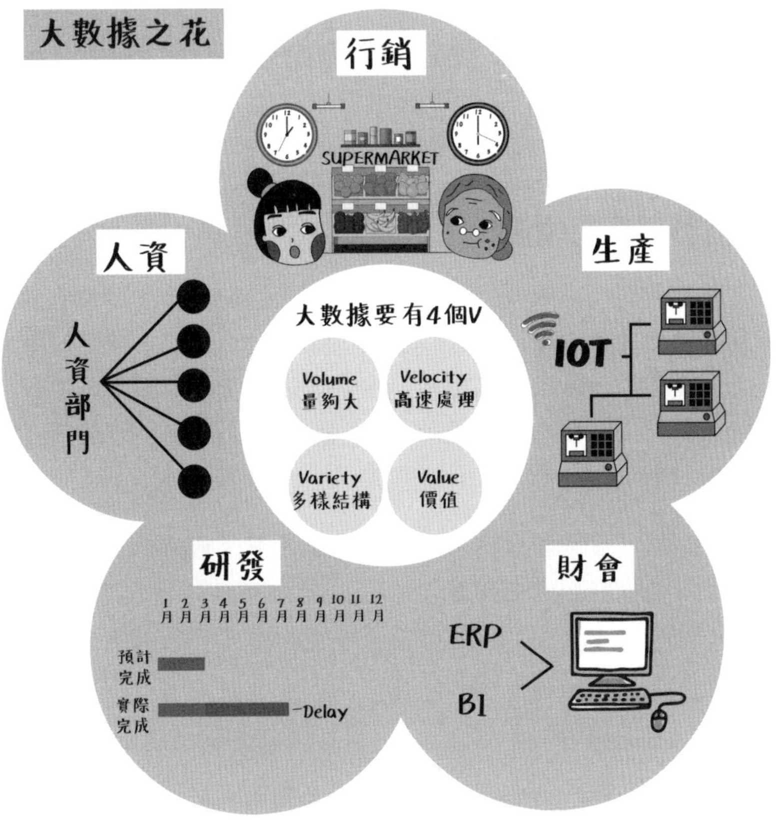


^ 圖 2.1.3　找尋大數據開挖處

## 一、生產管理應用領域

隨著物聯網（Internet of Things，IoT）的發展，生產領域逐漸產生了大量資料。IoT 是一種集成了軟體、計算裝置、機械和數位機器連接的系統，可以透過網路傳輸數據來整合收集到的**各種不同資料**。機器可以實時應對可能的狀況，無需人與人或人與設備之間的互動。

在生產管理上，結合 IoT 利用傳感器收集**大量資料（Volume）**並不斷推演問題發生的狀況，使管理者能夠實現**實時監控（Velocity）**並作出響應。透過分析各階段的產品數量、品質以及工廠物流的調控，能夠**避免生產中斷**並維持生產線的順暢運作。透過探勘技術對 IoT 收集到的資料進行長期監測，可以避免生產上的問題。例如，預測機台的健康狀況，確保機台正常運作，預測機台何時會損壞並了解如何提高機台保養效率。

以往的工廠環境中，一條生產線上往往需要數十位技師來操作，例如鎖螺絲、噴漆等依賴人力的工作，透過每位技師的經驗和工廠內部的 SOP 規範來確保品質。然而，現在透過物聯網的發展，可以使用電子扳手回傳雲端確認工件鎖固狀況，或在每次噴漆時透過感應回傳工件上的附著量，並記錄在系統中（如技師姓名、時間、噴漆量、執行時間、當天溫度和濕度等資料，增加了 Variety）。

分析人員可以在精細的計算後，第一時間找出可能造成問題的產品，優化 Quality Control（QC）流程。這樣的應用可以為公司創造價值（Value），改善產品品質並提高生產效率。

## 二、行銷 / 銷售管理應用領域

在便利商店進行觀察可以讓我們了解不同時段光臨的客群，店員在結帳時會收集**大量（Volume）且多樣化（Variety）**的客戶資料，如年齡、性別、購買時間和購買品項。這些資料若經過妥善分析，可以幫助我們更精準地掌握不同年齡層的喜好，從而針對特定客群進行行銷。例如，在中午 12 點至 1 點，學校附近的便利超商可以根據學生的購物資料，**即時（Velocity）**進行推廣和促銷活動。

此外，在銷售方面，透過建立會員資料，收集**大量（Volume）**和**多樣化（Variety）**的會員數據，可以幫助我們制定更有針對性的促銷策略。例如，透過觀察促銷活動後 6 個月內有多少人回來購買該商品，我們可以了解這段時間內購買該商品的機率，並針對這些回購的消費者寄發類似產品的促銷資訊。

透過大數據分析，我們可以進一步了解某些消費者對回購的意願薄弱的原因。例如，可以設立研究計畫，利用質化觀察方法如「焦點訪談團體」，深入了解那些未回購產品的消費者背後的原因。藉由這些數據和研究，可以提高企業的價值（Value），為公司帶來更好的營運成果和客戶滿意度。

## 三、人力資源管理應用領域

1. 「選」：人力資源工作包括探勘各類資料（Volume），以找出最需要的人才，如師徒制產業中，選材常因上級主管個人喜好而標準有所差異。為提高選材效率，可透過資料堆疊抓取每個主管希望的人才類型（Variety）。
2. 「訓」：透過大數據分析了解員工面對工作無法上手的關鍵所在，以精準的訓練幫助員工上手。試用考核機制可作為公司對員工的考核，亦為員工對公司的考核。然而，考核基準須明訂，未通過考核需有改善計畫（PIP），且這些皆需依賴大量的量化指標（Volume）。
3. 「育」：針對（Volume）各類人才績效（Variety）進行分析，以建立完善的薪酬規劃、員工福利與人才培育等。
4. 「用」：根據員工每季每月的表現，找出關鍵人才並適才適用，留住能夠執行完成工作的核心員工。如平衡計分卡或以工單工號的方式計算每位員工的產值與期望（Volume），皆需要賴數據分析協助。
5. 「留」：針對離職進行分析，從過往離職員工資料透過關聯或預測分析，找出可能的離職員工，如彙整這些員工離職前幾個月的工作狀況、上下班時間、出勤紀錄等可能的蛛絲馬跡，並進行預防與留用的動作。

為協助新進或不熟悉某項業務的員工上手，可以採用自動化的方式，讓員工自行觀看已經上手員工的操作影片。要解決此問題，首先需明確什麼是「已經上手的員工」。例如，在訓練焊接工作時，首先需了解「已經上手的員工」需要具備的條件。若能諮詢相關關鍵人士（例如焊接工作負責的主管），則可請教這些人士，上手的員工需要具備哪些條件。例如**焊接點需非常整齊**、**表面平滑**且**不得有任何凸起**。若無法諮詢相關人士，則需查詢相關資料，以了解焊接相關工作的內容及其著重點。

其次，需要定義如何進行訓練以及最有效率的方法。首先，通知員工所需條件，然後透過不同方式進行訓練，觀察實際焊接訓練結果與預期結果之間的差異。例如，假如平均需要二天時間進行訓練，而使用影片教學需要三天，而資深員工的教學只需要一天，那麼就可以知道以資深員工教學的方式是最有效率的。然而，這前提是樣本數量不能過少，且公司需要有成本和時間去進一步分析。因為公司要營利，不可能將資源投入訓練部門而不經過詳細的成本效益分析。

如果使用大數據探勘的方法，可以將過往受訓新進員工的資料欄位（例如焊接點是否整齊、表面是否平滑不可以有任何凸起）輸入電腦系統，建立大數據模型來分析。此方法可用來比較師父與影片教導在其數據呈現上是否有顯著差異，並預測可能減少誤差的情況。

> ✓ **註解**
>
> 本段落指出資料探勘的核心在於必須先收集到相關資料後進行事後分析，並且所有的分析結果都需要能被驗證。此外，社會科學和自然科學最大的差異在於前者不一定能夠不斷重現相同的實驗結果來驗證假說，因為個體間存在差異。舉例來說，即使將台積電的營運方法套用在聯華電子身上，聯華電子也不可能完全變成與台積電一模一樣的企業，因為個體之間必然存在差異。

## 四、研究與發展管理應用領域

研發部門是組織中最需要投入龐大資源和時間的部門，特別是在專案開發中，如何能夠按照預期時程順利完成是一個極大的挑戰（**專案價值就在於及時完成**）。透過大數據分析，可以預測研發過程中可能遭遇的問題，並提前排除或發現需要細部探究的重要項目，進而幫助專案的開發進行。例如，可以透過向研發團隊成員詢問延誤原因，整理分析員工和儀器對研發進程的影響，並將主客觀條件和數據納入分析，以找出真正影響研發進程的關鍵要素。

## 五、財務會計管理應用領域

會計是企業中最重要的部門之一。如果企業已經整合了企業資源規劃系統並建立了共同資料庫，就已經擁有了進行財務會計資料探勘所需的兩個基本條件：**大量**以及**多樣化**的數據。可以透過挖掘企業資源規劃所彙總的財務會計及各部門資料，進行有興趣的探究，並透過商業智慧的數據呈現，幫助業者理解企業狀況。企業資料通常是「患多」而不是「患不足」。就探勘所需的大數據而言，是完全足夠的，只是要根據探究議題選擇適當的欄位。

除了企業內部的大數據應用，財會領域的其他應用包括：銀行放款部門可以透過分析客戶交易資料與過往詐欺行為資料進行大數據比對，查看交易紀錄及手法是否具有詐欺可能性，進而提早發現潛在詐欺行為，並拒絕這筆貸款。現今也有一些銀行與數據分析公司合作，透過其他數據管道取得的公開資料或消費者同意分享的資料內容，來協助銀行進行放款評級，這也是一種實際的大數據應用案例。

「五管」指的是「策略管理、資訊管理、人力管理、財務管理、風險管理」，它們各自代表著企業的重要面向。然而，在現代的數據搜集與串流精細的運作過程下，這五個面向之間的連動也越來越密切。舉例來說，在實名制購買的狀況（如某知名美式大賣場）也有機會可以從銷售端的 POS 機整合會員資料到 CRM（customer relationship management, 客戶關係管理）系統，接著回饋到 ERP 系統來影響公司五管的面向。消費者資料如果出現特定形態（Patterns），或可以認為某些消費者在幾次購買之後就不再來買的機會很大。此外，若透過任何會員直效行銷手段也不能讓消費者回購，則可以透過大數據探勘搭配質化分析，針對這些消費者最後一批購買的紀錄進行分析，並回推銷售階段與原料產製過程。如此，就能夠發現產品生產時可能存在的一些貨品原料與其他原料有細微差異（並非不良狀況，例如稍微苦一點點的茶葉等），而消費者對此可能產生不良印象。透過此種方式，就能在生產端進行改善，控制並分類原料，重新整理產品的開發流程與品管。

除了結合五管資料外，還可以結合 "What 何事 "、"Where 何地 "、"When 何時 "、"Who 何人 "、"Why 何解 "、"How 如何 " 來進一步思考管理意涵，進行深度挖掘。以證券公司為例，管理者在意的應該是股市的即時狀況，但如果進一步整合 What（何事）和 When（何時）去查看五管中的人力資源與配銷，可以了解哪位員工的股票交易最成功，以及其成功的原因；或是哪位員工對公司營收做出了重要貢獻或沒有貢獻等。這些資訊可以透過大數據分析與商業智慧的整合呈現。

## 還有想到哪些應用？

透過管理意涵的探究確認主題之後，要了解內在意義，當然不必然只在特定欄位或資料進行探究，也能擴充其他有意義的部分來進行分析。所以，所謂的「管理意涵」，應用在探勘上，是可以幫助各位找到可以開挖的地點。如果是資料庫，就是指透過管理意涵與否就是可以當作哪些欄位必須要納入分析的判別標準。

對於尚未進入職場、經驗不足的商管學生而言，若自認缺乏積累管理嗅覺（即建立具備管理意涵的直覺），可以先試著將不同的資料交叉比對**（例如消費者購買記錄與氣候）**，進行腦力激盪，思考可能的想法。建議讀者們經常進行交叉查詢的腦力激盪，可幫助自己發現不同的意涵，進而產生不同的想法。

最後提醒各位讀者，在透過探究交叉主題的方式提出具備管理意涵的有趣主題之前，必須思考資料是否能夠確實地收集得到。即使主題看起來很有趣，若無法蒐集到相關資料，也會變得毫無意義。舉例來說，若想探討股市與氣象之間的關係，以了解投資人的投資習性，股市資料相對容易取得，但氣象資料因地區氣候差異而異，需要考慮哪個地區的氣象資料才是適合的，如全台灣、台北市或新竹市等。此外，若想了解台北市信義區的氣象資料，也需要選擇相應的資料顆粒度。股市資料變化瞬息萬變，如何與每日的氣象概要報導合併處理，例如今天天氣的氣溫區間、上午、下午、晚上的下雨情況，以及分時的空氣品質資料等，也需要進行資料整合。時間粒度的不同也會對整合造成影響，因此需要進行適當的資料轉換。

在這裡提醒讀者再次回顧顆粒度的概念。如果依循的是時間顆粒度較細的股市資料，而氣溫的時間顆粒度較粗，則必須將顆粒度較粗的氣溫資料複製並填滿資料表上的空缺，如圖 2.1.2 左邊所示。反之，如果需要將時間顆粒度較細的股市資料匹配到時間顆粒度較粗的氣溫資料，則必須將時間顆粒度較細的資料進行平均，並與時間顆粒度較粗的資料進行整合，如圖 2.1.2 右邊所示。換句話說，挖掘主題時，不應只看到資料就開始挖掘，還必須注意顆粒度的粗細程度（提示：顆粒度不一定只是時間，也可能是地理位置，例如台北市相對於信義區來得顆粒度較粗）。

### 本節心得

探勘不是隨意開挖，必須要先理解「痛點」從這邊為起點然後遵循 4V 法則與 5W1H 去腦內發想來找尋與探勘需求有關的資料有哪些，收集得到整理那些資料與否，確定好後才能開始挖掘。

### 回饋與作業

1. 請說明「痛點」的意義。
2. 請問「計算商品與商品之間的關聯距離」是監督式探勘還是非監督式探勘？

## 2.2 如何找到可挖掘的探勘地點

在進行資料探勘前，需要先確保挖掘所需的資料處理完畢，否則可能會在進行探勘的過程中發生問題。此外，若未事先進行施工計畫，也可能在進行探勘的過程中遭遇困難，例如挖掘到水源或地層無法穿透等問題。若沒有先行規劃並處理好這些問題，可能會影響最終的分析結果。因此，在確定探勘痛點之後，需要開始著手處理資料，以避免後續的問題出現。

在進行資料探勘之前，需要先確認納入分析的資料品質。然而，需要先明確品質在資料探勘中的真正意義。資料的品質在資料探勘中指的是資料的完整性和可用性，這兩者缺一不可。完整性指的是資料應該是完整無缺的，欄位和格式也應該是正確的。可用性指的是資料在分析過程中應該是可用的，且具備管理意涵。如果資料完整，但不可用於分析，那麼這樣的資料是沒有用的。如果資料可用，但缺失某些關鍵元素或者資料存在錯誤，那麼分析出的結果也就無法說服他人其結果是有效的。因此，我們需要首先從資料完整性方面進行資料品質稽核，然後再從可用性方面進行評估。

**有品質 = 完整 + 可用**

## 資料完整

所謂的資料完整，是指資料內容完備且沒有缺漏值。當資料量不大時，如 500 筆 / 列，可以使用肉眼判斷資料是否完整；但若資料量較大，可透過軟體進行統計分析，如 SPSS Modeler 中的 Data Audit（資料審核）節點或是 SAS、Statistica 等軟體，以統計參數如類型、最小值、最大值、圖表、總和、全距、平均值、標準差、變異數、偏態、峰度、中位數、眾數及唯一值等作為參考來判斷資料的品質。此外，使用 Excel 也可以透過函數來檢查資料的完整性。在確認資料的品質時，除了確認**有效性（資料內有沒有空值或缺漏值、欄位及格式是否正確）**，還需注意資料的完整性。在實務上，有些企業或單位可能擁有龐大的資料庫，但實際能用的資料卻相對稀少，此現象可能因各種因素所致，且這些因素會先行影響資料的完整性：

1. 企業或單位的大量資料來源往往是從自行建置的小型資料庫彙整而來，這些資料庫雖然資料量龐大，但卻十分零碎。如果在建置這些小型資料庫時沒有好好地規劃可以用來決定一筆紀錄的欄位（Unique ID，也就是資料庫管理上所謂的主鍵，Primary Key，PK）（Sandhu, 1994）的話，可能會導致消費者在同一個資料庫中出現多次的情況。這除了可能會在分析時造成問題外，若後續需要透過 CRM（Customer Relationship Management，顧客關係管理）系統進行行銷行為時，也可能會遇到重複寄送或某人名稱下無對應資料等問題。不論是多筆資料對應同一人，或是一筆資料對應多人，都可能會導致後續分析失真的結果。
2. 由於不同的資料蒐集方式多樣，例如商場前台 POS 系統、長期運作的 CRM 系統以及活動參與資料等，並非經過長期具有規劃性的建置，因此資料庫中可能會出現 A 消費者與 B 消費者之欄位缺漏程度差異大的情形。當遇到這樣的情況時，通常需要進行資料庫的健檢，並提出增補計畫。
3. 在資料庫建置時，若缺乏正確的資料欄位定義與寫入防呆機制，常常會發現手機號碼、出生年月日、地址、電子信箱等欄位的格式互不相同，內容也可能有錯誤。以手機號碼為例，常見的問題包含 +8869xxxxxxxx、09xxxxxxxx、09xx-xxxxxx、09xx-xxx-xxx、09xx-xxxx 等格式，其中內容可能有誤，例如最後一個例子只有八碼。這樣的問題需特別注意，並透過資料庫健檢等措施進行改善。
4. 在現今強調資料為王的時代，企業體或單位蒐集個人資料的熱衷度逐漸攀升，然而重複或錯誤的情況亦愈趨嚴重。在平台會員註冊時，消費者需要填寫的資料相當龐大。資料維運方通常會認為，蒐集的資料越多，資料的完整度越高，並能提高後續的可用性（此處不討論資料蒐集的必要性與個資法的相關性）。然而，當消費者需要填寫過多資料時，易失去耐性，導致資料的錯誤率上升。一旦錯誤的資料進入資料庫，加上一個客戶可能在多個平台上都輸入不同的資料，導致真正正確的資料難以判斷。在沒有設定規範的情況下，資料庫管理者或電腦系統均無法自動辨識這些資料的正確性。

在資料庫管理中，當資料庫內容欠缺時，系統會自動以 NULL（空值）補上。在資料庫中，「NULL」不是指「零」、「0」或者「空白」，而是指不存在的數據，不指向任何事物，可近似於佛家的「空」。對於從資料庫倒出並儲存為 CSV 檔案的資料，左邊可以看到 NULL，但這不是空值，而是純文字字串。CSV 檔案是以逗號隔開不同欄位之間的純文字格式檔案，並且可以避免 EXCEL 有總列數限制的問題。在 CSV 檔案中，資料無法以物件方式帶入屬性，因此 NULL 從資料庫轉到純文字檔案時就不再具備「空」的特性而只能是一組真實的文字字串格式。CSV 檔案的優點在於**可以儲存幾乎無窮多的資料量**，但缺點在於一律以文字方式儲存，可能出現格式不一致的問題。即使現在的資料探勘軟體在匯入資料的時候大多都具備自動判別資料是數值、文字、日期等的功能，仍需人工確認以確保分析資料的正確性。

| PO | TRANSDAT | TRANSTIME | SERNO | SALENO | CCARID | MEMNO | SRCNO |
|---|---|---|---|---|---|---|---|
| 1 | 20020102 | 1321 | 32076 | 42113 | NULL | NULL | 9004061 |
| 1 | 20020102 | 1322 | 32977 | 42113 | NULL | NULL | 4.7105E+12 |
| 1 | 20020102 | 1324 | 32978 | 42113 | NULL | NULL | 4.71E+12 |
| 1 | 20020102 | 1324 | 32978 | 42113 | NULL | NULL | 4.7106E+12 |
| 1 | 20020102 | 1324 | 32978 | 42113 | NULL | NULL | 4.01E+12 |
| 1 | 20020102 | 1327 | 32979 | 42113 | NULL | 02000300 | 4.7109E+12 |
| 1 | 20020102 | 1327 | 32979 | 42113 | NULL | 02000300 | 4.7016E+12 |
| 1 | 20020102 | 1327 | 32979 | 42113 | NULL | 02000300 | 4.7155E+12 |
| 1 | 20020102 | 1327 | 32979 | 42113 | NULL | 02000300 | 4.7102E+12 |
| 1 | 20020102 | 1327 | 32979 | 42113 | NULL | 02000300 | 4.71E+12 |
| 1 | 20020102 | 1327 | 32979 | 42113 | NULL | 02000300 | 4.7101E+12 |
| 1 | 20020102 | 1327 | 32979 | 42113 | NULL | 02000300 | 4.7106E+12 |
| 1 | 20020102 | 1327 | 32979 | 42113 | NULL | 02000300 | 4.711E+12 |

```
COMPANY Strno,Posno, TRANSDAT,TRANSTI ME, SERNO,SALENO,CCARID,MEMN
CE,SALE_aTY,SALE_AMT,SALE_WGT,TAX_AMT,DISC_AMT,IN_COST,11S_PRIC
1201,1026,01,20020102,1321 ,32976,42 1 1 3,NULL,NULL,9004061,000040 610
00000,000-72,000000,000000
1201,1026,01,20020102, 1 322,32977,421 13,NULL,NULL,4710543215040, 100
0000,000001,000000,000000,000000
1201,1026,01,20020102, 1 324,32978,42113,NULL,NULL,4710012241549, 100
0000,000005,000000,000000,000000
1201,1026,01,20020102,1324,32978,421 1 3,NULL,NULL,4710583100016, 100
0000,000000,000000000000,000000
1201,1026,01,20020 1 02,1324,32978,421 1 3,NULL,NULL,501 0006100128, 100
0000,000002,000000,000000,000000
1201,1026,01 ,20020102,1327,32979,42 1 13,NULL,0200030083-00,47109 080
,000159,00000,000007,000000,000000,000000
1201,1026,01,20020102,1327,32979,421 13,NULL,020030083-00,471055200
,000165,00000,000014,000000,000000,000000
1201,1026,01,20020 1 02,1327,32979,42 1 1 3,NULL,0200030083-00,44710 249
,000038,00000,000001,000000,000000,000000
1201,1026,01,20020102,1327,32979,42 1 1 3,NULL,0200030083-00,47100 119
```

^ **圖 2.2.1** CSV 資料檔案範例

> **註解**
>
> CSV 檔案的好處是其沒有容量上限，想存多少就存多少。像是 Excel 2007 以後的版本，就是只能最多 16,384 個欄位（X 軸，就是欄位名稱）以及 1,048,576 列（Y 軸，也就是資料筆數）。

此外，資料輸入過程中可能會出現人為的錯誤，例如：以 CSV 檔案匯入資料時，卻未將表頭移除。如果資料庫軟體未提供適當的轉換功能或者使用者在匯入過程中忽略了轉換選項（現今大部分的資料庫軟體都能以簡單的勾選方式將表頭視為欄位名稱），那麼資料的格式就會有誤，可能含有無法納入分析的內容。若如此，分析結果很可能會出現錯誤。

在多列表頭的情況下，資料庫的處理會變得複雜，需要進行轉換。如果想要避免這樣的問題，建議先將多列表頭的資料展平為兩個維度（即「欄」和「列」），刪除不需要的列（例如表 2.2.1 中的公司名稱「ABC-Company」和報告名稱「Daily Report」），或者將它們與其他資料**降低維度**後重新命名。資料採勘軟體通常無法自動判別超過兩個維度以上的資料，需要先對資料進行整理，也就是先進行聚合。

**表 2.2.1** 過多維度資料無法分析

| | | | ABC-COMPANY | | DAILY REPORT | | | | |
|---|---|---|---|---|---|---|---|---|---|
| COMPANY | STRNO | POSNO | TRANSDAT | TRANSTIME | SERNO | SALENO | CCARID | MEMNO | SRCNO |
| 1201 | 1026 | 1 | 20020102 | 1321 | 32076 | 42113 | NULL | NULL | 9004061 |
| 1201 | 1026 | 1 | 20020102 | 1322 | 32977 | 42113 | NULL | NULL | 4.7105E+12 |
| 1201 | 1026 | 1 | 20020102 | 1324 | 32978 | 42113 | NULL | NULL | 4.71E+12 |
| 1201 | 1026 | 1 | 20020102 | 1324 | 32978 | 42113 | NULL | NULL | 4.7106E+12 |
| 1201 | 1026 | 1 | 20020102 | 1324 | 32978 | 42113 | NULL | NULL | 4.01E+12 |
| 1201 | 1026 | 1 | 20020102 | 1327 | 32979 | 42113 | NULL | 02000300 | 4.7109E+12 |
| 1201 | 1026 | 1 | 20020102 | 1327 | 32979 | 42113 | NULL | 02000300 | 4.7016E+12 |
| 1201 | 1026 | 1 | 20020102 | 1327 | 32979 | 42113 | NULL | 02000300 | 4.7155E+12 |
| 1201 | 1026 | 1 | 20020102 | 1327 | 32979 | 42113 | NULL | 02000300 | 4.7102E+12 |
| 1201 | 1026 | 1 | 20020102 | 1327 | 32979 | 42113 | NULL | 02000300 | 4.71E+12 |
| 1201 | 1026 | 1 | 20020102 | 1327 | 32979 | 42113 | NULL | 02000300 | 4.7101E+12 |
| 1201 | 1026 | 1 | 20020102 | 1327 | 32979 | 42113 | NULL | 02000300 | 4.7106E+12 |
| 1201 | 1026 | 1 | 20020102 | 1327 | 32979 | 42113 | NULL | 02000300 | 4.711E+12 |

在表格分析中，如果表格的欄位（維度）超過兩個以上，分析軟體或演算法將無法正確辨識每一個資料，進而將其視為一筆包含大量空白資料的資料紀錄，這樣的資料不

符合高品質的資料特性。以表 2.2.1 為例，其原本的呈現方式為三個維度，即欄、列和表頭，雖然對人類而言易於理解，但對於分析軟體而言卻有問題。因此建議先將多列表頭的資料轉換為單純的兩個維度，並刪除不需要的列或欄，或者將其降低維度後「另外取一個可以聚合的名稱」，以便分析軟體進行聚合分析。

若不想刪除欄位名稱，可透過聚合方式將維度降低。**聚合即是將兩個維度合併，並指定一個名稱表示該欄位的意義**。舉例來說，在表 2.2.2 中，「ABC-D」是合併了「ABC-Company」與「Daily Report」這兩個維度的欄位名稱，其代表了「ABC-Company」的「Daily Report」中的「COMPANY」欄位。透過聚合後，資料被降低到二維，只剩下欄與列，但仍能看出原始高維度的意義，如表 2.2.2 所示。

**表 2.2.2** 降低維度後的表格

| ABC-D-COMPANY | ABC-D-STrno | ABC-D-Posno | ABC-D-TRANSDAT |
|---|---|---|---|
| 1201 | 1026 | 1 | 20020102 |
| 1201 | 1026 | 1 | 20020102 |
| 1201 | 1026 | 1 | 20020102 |
| 1201 | 1026 | 1 | 20020102 |
| 1201 | 1026 | 1 | 20020102 |
| 1201 | 1026 | 1 | 20020102 |
| 1201 | 1026 | 1 | 20020102 |
| 1201 | 1026 | 1 | 20020102 |
| 1201 | 1026 | 1 | 20020102 |
| 1201 | 1026 | 1 | 20020102 |

以下進一步說明一些資料上的錯誤成因與解決方法。

## 一、空值

在進行資料品質稽核時，最重要的一個步驟就是檢查收集到的資料是否存在空值（NULL 值）或空白字元（即按下鍵盤上的空白鍵所產生的字元）。這些空值或空白字元都會影響到數值等欄位的分析。例如，從圖 2.2.1 中想要獲取屬於「MEMNO」的資料，但是發現該欄位存在大量的 NULL 值。如果使用者不熟悉英文，這些 NULL 值可能會讓他們誤以為是 MEMNO 欄位中的一種數值。如果電腦系統將其視為 MEMNO，這可能會導致後續分析的嚴重錯誤，進而對分析結果造成混亂。以下為造成空值的原因：

### 1. 粗心大意

在進行資料探勘的過程中，若出現雜訊（Noise）、遺漏值（Missing Values）或是離異值（Outlier）等不良資料，將會影響探勘的結果。有些人會將這些數據直接改為「null」，然而，資料探勘的演算法會根據這些資料的值去分析結果。若出現空值，演算法可能會認為這是其中一個重要的數值而納入計算，導致探勘出來的結果是垃圾進垃圾出（Garbage in, garbage out, GIGO）的結果。因此，在資料探勘之前，需要對資料進行前處理，例如使用合理的填補方法來處理遺漏值，或使用適當的離群值處理方法來處理離異值，以避免這些不良資料對分析結果造成影響。

### 2. 系統一直在新增 / 改變編碼

在系統改變編碼或代碼變動時，如果缺乏系統完整性且只顧著改動上級交辦的事宜而忽略了充分考量，可能會導致資料典的更新不足。這樣會導致在進行資料探勘時，無法擷取到所需的數據，而只能取得空值（NULL）。實際上，這種問題是可以防範的。例如，系統可以設定防呆（如：**不得輸入 NULL 值**）的功能來防止輸入 NULL 值，或在**輸入或修正資料時提醒必須參照過往資料點**。這些措施可能有助於減少此類問題的發生。

## 二、錯誤值

資料品質問題不僅限於缺值，還有可能由於錯誤而產生。其中一個常見的問題是資料輸入錯誤。不過，現代系統設計較為聰明，透過下拉選單設計，將資料輸入轉為選擇題，讓輸入者從正確的選項中選擇，以餵入正確格式的資料。然而，文化差異也可能導致錯誤發生。

在資料輸入過程中，若出現了全形、半形或文化差異等錯誤，將導致資料不統一的問題。例如，在手動輸入客戶資料時，有時為了快速輸入而懶得切換成半形或全形（英數全形的２０２０年與半形的 2020 年是無法比較的），導致最後發生資料格式錯誤。像台灣還有分農曆與國曆，或者民國與西元，需要做資料轉化後才能進行資料合併否則會發現錯誤。此外，中文英文數字的轉換也可能導致錯誤，如收集「信義路 1 段」的資料時無法撈到「信義路一段」的資料。這些問題需要在資料整理階段進行調整，但當進出資料量大時，資料處理單位往往來不及針對進來的資料進行調整。因此，建立防呆機制，從資料的輸入端進行調整，是資料庫建置時必要考量之一。例如，透過下拉選單設計，讓輸入者選出正確的答案，以餵入正確格式的資料。

## 三、精準度（顆粒度）

顆粒度是指資料的細緻程度，對於資料探勘而言，選用資料時需要特別注意其累積情形（accumulated data，也就是彙整後的數據）和顆粒度的合適性。選用粗顆粒度的資料並不代表不可使用，而是需要根據分析的目的而定。以螢幕解析度或細緻程度來類比，資料可以按年、月、日甚至時、分、秒來解析，例如分析高速公路某時段的車流量或某秒的股票價格等。在選擇分析用資料和呈現用資料的顆粒度時，需要根據探究的議題而定。

在分析資料時，若使用較細的顆粒度進行分析，轉換成較粗的顆粒度呈現資料會比較容易；相反地，將較粗的顆粒度轉換成較細的顆粒度則會較困難。以圖片為例，當一張照片的解析度原本為 640×480（即較粗的像素，就是較粗的顆粒度）時，若想要轉換為 1024×768（即較細的像素），就可能會因為多出來的部分只能透過演算法去填補而造成失真。

在了解大數據資料的特性與判別標準後，如若不知道要找的資料的顆粒度，建議以最細顆粒度為主進行收集。如果空間充足，就以尚未加總前的原始資料為主。在資料搜集階段，可以透過第一時間的資料分類與防呆來做到精確度的控管。例如，當消費者輸入 [ 台北市中正區羅斯福路一段一號 ] 時，資料儲存應分開儲存為 [ 台北市 ][ 中正區 ][ 羅斯福路 ][ 一段 ][1 號 ]，以管控顆粒度的粗細。在探勘之前，要先去了解選擇的顆粒度對分析的意義，是否有管理意涵或行銷意涵。例如，如果要找一位記憶力好的手搖飲料店店員，就需先定義何謂「**可以代表記憶力好的顆粒度**」，例如以顆粒度「**一分鐘內或五分鐘內記得越多顧客的要求**」來搜尋。最後，提醒當使用浮點小數時，也需要確認小數點的精度應取到小數點下幾位，因為那也是一個容易忽略的顆粒度。

## 四、類型錯誤

類別資料是指欄位內容屬於不可比較大小的資料。例如，性別的資料可分為男或女，通常使用數字 1 表示男性，0 表示女性，但 0.5 就無法明確表示為男性或女性。若資料中必須考慮數值 0.5、0.4、0.01 等，這資料就不再是類別資料，而是連續資料。連續資料是可以比較大小且具有數值連續性的資料。例如，在填寫問卷時，可能會使用「非常同意（5）、同意（4）、普通（3）、不同意（2）、非常不同意（1）」等選項進行評估。儘管這些選項使用數字表示，但其背後的意涵是具有連續性的，因此可進行平均數、變異數或標準差等計算。然而，這樣的衡量方式不是邏輯上的非零即壹（Boolean）的衡量方式。

在實務上，常常因為欄位類型（欄位屬性，例如：字串、數字、浮點數等）設定錯誤而導致分析結果失真或過於理想化。例如，原本是想探討消費者屬性（如性別或年齡層等類別變數）與商品（也是類別變數）之間的關聯性，但在設定欄位時，直接使用消費者編號（客戶代碼或身分證號）與商品進行關聯分析（關聯式分析），這只適用於類別資料，結果看起來非常完美。這是因為消費者編號和商品之間是一對一的對應關係，例如客戶代碼 A0001 買了甲、乙商品，客戶代碼 A0002 買了甲、丙商品。這是消費者和商品在紀錄上的個別直接對應，也就是一對一的關係，因此每個關聯都僅有一筆紀錄，看起來非常完美（但對行銷而言毫無意義）。若是改為先將消費者進行分群（如根據北、中、南、東、離島等地區區隔、性別等）再進行關聯分析，則結果不會那麼完美，但應該能夠看到一些有趣的結果。

在分析大數據時，若欄位的類型設定錯誤，就可能導致分析結果失真或產生過於完美的狀況。例如，原本是要探究消費者屬性與商品之間的關聯性，但欄位設定為消費者編號與商品，直接進行關聯分析，僅適用於類別資料的方法。因此，每筆資料中每個消費者的編號對應商品資訊，即形成一個完美的一對一對應，但這對於行銷分析並無實質意義。相反，若先將消費者分群，再進行關聯分析，可能產生更有趣的結果。此外，在分析大數據時，若將連續值誤判為離散值，也可能產生一對一對應的錯誤完美。例如，原本的連續數值（如 123.1、102.9、134.5 等），卻被誤判為類別資料。這就像是將每個數值與某個人物相對應，例如「123.1」代表張三、「102.9」代表李四、「134.5」代表王五等，因此在進行關聯分析時可能產生一對一對應的情況。

假設一組數據，如 25.1、37.9、18.5，代表溫度，為了進行分析，需將這些連續數值轉為離散。一種常見的方法是將數值區間化，例如將 0-10 度劃分為「極低溫」、11-20 度為「低溫」、21-30 度為「適溫」，31 度以上為「炎熱」。因此 25.1 度的溫度值會被歸類為「適溫」區間。這樣的處理方法與統計學中的累計次數分配表相同，其目的在於將數值進行歸類以利後續分析。

在資料分析上，離散資料與連續資料可以互相轉換。例如原本資料中的類別為「極低溫」，有 3 筆資料，可以將其轉為數值，計算出其平均值作為新的數值資料。例如「極低溫」是指 0-10 度，取平均 5.5 度，因此在資料上會出現 5.5 度 3 筆資料。

圖 2.2.2 呈現了連續數據轉換為離散數據的範例。左側為原始的連續資料，右側則是轉換為四個離散類別，分別為 "[0.515, 0.625]"、"(0.625, 0.735]"、"(0.735, 0.845]"、"(0.845, 0.955]"。因此，透過累計次數分配表的方式，可以將連續數據轉換為離散類別。而離散類別則可以透過計算中位數或平均數，轉換回連續數據。例如，在區間 (0.735, 0.845] 中，其平均數為 0.790，可以取代該區間內左側數據中符合區間範圍的數值。然而，在填入平均數之後，我們可以看到該數據與實際數值之間存在顯著誤差，這就是離散轉換為連續數據時可能產生誤差的原因。

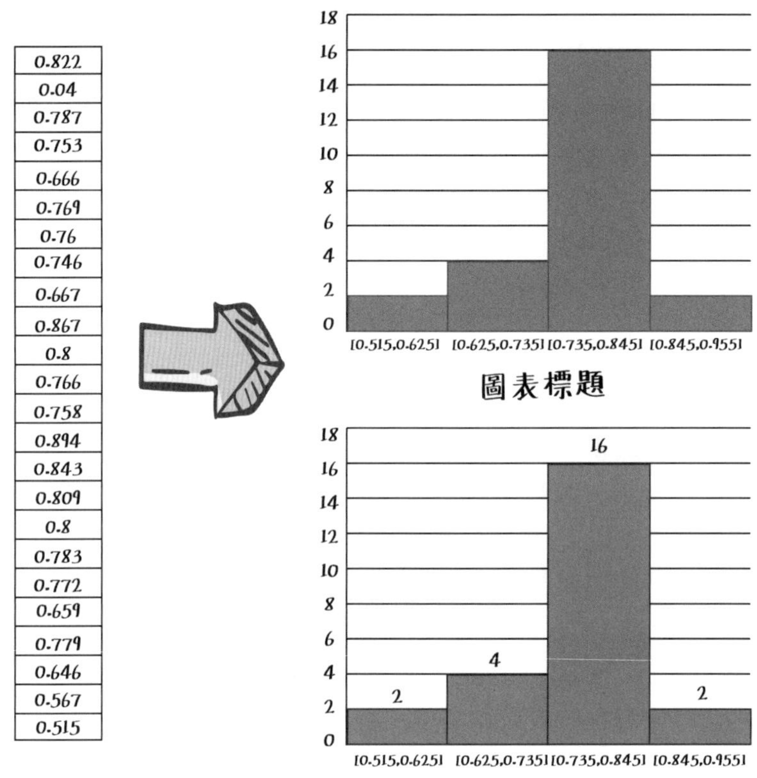


^ **圖 2.2.2** 連續與離散的轉換

> **切記**
>
> 離散與連續的轉換過程一定會出現誤差

## 資料可用

「可用」指的是在分析過程中可以使用的資料。在商管分析中，必須確保分析的主題是「痛點」，具備五管意涵。例如，若想找出「客戶下次會買什麼」，所需的資料包括客戶資料（如會員編號或其他可辨識或涉及特定個人的資料）、商品資料，以及最重要的時間或次序資料。這些資料是分析上需要使用的，其他欄位則可以不予考慮。如果分析結果出現嚴重錯誤或過於完美（但需注意，在資料探勘的世界中，過於完美極可能是一種錯誤），則應檢查欄位類型的設定是否正確，並檢視資料是否可用。在確認可用的資料後，接下來還要進一步去確認：

1. **確認是使用 / 適用什麼演算法**

   在找到資料並整理成相同格式後，分析人員需要思考最終目的，以選擇最適合的演算法。例如，若想知道哪一位股票分析人員下的單比較容易賺錢，可使用「決策樹分析」針對員工與交易上的資料進行分析，以了解其建議投資下單後的賺賠結果。

若是要找出客戶購買商品的相關性以進行搭售，則需選擇「關聯規則」進行分析。例如，在過往歷史紀錄中觀察客戶先購買香菸及啤酒後，是否會一起購買牛奶。若分析結果顯示有 70%~80% 的客戶在購買香菸或啤酒時也會同時購買牛奶，就可以針對這些客戶進行精準行銷，例如在結帳時印上牛奶促銷廣告或給予折價券。

雖然現在有些自動建模（auto-modeling）系統可以協助分析人員進行資料探勘，甚至協助選擇最佳演算法，但若遇到無法自動建模的情況，分析人員仍需進行演算法的選擇，以選擇合適的模型進行分析。

**2. 再次確認資料可以解決精準定義後的問題**

選擇的資料必須能夠解決提出的問題，才能認為是有品質的。例如，進行「**序列樣式**」探勘時，首先必須了解時間間隔的意義，以便定義出何謂下次，例如下週、下個月、下一年度或下一筆交易。如果是看下一筆交易（不管何時發生），或許不需要對資料進行整理。然而，若需要符合精確的時間區隔，就必須先對資料進行整理，再進行分析。因此，在商管分析中，要進行「**序列樣式**」探勘，必須確定要解決的問題，然後根據實際需求整理資料以便進行分析。實務上，通常在定義問題時會先提出一個假設或假說，以便明確資料解析的方向，也有助於部門解決問題的預算投放估計。

**3. 選擇的資料務必要能給予管理意涵的解釋**

最後，值得強調的是，找到的資料必須具有管理意涵，否則分析結果就是無效的。以分析客戶忠誠度為例，從購買日期和回購紀錄上找到的資料，需要先確定要看多久的時間範圍，如一年或一個月。在職場上，需要透過累積觀察經驗才能確定分析一定時間範圍內的資料能夠帶來分析價值和效益。如果主管想了解股市和投資之間的關係，分析人員不能僅僅將所有過往股市資料都抓進來分析，而需要考慮股市大漲後暴跌的因素，否則分析結果就不可能準確。

在進行大數據分析時，**找到的資料必須能夠解決所提出的問題**，而這些資料也必須是有品質的。因此，在進行分析前，商管人必須先確認所要解決的問題是否具備五管意涵，然後再針對所定義的問題去整理資料，使其能夠被分析。在整理資料時，必須要先確定時間間隔的定義，才能正確地進行序列樣式探勘。在找到資料後，商管人也必須要確認這些資料是否具有管理意涵，並且適合放入模型或演算法進行分析。此外，對於一些特殊情況，例如股市暴跌，分析人員必須要具備領域知識，才能判斷哪些數據適合用於分析。因此，**對於大學商管生而言，要能夠從主觀角度出發，結合五管思考管理意涵，再尋找相關資料作為分析的起點**，這是一個不錯的開始。

> **確實，對於企管人來說，「管理意涵的觀察力」是資料探勘中最重要的能力之一。透過管理意涵的觀察力，企管人可以從資料中發現問題，並且提出解決方案。除此之外，管理意涵的觀察力還可以幫助企管人選擇最適合的演算法來解決問題，確保分析結果的有效性。因此，企管人需要在實務中不斷累積觀察經驗，以提升自己的管理意涵觀察力。**

## 最後的最後再次提醒：不要相信過度完美的結果

在資料探勘過程中，分析者需要注意到結果是否過於完美，因為這並不一定代表是好的結果，甚至有可能是分析者的主觀意識影響了結果。舉例而言，在關聯規則演算法中，有可能探勘出信心度與支持度接近百分之百的結果，但卻沒有任何意義，如以台北市在台灣的北邊為例。此外，有時會將連續值誤變成離散值來進行探勘，這樣會導致雖然探勘出來的結果非常完美且具備可信度，但卻因為關聯過細而沒有任何意義。例如，在使用關聯規則演算法分析資料時，如果將原本是連續值的資料（如 1.0 和 1.1）視為離散值，就可能會將它們視為不同的類別記錄，而非數字。因此，雖然最後得到的結果非常完美且具有可信度，但是由於關聯度太過細微，這些結果卻可能毫無意義。應注意避免將資料強行轉換為不適當的形式以達到更完美的結果，而應保持初衷，並應適當地調整演算法以獲得更有意義的結果。因此，必須檢查欄位選擇是否正確，並確認所做的資料是否符合分析初衷，進行完整性與可用性的檢核。

探勘到珍貴的資料不是一件容易的事，若探勘過於簡單，則到處都能發現寶藏，而現實情況並非如此，因此需要面對過於完美的資料時，必須檢查其完整性及可用性（也就是**再三檢核**）。根據本節所提出的原理與概念進行檢核，以確定其結果是否有意義且可應用於商務上。在數據分析的環境下，讀者所希望的結果多為已有決策而需數據背書或者尚未有決策而希望數據分析的結果能提供不同面向的突破，然而，不論是哪一種商務應用，都需要秉持客觀分析及嚴謹的資料控管。

## 簡單檢核

在探勘出資料後，應該先思考該資料的管理意涵，並確認執行的結果是否有誤，才能適時地向上呈報。即使不了解資料探勘演算法，也應該先做查核以確認是否有以下五點的做到，再考慮是否要繳交報告：

1. **確認所使用的資料不含有錯誤的內容。**
2. **確認所使用的演算法為正確的演算法。**
3. **確認資料的類型是被正確的處理。**

4. 每當探勘出資料時，都應該思考它是否具有管理意義。
5. 確認探勘結果可以說服自己，並且可以有效地說服其他人。

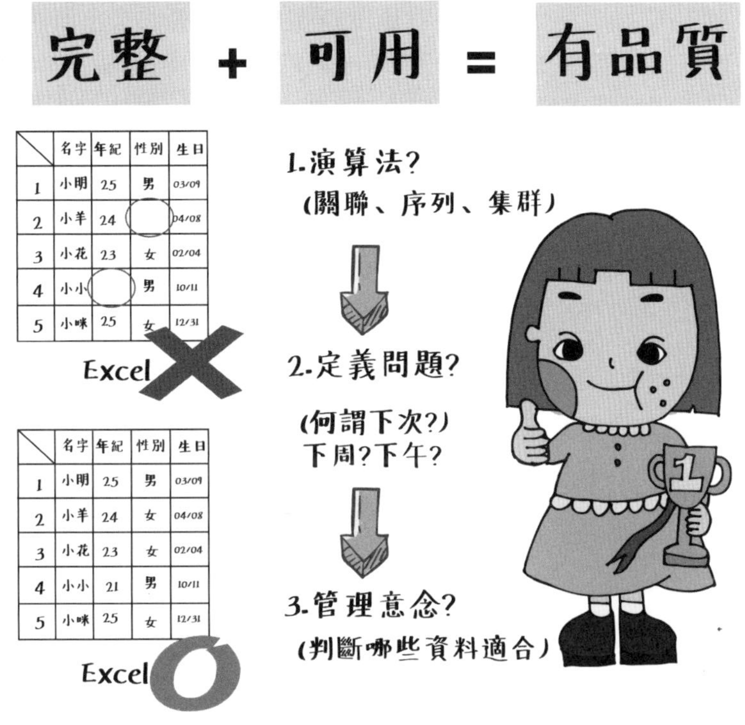


^ **圖 2.2.3** 有品質的資料為完整的資料與可用的資料

## 本節心得

有品質的資料才能產生有品質的結果。連自己都沒有辦法說服的資料不要拿去做探勘。如何說服自己？很簡單。遵循本章提出的檢核方式，看看能否符合與滿足對品質的要求。

## 回饋與作業

1. 何謂有品質的資料？
2. 依照本章的說法，如果是資料超過二維（欄與列），該如何處理？
3. 前面提到的例子：[ 台北市 ][ 中正區 ][ 羅斯福路 ][ 一段 ][1 號 ]，為何「一」段會採用中文數字「一」而非半形數字「1」？

## 2.3 選擇探勘工具

在開始進行資料挖掘之前，必須先考量要選擇哪種演算法或工具來進行挖掘。對於工具的選擇，就好比淘河沙裡的金子只需要一般的篩子就可以淘出來，但是要找出水中的金屬離子，就需要更精密的儀器去萃取。前者成本較低，後者成本可能就較高。因此，在選擇工具時，除了要考慮易於執行外，還需要考慮預算和執行時間。如果專案進度緊急，就必須要先學習並理解可能使用到的演算法。

### 回饋與作業

1. 請說明如何區分「監督式」與「非監督式」探勘。
2. 分類（Classification）、集群（Clustering）、迴歸（Regression）、關聯（Association）與序列（Sequence）這幾類演算法，請問哪一些演算法是「非監督」探勘？

### 本章習題

1. （　）以下關於挖礦與資料探勘何者為非？

   (A) 知道要挖金礦這是監督式探勘
   (B) 能從挖到的結果歸納一些可能有用的有用的東西這是監督式探勘
   (C) 資料探勘分為監督式與非監督式探勘
   (D) 資料探勘就是從資料找尋有用的結果

2. （　）資料探勘上，所謂的「挖哪邊」以下何者為非？

   (A) 就是痛點
   (B) 痛點就是對商管而言有意義的點
   (C) 痛點可以視為替代品
   (D) 痛點可以視為必需品

3. （　）如果遇到資料找到不多通常可以從下列哪一點去著手改進？

   (A) 我們資料找的還不夠仔細，我們去找找是否可以找到顆粒度較細的資料
   (B) 請該單位準備好我們所需要的資料給我們
   (C) 就用少量數據去分析
   (D) 直接跑演算法

## 參考文獻


- Garcia, E. E., Kimura, C., Martins, A. C., Rocha, G. O., & Nozaki, J. (1999). Senze Android/Ios Gamepad for Mobile Phone/Tablet PC/Smart TV with Bluetooth. *Brazilian Archives of Biology and Technology*, *42*(3), 281-290.
- Godsall, L., Crescimano, L., & Blair, R. (2005). Exploring Tablet PCs. *Learning & Leading with Technology*, *32*(8), 16-21.
- Kim, J. H., & Leung, T. C. (2021). Eliminating Digital Rights Management from E-book Market. tnotereft1. *Information Economics and Policy*, DOI: 10.1016/j.infoecopol.2021.100935.
- Pedrycz, W., & Chen, S. M. (Eds.). (2014). *Information granularity, big data, and computational intelligence* (Vol. 8). Springer.
- Pryma, K. (2002). Microsoft bets on Tablet PCs. *Network World Canada*, *12*(24), 1.
- Sandhu, R. (1994). Relational database access controls. *Handbook of information security management*, *95*, 145-160.
- ur Rehman, M. H., Liew, C. S., Abbas, A., Jayaraman, P. P., Wah, T. Y., & Khan, S. U. (2016). Big data reduction methods: a survey. *Data Science and Engineering*, *1*(4), 265-284.

CHAPTER

03

# 介紹客戶及產品集群的方法

## 本章目標

1. 透過敘述的方式明白集群原理
2. 介紹集群的應用

## 本章架構

本書接下來將專注於深入介紹各種大數據分析上常用的模型與演算法方法。雖然這些方法論相當重要，但作者意識到單純的介紹可能難以使讀者完全理解其中的含義。因此，在介紹這些方法時，將運用故事、業界案例或新聞事例來說明，並藉由模擬情境或故事情節來敘述。值得強調的是，這些情節僅為虛構，並不涉及任何已知或已存在的實體公司，僅作為本書之案例介紹。本書旨在以生動的方式呈現演算法應用的情境，並且幫助讀者快速掌握相關內容。為了更好地理解各個演算法及其相關說明與應用，之後的章節都會先透過敘述的方式進行演算法介紹，然後再展示 Python 實作的演算法。當然，如果讀者已經有相關的資料，也可以直接參考本書範例資料檔案，整理各分析步驟，然後使用本書提供的程式碼（Python code）來執行資料探勘分析，獲得所需的結果。透過這樣的結構，本書旨在使讀者能夠深入了解各種大數據分析方法，並且掌握如何應用這些演算法解決真實世界的問題。我們期望這樣的教學方式能夠增進讀者的學習效果，讓他們更容易掌握實踐中所需的技能與知識。

## 3.1 集群原理

在古代文獻《左傳》襄公八年中，首次出現了「臭味相投」的說法，其含義指向思想或行為相近的人傾向於集結。然而，這種集結的現象也意味著某種程度的「排他性」，因為與該群體思想不同的人自然不會加入其中。如同同類羽色的鳥類會群聚一處（如圖 3.1.1 所示），人們也會因共享的特徵或興趣而形成社群。這種現象在各種情境中都有所體現，例如城市街區的再造就是一種集群分析的實際應用。

^ 圖 3.1.1　同色羽毛的鳥會在一起

考慮一個例子，一個居民區的日常生活可能被附近新開設的百貨公司所打亂。面對源源不絕的人流，具有商業洞察力的人可能會想到與鄰居合作，創立一個商業區。然而，要成功建立一個商業區，首先需要考慮該地區原有的商店類型。如果原本的商店種類就已經很多，那麼可能可以發展出具有特色的街區。然而，街區的再造並非易事，必須找到共同的利益點，並在磨合後找到利益的交集，才有可能成功推動。許多商業區的形成是自然而然的，例如高雄的新樂街就被視為銀樓街，這裡形成了所謂的「聚集經濟」，也就是透過集結同類型的商家以節省管理和銷售成本。對於消費者來說，他們在這裡購買貴金屬時，將有更多的產品選擇。

在行銷領域，消費者行為模式可被視為集群分析的重要依據。例如，對電視劇有高度關注的消費者群，與對電視節目幾乎無感的消費者群在行為模式上存在明顯的差異，這將直接影響他們對商品或服務的選擇。若促銷活動的內容更可能吸引到對電視劇有高度關注的消費者（例如：80%的這類消費者曾購買該商品），則廠商可以針對這一特定消費者群進行商品促銷。

另一個相關的議題是關於大型搜尋引擎或軟硬體平台是否會「偷聽」使用者的對話進行分析的都市傳說。一種常見的經驗是，當使用者透過某大型搜尋引擎搜尋資訊時，他們剛剛想到的內容往往會出現在搜尋結果的前幾項。

這種現象可以透過集群分析來解釋。當使用者在電腦上輸入資訊或透過搜尋引擎搜尋資訊時，如果他們已登入該搜尋引擎的帳號，那麼他們搜尋的關鍵字將被該搜尋引擎公司記錄下來。然後，該公司可以根據這些關鍵字和使用者的個人資訊（例如帳號、個人資料和搜尋紀錄）進行集群分析。這可能是為什麼使用者在下次使用搜尋引擎時會有「這系統好像很懂我」或「這系統在偷聽我說話」的感覺。

然而，值得注意的是，雖然**目前尚無實際證據證明搜尋引擎會偷錄使用者的聲音，但有時候在與朋友討論某個主題後，使用者可能會在他們的手機上看到與該主題相關的產品廣告。這是否可以被視為「偷聽」仍是一個有待探討的問題。**

## 3.2 介紹集群的應用

本將重點放在資料探勘領域的集群分析。集群分析的目的在於從過去的資料中識別出共同特性，進行區分或分類，即從資料中找出一致的規則並將其應用於問題解決的策略（Kuo, Wang, Hu, & Chou, 2005）。

在進行精準行銷的過程中，必須對目標客群的需求有所了解。精準行銷雖然無法精確地針對特定個體，但可以透過分析目標客群（一群特性相似的人）的特徵或屬性，大致了解他們的需求。換言之，精準行銷的前提是對消費者的深入了解。這種了解可以從兩個方向進行：一是透過數據分析來觀察趨勢、關聯性和分類；二是透過質性研究，如訪談，以針對觀察到的現象詢問消費者的原因或感受。因為並非所有問題都能透過量化方式解決，往往需要透過質性分析來深入探討背後的管理意涵。在進行集群分析後，可以針對這些具有相似屬性的客戶進行促銷，這些相似屬性的客戶即為利基客戶。所謂的利基，可以視為對這些客戶銷售產品的潛在機會，也就是公司獲利的可能性（Wu, Ho, Lam, Ip, Choy, & Tse, 2016）。

總結來說，

**「集群分析的目的在於讓具有相似特性的物件能夠聚集在一起」**

集群分析是一種將具有相同屬性的個體群聚在一起的方法，換言之，這是一種「物以類聚」的現象。這種現象在英文中有一句諺語可以形象地描述："Birds of a Feather Flock Together"（同類羽毛的鳥類會群聚在一起，如圖 3.1.1 所示）。這種群聚現象可能會因為特性的相似性而產生聚集經濟效應，例如前述的新樂街商圈的形成。進行集群分析後，可以吸引特定的客戶群，這些特定的客戶群即為利基客戶。由於這些客戶的需求可能較為相似，因此他們更有可能出現在公司的銷售報表上。然而，如果不進行深入的探究，僅從個別的資料來看，往往難以看出其中的規律。

商業管理學科的學生可能已經學過統計分析，其中包括因素分析。因素分析是一種將屬性（例如問卷的題項）進行歸納，並探究部分問項是否能凝聚成為一個因子的分析方法。透過因素分析，可以確認各問項的因素負荷量是否足夠高（通常高於 0.5），並透過統計檢定進一步確認。這些因素負荷量足夠高的問項可以被視為一個因子（Mayland, Williams, Addington-Hall, Cox, & Ellershaw, 2014）。因素分析是一種針對問項本身進行探究的方法，其目的在於找出個別問項的共同特性。從資料表格的角度來看，這可以被視為一種垂直面的分析。

所謂的「尋找共同特性」，與集群分析中「同類羽毛的鳥類會群聚在一起」的概念相似。然而，從資料表格的角度來看，集群分析是一種水平面的分析（見圖 3.2.1）。垂直面的整合則是針對欄位，即個別問題或項目的集合，從中尋找相似性。垂直面的分析是針對 X 軸進行，將欄位（例如 q101, q102, q103 等，這也可以視為角色扮演遊戲中角色的個別屬性，如生命力、防禦力、武器、盾牌等）進行歸納，並將其整合為一個因素（例如，從角色扮演遊戲的角度來看，這可以將盾牌、防禦力、護具等共同性的元素整合為「防禦屬性」）。

相對地，集群分析則是將水平面，即 Y 軸進行整理，目的是讓相似的**物件**能夠群聚在一起。在 Y 軸上，每一條線都代表了一筆**物件資料**（例如 01, 02, 03 等），這筆資料包含了各個**欄位**（也就是**屬性**。若是問卷回卷資料，就是 q101, q102, q103 等**問項**）。

從角色扮演遊戲的角度來看，這就像是將個別的角色進行分類，例如，防禦力不高、不能配備厚重護甲但遠程攻擊精度高的一群人，可能具有弓箭手的特質，這「弓箭手」就是一個集群。換言之，**集群分析就是在探討物件資料的各個欄位是否有共通性，並將這些物件資料聚集成為一個群體**。

因素分析的目標並非將物件聚集，而是將具有相似性的欄位（X 軸）聚集，如圖 3.2.1 所示。相對地，集群分析則是將 Y 軸上相似的**物件資料**聚集。因素分析的核心在於將 **X 軸上相似的問項**部分進行聚集，進而進行屬性的歸納，歸納出來的結果即為一個因素。因素分析與集群分析在某種程度上是相似的，但分析角度不同，一個是水平面，一個是垂直面。

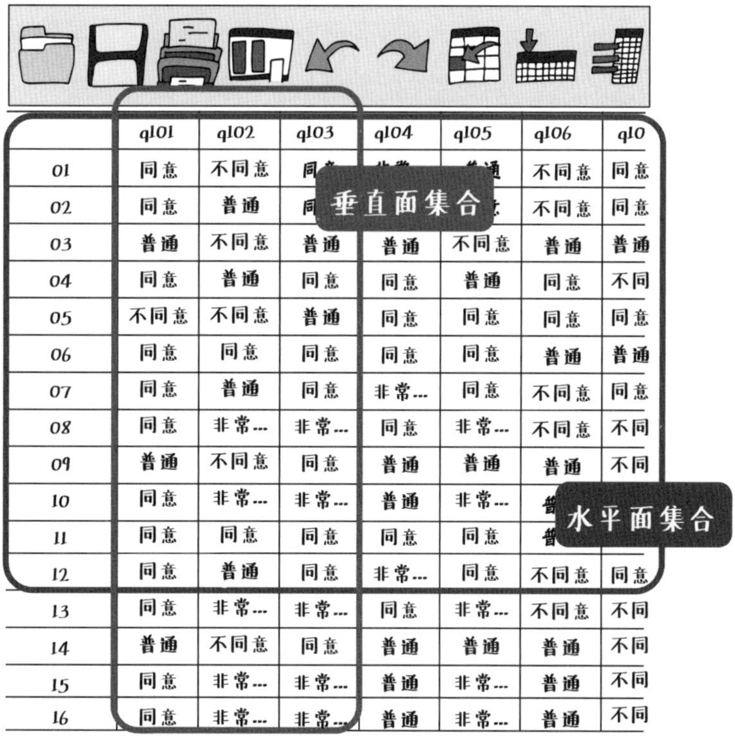

| | q101 | q102 | q103 | q104 | q105 | q106 | q10 |
|---|---|---|---|---|---|---|---|
| 01 | 同意 | 不同意 | [illegible] | [illegible] | [illegible] | 不同意 | 同意 |
| 02 | 同意 | 普通 | [illegible] | [illegible] | [illegible] | 不同意 | 同意 |
| 03 | 普通 | 不同意 | 普通 | 普通 | 不同意 | 普通 | 普通 |
| 04 | 同意 | 普通 | 同意 | 同意 | 普通 | 同意 | 不同 |
| 05 | 不同意 | 不同意 | 普通 | 同意 | 同意 | 同意 | 同意 |
| 06 | 同意 | 同意 | 同意 | 同意 | 同意 | 普通 | 普通 |
| 07 | 同意 | 普通 | 同意 | 非常... | 同意 | 不同意 | 同意 |
| 08 | 同意 | 非常... | 非常... | 同意 | 非常... | 不同意 | 不同 |
| 09 | 普通 | 不同意 | 同意 | 普通 | 普通 | 普通 | 不同 |
| 10 | 同意 | 非常... | 非常... | 普通 | 非常... | [illegible] | [illegible] |
| 11 | 同意 | 同意 | 同意 | 同意 | 同意 | [illegible] | [illegible] |
| 12 | 同意 | 普通 | 同意 | 非常... | 同意 | 不同意 | 同意 |
| 13 | 同意 | 非常... | 非常... | 同意 | 非常... | 不同意 | 不同 |
| 14 | 普通 | 不同意 | 同意 | 普通 | 普通 | 普通 | 不同 |
| 15 | 同意 | 非常... | 非常... | 普通 | 非常... | 普通 | 不同 |
| 16 | 同意 | 非常... | 非常... | 普通 | 非常... | 普通 | 不同 |



^ **圖 3.2.1**　集群分析與因素分析的差異

> **註解**
>
> 因素分析是從垂直面去看如何將問項做集合，集群分析則是從水平面去看如何將多個個體做集合

如果此說明仍不清楚，可以進一步思考：集群分析實際上是將**實體**（例如：顧客或商品）聚集在一起。例如，某超市的一個貨架上銷售的都是泡麵或白麵條，這個聚集了相關商品的貨架區域可以被稱為「麵食類」。另一個例子是，如果想要推廣有關行銷分

析的軟體，針對商業管理類的客戶進行說明，相對於工科的人，將有更大的機會成功。這實際上就是應用集群分析針對利基市場進行精準行銷投放的例子。

「集群」的概念是指將具有相似特徵的數據物件聚合在一起，形成不同的群體。這種方法有助於揭示數據之間的內在相似性和差異性。以行銷角度來看，透過對特定群體特徵的了解，企業可以更精確地規劃其行銷策略，進而針對具有特定共同特徵的消費者群體，制定更有效的促銷活動。此種分析方法不僅提升行銷效率，也能增進消費者體驗。

進行個人化的行銷活動或客戶關懷確實能展現出對客戶的重視與尊敬，這種策略在表面上看來是非常貼心的。然而，從商業經營的角度來看，如果這種個人化行銷的成本過高，則可能會對企業的利潤造成不利影響。畢竟，每一次的個別關懷都需要投入相應的時間與資金成本。如果這些成本不能有效控制，對於經營管理的企業而言，可能會成為一種經濟負擔。因此，為了兼顧個人化行銷對於消費者體驗的提升，又考量到營運成本，導入企業管理軟體並採取相應自動化措施，就成為現今有志提升消費者體驗，進而增進銷售的企業體之必要措施。

以銷售企業管理軟體為例，企業應該尋找對該類軟體潛在有興趣的顧客群。在常理判斷下，可能會考慮向商學院或管理學院的教師進行推廣。然而，要明確了解什麼是「有興趣」，企業就需要對現有的潛在客戶數據進行集群分析，從而深入理解客戶購買軟體的特定屬性。透過這種數據分析，企業可以識別出那些有可能購買軟體的客戶群體，並根據這些屬性來確定市場的實際需求所在。

集群分析的目的，在於識別並彙聚數據中的**共性（亦即共同特徵）**，以便於企業根據這些共同特徵進行有效的商業策略規劃。本書在下一節將透過敘述的方式，逐步闡釋集群分析的具體方法與實踐步驟。

在探討集群分析時，我們常會借用「羽毛相同的鳥類會聚集在一起」這樣的比喻來說明。這種說法似乎很快就能讓人理解集群的概念，但若深究其背後的邏輯，我們會發現人腦的思考過程遠比這更為複雜。「相同」並非指「一模一樣」；「一模一樣」意味著複製，而複製與集群是兩個不同的概念。從人類思維的角度來看，我們並不會本能地將「相似」等同於「複製」。往往是敘述上的模糊性導致了認知上的誤解，認為「這些人相同」通常是指他們在某些特定屬性上相似，而非完全相同。

因此，從科學研究的角度出發，我們必須對每一個屬性進行明確定義並逐一檢驗。以鳥類為例，如果我們將外觀上的相似性視為相同，那麼外觀的特徵就成為了一個關鍵屬性。但僅僅說「外觀」似乎又太過籠統，我們需要進一步細分，比如羽毛的分佈、爪子的形狀、身體的大小區間以及體重範圍等，以確定更細緻的屬性。唯有當這些屬性足夠一致時，我們才能準確地界定「羽毛相同的鳥類」這一集群。

在進行集群分析時，我們應當注重從各個屬性的具體特點逐一進行論證，而非籠統地將所有元素視作「相同」。這樣做有助於精確地識別和理解集群內的相似性，避免誤解。舉例來說，我們可以考察一個簡單的實例——「**正妹牆**」，這是一個由遊戲基地旗下的表特基地於 2013 年 10 月 25 日推出的平台，旨在收集並展示社交媒體上的女性美照，讓用戶點擊後能連結至她們的個人資料頁面。對於該平台的營運商而言，吸引點擊，進而獲得廣告收益是其核心目標。

如何提高點擊率，成為商管領域專業人士需要思考的問題。理論上，人們傾向於點擊那些符合其審美標準的照片，這通常意味著那些被大眾視為「美女」的形象。因此，為了提升點擊率，平台必須確保所展示的照片符合大眾對「美」的普遍認知。然而，「美」的概念往往是模糊的，並非僅限於特定的外貌特徵如高挺的鼻樑、雙眼皮或是鵝蛋臉型等。這些特徵僅是外在的表現，並不足以全面代表「美」的概念。在這個「正妹牆」案例中，電腦會根據一系列的標準，例如照片的拍攝角度、眼型、膚色等條件進行篩選和分類，這些標準反映了人腦在進行視覺集群時可能會考慮的因素。

以另一個例子來說，如果需要選出班上最帥的男生，我們可能會根據直覺去勾選，以挑出幾位外觀上符合「帥氣」標準的男生。隨後，我們可以透過質化分析，詢問同學為何認為這些人帥，從而彙集各種觀點，如他們是否有美人尖、大眼睛、小鬍子或是其他被認為具有男性魅力的特點。接著，可以將這些觀點轉化為一份問卷調查，讓同學們勾選他們認為代表帥氣的特質，進而統計出最具共鳴的特質，作為定義「帥氣」的客觀標準。

此過程呈現了集群分析中對於特定屬性細緻探討的重要性。它不僅僅是一個量化的過程，更是一種質的辨識和評估，這種方法有助於我們理解並應用集群分析於實際問題，例如在行銷策略或社群網站內容策劃中的應用。透過這種方式，我們不僅能夠更好地掌握集群分析技術，也能夠更深入地理解人類對美的多元認知及其在電腦技術應用中的映射。

在進行集群分析並以此作為決策依據時，我們不可忽視一個重要問題：多數人的選擇真的代表最優解嗎？以音樂為例，雖然曾有研究企圖將全球最受歡迎的旋律結合以創造出最好聽的音樂（Schuler, 2000），但這種方法並不總是可行的。事實上，由於眾多的主觀與客觀因素，最多人選擇的並不一定是最優的選擇。舉另一個例子，一家知名的晶圓製造公司曾嘗試建立一個結合各種專業特長的綜合 ERP 系統，採用了來自不同供應商的模組，例如人力資源模組來自 PeopleSoft，財務會計系統則來自 SAP。然而，這種「大雜燴」的整合最終導致了系統的混亂和資源的浪費，因為整合不同來源的系統需要花費巨大的努力。

回到「正妹牆」的案例，如果是 Facebook 上的一個正妹牆，由於其擁有龐大的用戶基數，這樣的數據集群分析在信度與參考價值上可能更高。然而，這樣的平台並不是透過「觀看」照片來決定哪些是「正妹」的。從圖 3.2.2 的圓框部分，我們無法辨識出是否為美女，因為明星、寵物、食物甚至沒有顯示的圖片都不應該被劃分在「正妹」的類別。顯然，電腦在進行圖像分析時，不同於人腦的直觀辨識。它依賴於可收集到的數據欄位中是否包含特定的特徵。這意味著電腦的辨識過程是一種基於數據屬性的集群分析，而非純粹的視覺辨識。因此，在依賴這類系統作為決策支持時，我們必須謹慎評估所依據的數據品質、數據量與集群分析的有效性。

^ **圖 3.2.2** 正妹牆截圖

人類在觀賞圖像時，不僅能捕捉到整體外觀，還能融合個人的審美觀念和情感反應進行綜合評價；然而，電腦所執行的圖像分析則是基於識別圖片中的特定特徵。舉例來說，在「正妹牆」的案例中，有些展示的圖片可能是寵物，這顯然不是基於圖片本身來判斷該圖片展示的是一位人類女性。因此，電腦在進行判斷時，必須依賴其他資料來輔助決策，如網站流量、追蹤者數量、用戶性別等公開資料，這些資料能夠幫助電腦更準確地判斷某張圖片是否符合期望的標準。

電腦在分析時不僅依靠圖片本身的視覺特徵，同時會考量臉書上的用戶互動資料，如追蹤者的數量、留言的性質（是否多為讚美外貌），以及追蹤者中男性的比例是否超過某個閾值等因素。例如，某個帳號的寵物照片，如果該帳號擁有者是一位外貌上受到普遍認可的「正妹」，並且具有大量的追蹤者和正面的互動，則電腦可能會基於這些輔助資料將其歸類為「正妹」。總結來說，電腦進行的圖像分析是一種結合視覺特徵和多元資料的綜合判斷過程。在開發這種分析系統時，必須細心評估這些資料的準確性與相關性，以保證系統能準確執行預定任務。

在當今網路時代，商業管理專業人士必須將如「正妹牆」所獲得的資訊轉化為商業機會。這意味著識別出哪些人擁有高追蹤價值，並將他們作為潛在的品牌代言人或消費者影響者。在數位時代之前，這類策略主要限於線下名人，但在現今這個幾乎所有行為都能被搜集與追蹤的時代，透過量化的方式來識別適合的人選作為品牌的 KOL（Key Opinion Leader, 關鍵意見領袖）或 KOC（Key Opinion Consumer, 關鍵意見消費者）變得尤為重要。

有效地管理這些群體，並對其進行細分分析，可以幫助企業更精確地把握其所影響的消費者群體，制定合適的預算投放策略，甚至是達成廣告合作（Advertorial）。這種基於數據和網絡影響力的行銷方法，在近年已經發展成為一個完整且成熟的商業生態鏈，對於商業策略和品牌建設具有重要的意義。這不僅展示了數據分析在現代行銷中的重要性，也強調了適應數位時代變遷的必要性。

在台灣，若僅有千分之五的人口在網上追蹤單一關鍵意見領袖（KOL），就能收集到約 115,000 筆獨特的用戶資料。這樣的數據對於企業來說，擁有極高的價值。假設這些 KOL 的特性與企業的產品或服務相匹配，那麼這些追蹤者就成為了具有高潛力的潛在客戶群。這群人可能會因為他們所崇拜的偶像使用某種產品而產生購買欲望，這為企業提供了一個絕佳的機會來進行精準行銷。

企業可以透過分析網站後台的紀錄檔（Log 檔案）來進行這些用戶的集群分析，了解他們的共同特點。這種數據驅動的方法不僅可以幫助企業了解現有客戶的行為，還能揭示潛在客戶的行為模式。透過深度分析這些客戶的特徵並結合有效的行銷策略，企業能夠針對具吸引力的內容進行促銷活動，進而促成產品或服務的銷售。這種方法不僅提高了行銷的效率和成效，也讓企業能更精確地定位目標客戶群，從而實現更高的轉化率和銷售業績。

**「免費的最貴」：免費使用社群媒體或者搜尋引擎，**
**代價就是：寶貴的個資被收集與利用。**

## 3.3 如何進行集群

集群分析是一種強大的數據分析方法，尤其是在商業決策和市場研究領域。以下我們將透過敘述的形式介紹集群演算法的基本運作方式，特別是使用廣泛的 K 平均（K-means）集群演算法。K 平均演算法的目的是將數據集分割成 K 個集群，每個集群內的數據點相對更為相似。在一個具體的案例中，比如一家進口多款啤酒的公司，想要根據客戶的購買記錄將客戶分成三個不同的群體。該公司有一張整理好的客戶資料表（表 3.3.1），表中記錄了不同價位啤酒的購買情況。

**表 3.3.1** 啤酒廠客戶資料

| 客戶 ID | 每週平均購買金額(百) | 每週平均購買啤酒次數 | 每週平均購買啤酒數量(打) |
|---|---|---|---|
| A01 | 2.230 | 1.530 | 2.480 |
| A02 | 2.121 | 1.764 | 2.363 |
| A03 | 2.526 | 1.386 | 2.558 |
| A04 | 2.330 | 1.620 | 2.570 |
| A05 | 1.621 | 1.264 | 1.863 |
| A06 | 2.997 | 1.374 | 2.502 |
| A07 | 2.107 | 2.291 | 2.669 |
| A08 | 2.323 | 1.231 | 2.909 |
| A09 | 2.399 | 1.563 | 2.838 |
| A10 | 2.380 | 1.650 | 2.620 |

分群計算逐點敘述如下：

STEP 01 隨機挑三個客戶（在此選擇 A01, A04, A10）。

STEP 02 計算其他客戶的與這三個客戶的距離。以 A03 為例，其距離 A01, A04 以及 A10 的歐幾里德距離（Gan, Xu, Xhang, & Liang, 2001）為表 3.3.2 所示。

**表 3.3.2** A03 與三個隨機種子之間的距離

| | 每週平均購買金額(百) | 每週平均購買啤酒次數 | 每週平均購買啤酒數量(打) | 距離 |
|---|---|---|---|---|
| A03 -A01 | 0.30 | -0.14 | 0.08 | 0.33812007 |
| A03 -A04 | 0.20 | -0.23 | -0.01 | 0.30548630 |
| A03 -A10 | 0.15 | -0.26 | -0.06 | 0.30807810 |

註：歐幾里德距離計算請參考圖 3.3.1 以及 3.3.2。

在圖 3.3.1 展示的是計算兩資料點間距離的公式。設定 AB 代表兩個資料點，若 A 和 B 代表具有兩個維度的資料點，則可以在座標系統中表示為 A（x1, y1）和 B（x2, y2）（參見圖 3.3.1）。從圖中可以觀察到，A 和 B 在 X 軸上的距離是 b，其中 b 的值為 x2 － x1；在 Y 軸上的距離是 a，其中 a 的值為 y2 － y1。利用直角三角形的斜邊長度計算公式，即可得到兩點間的實際距離，該距離為兩個維度差異平方和的平方根：

$$\sqrt[2]{a^2+b^2}$$

若 A 和 B 代表具有三個維度的資料點，則這些點可在由 X、Y、Z 三軸構成的座標系統中表示。計算 A 和 B 之間距離的方法與二維情況類似，但需考慮三個維度。即 A 和 B 在 Z 軸上的距離為 c，其中 c 的值為 z2 － z1。因此，A 和 B 兩點間的距離可以透過計算三個維度上差異的平方和的平方根來獲得：$\sqrt[2]{a^2+b^2+c^2}$（圖 3.3.2）。依此類推，更多維度做法是一樣的 $\sqrt[2]{a^2+b^2+c^2+\cdots}$。

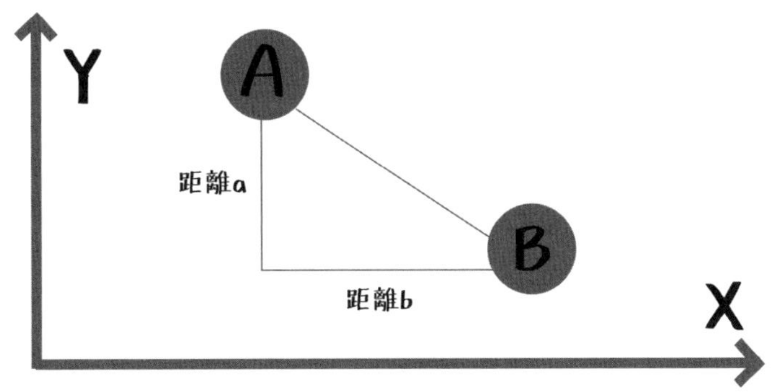


^ **圖 3.3.1** 如果欄位只有兩個（視為 X 與 Y）可以計算距離

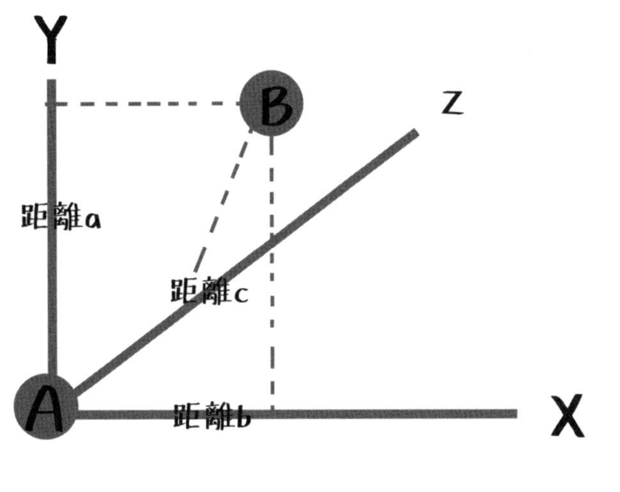


^ **圖 3.3.2** 如果欄位超過兩個（如，三個，就 x,y,z，三個以上亦類推）以多個來計算距離

STEP03 根據表 3.3.2 可以知道與 A03 距離最短的是 A04（0.30548630）。所以，將 A03 與 A04 劃歸為同群。

STEP04 接下來將 A02, A05, A06, A07, A08, A09 分群。根據距離最近的狀況，判別該客戶應該是與哪一個初始隨機種子同群。據此，得到下列三群，如表 3.3.3 所示）：

**表 3.3.3** 分為三群

| 分群 | 客戶 ID | 每週平均購買金額(百) | 每週平均購買啤酒次數 | 每週平均購買啤酒數量(打) |
|---|---|---|---|---|
| G1 | A01 | 2.230 | 1.530 | 2.480 |
| | A02 | 2.121 | 1.764 | 2.363 |
| | A05 | 1.621 | 1.264 | 1.863 |
| G2 | A03 | 2.526 | 1.386 | 2.558 |
| | A04 | 2.330 | 1.620 | 2.570 |
| G3 | A06 | 2.997 | 1.374 | 2.502 |
| | A09 | 2.399 | 1.563 | 2.838 |
| | A08 | 2.323 | 1.231 | 2.909 |
| | A07 | 2.107 | 2.291 | 2.669 |
| | A10 | 2.380 | 1.650 | 2.620 |

STEP05 將表 3.3.3 中同群的客戶資料進行平均。求算新的質心（centroid）。

**表 3.3.4** 三集群中心

| 客戶 ID | 每週平均購買金額(百) | 每週平均購買啤酒次數 | 每週平均購買啤酒數量(打) |
|---|---|---|---|
| G1 | 1.991 | 1.519 | 2.236 |
| G2 | 2.428 | 1.503 | 2.564 |
| G3 | 2.441 | 1.622 | 2.708 |

STEP06 將所有的資料點與這三集群質心，如表 3.3.4 所示進行步驟 2 的計算，如：A01-G1 就是 $\sqrt[2]{0.239^2+0.011^2+0.244^2}$ 得出 0.342，其他類推得出下表 3.3.5。

表 3.3.5 計算與新集群中心的距離

| | 每週平均購買金額(百) | 每週平均購買啤酒次數 | 每週平均購買啤酒數量(打) | 距離 |
|---|---|---|---|---|
| A01 -G1 | 0.239 | 0.011 | 0.244 | 0.342 |
| A01 -G2 | -0.198 | 0.027 | -0.084 | 0.217 |
| A01 -G3 | -0.211 | -0.092 | -0.228 | 0.324 |
| A02 -G1 | 0.130 | 0.245 | 0.128 | 0.305 |
| A02 -G2 | -0.306 | 0.261 | -0.201 | 0.450 |
| A02 -G3 | -0.320 | 0.142 | -0.344 | 0.491 |
| A03 -G1 | 0.535 | -0.134 | 0.322 | 0.639 |
| A03 -G2 | 0.098 | -0.117 | -0.006 | 0.153 |
| A03 -G3 | 0.084 | -0.236 | -0.150 | 0.292 |
| A04 -G1 | 0.339 | 0.101 | 0.334 | 0.487 |
| A04 -G2 | -0.098 | 0.117 | 0.006 | 0.153 |
| A04 -G3 | -0.111 | -0.002 | -0.138 | 0.177 |
| A05 -G1 | -0.370 | -0.255 | -0.372 | 0.583 |
| A05 -G2 | -0.806 | -0.239 | -0.701 | 1.095 |
| A05 -G3 | -0.820 | -0.358 | -0.844 | 1.230 |
| A06 -G1 | 1.006 | -0.145 | 0.266 | 1.051 |
| A06 -G2 | 0.570 | -0.129 | -0.062 | 0.587 |
| A06 -G3 | 0.556 | -0.248 | -0.206 | 0.643 |
| A07 -G1 | 0.116 | 0.772 | 0.434 | 0.893 |
| A07 -G2 | -0.321 | 0.789 | 0.105 | 0.858 |
| A07 -G3 | -0.335 | 0.670 | -0.038 | 0.750 |
| A08 -G1 | 0.332 | -0.289 | 0.673 | 0.804 |
| A08 -G2 | -0.105 | -0.272 | 0.345 | 0.451 |
| A08 -G3 | -0.118 | -0.391 | 0.201 | 0.455 |
| A09 -G1 | 0.408 | 0.044 | 0.603 | 0.729 |
| A09 -G2 | -0.029 | 0.060 | 0.274 | 0.282 |
| A09 -G3 | -0.042 | -0.059 | 0.131 | 0.149 |
| A10 -G1 | 0.389 | 0.131 | 0.384 | 0.562 |
| A10 -G2 | -0.048 | 0.147 | 0.056 | 0.165 |
| A10 -G3 | -0.061 | 0.028 | -0.088 | 0.111 |

**STEP 07** 將 A1~A10 分別投放到三群中。個別進行與質心距離的計算。根據距離最近的狀況，判別這應該是與哪一個質心同群。據此，得到下列三群：

G1: A02, A05

G2: A01, A03, A04, A06, A08

G3: A07, A09, A10

STEP08 根據表 3.3.5 距離最近的狀況，重新判別該客戶應該是與哪一個初始隨機種子同群。據此，得到下列三群，如表 3.3.6 所示：

**表 3.3.6** 分為三群

| 分群 | 客戶 ID | 每週平均購買金額(百) | 每週平均購買啤酒次數 | 每週平均購買啤酒數量(打) |
|---|---|---|---|---|
| G1 | A02 | 2.121 | 1.764 | 2.363 |
| | A05 | 1.621 | 1.264 | 1.863 |
| G2 | A01 | 2.230 | 1.530 | 2.480 |
| | A08 | 2.323 | 1.231 | 2.909 |
| | A03 | 2.526 | 1.386 | 2.558 |
| | A04 | 2.330 | 1.620 | 2.570 |
| | A06 | 2.997 | 1.374 | 2.502 |
| G3 | A09 | 2.399 | 1.563 | 2.838 |
| | A10 | 2.380 | 1.650 | 2.620 |
| | A07 | 2.107 | 2.291 | 2.669 |

STEP09 將表 3.3.6 中同群的客戶資料進行平均。求算新的質心（centroid）。

**表 3.3.7** 三集群中心

| 客戶 ID | 每週平均購買金額(百) | 每週平均購買啤酒次數 | 每週平均購買啤酒數量(打) |
|---|---|---|---|
| G1 | 1.871 | 1.514 | 2.113 |
| G2 | 2.481 | 1.428 | 2.604 |
| G3 | 2.295 | 1.835 | 2.709 |

STEP10 將所有的資料點與上述這三集群質心，如表 3.3.7 所示進行步驟 2 的計算，得出下表 3.3.8。

**表 3.3.8** 計算與新集群中心的距離

| | 每週平均購買金額(百) | 每週平均購買啤酒次數 | 每週平均購買啤酒數量(打) | 距離 |
|---|---|---|---|---|
| A01 -G1 | 0.359 | 0.016 | 0.367 | 0.513 |
| A01 -G2 | -0.251 | 0.102 | -0.124 | 0.298 |
| A01 -G3 | -0.065 | -0.305 | -0.229 | 0.387 |
| A02 -G1 | 0.250 | 0.250 | 0.250 | 0.433 |
| A02 -G2 | -0.360 | 0.336 | -0.240 | 0.548 |
| A02 -G3 | -0.174 | -0.071 | -0.346 | 0.393 |
| A03 -G1 | 0.654 | -0.128 | 0.445 | 0.801 |
| A03 -G2 | 0.044 | -0.042 | -0.046 | 0.077 |
| A03 -G3 | 0.230 | -0.449 | -0.151 | 0.527 |
| A04 -G1 | 0.459 | 0.106 | 0.457 | 0.656 |
| A04 -G2 | -0.151 | 0.192 | -0.034 | 0.247 |
| A04 -G3 | 0.035 | -0.215 | -0.139 | 0.258 |
| A05 -G1 | -0.250 | -0.250 | -0.250 | 0.433 |
| A05 -G2 | -0.860 | -0.164 | -0.740 | 1.146 |
| A05 -G3 | -0.674 | -0.571 | -0.846 | 1.223 |
| A06 -G1 | 1.126 | -0.140 | 0.389 | 1.199 |
| A06 -G2 | 0.516 | -0.054 | -0.102 | 0.529 |
| A06 -G3 | 0.702 | -0.461 | -0.207 | 0.865 |
| A07 -G1 | 0.235 | 0.777 | 0.556 | 0.984 |
| A07 -G2 | -0.374 | 0.863 | 0.066 | 0.943 |
| A07 -G3 | -0.189 | 0.457 | -0.040 | 0.496 |
| A08 -G1 | 0.452 | -0.284 | 0.795 | 0.957 |
| A08 -G2 | -0.158 | -0.198 | 0.305 | 0.396 |
| A08 -G3 | 0.028 | -0.604 | 0.199 | 0.637 |
| A09 -G1 | 0.528 | 0.049 | 0.725 | 0.898 |
| A09 -G2 | -0.082 | 0.135 | 0.235 | 0.283 |
| A09 -G3 | 0.104 | -0.272 | 0.129 | 0.318 |
| A10 -G1 | 0.509 | 0.136 | 0.507 | 0.731 |
| A10 -G2 | -0.101 | 0.222 | 0.016 | 0.245 |
| A10 -G3 | 0.085 | -0.185 | -0.089 | 0.222 |

STEP 11 參考步驟 7，得到下列三群：

G1: A05

G2: A01, A03, A04, A06, A08, A09, A10

G3: A02, A07, A10

STEP 12 根據表 3.3.8 距離最近的狀況，重新判別該客戶應該是與哪一個初始隨機種子同群。據此，得到下列三群，如表 3.3.9 所示：

**表 3.3.9** 分為三群

| 分群 | 客戶 ID | 每週平均購買金額(百) | 每週平均購買啤酒次數 | 每週平均購買啤酒數量(打) |
|---|---|---|---|---|
| G1 | A05 | 1.621 | 1.264 | 1.863 |
| G2 | A06 | 2.997 | 1.374 | 2.502 |
| | A01 | 2.230 | 1.530 | 2.480 |
| | A08 | 2.323 | 1.231 | 2.909 |
| | A03 | 2.526 | 1.386 | 2.558 |
| | A04 | 2.330 | 1.620 | 2.570 |
| | A09 | 2.399 | 1.563 | 2.838 |
| G3 | A02 | 2.121 | 1.764 | 2.363 |
| | A10 | 2.380 | 1.650 | 2.620 |
| | A07 | 2.107 | 2.291 | 2.669 |

STEP 13 將表 3.3.9 中同群的客戶資料進行平均。求算新的質心（centroid）。

**表 3.3.10** 三集群中心

| 客戶 ID | 每週平均購買金額(百) | 每週平均購買啤酒次數 | 每週平均購買啤酒數量(打) |
|---|---|---|---|
| G1 | 1.621 | 1.264 | 1.863 |
| G2 | 2.468 | 1.451 | 2.643 |
| G3 | 2.203 | 1.902 | 2.551 |

STEP 14 將所有的資料點與上述這三集群質心，如表 3.3.10 進行步驟 2 的計算，得出下表 3.3.11 所示。

表 3.3.11 計算與新集群中心的距離

| | 每週平均購買金額(百) | 每週平均購買啤酒次數 | 每週平均購買啤酒數量(打) | 距離 |
|---|---|---|---|---|
| A01 -G1 | 0.609 | 0.266 | 0.617 | 0.906 |
| A01 -G2 | -0.238 | 0.079 | -0.163 | 0.299 |
| A01 -G3 | 0.027 | -0.372 | -0.071 | 0.380 |
| A02 -G1 | 0.500 | 0.500 | 0.500 | 0.866 |
| A02 -G2 | -0.346 | 0.314 | -0.279 | 0.544 |
| A02 -G3 | -0.081 | -0.138 | -0.188 | 0.246 |
| A03 -G1 | 0.904 | 0.122 | 0.695 | 1.147 |
| A03 -G2 | 0.058 | -0.065 | -0.085 | 0.122 |
| A03 -G3 | 0.323 | -0.516 | 0.007 | 0.609 |
| A04 -G1 | 0.709 | 0.356 | 0.707 | 1.062 |
| A04 -G2 | -0.138 | 0.169 | -0.073 | 0.230 |
| A04 -G3 | 0.127 | -0.282 | 0.019 | 0.310 |
| A05 -G1 | 0.000 | 0.000 | 0.000 | 0.000 |
| A05 -G2 | -0.846 | -0.186 | -0.779 | 1.165 |
| A05 -G3 | -0.581 | -0.638 | -0.688 | 1.103 |
| A06 -G1 | 1.376 | 0.110 | 0.639 | 1.521 |
| A06 -G2 | 0.530 | -0.077 | -0.141 | 0.554 |
| A06 -G3 | 0.795 | -0.528 | -0.049 | 0.955 |
| A07 -G1 | 0.485 | 1.027 | 0.806 | 1.393 |
| A07 -G2 | -0.361 | 0.841 | 0.027 | 0.915 |
| A07 -G3 | -0.096 | 0.390 | 0.119 | 0.418 |
| A08 -G1 | 0.702 | -0.034 | 1.045 | 1.259 |
| A08 -G2 | -0.144 | -0.220 | 0.266 | 0.374 |
| A08 -G3 | 0.121 | -0.671 | 0.358 | 0.770 |
| A09 -G1 | 0.778 | 0.299 | 0.975 | 1.282 |
| A09 -G2 | -0.068 | 0.112 | 0.195 | 0.236 |
| A09 -G3 | 0.197 | -0.339 | 0.287 | 0.486 |
| A10 -G1 | 0.759 | 0.386 | 0.757 | 1.139 |
| A10 -G2 | -0.088 | 0.199 | -0.023 | 0.219 |
| A10 -G3 | 0.177 | -0.252 | 0.069 | 0.316 |

STEP 15 參考步驟 7，得到下列三群：

G1: A05

G2: A01, A03, A04, A06, A08, A09, A10

G3: A02, A07

STEP 16 接下來重複步驟 13 與 14，發現質心不再變化。據此，演算法找出以 A01, A04, A10 作為質心時的最適解。

從下圖 3.3.3 可以看到集群變化的情況。

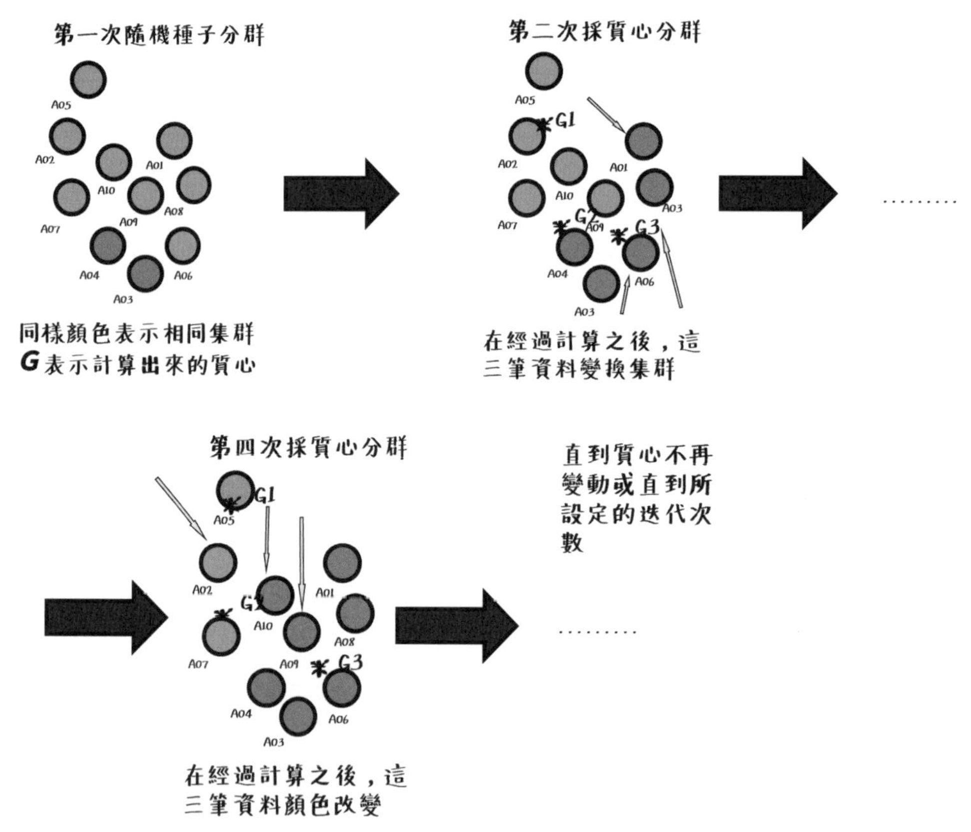


^ 圖 3.3.3 集群變化

## 3.4 判別最佳集群數

在第 3.3 節中，我們得到了將客戶資料分為三個群體的初步解決方案。然而，僅僅確定一個可能的解並不足以完成整個分析過程。在統計學上，我們需要透過檢定手段來確認這一結果的有效性。對於處理大數據而言，同樣需要採取一些方法來判斷分析結果是否達到預期的目標。

在集群分析過程中，核心任務是計算每個個別資料點與各集群中心的距離，以此來確定哪些資料點與特定集群中心最接近。根據演算法，無論將資料分成多少群，理論上都可以透過這一步驟來實現資料的分群。因此，「是否符合預期」的關鍵在於確定選擇的集群數目是否最為適當。

在此過程中，我們可以採用誤差平方和（Sum of Squares of Error, SSE）這一概念。這涉及簡單地計算在不同群數下，每個資料點到其集群中心的距離平方和的總合。採用平方計算的主要原因是為了消除距離的方向性——原始資料與中心點的差值可能為負數，而平方計算能夠忽略正負號並放大誤差，從而加強資料間的差異性，幫助分析人員做出更明智的決策。以將資料分為三群為例，確定 SSE 的方法可以如下：

在進行三個集群的分析時，我們計算每個數據點到集群中心（質心）距離的平方值，並將這些值相加以得到誤差平方和（SSE），即 $(0.299)^2 + (0.246)^2 + \cdots +(0.219)^2(0.299)^2 + (0.246)^2 + \cdots+(0.219)^2$。經計算，此時的 SSE 大約為 0.94245749。當我們調整為兩個集群，將會觀察到不同的情況出現。按照之前的例子，若將初始的種子點設定為 A01 與 A04，則在第一輪計算中，每個數據點根據與這兩個種子點的距離被分配到相應的集群，當質心不再變化時，如表 3.4.2 所反映的結果。根據這些質心，我們計算出的 SSE 為 1.82784585。如果進一步減少集群數至一個，意味著所有數據點的平均值即為質心，如表 3.4.3 所示，此時的 SSE 為 2.68221732。這顯示了集群數的選擇對於分析結果的影響是顯著的，因此在實際應用中選擇最合適的集群數是至關重要的。

**表 3.4.1** 分兩群隨機種子的距離

| | 每週平均購買金額(百) | 每週平均購買啤酒次數 | 每週平均購買啤酒數量(打) | 距離 |
|---|---|---|---|---|
| A02 -A01 | -0.109 | 0.234 | -0.117 | 0.28314068 |
| A02 -A04 | -0.209 | 0.144 | -0.207 | 0.32698165 |
| A03 -A01 | 0.296 | -0.144 | 0.078 | 0.33812007 |
| A03 -A04 | 0.196 | -0.234 | -0.012 | 0.3054863 |
| A05 -A01 | -0.609 | -0.266 | -0.617 | 0.90617633 |
| A05 -A04 | -0.709 | -0.356 | -0.707 | 1.0620282 |
| A06 -A01 | 0.767 | -0.156 | 0.022 | 0.78346979 |
| A06 -A04 | 0.667 | -0.246 | -0.068 | 0.71459447 |
| A07 -A01 | -0.123 | 0.761 | 0.189 | 0.79422562 |
| A07 -A04 | -0.223 | 0.671 | 0.099 | 0.71446256 |
| A08 -A01 | 0.093 | -0.299 | 0.429 | 0.53106304 |
| A08 -A04 | -0.007 | -0.389 | 0.339 | 0.51607966 |
| A09 -A01 | 0.169 | 0.033 | 0.358 | 0.39758847 |
| A09 -A04 | 0.069 | -0.057 | 0.268 | 0.28286039 |
| A10 -A01 | 0.150 | 0.120 | 0.140 | 0.23769729 |
| A10 -A04 | 0.050 | 0.030 | 0.050 | 0.07681146 |

註：距離計算方式參考 3.3 節步驟 6

表 3.4.2　分兩群新集群中心的距離（第一次）

| | 每週平均購買金額(百) | 每週平均購買啤酒次數 | 每週平均購買啤酒數量(打) | 距離 |
|---|---|---|---|---|
| A01 -G1 | 0.239 | 0.011 | 0.244 | 0.34199551 |
| A01 -G2 | -0.208 | -0.058 | -0.187 | 0.28500982 |
| A02 -G1 | 0.130 | 0.245 | 0.128 | 0.30535621 |
| A02 -G2 | -0.316 | 0.176 | -0.303 | 0.47211625 |
| A03 -G1 | 0.535 | -0.134 | 0.322 | 0.6385065 |
| A03 -G2 | 0.088 | -0.202 | -0.109 | 0.2457706 |
| A04 -G1 | 0.339 | 0.101 | 0.334 | 0.48668248 |
| A04 -G2 | -0.108 | 0.032 | -0.097 | 0.14810099 |
| A05 -G1 | -0.370 | -0.255 | -0.372 | 0.58329928 |
| A05 -G2 | -0.816 | -0.324 | -0.803 | 1.18987578 |
| A06 -G1 | 1.006 | -0.145 | 0.266 | 1.05126846 |
| A06 -G2 | 0.560 | -0.214 | -0.165 | 0.62153997 |
| A07 -G1 | 0.116 | 0.772 | 0.434 | 0.89311299 |
| A07 -G2 | -0.331 | 0.704 | 0.003 | 0.77743466 |
| A08 -G1 | 0.332 | -0.289 | 0.673 | 0.80416819 |
| A08 -G2 | -0.114 | -0.357 | 0.242 | 0.44631547 |
| A09 -G1 | 0.408 | 0.044 | 0.603 | 0.72921224 |
| A09 -G2 | -0.038 | -0.025 | 0.172 | 0.17756895 |
| A10 -G1 | 0.389 | 0.131 | 0.384 | 0.56225886 |
| A10 -G2 | -0.058 | 0.062 | -0.047 | 0.09671027 |

註：距離計算方式參考 3.3 節步驟 6

表 3.4.3　僅一群的集群中心的距離

| | 每週平均購買金額(百) | 每週平均購買啤酒次數 | 每週平均購買啤酒數量(打) | 距離 |
|---|---|---|---|---|
| A01 -G1 | -0.074 | -0.037 | -0.057 | 0.100427 |
| A02 -G1 | -0.182 | 0.197 | -0.174 | 0.31958448 |
| A03 -G1 | 0.026 | 0.053 | 0.033 | 0.06743566 |
| A04 -G1 | 0.222 | -0.182 | 0.021 | 0.28762003 |
| A05 -G1 | -0.682 | -0.303 | -0.674 | 1.0056194 |
| A06 -G1 | 0.694 | -0.193 | -0.035 | 0.72118226 |
| A07 -G1 | -0.197 | 0.724 | 0.132 | 0.76191495 |
| A08 -G1 | 0.020 | -0.337 | 0.371 | 0.50157759 |
| A09 -G1 | 0.096 | -0.004 | 0.301 | 0.3158046 |
| A10 -G1 | 0.076 | 0.083 | 0.083 | 0.13972618 |

註：距離計算方式參考 3.3 節步驟 6

當我們將各個分群數目下的誤差平方和（SSE）數值進行整理並製成圖表，便可獲得一個關於不同集群數目下 SSE 的曲線圖。該圖表將展示從一個集群至三個集群的 SSE 變化。在這樣的圖形中，若能觀察到類似於手肘彎曲處的變化——即斜率突然變緩的點——則該點可能指示著最佳的集群數目。在圖 3.4.1 的例子中，雖然這種彎曲不甚明顯，但如果我們能在另例圖 3.4.2 中（X 軸為集群數目，Y 軸為 SSE 數值）辨認出明確的彎曲點，則該點所代表的 K 值就可能是最合適的分群數目。這種圖形由於其特徵，常被稱作肘部圖（elbow plot）（Dinov, 2018）。

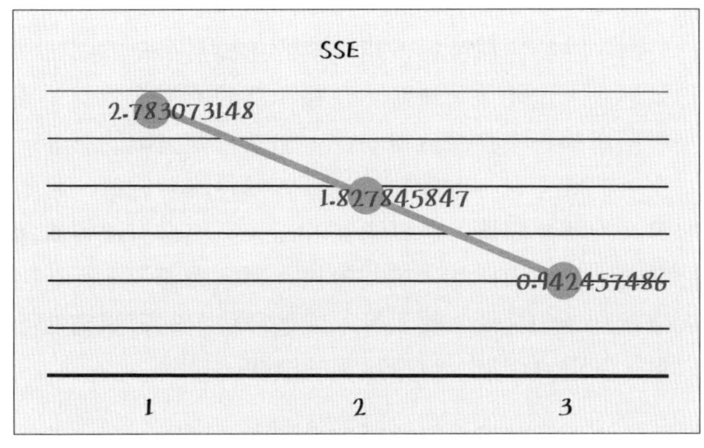


^ **圖 3.4.1**　繪製不同集群數目下的 SSE

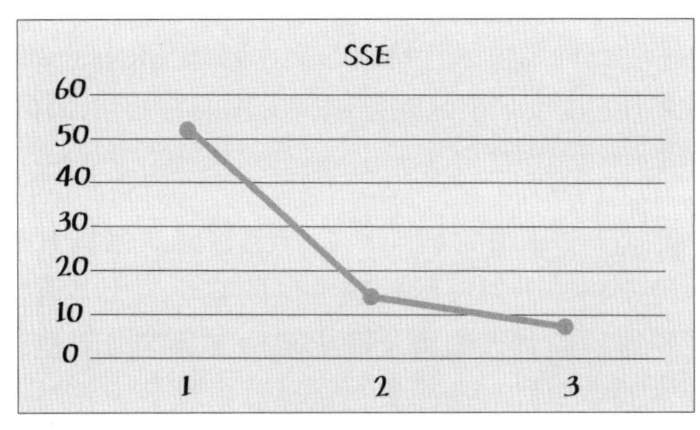


^ **圖 3.4.2**　肘方圖

## 3.5 演算法的應用案例

在深入了解集群演算法的原則後，我們可以觀察集群分析在實務運用上的具體案例。以大型超市的顧客資料為例，透過集群分析，該超市能夠辨識出具有特定消費模式的顧客群組，並對這些同質性群組進行針對性的行銷資源分配與溝通。由於除電商體系之外的絕大部分公司並未擁有足夠資源，以對每一位顧客進行個別化的推廣，集群分析因此成為一種有效的成本節省手段。

在傳統情況下，企業通常會使用人口統計資料（Demographic）或地理區隔（Geographic）進行初步的客戶分類。但這樣的方式並未能描繪出顧客的真實消費行為，當單一屬性涵蓋的人口範圍過大時，對於顧客樣貌的理解就會越朦朧，也越難掌握群體、預測行為。如果企業能夠基於顧客的實際消費記錄進行分類，這些資料將更能反映真實的消費行為，因為它們直接關聯到顧客的支付記錄，透過紀錄掌握顧客購買的品項，甚至能將商品加以屬性標籤（Tagging）。依據演算法的說明，我們可以根據顧客的消費邏輯將其進行分群，在特定欄位數值組內部的差異最小化的同時，對這些群組內的顧客進行精確的行銷活動，也能預測新產品在顧客群間的銷售狀況，甚至可以對於核心的顧客群設計商品、捆綁銷售來確保持續購買，加深行銷方案的影響。舉例來說：如烈酒品牌希望推展一支新的威士忌，就能夠透過顧客過往購買紀錄，將購買過的產品、推銷方案、購入日期等進行屬性標籤，並經過 K-Means 抓出最有機會溝通的群眾。縱使樣本群不夠大，也能藉此回推人口統計，或如投放、網紅溝通等進行針對性的行銷策略。這比起直接應用人口統計（如性別、收入等）或地理位置的資訊來進行行銷，往往能夠帶來更有意義的效果，甚至更能減少行銷預算的浪費。

K-Means 集群演算法不僅在市場行銷領域得到廣泛應用，在內部管理、文件管理等領域同樣扮演著關鍵角色。一般來說，文件分類多依賴於標題進行初步歸類，然而從管理的角度看，文件的內文才是分類的核心。透過關鍵字對內文進行集群分析，能夠有效識別文件間的相似性，從而實現快速且精確的文件歸類（Rahhupathi, 2018）。這樣的應用也被廣泛使用在長文本的場域，但缺點是以長文本而言相當倚賴斷字，尤其是如中文等較為複雜的語言結構。

此外，K-Means 演算法在風險管理和公共安全領域同樣具有應用價值。以風險管理為例：在銀行和保險業務中，對於承貸或承保的客戶，除了需要關注客戶提出的申請事由，還需深入了解客戶的背後動機及歷史紀錄。集群分析在這一過程中可以幫助識別具有相似違約行為的客戶群，進而量化金融詐欺模式，作為控制風險的有效工具（Rahhupathi, 2018; Kohad, 2021）。因此若風險管理單位能夠在合法的狀況下，藉由不同的金流單位資料比對出消費者行為，就能更準確的判定出該客戶是否具備潛在違約風險。而在公共安全的案例也相當重要。在印度，鑑於婦女遭受暴力和相關犯罪行為的問題日益嚴重，科學家們使用了與婦女相關犯罪的數據作為研究基礎，運用 K-means 演算法進行深入分析，探索犯罪者可能的共性。這些發現可供公共安全部門參考，以便在治安規劃中加以運用（Singh, Reddy, & Kapoor, 2020）。

在運動賽事管理中，集群分析同樣展現其應用潛力。ESPN 曾對美國職籃運動員的多項統計數據，包括得分、籃板、助攻、阻攻和抄截等，進行分析，作為選秀和隊伍調整的參考（行銷資料科學，2021）。尤其是選秀或者球員交易的期間，往往球員之間的互補性與相似性會作為球隊管理階層相當重要的評判標準，也就是所謂的「球員模板」（球員最有可能成長成的某一個知名球員），而後續也可以更清楚理解球員養成的方法，集群分析就是一個很好掌握球員相似性的工具（Allen Chun, 2023）。近年球員養成最有趣的案例就屬 NBA 達拉斯獨行俠隊於 2023 年選秀獲得 Dereck Lively II 這位球員，是先分析模板為該隊已退役的前冠軍球員 Tyson Chandler，正因如此，該隊邀請模板球員做為選秀球員的指導，果然在新人時期成長就突飛猛進，搭配其他交易要素，球隊由前一年的慘澹戰績變成總冠軍賽勁旅。

此外，集群分析還被應用於多種領域，例如政府在市政基礎設施建設時考量建築地理位置、計程車的乘車距離及設站點分析等。對於管理學科的學生而言，理解集群分析在管理學中的應用與其背後的意義尤為關鍵。接下來的章節，我們將透過 Python 與 Orange 進行實作分析，以一家大型超市的實際案例資料為例，幫助讀者進一步理解如何在管理學的脈絡下運用這些技術來獲取有用的分析結果。

## 本章心得

第三章主要介紹了客戶與產品的集群分析方法。章節透過敘事形式來闡述集群分析的原則，並輔以實際案例和模擬情境，使演算法與人類的經驗和思維過程更加貼近。本章強調集群分析在行銷、管理和決策制定中的角色，特別是如何將相似的實體分組，從而在目標行銷中節省成本。接下來的部分將深入探討如何利用 Python 進行實作分析，以加深讀者對於數據分析中集群應用的理解。

## 回饋與作業

1. K 平均法進行集群分析的時候，請繪圖說明如何計算距離？

## 本章習題

1. （ ） 集群分析從資料上看是？

   (A) 垂直面的集合　　(B) 水平面的集合

   (C) 水平與垂直面的整合　　(D) 隨機選取

2. （ ） 集群就是？

   (A) 垂直面整合　　(B) 取個體之間的最大差異點來整合

   (C) 取共通性來整合　　(D) 最大化差異

**3.**（　）集群的作法不包含？

(A) 看個別欄位的內容是否接近

(B) 喜不喜歡這個物件

(C) 選擇適當的屬性（欄位）並比較相似處

(D) 肘方法來判別集群數

## 參考文獻


- Chun, A. (2023).Using K-Means clustering to identify NBA player similarity. Retrieved from: https://medium.com/@allenmchun/using-k-means-clustering-to-identify-nba-player-similarity-2b33f11e3aa7
- Dinov, I. D. (2018). *k-Means Clustering*. In Data Science and Predictive Analytics (pp. 443-473). Springer, Cham.
- Gan, F., Xu, Q., Zhang, L., & LIANG, Y. (2001). An improved optimization strategy and its application to clustering analysis. *Analytical sciences*, *17*(7), 869-873.
- Kohad, P. (2021). K-Means clustering and its Real World Use Case. Retrieved from: https://www.linkedin.com/pulse/k-means-clustering-its-real-world-use-case-pratik-kohad-1c/
- Kuo, R. J., Wang, H. S., Hu, T. L., & Chou, S. H. (2005). Application of ant K-means on clustering analysis. *Computers & Mathematics with Applications*, *50*(10-12), 1709-1724.
- Mayland, C. R., Williams, E. M., Addington-Hall, J., Cox, T. F., & Ellershaw, J. E. (2014). Assessing the Quality of Care for Dying Patients From the Bereaved Relatives' Perspective: Further Validation of "Evaluating Care and Health Outcomes–for the Dying". *Journal of pain and symptom management*, *47*(4), 687-696.
- Raghupathi, K. (2018). 10 Interesting Use Cases for the K-Means Algorithm. Retrieved from: https://dzone.com/articles/10-interesting-use-cases-for-the-k-means-algorithm
- Schuler, N. (2000). David Cope: Virtual Mozart: Experiments in Musical Intelligence. *Computer Music Journal*, *24*(4), 80-81.
- Singh, R., Reddy, R., Kapoor, V. (2020). K-means Clustering Analysis of Crimes on Indian Women. Journal of Cybersecurity and Information Management, 4(1), 5-25.
- Wu, C. H., Ho, G. T., Lam, C. H., Ip, W. H., Choy, K. L., & Tse, Y. K. (2016). An online niche-market tour identification system for the travel and tourism industry. *Internet Research,* 26(1), 167-185.
- 羅凱揚、蘇宇輝 (2021)。區別分析、因素分析、集群分析。取自：https://medium.com/marketingdatascience/ 區別分析 - 因素分析 - 集群分析 -d2441dcdd3d5

CHAPTER

04

# 看看分群的結果

## 本章目標

1. 透過 Google　Colab 實作 Python 以理解集群分析與其結果。
2. 了解客戶價值與 RFM 模型。
3. 集群分析在客戶價值 RFM 上的應用。

## 本章架構

在第三章中有提到「同色羽毛的鳥會聚在一起（Birds of a feather flock together）」，這就是「物以類聚」的意思，因此集群分析（Clustering analysis）又可稱為聚類分析，此外也可以使用群集分析或者分群分析這兩項名詞來替代。當企業所重視的商品、客戶相關資料在尚未被完全掌握理解之前，可以先使用集群分析對陌生資料進行輪廓性的了解，在商業數據分析領域中是一項極為重要且常見的分析技術，也因此集群分析在機器學習（Machine learning, ML）或資料探勘（Data mining, DM）領域上是屬於非監督式學習（Unsupervised learning）的方法，即對於所找出來的資料樣式是沒有預設立場，也就是說沒有標準答案，純粹根據所找到的資料進行輪廓性的描述。

接下來以 Python 程式語言進行集群分析的實作，如第一章所述，本書選擇 Google 公司的 Colaboratory 工具來執行 Python 語言的程式碼。Google Colaboratory 可以簡稱為 Google Colab 或者直接稱 Colab，該工具是 Google 公司在雲端（Cloud）環境（即網際網路）中可以讓使用者方便編輯與執行程式的工具，剛開始只可以編輯與執行 Python 程式指令，目前 Google 官方也已經允許使用者在 Google Colaboratory 工具上編輯與執行 R 程式碼指令。Colab 的介面仿照 Jupyter Notebook（https://jupyter.org），且不用安裝任何程式就可以執行，以最簡單的方式幫助各位上手來分析商業應用數據，如果沒有 Jupyter 或 Colab 經驗者，建議在進入 4.2 節之前，請先到本書最後面的**附錄一 Colab 使用介紹**中學習 Colab 的基本操作與使用。

## 4.1 客戶價值與 RFM 模型

集群分析在商務上的應用非常多，各位可以想像一下在一家超市或賣場中，單一客戶的某次購物資料（即單一消費行為）對於超市老闆而言並沒有太多的解讀資訊，因為數據概念上就僅僅是一個點的資料，好比說：住在隔壁兩條街的陳太太今天早上來超市買了三把菠菜；住在超市樓上的林先生今天下午來超市買了兩杯熱的美式咖啡 ；住在超市對面的王小弟今天晚上來超市買了一條吐司麵包，這些資訊對超市或賣場老闆在經營上並沒有太大的實質幫助，反而是超市或賣場老闆想知道來店消費的客戶群體中，是否存在或發生一些可解讀的、有趣的群體消費行為（Consumer Behavior），因為這是眾多資料點的資料概念，較大量的資料會比較容易看出一些資料的趨勢或者蛛絲馬跡，所以對於超市或賣場的首要任務就是先將客戶依照消費習慣進行分組（Group），此舉讓消費習慣有差異的客戶可以分別集結到不同的客戶組群中，同時也將有類似消費習慣的客戶集結到相同的客戶組群中，這就是集群分析（Clustering）的基本應用。

每一位客戶到超市購物的交易資料所呈現的是這位客戶的消費行為。當超市的交易資料累積一段時間之後會發現到——來店消費的大部分客戶交易資料筆數可能不只有一筆交易資料，這意味著有些客戶會再一次回來超市購買商品，這個概念稱為

『常客（Regular customer）』，也可以被稱為『回頭客（Repurchase customer）』，而只有來店消費過一次之後就不曾再出現消費的客戶，一般稱為『沉睡客戶（Sleeping customer）』，不管是跟常客之間良好關係的持續維護，或者喚醒沉睡的客戶讓他們繼續來店消費，皆被視為行銷規劃重要活動，因此這兩種客戶（回頭客、沉睡客戶）的價值衡量被視為企業重要的任務，針對每一位客戶往來的交易資料計算出每一位客戶對於公司的價值，在評估客戶價值中常見的有三項重要特徵資料，即 Recency、Frequency、Monetary，分別簡稱為 R、F、M，此又稱為 RFM 模型，可以用來衡量每一位客戶的價值（McCarty & Hastak, 2007）。

所謂的 RFM 模式中的第一個字母『R』的英文全名是 Recency（最近的），第二個字母『F』的英文全名是 Frequency（頻率），第三個字母『M』的英文全名是 Monetary（花費）。R 是指客戶**最近一次消費**的時間點距離目前數據分析工作的時間點的時間間距（Time interval），白話就是將目前數據分析工作的時間點（假設為 $T_a$）與客戶**最近一次消費**的時間點（假設為 $T_b$）相減，即 $T_a - T_b$。R 可以簡稱**最近一次消費**或**最近消費**，例如目前數據分析工作的時間點是 2024/04/01，而客戶王小明**最近一次消費**的時間點 2024/03/30，假如是以日（Day）當計算基礎，$T_a - T_b$ = 2024/04/01 － 2024/03/30 ＝ 1，這個 1 就是一天的意思，即分析日的前一天客戶王小明來店消費購買商品，請注意，當資料欄位如果是屬於日期格式，則該欄位的資料值是可以兩兩相減進行運算，日期資料值有一個特性，就是今天的日期值會比昨天的日期值大，譬如今天是 2024/04/01，昨天是 2024/03/30，因此 2024/04/01 的日期值比 2024/03/30 的日期值大。一般而言，最近購買過商品的客戶會對這家電商或公司有比較高的印象，屬於活躍度較高的客戶，所以回頭再重複購買（即再購）的可能性較高，因此在 RFM 模型中，客戶的 **R 值越小，對公司的價值也越高**。

F 是指客戶在某一段固定時間內（通常以「年」來觀察，通常視目標產品的銷售週期而定）下單購買的總次數，F 可以簡稱**消費頻率**或稱**消費次數**，如果觀察交易資料時間的間距是一年，則直接將每一位客戶在這一年內的交易訂單數量相加就可獲得每一位客戶的 F 值。當客戶 **F 值越大**（**即購買次數越多**），則會將該類客戶歸屬於對公司商品的忠誠度較高，此客戶對公司的價值也越高。

M 是指客戶在某一段固定時間內（週期同前述 F）下單購買的總金額，M 可以簡稱**消費金額**，如果觀察交易資料時間的間距是一年，則直接將每一個客戶在這一年內的交易訂單的金額相加就可獲得每一位客戶的 M 值，但是怕遺漏了擁有購買實力的新客戶，常常會以該客戶的平均購買金額來取代。一般而言，**客戶的 M 越高，則客戶的貢獻度越大**，此客戶對公司的價值也越高。

但是每一位客戶的 R、F、M 三個欄位值從何而產生呢？下面舉一個例子引導各位將企業與客戶之間的交易資料轉換為最近消費（Recency, R）、消費頻率（Frequency,

F）、消費金額（Monetary, M）三個欄位值的過程，為了方便接下來 Python 的實作順暢與集群分析的說明，後續會以字母 R、F、M 代替每一位客戶的最近消費、消費頻率、消費金額三個名詞。

商業數據分析的角度有許多方式，其中一項重要議題為從客戶的價值中找出有價值的客戶，因此經常會先對客戶的價值特徵進行基本描述，最直接的方法就是根據客戶購買商品的歷史記錄資料來產生描述客戶價值的 R、F、M 三項資料分析，而客戶購買商品的歷史記錄資料是被儲存在企業 ERP（Enterprise Resource Planning, ERP）系統的銷售與配銷（Sales and Distribution, SD）模組中，因此需要透過溝通並事先請 IT 人員幫忙從 ERP 的 SD 模組中撈出資料，客戶購買商品的歷史記錄資料基本上可以從兩個資料表中抓取，分別為客戶基本資料表、客戶交易資料表，說明如下：

1. 客戶基本資料表，基本上會有客戶編號（cid）、客戶名稱（cname）、性別（gender）、年齡（age）、連絡電話（Tel）、…、其他，通常會有許多欄位，為了方便說明此處只列出四個欄位，20 位筆客戶基本資料，如下表 4.1.1 所示。
2. 客戶交易資料表，基本上會有訂單編號（ono）、客戶編號（cid）、下單日期（date）、訂單總金額（amount）、…、其他，通常也會有許多欄位，為了方便說明此處也只列出四個欄位，50 筆客戶交易資料，如下表 4.1.2 所示。

**表 4.1.1**　客戶基本資料表

| 客戶編號（cid） | 客戶名稱（cname） | 性別（gender） | 年齡（age） |
|---|---|---|---|
| C001 | Tina | F | 26 |
| C002 | Mei | F | 26 |
| C003 | Ewan | M | 18 |
| C004 | Bella24 | F | 19 |
| C005 | Amy | F | 30 |
| C006 | Ryan5 | M | 26 |
| C007 | Jill | F | 27 |
| C008 | Melody | F | 20 |
| C009 | Matt | M | 42 |
| C010 | Luna | F | 27 |
| C011 | Yvette | F | 26 |
| C012 | Ethan | M | 44 |
| C013 | Lonan | M | 36 |
| C014 | Eve | F | 32 |

| 客戶編號（cid） | 客戶名稱（cname） | 性別（gender） | 年齡（age） |
|---|---|---|---|
| C015 | Berton | M | 30 |
| C016 | Janet | F | 21 |
| C017 | Sheila | F | 19 |
| C018 | Allen | M | 27 |
| C019 | Yuni | F | 25 |
| C020 | Sherry | F | 38 |

**表 4.1.2** 客戶交易資料表

| 訂單編號（ono） | 客戶編號（cid） | 下單日期（date） | 訂單總金額（amount） |
|---|---|---|---|
| T001 | C001 | 2024/1/6 | 100 |
| T002 | C019 | 2024/1/11 | 40 |
| T003 | C002 | 2024/1/20 | 20 |
| T004 | C006 | 2024/1/29 | 20 |
| T005 | C001 | 2024/2/3 | 30 |
| T006 | C008 | 2024/2/9 | 80 |
| T007 | C007 | 2024/2/15 | 48 |
| T008 | C012 | 2024/2/26 | 25 |
| T009 | C011 | 2024/3/3 | 75 |
| T010 | C009 | 2024/3/14 | 60 |
| T011 | C015 | 2024/3/20 | 80 |
| T012 | C006 | 2024/3/27 | 90 |
| T013 | C018 | 2024/4/1 | 70 |
| T014 | C007 | 2024/4/4 | 76 |
| T015 | C015 | 2024/4/17 | 65 |
| T016 | C004 | 2024/4/24 | 15 |
| T017 | C013 | 2024/4/30 | 35 |
| T018 | C003 | 2024/5/1 | 65 |
| T019 | C005 | 2024/5/14 | 30 |
| T020 | C009 | 2024/5/29 | 70 |
| T021 | C003 | 2024/5/30 | 75 |
| T022 | C011 | 2024/6/6 | 25 |

| 訂單編號（ono） | 客戶編號（cid） | 下單日期（date） | 訂單總金額（amount） |
|---|---|---|---|
| T023 | C004 | 2024/6/10 | 30 |
| T024 | C007 | 2024/6/15 | 64 |
| T025 | C005 | 2024/6/28 | 43 |
| T026 | C010 | 2024/7/5 | 10 |
| T027 | C014 | 2024/7/11 | 20 |
| T028 | C003 | 2024/7/17 | 30 |
| T029 | C004 | 2024/7/22 | 85 |
| T030 | C013 | 2024/7/31 | 100 |
| T031 | C008 | 2024/8/2 | 80 |
| T032 | C014 | 2024/8/16 | 38 |
| T033 | C012 | 2024/8/16 | 25 |
| T034 | C011 | 2024/8/20 | 75 |
| T035 | C013 | 2024/8/30 | 60 |
| T036 | C015 | 2024/9/1 | 80 |
| T037 | C006 | 2024/9/2 | 90 |
| T038 | C008 | 2024/9/17 | 10 |
| T039 | C007 | 2024/9/25 | 55 |
| T040 | C017 | 2024/10/10 | 65 |
| T041 | C004 | 2024/10/11 | 15 |
| T042 | C013 | 2024/10/18 | 35 |
| T043 | C010 | 2024/10/18 | 65 |
| T044 | C020 | 2024/10/20 | 30 |
| T045 | C002 | 2024/11/16 | 70 |
| T046 | C001 | 2024/11/29 | 75 |
| T047 | C016 | 2024/12/10 | 98 |
| T048 | C017 | 2024/12/15 | 60 |
| T049 | C018 | 2024/12/20 | 25 |
| T050 | C020 | 2024/12/30 | 45 |

接下來將客戶基本資料表與客戶交易資料表依照 RFM 理論的規則進行計算並產生出新的 R、F、M 三個欄位，為了方便說明將 RFM 理論整理成兩項重點，分述如下：

1. 必須先設定目前分析時間點，假設目前的分析日為 2024/12/31。
2. 設定所要分析的時間顆粒（度）大小，在這個範例中是設定以月份（Month）做為時間顆粒（度）大小的基準（也可以使用日 Day 做為計算基準，後面有說明），即數字 12，在此例中因為都是 2024 年同一年的交易資料，因此以月份 12 來計算兩個日期之間的時間間距（Time interval）為幾個月就可以。

譬如以客戶編號 C001 為例導引各位計算出每一位客戶的 R、F、M 值，首先看到客戶 C001 的客戶名稱為 Tina，接著在客戶交易資料表（表 4.1.2）中尋找客戶編號 C001 的 Tina 所有交易資料，總共發現 C001 有三筆交易資料（訂單編號 T001、T005、T046），分別發生在 2024/01/06、2024/02/03、2024/11/29，再從這三筆交易中找出下單日期中最後發生的那一筆做為客戶編號 C001 的 R 值的時間間距計算，比較之後，選擇訂單編號 T046、2024/11/29 這一筆交易資料，因此客戶編號 C001 的 R 值為 2024/12/31 與 2024/11/29 時間間距，同一年資料所以取兩個日期的月份值相減即可，即 2024/12/31 的月份值為 12，而 2024/11/29 的月份值為 11，然後相減結果為 1（ = 12 － 11），因此客戶編號 C001 的 R 值為 1。

而客戶編號 C001 的 F 值是將客戶編號 C001 在 2024/12 之前所產生的交易資料筆數相加（Count）即可，在客戶交易資料表（表 4.1.2）中計算後總筆數有三筆資料，因此 F 值為 3，最後，客戶編號 C001 的 M 值是指客戶編號 C001 在 2024/12 之前，所產生的每一筆交易金額加總（Sum），即計算在客戶交易資料表（表 4.1.2）中這一段時間屬於客戶編號 C001 的交易之訂單總金額加總，加總後訂單總金額為 205（= 100 + 30 + 75），以此方式產生客戶編號 C001 的 R、F、M 值分別為 1、3、205，將這三個新的欄位值填入客戶 RFM 資料表（表 4.1.3）中客戶編號 C001 的 R、F、M 三個欄位值，以此方式將客戶 RFM 資料表（表 4.1.3）中所有客戶的 R、F、M 的三個欄位值計算後依序填入，其結果如表 4.1.3 客戶 RFM 資料表所示。

另外，在此例（表 4.1.3）中另外有兩個欄位，客戶的性別（gender）與年齡（age），屬於人口統計資料（Demographic data），為方便後續分析使用，因此也一併轉成類別數值型態，性別（gender）欄位中原始資料為女性的 F 值設定為 1，而男性的 M 值設定為 2。此外將年齡（age）欄位資料值分成三個級距，原始資料中小於等於 20 歲（ <= 20）則設定為 1，從 21 到 40 歲（21~40）則設定為 2，大於等於 41 歲（ >= 41）則設定為 3，整理如下表 4.1.3 所示：

**表 4.1.3** 客戶 RFM 資料表（Month）

| 客戶編號（cid） | 性別（gender） | 年齡（age） | 最近消費（Recency） | 消費頻率（Frequency） | 消費金額（Monetary） |
|---|---|---|---|---|---|
| C001 | 1 | 2 | 1 | 3 | 205 |
| C002 | 1 | 2 | 1 | 2 | 90 |
| C003 | 2 | 1 | 5 | 3 | 170 |
| C004 | 1 | 1 | 2 | 4 | 145 |
| C005 | 1 | 2 | 6 | 2 | 73 |
| C006 | 2 | 2 | 3 | 3 | 200 |
| C007 | 1 | 2 | 3 | 4 | 243 |
| C008 | 1 | 1 | 3 | 3 | 170 |
| C009 | 2 | 3 | 7 | 2 | 130 |
| C010 | 1 | 2 | 2 | 2 | 75 |
| C011 | 1 | 2 | 4 | 3 | 175 |
| C012 | 2 | 3 | 4 | 2 | 50 |
| C013 | 2 | 2 | 4 | 4 | 230 |
| C014 | 1 | 2 | 4 | 2 | 58 |
| C015 | 2 | 2 | 3 | 3 | 225 |
| C016 | 1 | 2 | 0 | 1 | 98 |
| C017 | 1 | 1 | 0 | 2 | 125 |
| C018 | 2 | 2 | 0 | 2 | 95 |
| C019 | 1 | 2 | 11 | 1 | 40 |
| C020 | 1 | 2 | 0 | 2 | 75 |

假設目前的分析日為 2024/12/31，而分析的時間顆粒（度）大小改變設定，以日（Day）做為基準，則客戶 RFM 資料表中的最近消費（Recency）欄位資料會有所不同結果，數字資料會變得大一些，譬如客戶 Tina（C001）最後一次來店消費日期是 2024/11/29，因此 C001 的最近消費（Recency）欄位資料值變成 32（天）（＝ "2024/12/31" － " 2024/11/29"），日期的 2024/12/31 相當於數值資料 45,657，而 2024/11/29 相當於數值資料 45,625，這兩個日期相距的天數也等於 45,657 與 44,365 相減，即 45,657 － 44,365 ＝ 32（天），（小提醒：日期資料 1900/01/01 的所對應到的數值資料是 1），除了日期之外，R、F、M 中的消費頻（F）與消費金額（M）欄位值的計算方式不變，其結果如表 4.1.4 所示：

**表 4.1.4** 客戶 RFM 資料表（Day）

| 客戶編號（cid） | 性別（gender） | 年齡（age） | 最近消費（Recency） | 消費頻率（Frequency） | 消費金額（Monetary） |
|---|---|---|---|---|---|
| C001 | 1 | 2 | 32 | 3 | 205 |
| C002 | 1 | 2 | 45 | 2 | 90 |
| C003 | 2 | 1 | 167 | 3 | 170 |
| C004 | 1 | 1 | 81 | 4 | 145 |
| C005 | 1 | 2 | 186 | 2 | 73 |
| C006 | 2 | 2 | 120 | 3 | 200 |
| C007 | 1 | 2 | 97 | 4 | 243 |
| C008 | 1 | 1 | 105 | 3 | 170 |
| C009 | 2 | 3 | 216 | 2 | 130 |
| C010 | 1 | 2 | 74 | 2 | 75 |
| C011 | 1 | 2 | 133 | 3 | 175 |
| C012 | 2 | 3 | 137 | 2 | 50 |
| C013 | 2 | 2 | 74 | 4 | 230 |
| C014 | 1 | 2 | 137 | 2 | 58 |
| C015 | 2 | 2 | 121 | 3 | 225 |
| C016 | 1 | 2 | 21 | 1 | 98 |
| C017 | 1 | 1 | 16 | 2 | 125 |
| C018 | 2 | 2 | 11 | 2 | 95 |
| C019 | 1 | 2 | 355 | 1 | 40 |
| C020 | 1 | 2 | 1 | 2 | 75 |

根據以上 RFM 計算說明後得到每一位客戶的 R、F、M 相關資料，除了客戶編號（cid）欄位之外，其他 R、F、M 欄位也可以稱為特徵（Feature）欄位，也可以稱為維度（Dimension）欄位、屬性（Attribute）欄位，換言之，特徵、維度、屬性等三個名詞在此可以被視為欄位（Column）的等義詞，甚至有時候也被稱為變數（Variable），接下來會以一個包含 R、F、M 三項欄位的實際公司營運的資料集並同時透過第三章中所介紹的 K 平均法（K-means）分群技術（Hamerly & Elkan, 2004）來對公司客戶分成一群一群的相似資料。為了方便讀者順利執行 Python 的集群分析，因此先將客戶的原始交易資料整理儲存成客戶的 R、F、M 的資料集，其檔案名稱為 **clustering_Ex1.csv**。這一個檔案資料集總共有 32,266 筆資料，由 cid、R、F、M 四個欄位組成，這四個欄位的說明如表 4.1.5 所示：

**表 4.1.5** clustering_Ex1.csv 資料欄位說明

| 欄位名稱 | 欄位說明 | 備註 |
|---|---|---|
| cid | 客戶編號 | cid 的 c 是 customer 的意思，id 是編號，使用公司內部規定的流水號格式，每一位客戶都會有一個唯一（即不重複）的編號。 |
| R | 最近消費 | 客戶於期間內（4 個月）最後一次的消費時間與分析日的時間間距（分析日是取 2001/03/01）。 |
| F | 消費頻率 | 客戶於期間內（4 個月）的總消費次數。 |
| M | 消費金額 | 客戶於期間內（4 個月）的總消費金額。 |

在 **clustering_Ex1.csv** 檔案中有 32,266 筆資料，每一筆資料代表一位客戶（Customer），因此收集了 32,266 位客戶的資料，其中 R、F、M 欄位值是 32,266 位客戶從 "2000-11-01" 到 "2001-02-28"（共 4 個月）來店消費所產生的交易資料計算整理而得到的。

另外，32,266 位客戶在這段期間（4 個月）總共貢獻了 119,578 張訂單（Sales order），有些客戶來店消費就只買一項商品，所以 ERP 系統在該張訂單上就只有儲存一筆商品項目（Line item）的交易資料（即一筆交易品項的意思），而有些客戶來店消費買多項商品，所以 ERP 系統在該張訂單上就會儲存多筆商品項目交易資料，因此這 119,578 張訂單分別在 ERP 系統上儲存了 817,741 筆商品項目交易資料。因此，商品項目（交易品項）資料、訂單資料、客戶資料之間的關係如圖 4.1.1 所示：

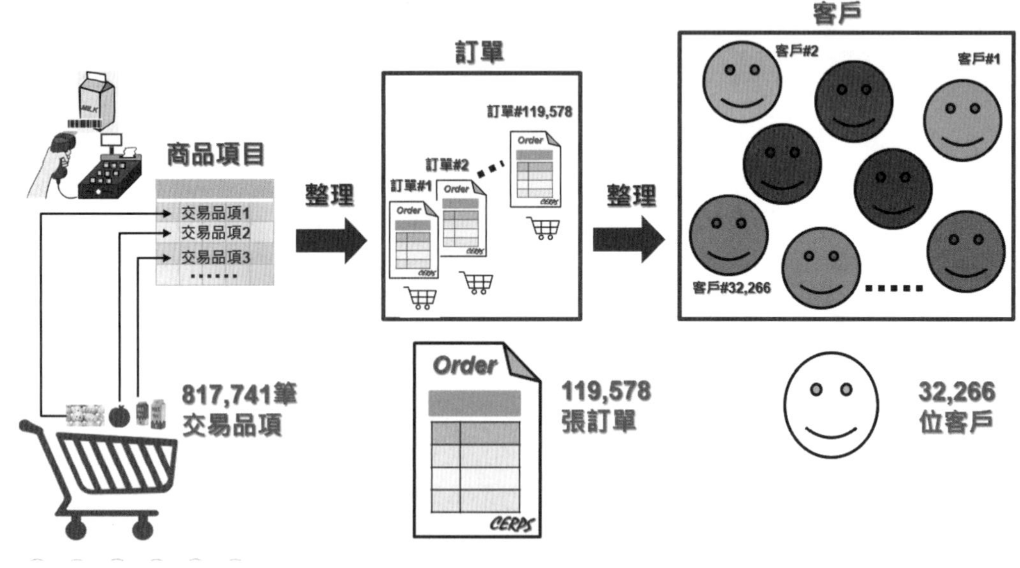


^ **圖 4.1.1** 商品項目（交易品項）資料、訂單資料、客戶資料之間的關係

## 4.2 跑一次看看

請先將下列框框中的 Python 程式碼指令（三行指令）輸入（這裡強烈建議初學者使用複製（Copy）、貼上（Paste）兩個動作，隨後再依需求進行修改！）到所建立的 **Clustering_kmc1.ipynb**（如何建立這檔案請參考**附錄二**的說明）筆記本的程式碼區塊中並且執行，如圖 4.2.1 所示：

```
import pandas as pd
import numpy as np
import matplotlib.pyplot as plt
```

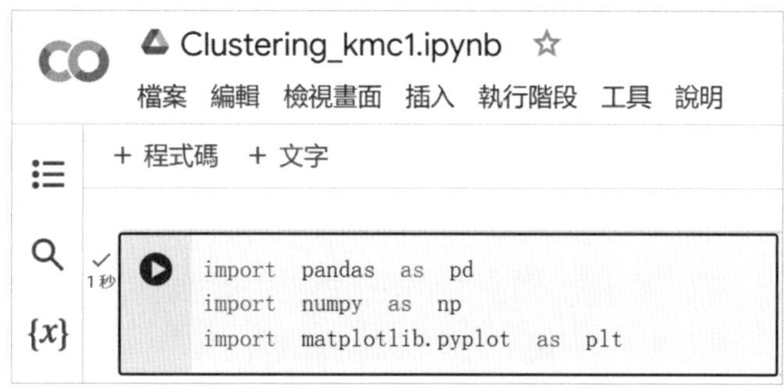


^ **圖 4.2.1** 引入模組套件

先執行上述三條 Python 指令讓筆記本環境中（就是指 Google 配置給使用者的雲端虛擬機的記憶體）載入了上述的各項模組、套件，接下來最重要工作就是將準備好的外部 RFM 資料讀進到筆記本並執行後續的集群分析，本書在集群分析中所使用的資料其檔名為 **clustering_Ex1.csv**，可以先以 Micrsoft Excel 軟體開啟並查看一下資料的概況，如下圖 4.2.2、圖 4.2.3 所示：

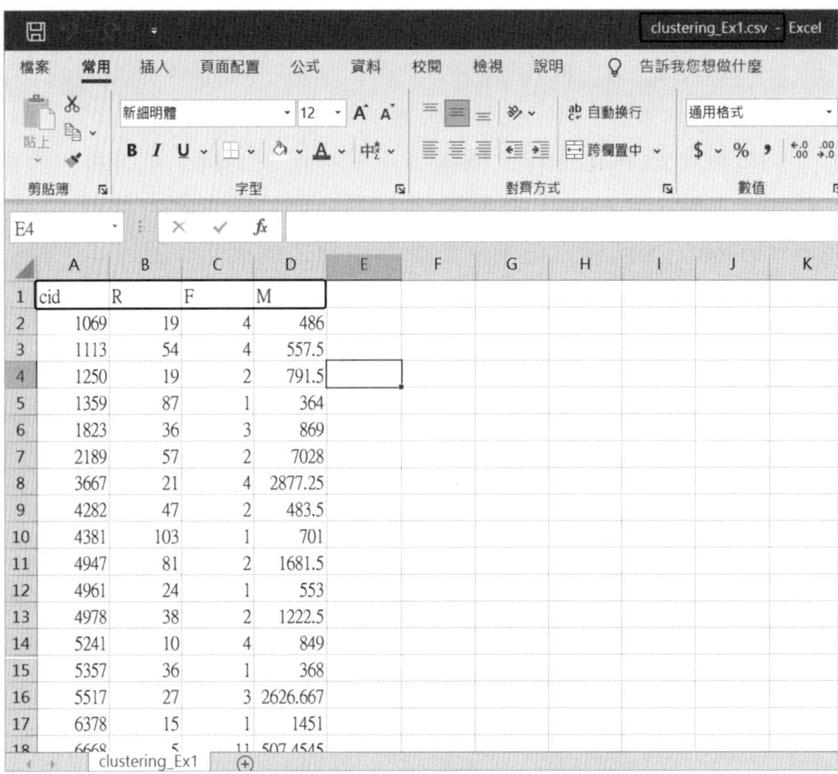

| cid | R | F | M |
|---|---|---|---|
| 1069 | 19 | 4 | 486 |
| 1113 | 54 | 4 | 557.5 |
| 1250 | 19 | 2 | 791.5 |
| 1359 | 87 | 1 | 364 |
| 1823 | 36 | 3 | 869 |
| 2189 | 57 | 2 | 7028 |
| 3667 | 21 | 4 | 2877.25 |
| 4282 | 47 | 2 | 483.5 |
| 4381 | 103 | 1 | 701 |
| 4947 | 81 | 2 | 1681.5 |
| 4961 | 24 | 1 | 553 |
| 4978 | 38 | 2 | 1222.5 |
| 5241 | 10 | 4 | 849 |
| 5357 | 36 | 1 | 368 |
| 5517 | 27 | 3 | 2626.667 |
| 6378 | 15 | 1 | 1451 |

^ 圖 4.2.2 clustering_Ex1.csv

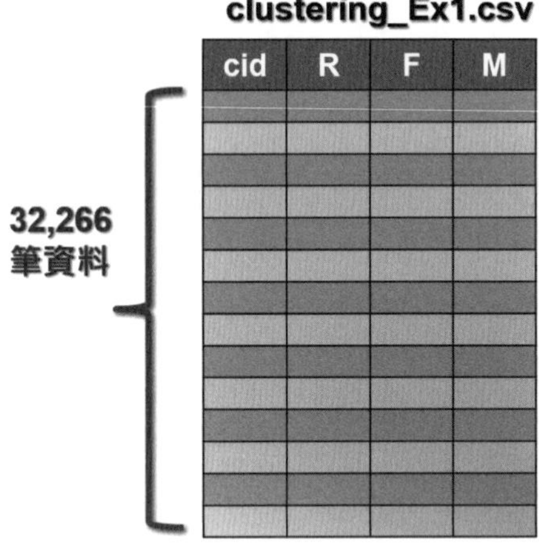


^ 圖 4.2.3 資料概況

因為 Colab 是在雲端運作，所以首先先將 clustering_Ex1.csv 上傳到雲端中，才可以讓 Colab 環境中的 Python 指令讀到資料，其概念如圖 4.2.4 所示：

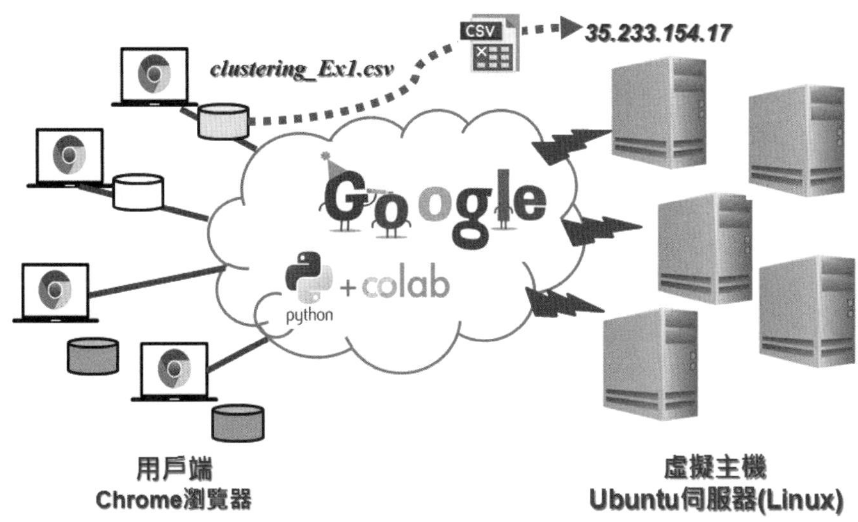


^ **圖 4.2.4** 資料概況

在 Colab 中有提供檔案上傳到雲端的功能，先點選筆記本左側的**檔案**圖樣，然後找到**上傳到工作階段儲存空間**圖樣，找到 clustering_Ex1.csv 檔案後按**開啟**按鈕，接著出現一個小視窗的警語，**【請注意，當這個執行階段重新開始時，已上傳的檔案會遭到刪除。】**最後按下「**確定**」按鈕，看見 clustering_Ex1.csv 檔案已經出現在 Colab 的檔案路徑中了，如圖 4.2.5 ~ 圖 4.2.9 所示：

^ **圖 4.2.5** 查看檔案

^ 圖 4.2.6　上傳檔案

^ 圖 4.2.7　選擇檔案

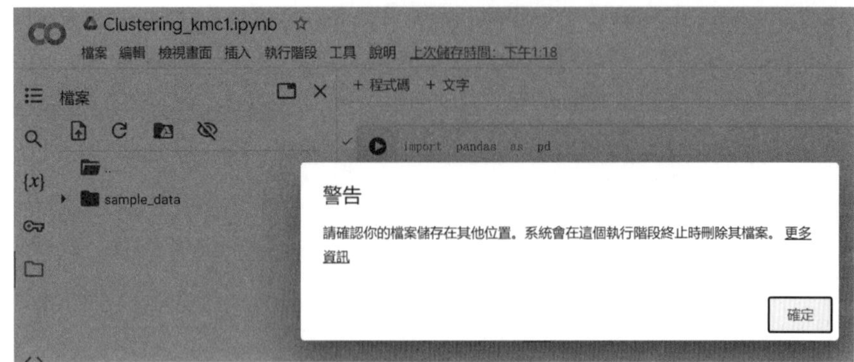


^ 圖 4.2.8　按下確定

^ **圖 4.2.9** 出現 clustering_Ex1.csv 檔案

順便查看一下這一個檔案的在雲端上的路徑是什麼，點選檔案名稱右側的三個點點的圖樣 ⋮，然後就會出現小視窗，接著選擇**複製路徑**，到筆記本中的任一空白程式區塊中貼上，最後就會看見這樣一個路徑的資訊 **/content/clustering_Ex1.csv**，就是剛剛上傳檔案的雲端路徑，請關閉上傳檔案視窗，如圖 4.2.10 ~ 圖 4.2.12 所示：

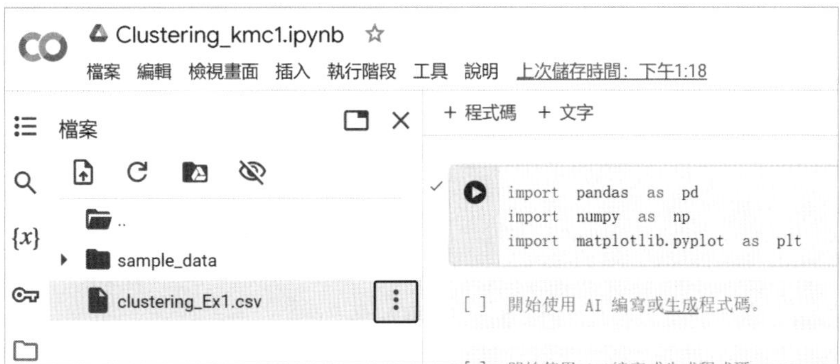


^ **圖 4.2.10** 點選檔案名稱右側的三個點點的圖樣

^ **圖 4.2.11** 複製路徑

^ 圖 4.2.12　出現上傳檔案的雲端路徑訊息

因為 Python 可以使用許多種方式讀取外部資料，建議初學者使用最簡單的方式，只要能夠將資料讀進來筆記本中，那麼**商業數據分析**這項任務就算是已經成功一半了，培養資料科學素養的過程中建立**「信心」**很重要！因此先使用 pandas 套件中的 read_csv() 函數來讀取剛剛貼上的路徑 **/content/clustering_Ex1.csv**（即已經準備好的客戶 R、F、M 資料）。請先將下列 Python 程式碼指令輸入到 Clustering_kmc1.ipynb 筆記本的程式碼區塊中並且執行，如下圖 4.2.13 所示，表示已經成功讀取檔案進入 Colab 的 Clustering_kmc1.ipynb 筆記本中。

```
rfm = pd.read_csv('/content/clustering_Ex1.csv')
```

^ 圖 4.2.13　讀取檔案

**指令：**

```
rfm = pd.read_csv('/content/clustering_Ex1.csv')
```

**說明：**

在 Colab 上的 Clustering_kmc1.ipynb 筆記本將 clustering_Ex1.csv 讀入，並儲存在 rfm 變數中，因為 pandas 模組已經事先被定義為 pd 這一個別名（Alias），所以 **pd.read_csv()** 的意思就是指，使用 pandas 模組中的一個 **read_csv()** 函數，其功能就是專門用來

讀取 csv 格式的資料檔案，但是記得檔案名稱的兩邊需要加成對的引號（單引號「'」或雙引號「"」都可以）。如前面章節介紹的，我們餵入大數據分析的數據多用 CSV 檔案（Comma-Separated Values），也就是每一個欄位資料使用逗號隔開。

在撰寫 Python 程式碼指令會經常看見等號 "="，在許多程式語言中等號 "=" 基本上都是指定（Assign）的意思，將等號右邊的值、內容或運算子指定給等號左邊的變數，就是將等號右邊 pd.read_csv('/content/clustering_Ex1.csv') 的運算結果指定給予等號左邊的 rfm 變數內容，有點類似在做**複製**的動作，簡而言之，**就是將等號右邊內容（= …）複製給左邊（… =）儲存，通常等號左邊是新創的變數名稱，等號右邊是原來資料來源，指令執行完後等號左邊的變數會跟等號右邊的變數具有相同內容。**

接著檢查 rfm 變數的資料型態。我們可以使用 type() 函數查詢，可以發現利用 pandas 模組將檔案 clustering_Ex1. csv 讀進來後的資料是一個稱為 DataFrame 的資料型態，DataFrame 中文可稱為資料框，就是我們認識的二維表格資料，但是在 Python 中稱為資料框。請先將下列程式碼指令輸入到筆記本的程式碼區塊中並且執行，如下圖 4.2.14 所示：

```
type(rfm)
```

```
Clustering_kmc1.ipynb
檔案 編輯 檢視畫面 插入 執行階段 工具 說明 已儲存所有變更
+ 程式碼 + 文字

[1] import pandas as pd
    import numpy as np
    import matplotlib.pyplot as plt

[2] rfm = pd.read_csv('/content/clustering_Ex1.csv')

type(rfm)

pandas.core.frame.DataFrame
def __init__(data=None, index: Axes | None=None, columns: Axes | None=None, dtype: Dtype |
None=None, copy: bool | None=None) -> None
```

^ 圖 4.2.14 檢查資料型態

接下來可以直接看一下 **rfm** 變數的內容，只要輸入變數名稱 **rfm** 然後執行就可以看見 **rfm** 真實資料內容，請先將下列斜體處的程式碼指令輸入到筆記本的程式碼區塊中並且執行，如下圖 4.2.15 所示：

```
rfm
```

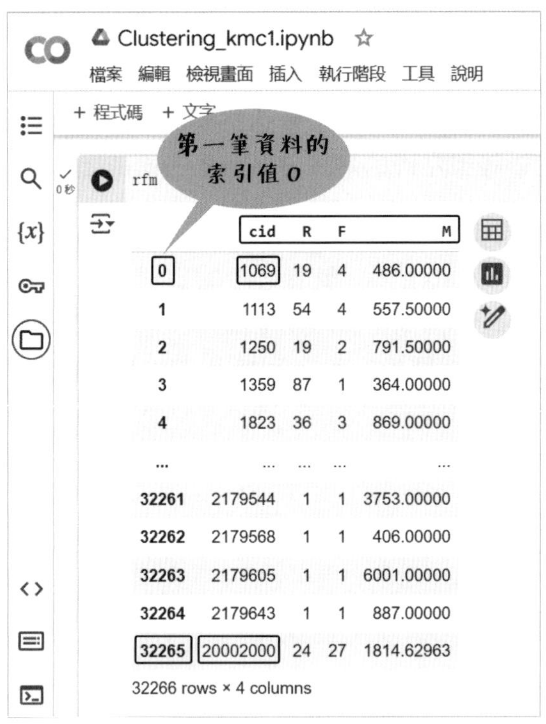


^ **圖 4.2.15** 看一下放在記憶體中的資料

從圖 4.2.15 中可以很清楚看見欄位名稱在表格的最上面，分別有 cid、R、F、M 四個欄位，總共有 32,266 筆資料，但是 cid 欄位前面卻多了一個索引（index）欄位，這是 Python 自動增加的索引用的欄位，資料值是一個流水編號，從 0 開始給索引值，這個從 0 開始編號的方式跟 R 語言不太相同，R 語言是從 1 開始編索引用的流水號，而 Python 是從 0 開始編索引用的流水號。

此外，為了了解 **rfm** 資料框變數中關於各個欄位的基本資訊，可以使用 Dataframe 資料框其中的一個方法（method）**-info()** 來查詢，指令為 **rfm.info()**，執行結果如圖 4.2.16 所示：

```
rfm.info()
```

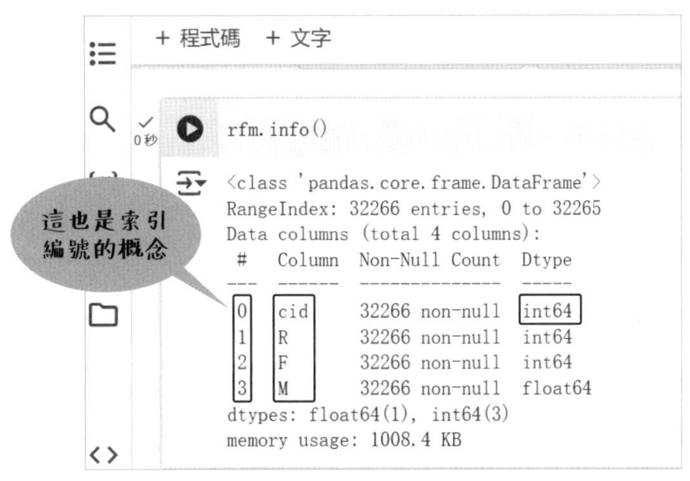


**圖 4.2.16** 看一下欄位資訊

從結果可以看出 rfm 每一個欄位有一個流水號的索引編號，欄位 cid 的索引編號是 0，欄位 R 的索引編號是 1，欄位 F 的索引編號是 2，欄位 M 的索引編號是 3，rfm 變數的第一個欄位的索引編號也是從 0 開始給值。另外，在上方 RangeIndex 顯示總共的資料筆數，共有 32,266 筆資料，索引編號從 0 編到 32,265。除了顯示欄位名稱之外，在旁邊也顯示欄位中是否有缺失值（Non-Null Count）及各欄位的資料型態（Dtype）。在本例中，因為每一個欄位都沒有缺失值，所以都是 32,266 筆，與上方總資料筆數數量相同。除此之外，在第一個欄位 cid 的資料型態 Dtype 處是使用整數的數值型資料，因此用 int64 的型態來表示，請注意這一個欄位雖然是整數資料型態，但是如果對 cid 欄位值進行加減運算是無管理意涵的，另外剩下的欄位 R、F、M 也都是數值資料，但是其中 R 與 F 是整數型態，同理使用 int64 來表示資料型態，但是 M 欄位是帶有小數的數值型資料，此處使用 float64 來表示。透過 info() 方法可以對於讀入的資料欄位及相關資料型態有所了解與掌握。

因接下來在集群分析中我們只需要 R、F、M 三個欄位，也就是**只取欄位索引編號 1、2、3 的欄位，可以使用資料框中的 iloc 方法來取得 R、F、M 這三個欄位資料**，但是 Python 的設計上要抓這樣的資料必須要多加 1 才能讀到 1~3 欄位。如：要取索引編號 1、2、3 欄位則需要寫成 1:4，即 **rfm.iloc[:, 1:4]**。因為 rfm 是一個資料框，就是有列（Row）與欄（Column）的二維表格。因此使用中括號 **[ 列（Row）索引編號，欄（Column）索引編號 ]** 的格式就可以**取任何在二維表格上的值**，如果使用 **[ 列（Row）**

**索引編號 , :]** 就表示要取的值是某一列的資料，如果使用 **[:, 欄（Column）索引編號 ]** 就表示要取的值是某一欄的資料，最後將結果儲存在 data 變數中。請先將下列斜體 Python 程式碼指令輸入到 Clustering_kmc1.ipynb 筆記本的程式碼區塊中並且執行，其中 print(data）部分是指將 data 的內容值顯示在銀幕畫面上，如下圖 4.2.17 所示：

```
data = rfm.iloc[:, 1:4]
print(data)
```

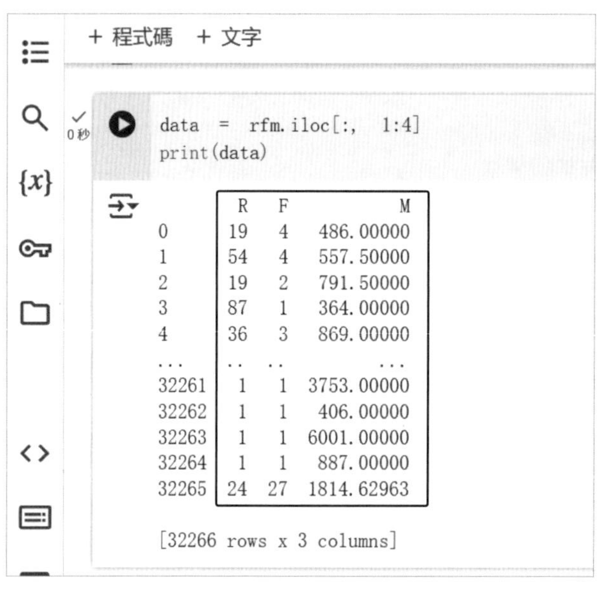


^ **圖 4.2.17** 擷取 RFM 欄位

另一種取得想要分析的欄位的便利方法為直接將寫出欄位名稱，即 **rfm[['R', 'F', 'M']]**，如此方式會比較直覺，取得欄位的資料會以 **DataFrame** 資料格式的方式呈現（DataFrame 稱為資料框，即二維表格的意思），而 head() 函數是顯示前幾筆的意思，預設值是顯示前五筆資料，執行結果如下圖 4.2.18 所示：

```
#另一種選擇欄位的方法
df = rfm[['R', 'F', 'M']]
df.head()
```

^ 圖 4.2.18 快速擷取欄位

從圖 4.2.18 中可以發現 R、F、M 三個欄位值的最大最小範圍差距很大，可以使用 **describe()** 函數來查詢 R、F、M 三個欄位的基本統計描述，執行結果如下圖 4.2.19 所示：

```
data.describe()
```

| | R | F | M |
|---|---|---|---|
| **count** | 32266.000000 | 32266.000000 | 32266.000000 |
| **mean** | 37.435474 | 3.706006 | 1033.573282 |
| **std** | 33.658454 | 4.835997 | 1174.584795 |
| **min** | 1.000000 | 1.000000 | 8.000000 |
| **25%** | 9.000000 | 1.000000 | 366.333333 |
| **50%** | 26.000000 | 2.000000 | 710.062500 |
| **75%** | 59.000000 | 4.000000 | 1305.650000 |
| **max** | 120.000000 | 86.000000 | 43917.000000 |

^ 圖 4.2.19 快速擷取欄位

從圖 4.2.19 中得知 M 欄位的最大最小範圍值與 R、F 欄位的差距滿大，R 欄位的範圍從 1~120，F 欄位的範圍從 1~86，M 欄位的範圍從 8~43,917，如果直接分群的話其結果會比較不公平（Unfair），因為分群的依據會偏向最大範圍值的 M 欄位為主，因為 M 欄位的資料尺度（Scale）較大，即俗稱導致在絕對數值上的小尺度資料（譬如 R、F 欄位）被大尺度資料（譬如 M 欄位）" **吃掉** " 的情況發生，因此建議將資料欄位值做基本轉換以保證每個欄位被平等（Fair）對待，這裡所指的轉換方法即**標準化方法（Normalization Method）**，又可以被稱**歸一化**方法，常見的資料轉換方式有兩種，（0,1）標準化與 Z-score 標準化，（0,1）標準化就是將欄位資料轉換到 0 到 1 範圍之內，Z-score 標準化就是指統計學所說的將資料轉換成標準常態分配（Standard normal distribution）方式，將資料轉成平均數（Mean）為 0，標準差（Standard Deviation, SD）為 1 的常態分配，這裡選擇（0,1）標準化方式處理，轉換公式很簡單

$$\text{新的資料值} = \frac{((\text{原始資料值} - \text{原始資料中最小值}))}{((\text{原始資料中最大值} - \text{原始資料中最小值}))}$$

公式中的分母項（Denominator），**（原始資料中最大值 - 原始資料中最小值）**，就是就統計學所說的**全距（Range）**概念，而分子項（Numerator）就是**（原始資料值 - 原始資料中最小值）**。先執行 **from sklearn.preprocessing import MinMaxScaler** 指令，接著建立（架構）一個轉換資料的框架 scaler，指令為 **scaler = MinMaxScaler(feature_range=(0,1))**，MinMaxScaler() 函數就是等一下要做資料轉換的功能，feature_range=(0,1) 就是指 0 到 1 範圍之內的意思，請注意，**scaler = MinMaxScaler(feature_range=(0,1))** 執行後，尚未真正的轉換，只是在建立一個資料轉換的框架（Frameworks）變數 scaler，接下來後續的指令才會是真正將資料轉換到 0 到 1 之間，執行結果如下圖 4.2.20 所示：

```
# 載入套件
from sklearn.preprocessing import MinMaxScaler
# 建立模型框架
scaler = MinMaxScaler(feature_range=(0,1))
```

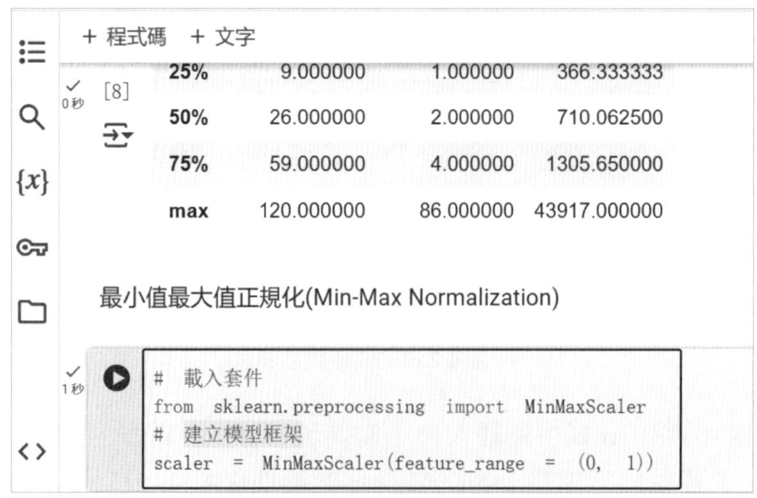


^ **圖 4.2.20** 建立資料轉換的框架

當框架變數 scaler 建立完成後，接下來才是正式做資料轉換，指令為 **df_minmax = scaler.fit_transform(data)**，這裡的 **scaler.fit_transform()** 函數是真正執行資料轉換，執行結果如下圖 4.2.21 所示：

```
# 進行資料轉換
df_minmax = scaler.fit_transform(data)
df_minmax
```

```
+ 程式碼   + 文字

[9] # 載入套件
    from sklearn.preprocessing import MinMaxScaler
    # 建立模型框架
    scaler = MinMaxScaler(feature_range = (0, 1))

    # 進行資料轉換
    df_minmax = scaler.fit_transform(data)
    df_minmax

array([[0.1512605 , 0.03529412, 0.01088615],
       [0.44537815, 0.03529412, 0.01251452],
       [0.1512605 , 0.01176471, 0.01784372],
       ...,
       [0.        , 0.        , 0.13648683],
       [0.        , 0.        , 0.02001867],
       [0.19327731, 0.30588235, 0.04114486]])
```

^ **圖 4.2.21**　執行資料轉換

為了 Python 在下一步驟的集群分析的資料格式需求，接著將 array 資料轉換成 DataFrame 資料框格式，並依序給予新的欄位名稱 R、F、M，指令為 **df_minmax = pd.DataFrame(df_minmax, columns = ['R', 'F', 'M'])**，**columns = ['R', 'F', 'M']** 參數設定就是依序給予新的欄位名稱 R、F、M 的意思，執行結果如下圖 4.2.22 所示：

```
df_minmax = pd.DataFrame(df_minmax, columns = ['R', 'F', 'M'])
df_minmax
```

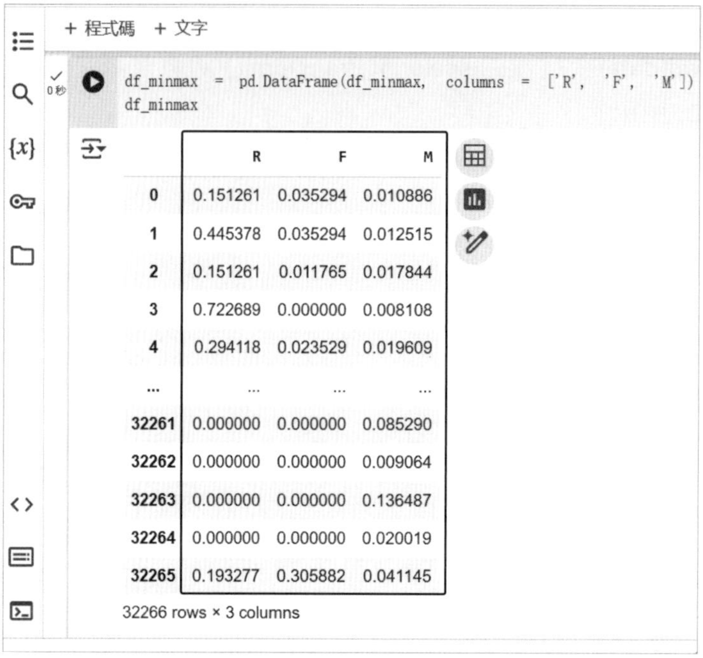

```
df_minmax = pd.DataFrame(df_minmax, columns = ['R', 'F', 'M'])
df_minmax
```

| | R | F | M |
|---|---|---|---|
| 0 | 0.151261 | 0.035294 | 0.010886 |
| 1 | 0.445378 | 0.035294 | 0.012515 |
| 2 | 0.151261 | 0.011765 | 0.017844 |
| 3 | 0.722689 | 0.000000 | 0.008108 |
| 4 | 0.294118 | 0.023529 | 0.019609 |
| ... | ... | ... | ... |
| 32261 | 0.000000 | 0.000000 | 0.085290 |
| 32262 | 0.000000 | 0.000000 | 0.009064 |
| 32263 | 0.000000 | 0.000000 | 0.136487 |
| 32264 | 0.000000 | 0.000000 | 0.020019 |
| 32265 | 0.193277 | 0.305882 | 0.041145 |

32266 rows × 3 columns

^ **圖 4.2.22** 轉換後的資料框

接下來要利用 K 平均法進行資料分群，所以必須先執行 **from sklearn.cluster import KMeans** 指令（詳細說明請參考附錄二），執行上述 import 指令過後才表示已經引入 **sklearn.cluster** 模組以及這一個模組下有一個專門做 K 平均法的集群分析函數稱為 KMeans()，因此就可以直接使用 KMeans() 函數進行集群分析。KMeans() 函數有許多參數可以設定，但不一定要每一個參數都設定。沒設定的話，Python 就會使用該參數的預設值處理。KMeans() 函數所涉及的參數有超過 10 個之多，但最常用的是 **n_clusters**、**init**、**max_iter** 以及 **random_state**。

此處會設定最基本的四個參數 **n_clusters**、**init**、**max_iter** 以及 **random_state**。其中 **n_clusters** 是指分群的數量，預設值為分 8 群，**init** 是指在給定中心點時，要用哪一種演算法。預設為「k-means++」，意旨會依據資料的分布，來決定中心點應放在何處。當然也可以使用「random」，以隨機的方式決定中心點位置，「k-means++」與「random」是使用 K 平均法將資料分群時候常見的兩種方式。**max_iter** 是指分群過程中演算法執行的最大迭代（Iteration）的次數，**迭代：可以把它想像成不停地重複執行某件事情**，預設值為 300 次，**random_state** 意思就是可以指定隨機亂數種子，預設值是 None，就是說每一次執行的群的組成會有所出入，都有可能會產生不同結果。如果我們希望使用 K 平均法試著將資料分四群，且最大迭代次數想要設定成 500 次，隨機亂數種子設定為 42。那語法就會是 **KMeans(n_clusters = 4, init = "random", max_iter = 500, random_state = 42)**，這一個指令是將 K 平均法需要做的事情事先設定好，這一個設定動作很重要，類似建立一個分群的框架（Frameworks），請注意，此時都還尚未真正執行資料的分群喔！意思就是這一行指令其實是還沒有開始真正計算每一個資料點與各群中心資料點之間的距離，僅僅只設定框架內容需要什麼參數與參數設定值，**再一次叮嚀，先設定框架，尚未分群**，很重要！我們將這設定儲存在一個名稱為 **model_KMC** 的變數中。請先將下列的 Python 程式碼指令輸入到 Clustering_kmc1.ipynb 筆記本的程式碼區塊中並且執行，如下圖 4.2.23 所示：

```
from sklearn.cluster import KMeans
model_KMC = KMeans(n_clusters = 4, init = "random", max_iter = 500, random_
state = 42)
```

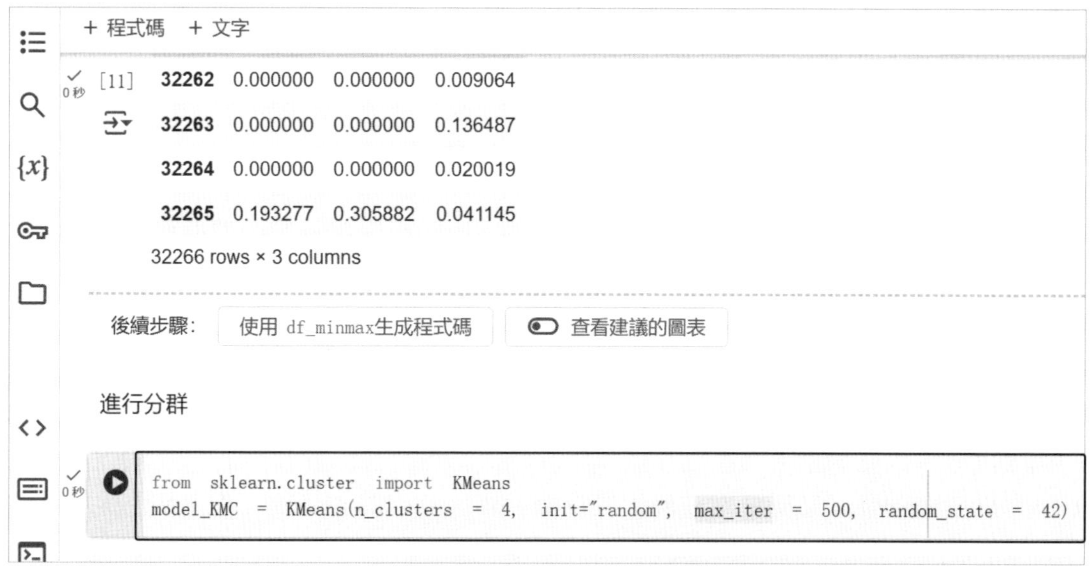

^ **圖 4.2.23** 設定 K-Means 參數

當集群分析的框架 **model_KMC** 設定好之後，接著根據第三章所介紹的 K 平均法的演算過程訓練與預測資料的分群，並獲得每一筆資料的群編號標籤（Cluseter Label），這個階段就是將資料真正分群好了；就是每一筆資料經過計算之後相似度（Similarity）值很高（亦可以稱距離很小）會被歸類到同一群中。我們直接使用 **fit_predict()** 就可以完成分群，指令語法為 **model_KMC.fit_predict(df_minmax)**，請先將下列 Python 程式碼指令輸入到程式碼區塊中並且執行，如下圖 4.2.24 所示：

```
model_KMC.fit_predict(df_minmax)
```

^ **圖 4.2.24** 計算預測分群結果

如上所述，基本上 fit_predict() 函數的主要功能計算出每一筆的群編號，結果會產生一個陣列 **array([3, 0, 3, …, 3, 3, 3], dtype=int32)**，因為要求 KMeans() 函數只分四群，所以群編號分別為 0（就是第一群），1（即第二群），2（就是第三群），3（就是第四群）。圖 4.2.24 上的結果顯示**第一筆資料的群編號為 3（第四群），第二筆資料群編號為 0（第一群），第三筆資料群編號為 3（第四群），……，最後的三筆資料群編號皆為 3（第四群）**，以此類推。就上面幾個步驟，我們已經很快的就利用 K 平均法以客戶的 R、F、M 三個欄位（又稱維度或屬性或特徵）資料分四群的分析工作已經完成了，在 Python 中做資料分群，真的非常簡單。

## 4.3 結果解釋

根據上述的分群工作後，接下來分析的重點應是放在解釋這四群資料區分的狀況以及描述這四群資料分佈狀況各為何。對此，必須為剛剛分群完成的資料進行一些資料加工的動作，以方便後續說明。首先，先計算出各群資料的數量，就是每一群有幾筆資料的意思，可以先利用 **pandas** 模組的 **Series()** 函數將標籤資料轉換成陣列形式，再利用 value_counts() 來計算，語法為 **pd.Series(model_KMC.labels_). value_counts()**。pd 就是 pandas 模組，而 pandas 有提供兩種很重要的資料結構 DataFrame 與 Series，如下圖 4.3.1 ~ 圖 4.3.2 所示：

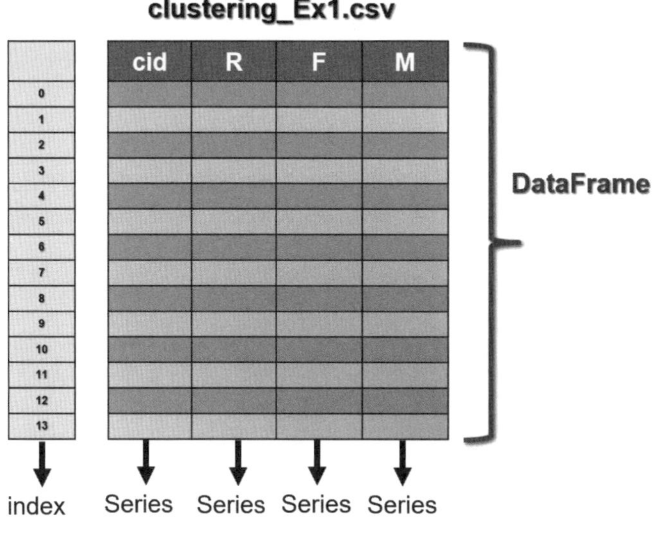


^ 圖 4.3.1 DataFrame 與 Series

Series R
R
Series F
F
Series M
M
DataFrame RFM
R F M

^ 圖 4.3.2 DataFrame 與 Series 關係

DataFrame 前面已經介紹過，另一個 Series 是一個類似陣列的物件，最簡單的 Series 格式就是一個**一維陣列**的資料，可以將想像成一個連續一條線的儲存空間。在 Series() 函數中，我們必須先將剛剛完成的分群模型 model_KMC 裡頭的群標籤編號的屬性 **labels_** 寫出，即 **model_KMC.labels_**，然後再透過 **value_counts()** 函數計算每一群總共有多少筆資料，最後將結果儲存在 **r1** 變數中，並將 **r1** 內容顯示出來，請先將下列斜體 Python 程式碼指令輸入到程式碼區塊中並且執行，如下圖 4.3.3 所示：

```
r1 = pd.Series(model_KMC.labels_).value_counts()
r1
```

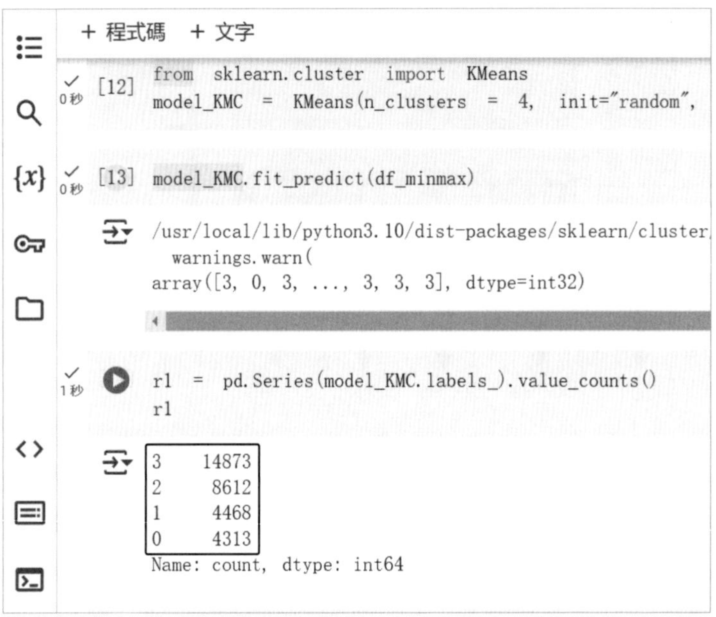


^ **圖 4.3.3** 顯示各群資料筆數

根據上面顯示結果知道左邊 3,2,1,0 是索引值，0（代表第一群）有 4,313 筆資料、1（代表第二群）有 4,468 筆資料、2（代表第三群）有 8,612 筆資料、3（代表第四群）有 14,873 筆資料，加總後 32,266（= 4,313 + 4,468 + 8,612 + 14,873）筆資料。

如果想解釋這四群資料的中心座標，則可以透過 **model_KMC.cluster_centers_** 屬性值取得分群後每一群的群中心座標資料，在此我們把結果轉換成資料框的資料型態，透過 **DataFrame()** 函數來轉換，語法為 **pd.DataFrame(model_KMC.cluster_centers_)**，最後將結果儲存在 **r2** 變數中，並將 **r2** 內容顯示出來，請先將下列斜體 Python 程式碼指令輸入到程式碼區塊中並且執行，如圖 4.3.4 所示：

```
r2 = pd.DataFrame(model_KMC.cluster_centers_)
r2
```

|   | 0 | 1 | 2 |
|---|---|---|---|
| 0 | 0.583622 | 0.008339 | 0.022813 |
| 1 | 0.840372 | 0.003202 | 0.024649 |
| 2 | 0.299703 | 0.017203 | 0.026950 |
| 3 | 0.069000 | 0.055724 | 0.021045 |

^ **圖 4.3.4** 顯示集群中心座標

接著將 **r2** 與 **r1** 資料合併（concatenating）成一個新的資料框變數 **r21**，這樣可以在同一個表格上呈現結果。本處所使用的方法是 **pandas** 模組的 **concat()** 函數，語法為 **r21 = pd.concat([r2, r1], axis = 1)**，**axis 參數是指合併的方式，如果 axis = 0 就是橫向（列）的合併，如果 axis = 1 就是直向（欄）的合併**。請先將下列斜體 Python 程式碼指令輸入到程式碼區塊中並且執行，如下圖 4.3.5 所示：

```
r21 = pd.concat([r2, r1], axis = 1)
r21
```

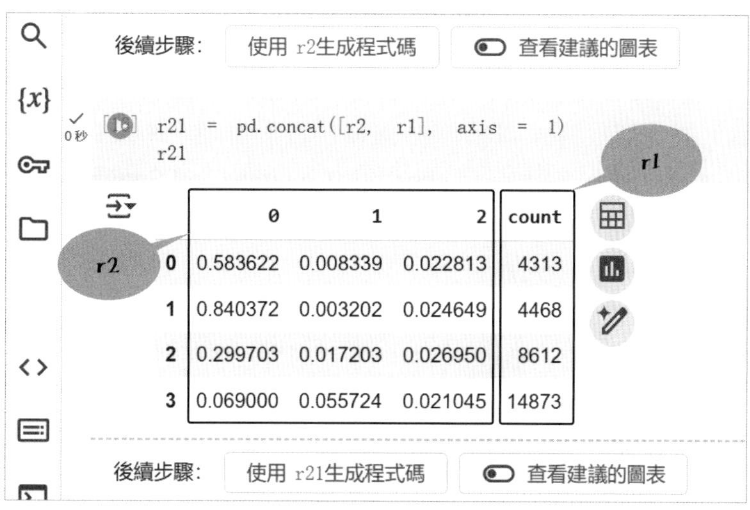


|   | 0 | 1 | 2 | count |
|---|---|---|---|---|
| 0 | 0.583622 | 0.008339 | 0.022813 | 4313 |
| 1 | 0.840372 | 0.003202 | 0.024649 | 4468 |
| 2 | 0.299703 | 0.017203 | 0.026950 | 8612 |
| 3 | 0.069000 | 0.055724 | 0.021045 | 14873 |

^ **圖 4.3.5** 顯示集群中心以及筆數

在圖 4.3.5 中的欄位有四個，其名稱分別為 0, 1, 2, count，這四個欄位看起來也是不太能夠輕易地被解讀，因此可以將欄位名稱重新命名過。語法為 **r21.columns = list(data.columns) + ['Number of group']**，其中 **list(data.columns)** 是擷取 **data** 變數的欄位名稱 **'R'**、**'F'**、**'M'**，另外再新增一個欄位名稱 'size_of_group' 來表達各群的數量，請先將下列斜體 Python 程式碼指令輸入到程式碼區塊中並且執行，如圖 4.3.6 所示：

```
r21.columns = list(data.columns) + ['size_of_Group']
r21
```

^ **圖 4.3.6　讓資料可讀**

同理，可以將前面經過（0,1）標準化方式處理轉換的 R、F、M 的資料（變數名稱為 df_minmax）與分群後每一筆的群編號資料合併處理，所使用的方法也是 **pandas** 模組的 **concat()** 函數，語法為 **r = pd.concat([df_minmax, pd.Series(model_KMC.labels_, index = df_minmax.index)], axis = 1)**，請先將下列斜體 Python 程式碼指令輸入到程式碼區塊中並且執行，如圖 4.3.7 所示：

```
r = pd.concat([df_minmax, pd.Series(model_KMC.labels_, index = df_minmax.
index)], axis = 1)
r
```

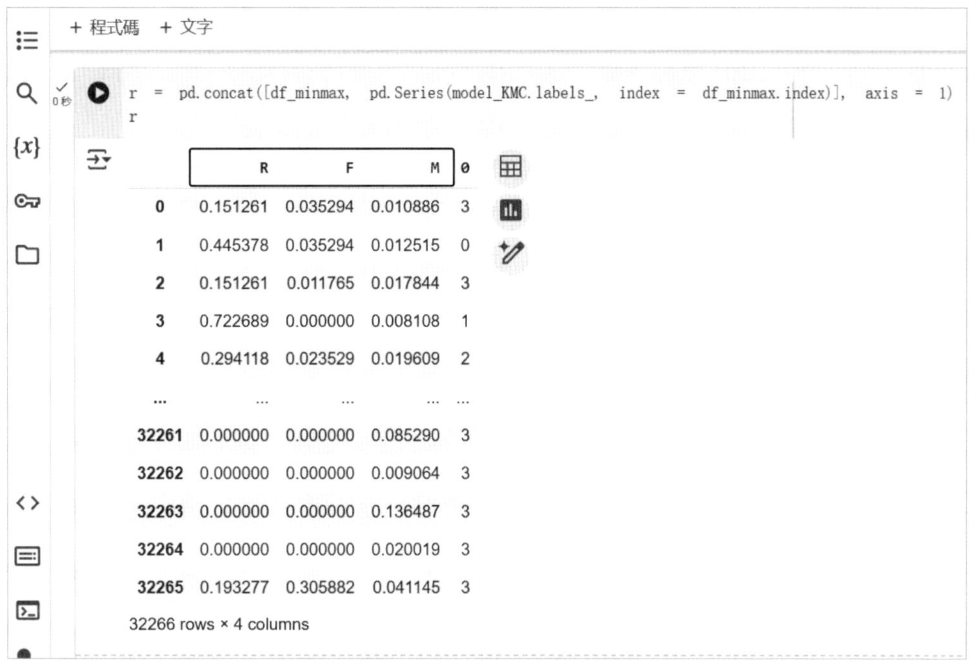


| | R | F | M | 0 |
|---|---|---|---|---|
| 0 | 0.151261 | 0.035294 | 0.010886 | 3 |
| 1 | 0.445378 | 0.035294 | 0.012515 | 0 |
| 2 | 0.151261 | 0.011765 | 0.017844 | 3 |
| 3 | 0.722689 | 0.000000 | 0.008108 | 1 |
| 4 | 0.294118 | 0.023529 | 0.019609 | 2 |
| ... | ... | ... | ... | ... |
| 32261 | 0.000000 | 0.000000 | 0.085290 | 3 |
| 32262 | 0.000000 | 0.000000 | 0.009064 | 3 |
| 32263 | 0.000000 | 0.000000 | 0.136487 | 3 |
| 32264 | 0.000000 | 0.000000 | 0.020019 | 3 |
| 32265 | 0.193277 | 0.305882 | 0.041145 | 3 |

^ **圖 4.3.7** 了解個別記錄歸屬的群

同樣從圖 4.3.7 中可以看出資料框 r 的最後一個欄位的名稱為 0，這看起來也同樣是不太能夠輕易地被解讀，因此可以將欄位名稱重新命名，語法為 **r.columns = list(df_minmax.columns) + ['GroupID']**，其中 **list(df_minmax.columns)** 是擷取 **df_minmax** 變數的欄位名稱 'R'、'F'、'M'，另外再新增一個欄位名稱 'GroupID' 來表達每一筆資料的群編號，請先將下列斜體 Python 程式碼指令輸入到程式碼區塊中並且執行，如圖 4.3.8 所示：

```
r.columns = list(data.columns) + ['GroupID']
r
```

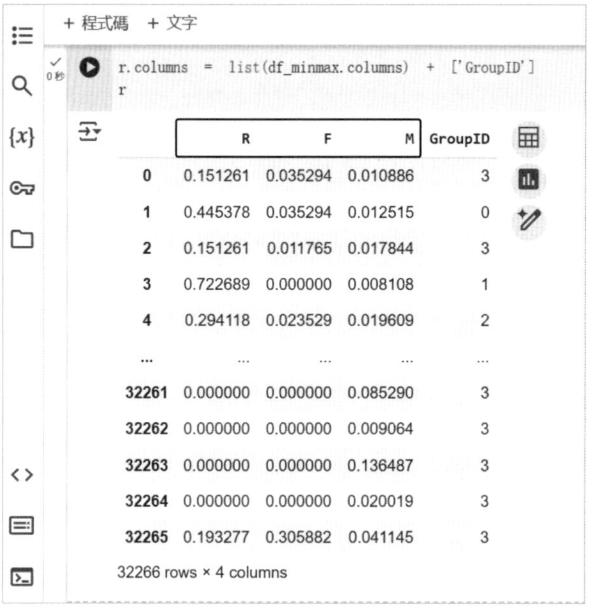

+ 程式碼 + 文字

```
r.columns = list(df_minmax.columns) + ['GroupID']
r
```

| | R | F | M | GroupID |
|---|---|---|---|---|
| 0 | 0.151261 | 0.035294 | 0.010886 | 3 |
| 1 | 0.445378 | 0.035294 | 0.012515 | 0 |
| 2 | 0.151261 | 0.011765 | 0.017844 | 3 |
| 3 | 0.722689 | 0.000000 | 0.008108 | 1 |
| 4 | 0.294118 | 0.023529 | 0.019609 | 2 |
| ... | ... | ... | ... | ... |
| 32261 | 0.000000 | 0.000000 | 0.085290 | 3 |
| 32262 | 0.000000 | 0.000000 | 0.009064 | 3 |
| 32263 | 0.000000 | 0.000000 | 0.136487 | 3 |
| 32264 | 0.000000 | 0.000000 | 0.020019 | 3 |
| 32265 | 0.193277 | 0.305882 | 0.041145 | 3 |

32266 rows × 4 columns

^ **圖 4.3.8** 可以清楚看出個別資料所屬的群

最後，將分群後的編號資料填入原始的 **rfm** 變數中成為一個新的欄位，欄位名稱為 **k-means**，語法為 **rfm["k-means"] = model_KMC.labels_**，請先將下列斜體 Python 程式碼指令輸入到程式碼區塊中並且執行，如圖 4.3.9 所示：

```
rfm["k-means"] = model_KMC.labels_
rfm
```

+ 程式碼 + 文字

```
rfm["k-means"] = model_KMC.labels_
rfm
```

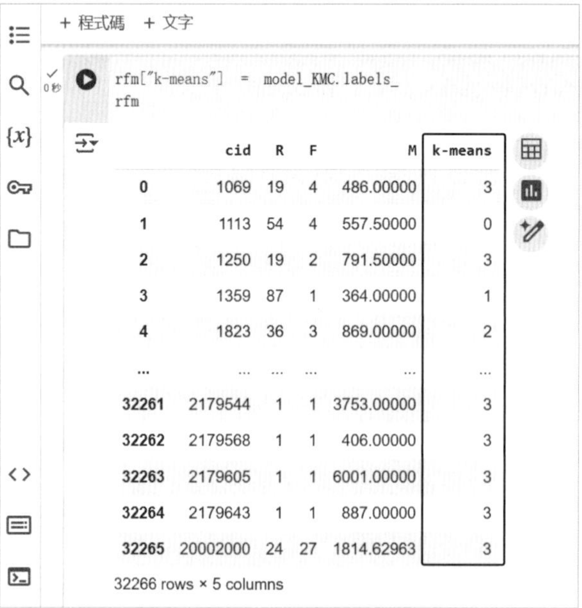

| | cid | R | F | M | k-means |
|---|---|---|---|---|---|
| 0 | 1069 | 19 | 4 | 486.00000 | 3 |
| 1 | 1113 | 54 | 4 | 557.50000 | 0 |
| 2 | 1250 | 19 | 2 | 791.50000 | 3 |
| 3 | 1359 | 87 | 1 | 364.00000 | 1 |
| 4 | 1823 | 36 | 3 | 869.00000 | 2 |
| ... | ... | ... | ... | ... | ... |
| 32261 | 2179544 | 1 | 1 | 3753.00000 | 3 |
| 32262 | 2179568 | 1 | 1 | 406.00000 | 3 |
| 32263 | 2179605 | 1 | 1 | 6001.00000 | 3 |
| 32264 | 2179643 | 1 | 1 | 887.00000 | 3 |
| 32265 | 20002000 | 24 | 27 | 1814.62963 | 3 |

32266 rows × 5 columns

^ **圖 4.3.9** 最後整理

當 rfm 變數中的每一筆客戶資料的群編號都填入後，可以將 rfm 輸出為一個 csv 檔案以利後續使用，輸出成 csv 檔案的語法非常簡單，語法為 **rfm.to_csv("rfm_KMC_Output.csv",index = False)**，會輸出到 Google 雲端環境的路徑中一個 csv 檔案，index = False 表示再 csv 檔案中不會產生索引欄位，請先將下列斜體 Python 程式碼指令輸入到程式碼區塊中並且執行，如圖 4.3.10 所示：

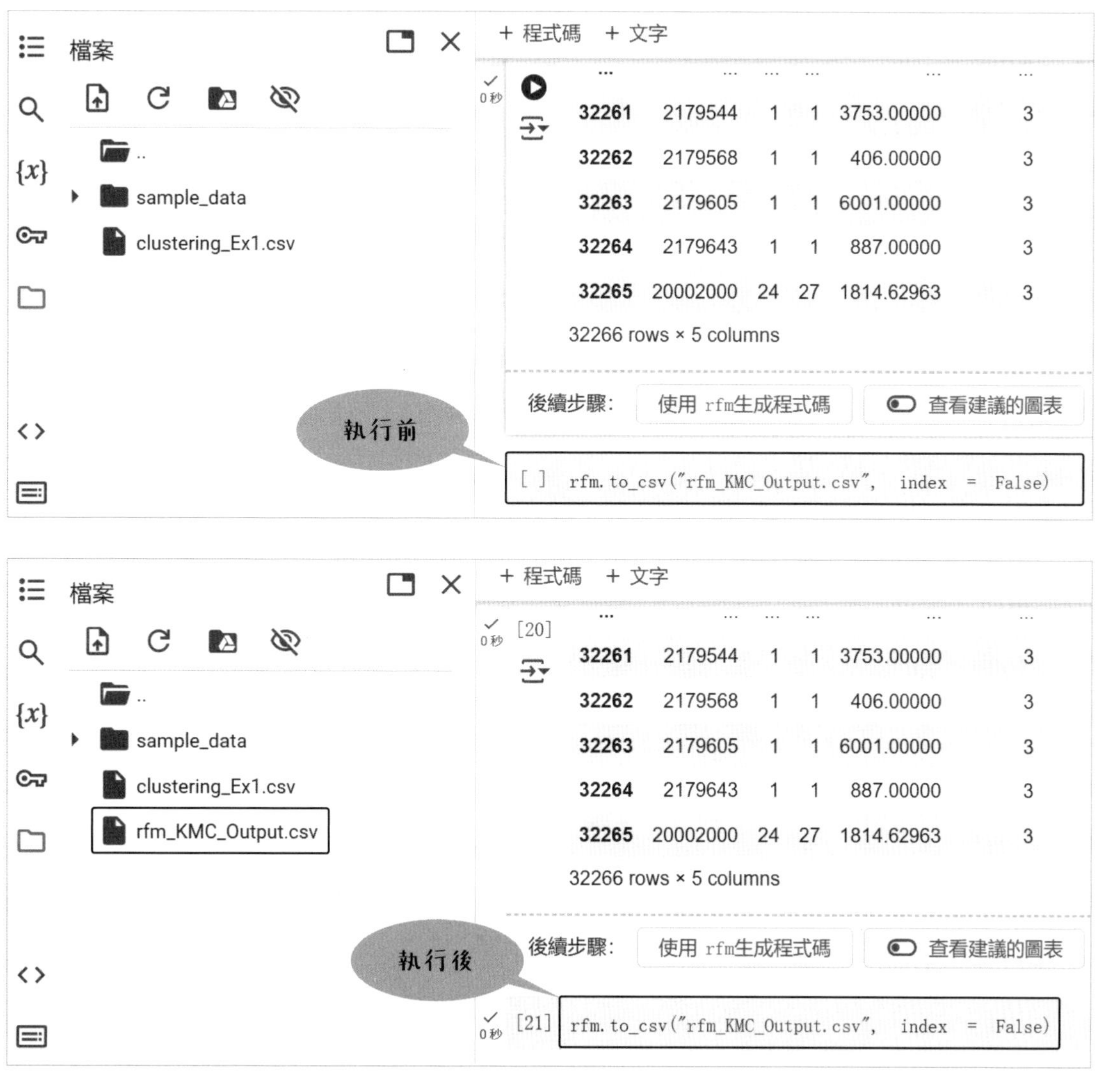


^ **圖 4.3.10** 匯出資料

點選 rfm_KMC_Output.csv 檔案後，在 Colab 環境中的右邊出現一個視覺化表格，記得要下載到自己的電腦中，如圖 4.3.11 ~ 圖 4.3.13 所示：

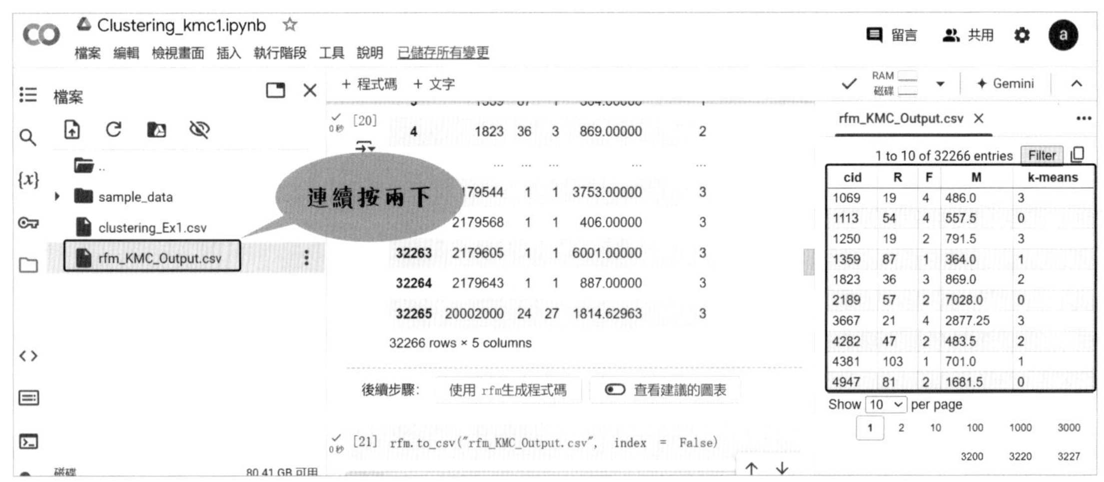


圖 4.3.11　點選 rfm_KMC_Output.csv 檔案

圖 4.3.12　點選下載

圖 4.3.13 別忘記資料要下載回來

接下來繪製 R、F、M 資料的散佈圖，因為有 R、F、M 三個欄位資料，所以這裡使用 3D 圖繪製，主要是將 rfm_KMC_Output.csv 檔案讀進來 Python 中變成另一個變數 dft，然後分別取 R、F、M 三個欄位。在繪圖主要指令為 **ax.scatter(dft['R'], dft['F'], dft['M'], c = dft['k-means'], marker = 'o')**，c= 參數主要是使用顏色數量說明，c = dft['k-means'] 就表示由 k-means 這一個欄位中的資料值有多少種來表示，這裡有四群，因此有四種編號 0,1,2,3，所以相對應的有四種顏色，由 Python 主動提供四種顏色，**ax.set_xlabel('R')**、**ax.set_ylabel('F')**、**ax.set_zlabel('M')** 三項指令分別表示 X、Y、Z 三軸的名稱，另外，**fig = plt.figure(figsize = (10, 8))** 指令表示設定一個大小為 10*8 的空畫布，**ax = fig.gca(projection = '3d')** 指令表示等一下要繪製一個 3d 立體圖，最後 **plt.show()** 指令表示顯示出圖形來，如圖 4.3.14 所示：

```
#3D 散佈圖_精簡方法
import matplotlib.pyplot as plt
dft = pd.read_csv('rfm_KMC_Output.csv')
fig = plt.figure(figsize = (10, 8))
ax = fig.gca(projection = '3d')
ax.scatter(dft['R'], dft['F'], dft['M'], c = dft['k-means'], marker = 'o')
ax.set_xlabel('R')
ax.set_ylabel('F')
ax.set_zlabel('M')

plt.show()
```

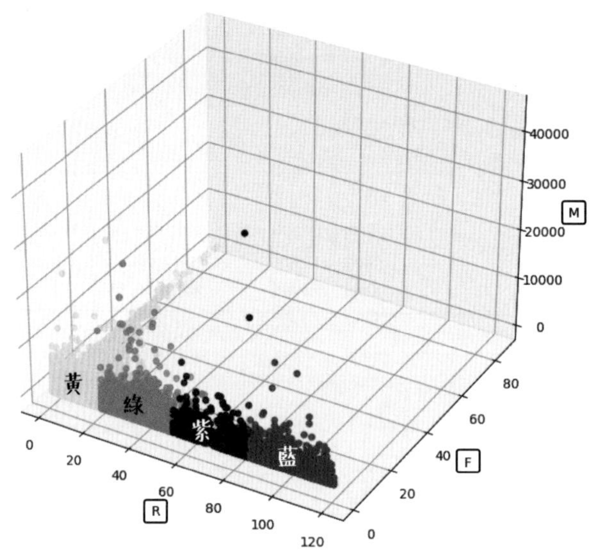


^ **圖 4.3.14** 客戶 RFM 資料的 3D 散佈圖

如圖 4.3.14 有四種顏色代表不同群的客戶，這裡可以簡單的做一些基礎分析，譬如整個資料集是 4 個月（120 天）的交易資料，而黃色群的客戶是屬於 R 值（小於 20 天）比較小的客群，所以黃色群客戶可以歸類為比較活躍的客戶群，藍色群客戶的 R 值相對大一些（大於 80 天），代表有一段時間沒有來店消費囉，所以屬於公司要努力喚醒的沉睡客戶群。

除此之外，當分析者主觀地將資料分成四群，" 四群 " 這一件事情是否適當呢？一般建議可以使用手肘法（Elbow Method）或輪廓係數法（Silhouette Coefficient）來看查看適當的分群數量值會落在什麼地方，為了方便簡單說明，這裡僅介紹手肘法的使用方式，基本上是計算每一群中的每一個資料點到群中心的距離，找出 SSE 相對平緩的資料點作為拐點（Inflection point），並以此拐點選為群數。即藉由觀察每群的 SSE 值來找出適合的分群數量，而這裡的 SSE 指的是誤差平方和（Sum of the squared errors）。先引入相關套件，指令執行如圖 4.3.15 所示：

```
import numpy as np
import pandas as pd
import matplotlib.pyplot as plt
from sklearn.cluster import KMeans
```

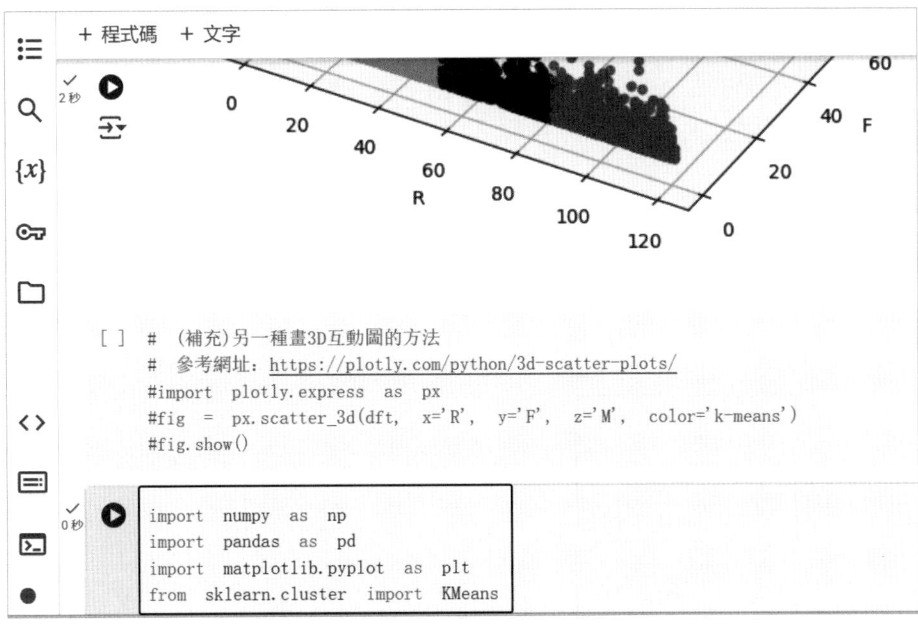


^ **圖 4.3.15** 繪製出手肘圖的相關模組

在此，利用 for 迴圈來產生 2 到 10 群，並計算各群的 SSE 值（第三章理論課中有提到），for 迴圈中的 range(2, 11) 函數為產生 2 到 10 的數字，即後續幫忙計算分 2 群的 SSE、分 3 群的 SSE、…、分 10 群的 SSE，另外指令 SSE.append(est.inertia_) 中的 est.inertia_ 內容就是每一種分群完成後的 SSE 值，執行結果如圖 4.3.16 所示：

```
SSE = []
for k in range(2, 11):
    est = KMeans(n_clusters = k, n_init = 'auto', init = “random”)
    est.fit(df_minmax)
    SSE.append(est.inertia_)

SSE
```

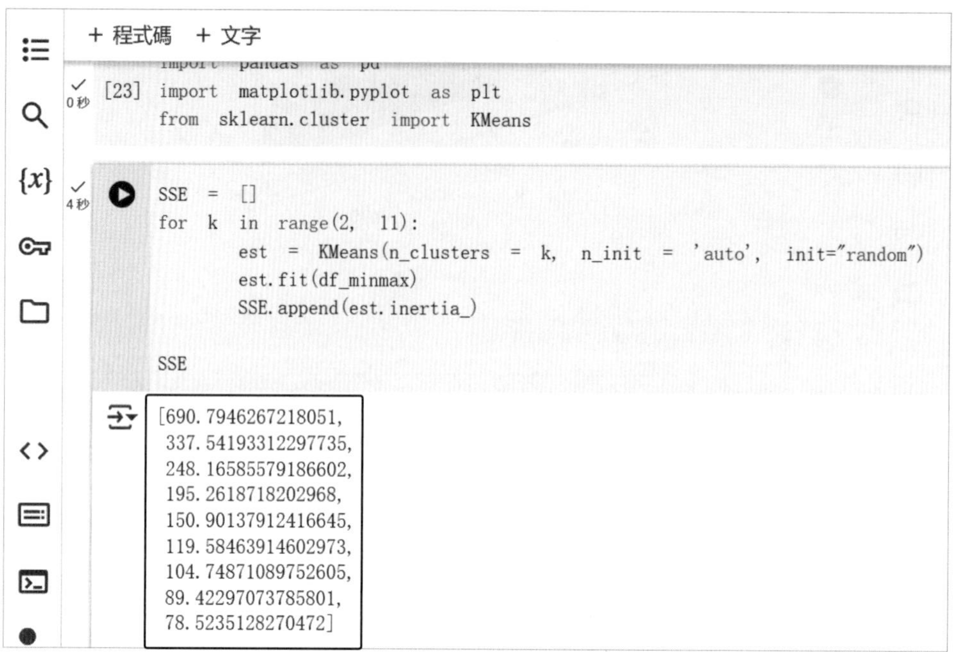

+ 程式碼 + 文字
[23] import matplotlib.pyplot as plt
from sklearn.cluster import KMeans
SSE = []
for k in range(2, 11):
est = KMeans(n_clusters = k, n_init = 'auto', init="random")
est.fit(df_minmax)
SSE.append(est.inertia_)
SSE
[690.7946267218051,
337.54193312297735,
248.16585579186602,
195.2618718202968,
150.90137912416645,
119.58463914602973,
104.74871089752605,
89.42297073785801,
78.5235128270472]


^ **圖 4.3.16** 不同群數的 SSE 值

最後繪製**手肘圖**，但需要留意上述 SSE 的結果因為以隨機性的關係，所以每一次結果值會可能會一些些差異，指令與執行結果如圖 4.3.17 中所示，分四群剛好在曲線圖轉彎的地方，類似人類的手肘之處。

```
X = range(2, 11)
plt.xlabel('k')
plt.ylabel('SSE')
plt.plot(X, SSE, 'o-')

plt.show()
```

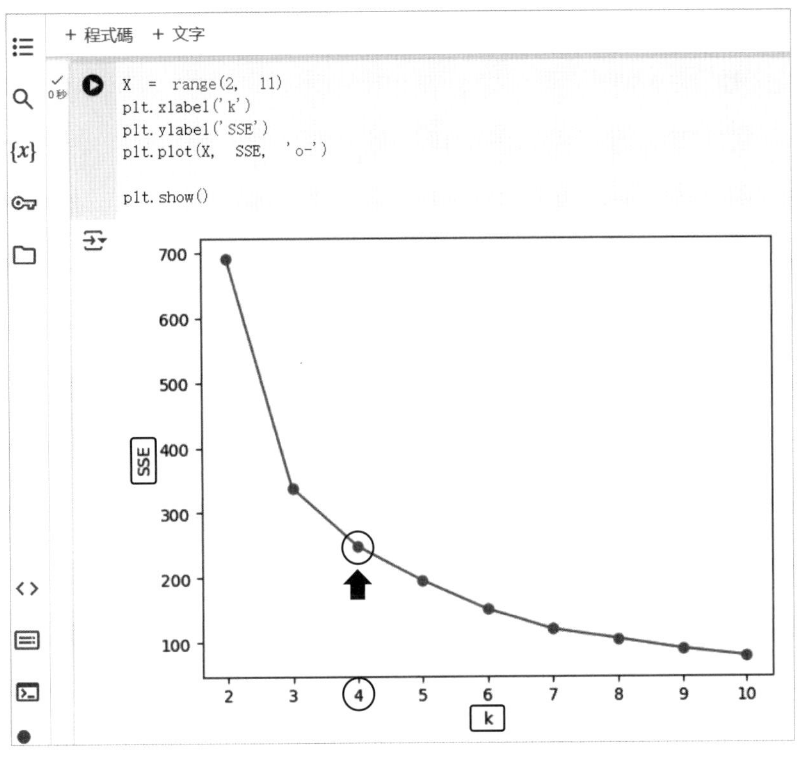


^ **圖 4.3.17** 手肘圖

接著將每一群客戶的資料抽出為 group0、group1、group2、group3，其中 group0 是第一群客戶，group1 是第二群客戶，group2 是第三群客戶，group3 是第四群客戶，指令與執行結果如圖 4.3.18 所示：

```
# 將每一群客戶資料抽出另外儲存
group0 = r[r['GroupID'] == 0]
group1 = r[r['GroupID'] == 1]
group2 = r[r['GroupID'] == 2]
group3 = r[r['GroupID'] == 3]
```

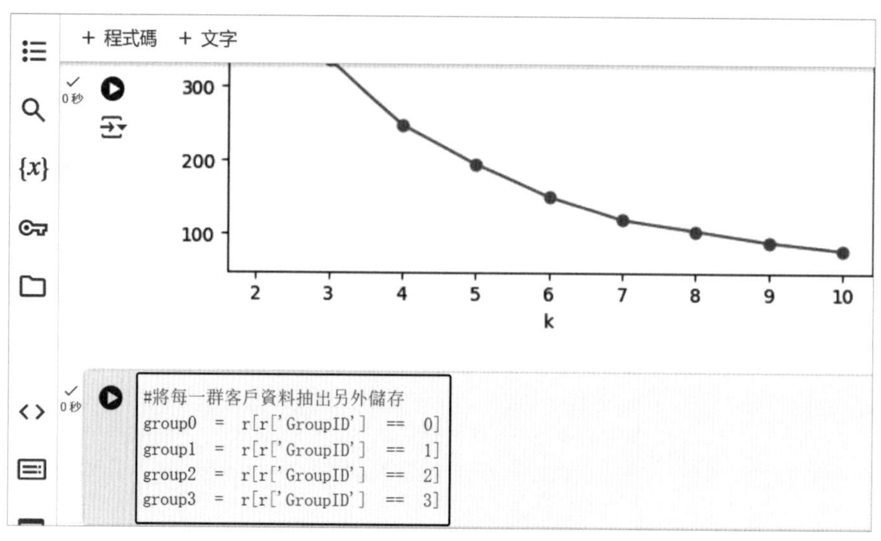


^ **圖 4.3.18**　將每一群客戶的資料抽出

接著將每一群客戶的基本統計量顯示出來，指令與執行結果如圖 4.3.19 所示，以 group3.describe() 指令為例，可以看出第四群客戶的平均 R 值，0.069000（不到 0.1 其實算是很小），因為前面已經將 R、F、M 每一個欄位進行（0,1）標準化（請參酌本章第二節），即將資料轉換成 0 到 1 之間的級距，所以 R 最小為 0，最大為 1，而此群的 R 值 0.069000 不到 0.1，算是很小的值，也表示第四群客戶最近才來店消費，非常活躍的一群客戶！此處特別說明，因為在 Colab 程式碼區塊中執行的時候，假如有四個指令碼一起執行，則只會顯示最後一個指令 group3.describe() 的結果，如果要讓四個指令都可以分別顯示出來，則必須一筆一筆指令分開執行，或是將每個指令用 print() 函數來幫助，就可以顯示出每一道指令的結果（各位可以自行試試看）。

```
# 每一群的基本統計量描述
group0.describe()
group1.describe()
group2.describe()
group3.describe()
```

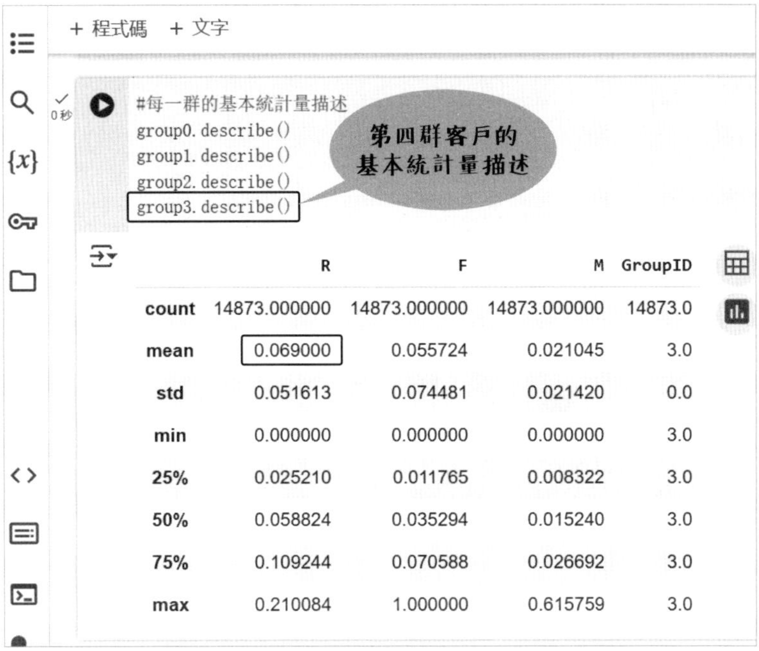

+ 程式碼 + 文字

```
#每一群的基本統計量描述
group0.describe()
group1.describe()
group2.describe()
group3.describe()
```

第四群客戶的基本統計量描述

| | R | F | M | GroupID |
|---|---|---|---|---|
| count | 14873.000000 | 14873.000000 | 14873.000000 | 14873.0 |
| mean | 0.069000 | 0.055724 | 0.021045 | 3.0 |
| std | 0.051613 | 0.074481 | 0.021420 | 0.0 |
| min | 0.000000 | 0.000000 | 0.000000 | 3.0 |
| 25% | 0.025210 | 0.011765 | 0.008322 | 3.0 |
| 50% | 0.058824 | 0.035294 | 0.015240 | 3.0 |
| 75% | 0.109244 | 0.070588 | 0.026692 | 3.0 |
| max | 0.210084 | 1.000000 | 0.615759 | 3.0 |

^ **圖 4.3.19** 將每一群客戶的基本統計量

根據上述的基本統計量的描述，接著使用 plot.box() 函數繪製每一群客戶的 R、F、M 三個欄位的盒鬚圖（就是三個特徵欄位一起呈現）。盒鬚圖又可稱為箱型圖，常用在呈現數據分散（佈）狀況，是一種常見用來視覺化數值的統計圖，其觀察重點是這張圖的中位數的高低以及離群值（Outlier）的大小，第一群的指令與執行結果如圖 4.3.20 所示：

```
group0 = group0[['R', 'F', 'M']]
group0.plot.box(title = "Box Chart-Group0")
plt.grid(linestyle = "--", alpha = 0.3)
```

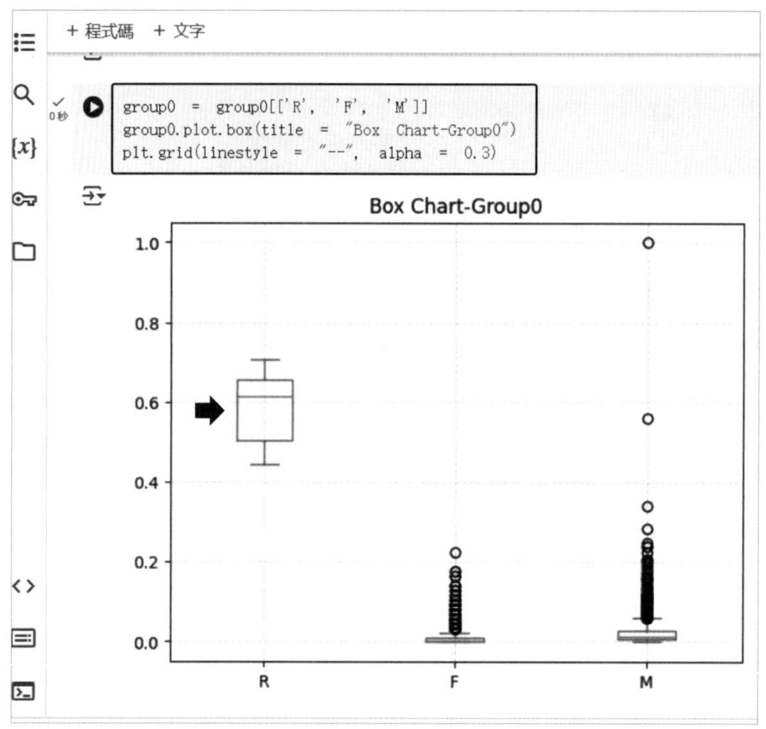


^ **圖 4.3.20** 第一群客戶 R、F、M 的盒鬚圖

接著繪製第二群的 R、F、M 三個欄位一起看的盒鬚圖，第二群的指令與執行結果如圖 4.3.21 所示：

```
group1 = group1[['R', 'F', 'M']]
group1.plot.box(title = "Box Chart-Group1")
plt.grid(linestyle = "--", alpha = 0.3)
```

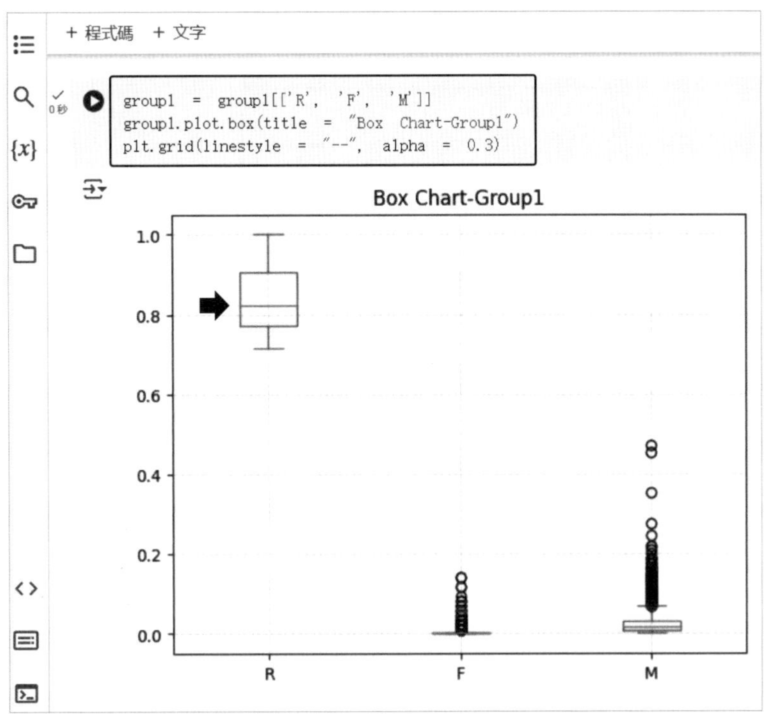


^ **圖 4.3.21** 第二群客戶 R、F、M 的盒鬚圖

接著繪製第三群的 R、F、M 三個欄位的盒鬚圖，第三群的指令與執行結果如圖 4.3.22 所示：

```
group2 = group2[['R', 'F', 'M']]
group2.plot.box(title = "Box Chart-Group2")
plt.grid(linestyle = "--", alpha = 0.3)
```

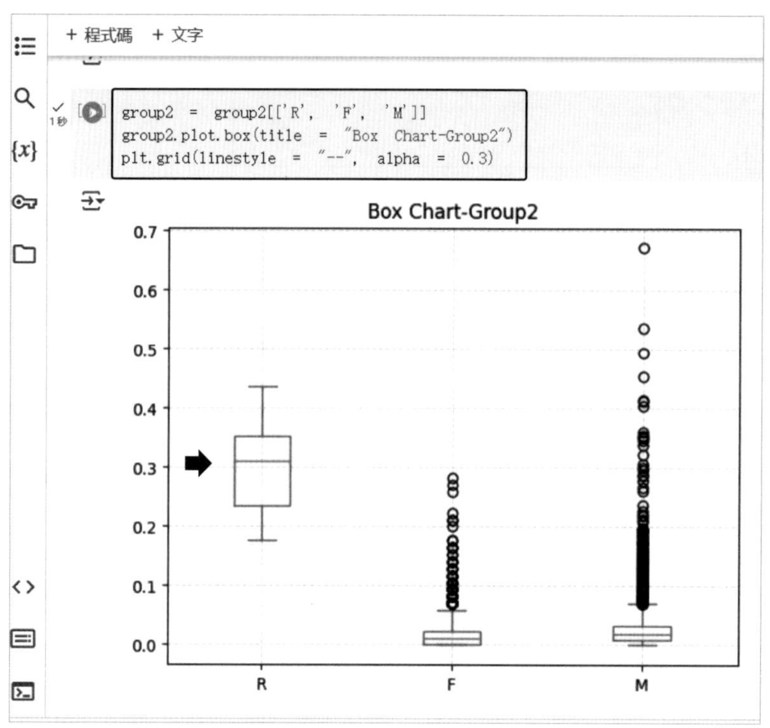


^ **圖 4.3.22** 第三群客戶 R、F、M 的盒鬚圖

接著繪製第四群的 R、F、M 三個欄位的盒鬚圖，第四群的指令與執行結果如圖 4.3.23 所示：

```
group3 = group3[['R', 'F', 'M']]
group3.plot.box(title = "Box Chart-Group3")
plt.grid(linestyle = "--", alpha = 0.3)
```

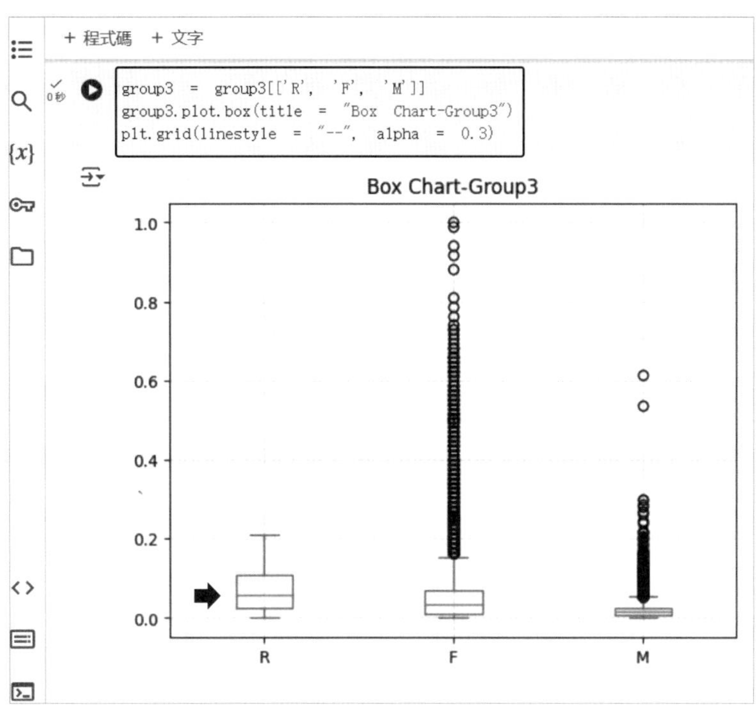


^ **圖 4.3.23** 第四群客戶 R、F、M 的盒鬚圖

從圖 4.3.20 ~ 圖 4.3.23 四張圖中似乎很難去比較出在不同群組客戶中 R、F、M 三個值的高、中、低狀況，因此希望有一種可以將四群的 R 欄位合併一起呈現的盒鬚圖。首先，先將各群資料抽出為 g0、g1、g2、g3 四個變數，指令與執行結果如圖 4.3.24 所示：

```
g0 = r[r['GroupID'] == 0]
g1 = r[r['GroupID'] == 1]
g2 = r[r['GroupID'] == 2]
g3 = r[r['GroupID'] == 3]
```

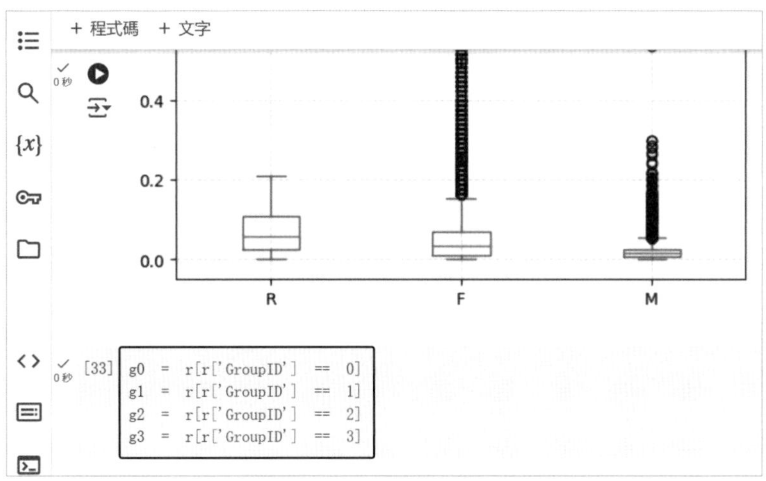


^ **圖 4.3.24** 抽出各群客戶資料

接著繪製各群 R、F、M 資料合併後的盒鬚圖，先以 R 欄位的合併為例子說明，先將四群的 R 欄位資料合併，然後使用 boxplot() 函數繪製，指令與執行結果如圖 4.3.25 所示，發現第二群客戶（Group1）的 R 值最大，可以視為沉睡客戶群，第四群客戶（Group3）的 R 值最小，可以視為活躍客戶群。

```
plt.figure(figsize = (10, 8))
labels = 'Group0', 'Group1', 'Group2', 'Group3'
plt.boxplot([g0['R'], g1['R'], g2['R'], g3['R']], labels = labels)
plt.title('R - Boxplot', fontsize = 20)

plt.show()
```

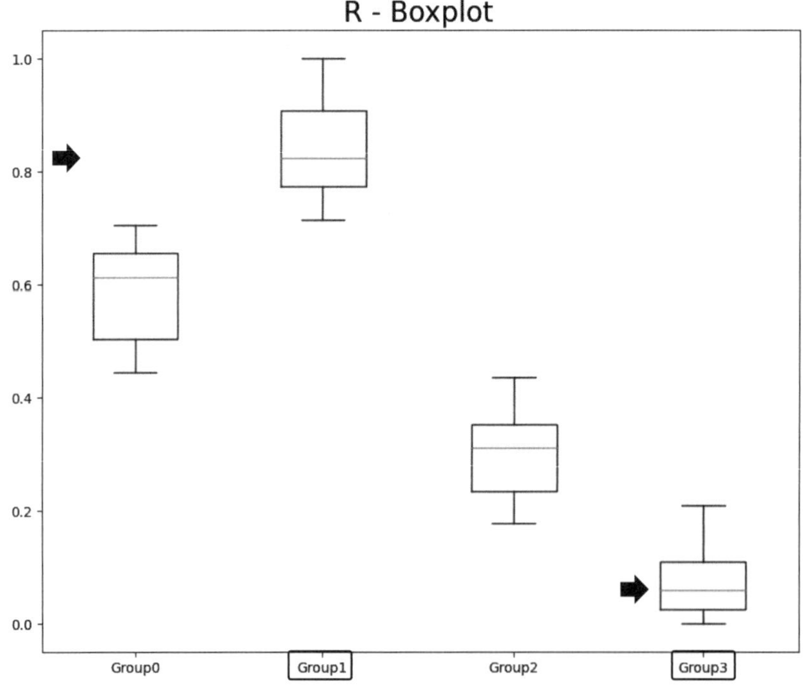


^ 圖 4.3.25　各群客戶的 R 欄位資料比較盒鬚圖

最後將圖 4.3.25 中的指令稍微修改為 F 與 M 的資料就可以觀察四群客戶在 F 與 M 資料的比較，就可以得到各群客戶的 F 欄位資料比較盒鬚圖、各群客戶的 M 欄位資料比較盒鬚圖，指令與執行結果如圖 4.3.26、圖 4.3.27 所示：

```
plt.figure(figsize = (10, 8))
labels = 'Group0', 'Group1', 'Group2', 'Group3'
plt.boxplot([g0['F'], g1['F'], g2['F'], g3['F']], labels = labels)
plt.title('F - Boxplot', fontsize = 20)

plt.show()
```

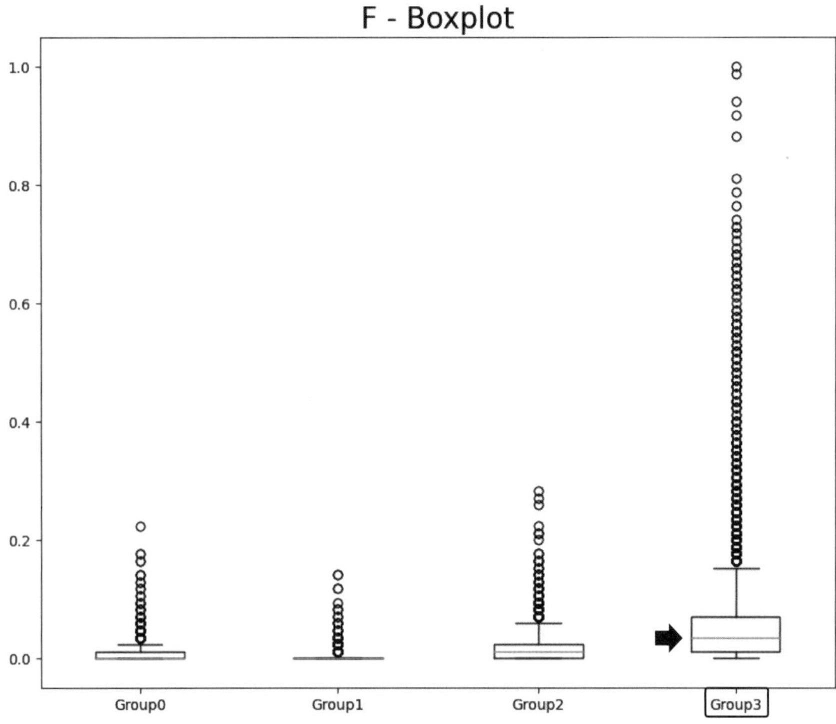


^ 圖 4.3.26　各群客戶的 F 欄位資料比較盒鬚圖

```
plt.figure(figsize = (10, 8))
labels = 'Group0', 'Group1', 'Group2', 'Group3'
plt.boxplot([g0['M'], g1['M'], g2['M'], g3['M']], labels = labels)
plt.title('M - Boxplot', fontsize = 20)

plt.show()
```

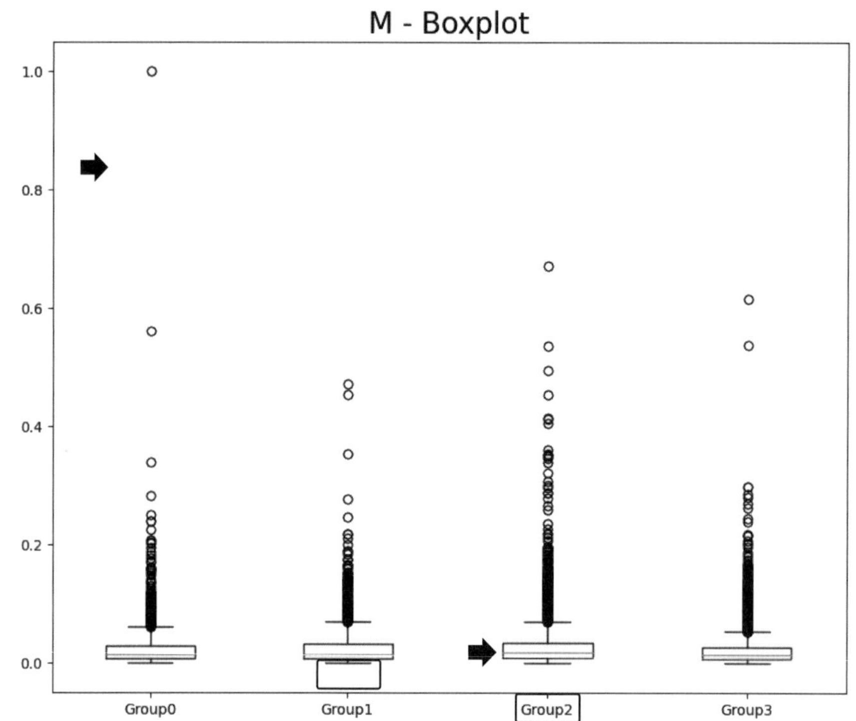


^ 圖 4.3.27　各群客戶的 M 欄位資料比較盒鬚圖

# 4.4 結果應用

經由上面各群資料能明顯地看出各群 R、F、M 三個欄位的特色，因此就可以針對各群給予不同的特性提供行銷行為。然而，無論演算法跑出何種結果，都需要抱持著『有沒有其他可能』的想法來應對分析結論，畢竟結論的產生與後續應用之間的連結，往往會受外在的要素影響，舉例來說，當產品有部分是屬於週期性的高單價產品（如兩年一換的手機，或者五年一換的筆記型電腦等），就得去觀察這群人的 F 是否符合這類型產品的換購區間，若是，就需要抽出與產品週期符合的 R（如上一代產品發售時間為半年前，而產品週期也同為半年的狀況下，代表換購週期到了，因此需針對這群人進行特別的溝通。因此，除了觀察分析報告跑出的結果外，也同時需要考量到一些可能：

1. **市場的銷售情境**：如台灣的手機市場多半受電信公司影響，因此電信公司的鋪貨就佔了手機銷售的大宗，在這樣的情況下針對電信商的方案，或者是否須將「電信商」相關欄位（是否是鋪貨較多的廠商？過往出貨狀況？等可能考量因子）加入資料分析。就是可以思考的環節。
2. **產品的使用狀況**：如前述台灣手機市場，與國外差異較大的是台灣人受到電信契約的約束較多（如：綁約購機方案），因此手機持有時間多半為 24 ～ 36 個月。而旗艦機（如 Apple 公司的 iPhone）的上市週期約為一年，故二年（或三年）換機的消費者與一年換機的消費者就需被以不同的方式建立分群。為了在有限的資源裡做出有效的行銷決策，在這個例子裡，若是一年 6 個月前購機的消費者就可不予理會。

3. **公司的盈利結構**：有些公司的主要盈利狀況為直接提供產品或服務給消費者（B to C），而有些公司則是將產品鋪貨給中盤商就獲利了結（B to B），而有些公司則介於這兩者之間，除了需要舖貨給中盤商之外，也因為中盤商提供的壓力，需要對於品牌進行行銷投資。當消費者接受行銷行為，而大量往中盤商購買該產品時，能夠對於中盤商有較好的議價空間。無論是哪一類型，諸多差異都會影響到行銷行為的建立，而分析人員就也需要將這些要素加入考量中，以提供適合輔助決策者判斷的準確資料。透過更細的分群能夠基於上述的考量，結合商業上的目的進行變化，以達到分群行銷的綜合意義，甚至可以應用在媒體投放上。如設計這些消費者生活中與產品相關的使用情境，透過第一方資料（企業自己的資料庫，如 CRM 資料庫或者 POS 機內的資料）擶出至媒體投放平台（如：Facebook）進行 Lookalike Audience 投放（類似廣告受眾），即可借此提升第一方資料價值，增廣消費者接觸面（但這邊需要特別注意到的是個資法逐年修訂的狀況下，資料的使用是否符合當下國家的法令）。

此外，RFM 分群之後的結果，也可以先進行一次分析，依據人口結構、收入狀況等作為判斷基準，如果幸運的話，搞不好就能快速歸納出不同銷售循環的人群，各自的生活樣貌。例如某企業在將自身的 CRM 資料庫進行 RFM 分群後，發現 F 最高的一群人，年齡層都較其他群略長，但年收入沒有明顯區別，根據這個線索深入研究之後發現，部分的營業場域被年長者作為社交場域，因此在平常的社交環境中，就容易產生高頻次的購買。這樣的資訊提供給決策者，決策者就能做出一些變化，如強化店舖的引導、或者在店鋪內建立便利年長者購買的流程等。

分群絕不是分完就沒事，而是要在分群之後針對結果，先進一步探究背後的成因，在依照成因進行分析報告提供給決策者，而分群也未必是以 RFM 分群為依歸，它可以作為一個分群的大方向，再依此大方向進行細分，藉此完成真正具管理意涵的分析行為。

## 本章心得

集群分析就是要能區隔多個體成為一群，這樣才能針對特定族群規劃行銷策略。

## 回饋與作業

1. 請舉例解釋 RFM 的應用。
2. 請問 Colab 與 Juypter Notebook 的差異？

## 本章習題

1. (　) 集群分析又可以稱為？

   (A) 聚類分析　　(B) 因素分析

   (C) 因果分析　　(D) 主成份分析

2. (　) 關於 RFM 模型的英文的基本名稱中 R、F、M 的正確選項為？

   (A) F 是 Fluently　　(B) R 是 Recency

   (C) M 是 Mental　　(D) M 是 Many

3. (　) 關於 K-Means 演算法的觀念，下列正確選項為？

   (A) K 是指 K 個分群數量的意思

   (B) 計算隨機種子與其他資料的因果關係

   (C) K 值永遠為 5

   (D) K 值可以設定為 -2

4. (　) 讓消費習慣有差異的客戶可以分別集結到不同的客戶組群中，同時也將有相類似消費習慣的客戶集結到相對應的客戶組群中，這就是？

   (A) 獨熱編碼　　(B) 集群分析

   (C) 關聯規則　　(D) 主題模型分析

5. (　) 「公司的訂單收入中，有 80% 的銷售額來自於 20% 的客戶」這是下列哪一種分析？

   (A) 決策樹　　(B) 奇異值分解

   (C) 柏拉圖法則（Pareto Principle）　　(D) 分類法

## 參考文獻


- Che, J., Zhao, S., Li, Y., & Li, K. (2020). Bank Telemarketing Forecasting Model Based on t-SNE-SVM. *Journal of Service Science and Management*, *13*(3), 435-448.
- Hamerly, G., & Elkan, C. (2004). Learning the k in k-means. *Advances in neural information processing systems*, *16*, 281-288.
- Matei, S. A., & Bruno, R. J. (2015). Pareto's 80/20 law and social differentiation: A social entropy perspective. *Public Relations Review*, *41*(2), 178-186.
- McCarty, J. A., & Hastak, M. (2007). Segmentation approaches in data-mining: A comparison of RFM, CHAID, and logistic regression. *Journal of business research*, *60*(6), 656-662.

CHAPTER

05

# 關聯規則

## 本章目標

1. 了解關聯規則運作原理
2. 關聯規則的解釋與應用

## 本章架構

5.1 探討時間與商品的關聯性

5.2 找到關聯的意義

5.3 商家如何從購物車中找出關聯

5.4 關聯規則演算法運作

5.5 了解分析過程後的管理意涵

在這個資料豐富的時代，商家普遍致力於收集客戶資料，以分析和預測消費者行為。然而，即使是聲稱擁有百萬銷售量的商家，若不要求消費者成為會員方可購買，則實際能掌握的消費者資料量可能僅有 3-5 萬筆，且基於消費者對於個人資料的敏感度日益上升，資料往往不齊全。這使得對客戶行為的分析和預測變得困難。在這情況下，便有人提出透過非個人資料（non-sensitive data）來分析消費者行為。例如，從購物車資料中尋找購買規則。不論商家是否擁有完整的 CRM（customer relationship management，顧客關係管理）系統，只要有完整的進銷存資料，就能分析產品間的相關購買行為，這正是資料探勘中的關聯規則（association rules）分析。

## 5.1 探討時間與商品的關聯性

自 2019 年起，COVID-19（新冠肺炎）大流行成為全球面臨的重大危機，標誌著人類歷史上的一個重要轉折點，形成了疫情前和疫情後的劃分。這場疫情導致人們的主要購物方式從實體店鋪轉移到了線上，這種轉變迫使傳統的商業模式面臨重大轉型壓力，並促使商家需要重新思考透過電子商務進行業務經營的可能性。

為應對 COVID-19 所帶來的變化，許多公司開始轉型，為電子商務建立專門的電商部門或發展電商系統。然而，他們發現線上購物與實體購物存在顯著差異。線上購物缺乏店員的直接銷售互動與說服力，且無法觀察消費者在店內的連續性行為，簡單來說，線下購物行為偏向是邊逛邊買（更有可能買入非預期的商品），而電子商務則偏向邊買邊逛（目標性的購買為主）。這種情況下，建立消費者與商家之間的關係變得更加困難，因為線上交易環境幾乎不可能讓商家與消費者有實體互動，與實體商店相比，電子商務平台也缺乏促使消費者隨機購買的自然機制。據此，許多商家開始引進新的電商平台系統，透過直播主直播的形式，或者是短劇的形式，帶出銷售鏈結，意圖使商品與消費者之間產生更多的連結，藉此建立有如線下型態的購物互信。除此之外，一些企業提出從過去的實體店銷售數據中分析出消費者的購買關聯性，並在電商頁面上利用「猜你喜歡」（如圖 5.1.1 所示）來推薦商品。這種策略旨在透過適當推薦增加添購訂單，從而創造更多營收，藉此理解和應用消費者購物車內容的潛在關聯性。

在面對數據豐富的現代商業環境中，一家專賣鞋類的實體商店希望深入了解顧客購買鞋子的習慣。透過對銷售記錄的分析，該商店發現不同品牌的鞋子經常在同一交易中被購買。當日常交易量龐大時，這些資料的分析尤為重要。例如，當發現顧客購買 Nike 鞋子時，也常會購買其他品牌的護具，商店便可在推廣 Nike 鞋子的同時，推薦與之相關的其他品牌護具。這種基於關聯規則的分析不僅有助於增加交叉銷售的機會，也能提高顧客的購買意願，從而提升公司整體營收。這展示了關聯規則分析在實體商務中的應用價值，幫助商家更有效地擬定銷售策略和提高營收效率。

^ **圖 5.1.1** 電子商務頁面示意

## 5.2 找到關聯的意義

本章節著重於介紹資料探勘分析中關聯規則的概念和應用（Wang, He, & Han, 2003）。關聯規則探索物件間可能存在的關聯性，旨在識別出在數據集中頻繁共現的項目對，揭示物件間的隱含關係。這些關聯性指的是不同物件之間的相互依賴或聯繫，且這些物件通常是離散的而非連續的資料。例如，文獻中提到啤酒與尿布之間存在的關聯（Imberman, 1999），以及 32 歲左右的已婚男女與 8 歲左右孩子之間的關聯，後者強調的是個體之間的關係，而非具體的數值年齡。這類關聯規則的發現，如啤酒與尿布的例子，展示了資料探勘技術在揭露非顯而易見的物件關聯中的潛力。然而，並非所有關聯發現都能帶來顯著的新見或利益。例如，在颱風過後的大範圍停電中，蠟燭與乾糧或麵包之間的關聯性自然而然地增加，這種關聯對零售業者來說可能缺乏新穎性。類似地，颱風接近時蔬菜價格上漲的現象也是可以預期的。這些例子顯示，雖然某些關聯規則可帶來短期的預期利益，但在長期策略規劃中，探尋和應用更深層次和非顯而易見的關聯規則將更為重要。

颱風案例展示了關聯規則在短期內可能帶來利益，儘管這種利益並不等同於意外發現的巨大財富。然而，若能透過關聯性分析，發現能夠在不同領域內創造價值的潛在組合，則可能為企業或研究人員提供盈利的機會。在這裡，關聯性的定義可以是：

**「當兩個獨立存在的物件同時出現時表明這兩個物件之間存在某種關聯」**

在分析購物車記錄以發現商品間的關聯時，一個直接的行動方案是針對只購買其中一項商品的顧客推銷另一項相關商品。這種方法是基於關聯規則分析的初步應用。然而，僅憑量化分析得出的關聯性並不足夠。以尿布與啤酒的例子為例，進一步的質化研究（例如透過出口調查或觀察）揭示了這種關聯背後的具體情境：在美式足球超級盃期間，男性球迷可能被家中的女性要求購買尿布，而這時他們也可能順便購買啤酒。這一發現表明，針對有新生兒且對美式足球感興趣的家庭進行促銷，可能是一種更有效的策略。

這種結合量化和質化分析的方法提供了一個更全面的視角，不僅能夠識別潛在的銷售機會，而且能夠揭示特定人群的購買動機和背景情境。因此，商家在設計推廣策略時，應該考慮到這些深層次的消費者行為和偏好，以發展更加精確和有效的促銷活動。

在實務操作中，分析師發現的結果不能直接無縫應用於商業現場。**對於管理人員而言，下一步應當進行質化分析，透過訪談、觀察和詢問等方法深入了解購買相同商品的客戶背景、購買理由及消費金額等資訊**。這種質化資料的深入探索，如圖 5.2.2 所示，有助於揭露更加全面的結果，甚至可能發現其他分析師未能注意到的、能夠帶來長期盈利的「金磚」。只有透過這些質化調查結果的支持，我們才能確認所發現的關聯規則背後隱含的真實情況是否值得進一步探索，並根據這些發現制定相應的策略。這種結合量化數據與質化分析的方法，才能真正將關聯規則的理論應用於實際商業活動中，從而實現數據驅動的決策制定過程，提高業務效率和盈利能力。

確實，發現潛在的盈利機會或「金磚」只是第一步。業者在實際操作中，必須考慮到實施的複雜性和成本。調整貨架布局可能涉及顯著的成本，甚至需要進行施工，這都需要精心規劃和評估。此外，決定將哪些商品放置在一起也是一個重要的策略決策。例如，在發現啤酒與尿布之間存在購買關聯性後，業者需決定是將啤酒擺放至尿布區，還是將尿布擺放至啤酒區，或者是將兩者都放置於商店的入口處以提升其可見性和便利性。因此，發現關聯規則後的策略規劃和實施步驟同樣重要。這不僅涉及到商品擺放的物理佈局，還包括如何有效地整合市場調查、顧客行為分析以及成本效益分析以制定出既可行又高效的營銷和銷售策略。分析人員需謹慎規劃，確保所發現的規則能在實際應用中發揮最大的效益，從而促進業務增長和盈利最大化。

^ **圖 5.2.1** 現場業務人員透過質化分析發覺可能商機

## 5.3 商家如何從購物車中找出關聯

對於分析購物車內容的商家來說，首先需要明確定義觀察的範圍和細節。**具體而言，「購物車內的商品」這一範疇雖然已相對明確，但為了深入分析，仍需進一步細化為「一位顧客結帳時放置於櫃檯上的所有商品」**。這一步驟不僅有助於精準捕捉購買行為的全貌，也為後續的數據分析和關聯規則的探索奠定了基礎。例如，根據圖 5.3.1 的展示，可以看到三位顧客購物車中的具體商品組合。第一位顧客的購物車內包含蘋果、魚、豬肉、內褲和酒等商品，而第二位和第三位顧客的購物車也有其商品。

當分析購物車內容時，確認每項商品作為獨立「物件」的特性至關重要。以三位客戶的購物車為例，第一位客戶的結帳物品包括蘋果、魚、豬肉、內褲和紅酒；第二位客戶的是牛奶、麵包、萊姆酒、牛肉和西瓜；第三位客戶的則是內褲、蘋果、豆腐和啤酒。這些物品雖各自為獨立物件，但分析時需考慮它們之間可能的關聯性。針對酒類商品的分類，進一步細分具有不同酒精濃度或類型的酒（如紅酒、萊姆酒和啤酒）為獨立的物件是一個細緻且實用的做法。這種分類可以幫助我們更準確地識別顧客的偏好和購買行為。例如，雖然紅酒、萊姆酒和啤酒都屬於酒類，但顧客對它們的偏好可能截然不同。啤酒愛好者不一定對高濃度酒精飲料感興趣，反之亦然。

再來就是進行關聯規則的計算。如：酒、內褲與蘋果一起出現了兩次，如果出現兩次就代表這三個商品是有關聯性。

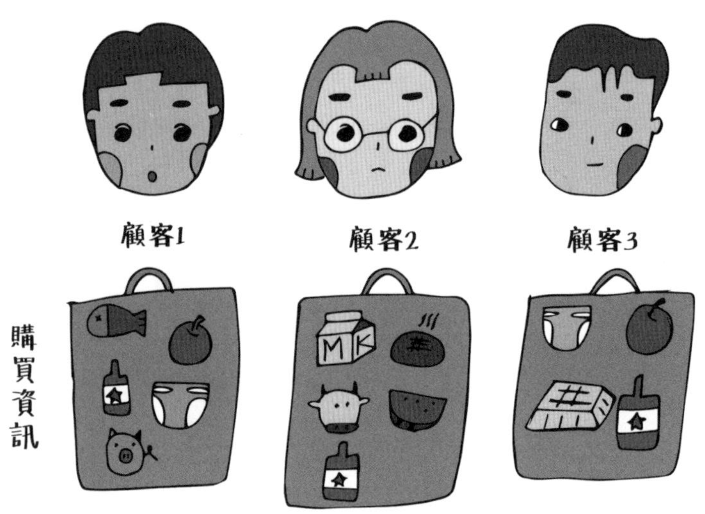


圖 5.3.1 思考物件的關聯性

## 5.4 關聯規則演算法運作

從前述說明中，我們了解到行銷人員將如何判斷關聯性。以下，我們將以 Apriori 演算法為例，探討電腦如何識別關聯規則（Kouris, Makris, & Tsakalidis, 2005）。透過 Apriori 演算法可以找出頻繁項目集，並依據這些結果進一步尋找關聯規則。

為了發現關聯規則，首先需要識別出頻繁項目集。假設有 C1 至 C8 的購物車（如表 5.4.1 所示），包括商品 A 至 J，目標是找出至少出現三次的商品組合，即尋找至少會出現三次的商品之「頻繁項目集」。所謂的頻繁項目集，是指支持度大於或等於最小支持度的商品集合。

支持度是 Apriori 算法中最關鍵的兩項指標之一。在 Apriori 算法應用中，必須首先設定支持度（Support）閾值，以便篩選出頻繁項目集。設定支持度的目的在於確保之後發現的關聯規則具有廣泛的應用興趣，避免尋找到的規則僅在少數情況下適用，從而缺乏實際價值。支持度表示為一種程度或百分比，即一個事件發生的機率，其在**算法中的定義為決策變量在全部資料集中出現的比率**。支持度用以下符號表示，其中 X 代表一個項目集（itemset）：

$$\text{Support}\ (X)$$

要發現「頻繁項目集」，必須先確定項目集的出現次數。這個出現次數通常由最終閱讀報告的人／決策者（此人將根據報告結果採取一些具有管理意義的措施）或是試圖發現頻繁項目集的管理者來決定。這是因為只有決策者給定了具有管理實用價值的主觀出現次數，才能作為進一步判斷結果的標準。

在指定支持度之後，分析者便可以依此發現頻繁項目集的關聯規則。這裡指定的「頻繁項目集」出現次數至少為三次，即這些商品組合必須在購物車中至少出現三次才能被考慮在內，換言之，事件發生的機率為 37.5%（$\frac{\text{出現在 3 台購物車中}}{\text{全部 8 台購物車}}$）。以下一步步介紹 Apriori 如何運作計算出頻繁項目集。

**表 5.4.1** 購物紀錄內容

| 購物車 | 購買商品 | | | | | | |
|---|---|---|---|---|---|---|---|
| C1 | A | B | C | D | | | |
| C2 | A | D | E | | | | |
| C3 | B | C | D | E | F | G | |
| C4 | B | D | E | F | | | |
| C5 | C | D | E | F | G | H | I |
| C6 | A | B | E | H | I | J | |
| C7 | C | D | E | G | I | | |
| C8 | B | D | E | H | I | | |

STEP 01 依照表 5.4.1，先計算單一項目是否出現在至少三個購物車內的狀況。計算後結果如表 5.4.2。

**表 5.4.2** 購物車內容

| 一個商品 | 出現次數 |
|---|---|
| A | 3 |
| B | 5 |
| C | 4 |
| D | 7 |
| E | 7 |
| F | 3 |
| G | 3 |
| H | 4 |
| I | 3 |
| J | 1 |

STEP02 從表 5.4.2 發現 J 只有在 C6 購物車中出現一次。因為小於要求的至少出現 3 次，所以刪除了 J。換言之，J 不列入合格且可以納入下次計算的項目。

**表 5.4.3** 合格的項目

| 一個商品 | 出現次數 |
|---|---|
| A | 3 |
| B | 5 |
| C | 4 |
| D | 7 |
| E | 7 |
| F | 3 |
| G | 3 |
| H | 3 |
| I | 4 |

STEP03 再來計算兩個商品的項目集組合是否出現在至少三個購物車中。將表 5.4.3 的商品所有可能的組合的兩項目集（itemset）情況列出來。組合方式：從 A 開始進行項目集組合，如：AB，AC，BC，EF……等所有可能的兩項目集（註：因為項目集合不考慮順序，AB 與 BA 是一樣的）。 結果請參考表 5.4.4。

**表 5.4.4** 所有可能兩項目集組合

| AB | BC | CD | DE | EF | FG | GH | HI |
|---|---|---|---|---|---|---|---|
| AC | BD | CE | DF | EG | FH | GI | |
| AD | BE | CF | DG | EH | FI | | |
| AE | BF | CG | DH | EI | | | |
| AF | BG | CH | DI | | | | |
| AG | BH | CI | | | | | |
| AH | BI | | | | | | |
| AI | | | | | | | |

STEP04 從表 5.4.4 計算出所有吻合要求（出現在至少三個購物車中）的兩頻繁項目集。如：AB 只出現在 C1 與 C6 購物車中，僅有兩次，因此預刪除（prune） AB 項目集。最後合格的兩頻繁項目集結果請參考表 5.4.5。

**表 5.4.5** 合格的兩頻繁項目集組合

| 組合 | 次數 |
|---|---|
| BD | 4 |
| BE | 4 |
| CD | 4 |
| CE | 3 |
| CG | 3 |
| DE | 6 |
| DF | 3 |
| DG | 3 |
| DI | 3 |
| EF | 3 |
| EG | 3 |
| EH | 3 |
| EI | 4 |
| HI | 3 |

STEP05 接下來是根據表 5.4.5 建立三個商品項目的三項目集。

**方式**：若表 5.4.5 的任兩頻繁項目集如果第一項是一樣的，就兩兩聯集組成三項目集。如：開頭一樣為 B 的有 BE 與 BD，聯集這兩個項目集可得 BDE 項目集。

據此，從表 5.4.5 的項目集進行組合後可以看到：

- 以 A 開頭的，就上表 5.4.5 而言，可以看到並沒有合乎最小支持度的商品組合保留下來，所以沒有可以組合的項目。
- 以 C 開頭的包含了 CD, CE, CG，所以可以組合出項目集：CDE, CDG, CEG。
- 同理，以 D 開頭的可以組合出項目集 DEF, DEG, DEI, DFG, DFI,DGI。
- 以 E 開頭的可以組合出項目集 EFG, EFH, EFI, EGH, EGI, EHI。

STEP06 將步驟 5 的結果中各組合的項目集的任一子集合沒有出現在表 5.4.5 就預刪除。如：DFH 中，FH 沒有出現在表 5.4.5 合格的兩頻繁項目集組合中，所以 DFH 會因為 FH 出現次數不足三次而無法納入下一步計算。結果中發現 DGI、DFG、DFI、DGH、EFH、EFG、EGH、EGI、EFI 這幾個項目集的子集合沒有出現在表 5.4.5，據此預刪除這幾個項目集，不納入下一步計算，以節省消耗運算資源。

STEP 07 整理步驟 6 的三項目集，然後重新計算每個項目集組合的支持度，刪除出現次數不到 3 的組合後列出合格的三頻繁項目集組合結果請參考表 5.4.6。

**表 5.4.6** 合格的三頻繁項目集組合

| 組合 | 次數 |
|---|---|
| BDE | 3 |
| CDE | 3 |
| CDG | 3 |
| CEG | 3 |
| DEF | 3 |
| DEI | 3 |
| DEG | 3 |
| EHI | 3 |

STEP 08 接下來是根據表 5.4.6 建立四個商品項目的四項目集。

**方式**：將表 5.4.6 的三頻繁項目集組合的開頭兩項一樣就兩兩聯集成為四項目集。如表 5.4.6 第二個組合 CDE 開頭兩項為 CD，所有開頭是 CD 的可能項目集就是 CDE 與 CDG，聯集之後成為 CDEG 這個項目集。

根據上述原則，從表 5.4.6 合格的三頻繁項目集組合可以看到：

- 以 BD 開頭的，只有一筆，無法合併成為四項，所以沒有可以組合的項目。
- 以 CD 開頭的有 CDE 與 CDG。上述項目集聯集起來的商品組合就是 CDEG。
- 以 DE 開頭的包含了 DEI, DEF 與 DEG。所以 DE 開頭的項目集聯集有三個，也就是 DEFG, DEFI, DEGI。

STEP 09 步驟 8 的組合結果中發現 DEFG, DEFI,DEGI 項目集的任一子集合（如：DEFG 的 EFG）不出現在表 5.4.6，所以進行預刪除，並不納入下一步計算。

STEP 10 計算至此，找出一組合格的四頻繁項目集 CDEG。這時可以回頭看看原始資料，CDEG 在 C3, C5, C7 三購物車中出現，所以吻合頻繁項目集至少出現 3 次的要求。因為只剩下一組，不會有其他可能組合情況，不再繼續計算。

上述過程展示了使用 Apriori 演算法計算所有可能的「頻繁項目集」的步驟。在了解如何生成頻繁項目集之後，下一步是根據這些頻繁項目集來產生關聯規則。計算關聯規則需要先定義 Apriori 算法中的第二個指標：「信心度」。基於這一點，設定「尋找信心度至少為 0.6 的組合」為目標。信心度表示兩個項目集之間的條件機率，即在項目集 A 出現的條件下，項目集 B 出現的機率。在此案例中，信心度旨在讓商家知道，當消費者將 A 商品放入購物車時，他們將 B 商品也放入購物車的機率是多少。換句話說，這是商家可以根據這種情況進行搭售的機會，信心度代表了對這種關聯性法則的可信程度，即在事件 X 已知發生的情況下，事件 Y 也會發生的機率。這是統計學中條件機率的概念。信心度用以下符號表示：

$$Confidence(X \to Y)$$

$$Confidence(X \to Y) = \frac{Support^{c}(X \cup Y)}{Support(X)}$$

X 在關聯規則算法上表示表示是關聯規則的前項（也就是先導項目，antecedent），Y 表示為後項（也就是後繼項目，consequent）。**Confidence(*X*→ *Y*)** 是指包含 X 項目的購物車中同時包含 Y 項目的百分比。**Support(X)** 表示 X 出現在購物車內的機率，**Support(X∪Y)** 代表 X 與 Y 同時存在購物車內的機率，所以上式表示 **X 項目與 Y 項目聯集一起出現在購物車中的機率**除以 **X 項目出現在購物車中的機率**。

這裡可能會引起一些困惑，為何在計算信心度時使用的是聯集而非交集，這與一般的直覺可能有所不同。原因在於，在這個公式中，X 與 Y 被視為是獨立（離散）的類別，因此選擇使用聯集。舉例來說，假如 X 代表牛奶，Y 代表啤酒，那麼分母是指牛奶的出現次數，而分子應該代表牛奶和啤酒這兩個物件同時出現的次數，而不是它們的交集。如果用交集的話，似乎暗示了一種需要同時具備牛奶和啤酒屬性的新產品「奶酒」或「酒奶」的存在。雖然這聽起來可能是一種有趣的飲品，但在這個上下文中，將其視為獨立物件同時出現的聯集才是正確的處理方式。

說明完信心度之後，可以著手透過信心度找出關聯規則。找出關聯規則步驟如下（Han, Pei, & Kamber, 2011）：

1. 對每一個頻繁項目集 X 建立所有的非空子集 s（non-empty subset）。
2. 對每一個非空子集內的項目 s 建立起關聯規則：s → (X － s)。這規則必須要符合大於給定的信心度。

上面的步驟可以下列方式來看：頻繁項目集 CDEG （上述步驟中的 *X*）可拆出 CD（上述步驟 1 中的 *s*）與 EG(X － s)。CD 出現在購物車 C1, C3, C5, C7 四台購物車；當中 EG 出現在 C3, C5, C7. 三台購物車。比例為 3/4 （0.75，大於 0.6），所以可以產生 CD → EG 這樣的關聯規則。

以 CDEG 來介紹如何產生所有四項目關聯規則。可能的關聯規則有前項一項，後項三項，如：C → DEG，前項三項後項一項，如：DEG → C，以及前項兩項，後項兩項，如：CD → EG；依照這樣的方式列出所有的四項目關聯規則（請參考表 5-4-7 的「規則」欄）。如為節省時間，左邊可由長算到短，如果長的信心度不夠，短的就不用算了。譬如 DE → CG 只有 0.5，小於指定要求，所以前項的 D（D → CEG）或 E（E → CDG）開頭的就不用算了。

依照前面說明計算方式，算出各關聯規則的信心度。如：D → CEG 這信心度就是前項出現 D 的購物車有七個（C1, C 2, C3, C4, C5, C7, C8），在上面六個購物車中出現 CEG 的購物車有三個（C3, C5, C7），所以信心度是 0.43（$\frac{3}{7}$）。從表 5.4.7 可以發現，有三個關聯規則不吻合要求的信心度以星號（*）表示（信心度至少為 0.6）。所以，這三組關聯規則就不會納入後續應用的考量。三項目的關聯規則請參考表 5.4.8，不合格的就不計算直接以 * 代替，兩項目的頻繁項目集則列入習題作業請練習看看。

**表 5.4.7** 四項目的頻繁項目集產生關聯規則

| 規則 | 信心度 | 規則 | 信心度 | 規則 | 信心度 | 規則 | 信心度 |
|---|---|---|---|---|---|---|---|
| DEG →C | 1.00 | CEG →D | 1.00 | CDG →E | 1.00 | CDE →G | 1.00 |
| DG →CE | 1.00 | CE →DG | 1.00 | CD →EG | 0.75 | | |
| EG →CD | 1.00 | CG →DE | 1.00 | | | | |
| DE →GC | 0.50* | C →DEG | 0.75 | | | | |
| G →CDE | 1.00 | | | | | | |
| D →CEG | 0.43* | | | | | | |
| E →CDG | 0.43* | | | | | | |

**表 5.4.8** 三項目的頻繁項目集產生關聯規則

| 規則 | 信心度 | 規則 | 信心度 | 規則 | 信心度 |
|---|---|---|---|---|---|
| BD →E | 0.75 | CD →G | 0.75 | DE →F | 0.50* |
| BE →D | 0.75 | CG →D | 1.00 | DF →E | 1.00 |
| DE →B | 0.50 | DG →C | 1.00 | EF →D | 1.00 |
| B →DE | 0.60 | C →DG | 0.75 | D →EF | 0.43* |
| D →BE | * | D →CG | 0.43* | E →DF | 0.43* |
| E →BD | * | G →CD | 1.00 | F →DE | 1.00 |
| CD →E | 0.75 | CE →G | 1.00 | DE →G | 0.50* |
| CE →D | 1.00 | CG →E | 1.00 | DG →E | 1.00 |
| DE →C | 0.50 | EG →C | 1.00 | EG →D | 1.00 |
| C →DE | 0.75 | C →EG | 0.75 | D →EG | 0.43* |
| D →CE | * | E →CG | 0.43* | E →DG | 0.43* |
| E →CD | * | G →CE | 1.00 | G →DE | 1.00 |
| DE →I | 0.5* | EH →I | 1.00 | | |
| D →EI | * | E →HI | 0.43* | | |
| E →DI | * | H →EI | 1.00 | | |
| I →DE | 0.75 | I →EH | 0.75 | | |

## 5.5 了解分析過程後的管理意涵

支持度反映了在所有顧客購買紀錄中，特定頻繁項目集出現的比例，讓決策者了解這些商品整體的銷售狀況。結合 RFM（最近一次購買時間 Recency, 購買頻率 Frequency, 購買金額 Monetary value）規則，能進一步協助決策者識別哪些商品不僅是銷售頻繁，且貢獻了較高的銷售金額（即具備高銷售頻率 F 與高銷售金額 M 的商品），以及哪些商品最近變得熱門（具有高銷售頻率 F 與近期購買時間 R 的商品），從而得出有意義的結論（註：無論是建立行為準則創造銷售，或是能設計計畫進行測試以獲得更多數據，均屬結論）。

信心度讓決策者了解，在成功銷售 X 商品的情況下，進一步銷售 Y 商品的可能性，即評估創建搭售機會的可行性。這涉及到預測針對購買 X 商品的顧客推銷 Y 商品時，顧客購買 Y 商品的概率有多大。這正是決策者關注的問題，也是他們需要評估投入多少努力和成本來促進商品搭售的因素。如果決策者認為有搭售的機會，但分析後發現成本過高，即信心度不足以支持搭售活動，則無需設計該商品的搭售方案，因其不符合成本效益原則。

從管理和行銷的角度思考這個問題，以尿布和啤酒的案例為例，若在所有購物車中尿布與啤酒一起出現的機率（支持度）僅有 1%，則這兩個物件在 Walmart 公司中的關聯性支持度較低。從整體來看，這兩者的資料量相當少。然而，如果信心度較高，意味著顧客購買尿布時順帶購買啤酒的機率很高，或者購買啤酒時順帶購買尿布的機率很高，則可能存在行銷操作的機會。透過訪談等質化分析，可進一步了解顧客購買尿布時順帶購買啤酒的背後原因。因此，對於 Walmart 公司而言，信心度成為決策者是否執行該行銷策略的關鍵。雖然僅根據支持度也能制定行銷策略，但對於 Walmart 公司來說，由於相關資料量不大，可能會忽略這種關聯性。而這樣的狀況在實際應用上屢見不鮮，由於公司組織的分工差異，許多公司的消費者資料庫是由工程部門或者資訊部門領銜構建並持有資料進行維運，而非真正接觸消費者的部門或分析單位（當然也考量到技術成分無法因應資安風險，或者沒有足夠的應變人力作為各部門間需求與執行的串接），因而往往資料抽取之後可應用範圍不足，可能是資料缺損或者粒子過大無法有效支撐信心度與支持度，甚至有時信度與效度均會不足。

因此，支持度對決策者而言確實非常重要。如果在數萬筆資料中僅有一兩筆出現某種特定組合，則可以選擇忽略這種情況。但是，需要多大的資料量才值得注意，這個判斷的大小比例實際上取決於決策者的判斷，畢竟他們根據所見的資料和過往的實際執行經驗來形成主觀看法。因此，如果無法說服決策者，則這種關聯性可能不會被考慮。所以，支持度可以被視為決策者構思未來新業務可能性的一個指標。

另一個例子是當時風靡一時的手機遊戲寶可夢 Go!（Pokemon Go!），根據媒體報導，在遊戲構想期間，任天堂公司曾經駁回了這款遊戲的提案，理由是認為沒有人會想要走出戶外來玩這款遊戲，然而遊戲一經推出便大受歡迎。因此，在任天堂公司內部堅決主張推動這款遊戲的人，可能擁有敏銳的行銷洞察力，背後一定是有相關的分析數據支持這一決定；從數年後的角度回頭看，這樣的機制變成了一種全新的遊戲類型，且能持續推陳出新，成為遊戲市場中的新銳。但即使支持度高，也不必然需要推出行銷方案。例如當時市場上已經存在類似寶可夢的遊戲，研究結果顯示有超過九成的人支持玩這類 AR 遊戲，看起來似乎沒有商機或利基點。由於許多人已經在玩類似遊戲，並不代表他們會想要玩這個新產品。當然，如果不介意市場競爭激烈，進入市場仍有可能成為具競爭力的產品。然而，如果是支持度低但信心度高的情況，儘管支持的比例不高，但一旦找到消費者的購買契機，其潛在獲利是可觀的。因此，在考慮支持度時也需要結合信心度，這是引導決策者的行銷策略與未來行動的關鍵。

特別需要一提的是：分析人員不應因決策者對報告的採納程度不高而感到氣餒。畢竟，所使用的數據只是營運問題的冰山一角。如果每次向決策者提供資料後，能夠使他們看到其他可能性，並在適當的時機將其納入整體規劃中，則已足夠。從長遠來看，這能夠幫助建立良好的策略機制。此外，若能結合其他客戶相關資料，便能觀察到「男性客戶與女性客戶在頻繁項目集上的差異」、「不同居住地的客戶在頻繁項目集上的差異」等結果。進一步結合質化分析，透過問卷調查、出口調查（即在收銀機前等待客戶結帳特定商品組合後直接詢問原因）等方法，應能發現更多有趣或之前未曾預想到的結果。

關聯分析除了使用在產品面與行銷面，在許多其他產業也有應用可能，如一部電影的拍攝會有許多不同的演職人員加入，從每一部電影最後 rollcard（片尾名單）就可以知道人數會有多少，而影視公司或導演選取工作人員時，除了考量到商業上的相互轉包（以節省成本）外，也會考量到各演職人員的搭配。而人員相互搭配，尤其是三人以上的搭配，若非知名度高的人員，則並不那麼直覺可以猜想到，因此也可以透過關聯分析找出搭配的人選（Starakiewicz, 2022）。而在 Covid-19 疫情之後，因應影音串流平台的興起，當同樣甚至更豐富的內容可以在家中透過訂閱的方式取得，需要買票進場的戲院就因此日漸衰退，戲院的功能，就已經從原先的觀影第一選擇，變成需要與社交行為強烈結合的娛樂行為。因此，戲院該引進什麼樣的設施來吸引觀眾，就成為近年各國影城業之間的重大課題，Roskladka, Roskladka, Kulazhenko, Desiatko, & Shtanova 就在 2024 年透過關聯分析進行這樣的探討，去將連鎖影城的消費者，其觀影時間、日期、影院形式與商品推廣等等變數提出，意圖找出最佳解。

換句話說，本章初部分提出的假設是基於無法完全獲得消費者個人資料的情況下，使用整體消費資料進行分析。然而，如果能夠合法獲取消費者個人資料（例如：經由會員同意取用的會員記錄），則可進行更為細緻的行銷規劃。例如，若進行父親節特賣活動時，資料庫中的消費者個人資訊可支持識別「購買父親節相關商品的人群」，則可以根據這些人的消費能力進行分群，再利用關聯規則分析來檢視這些分群內客戶的過往購物車記錄（購買了哪些商品），並針對這些分群提供適當的推薦與搭售商品。要知道，「送對禮物」是一項挑戰，當商家能進行貼心的客製化推薦時，這同樣是一種行銷的強力策略。

## 本章心得

對廠商來說，本章介紹的關聯規則演算法對商品銷售具有決定性的影響。若能結合會員紀錄或質化分析方法，則可藉此機會深入了解會員顧客購買商品的動機，除了可以創造更大的銷售動能外，也有機會強化自身商品來拓展市場縱深。

## 回饋與作業

1. 請計算並列表說明內文提及的「二項目的頻繁項目集產生關聯規則」。

## 本章習題

1. ( ) 實體商店與電子商務的差異以下何者為非？
   (A) 實體商店可以觀察貨架
   (B) 電子商務下消費者不容易一直逛貨架
   (C) 電子商務的彈出式廣告效果有限
   (D) 實體商店可以賣出更多商品

2. ( ) 何謂關聯規則分析以下何者為非？
   (A) 關聯就是關係
   (B) 獨立存在的物件之間產生關係
   (C) 關聯必須是「連續」而非「離散」的資料
   (D) 信心度是用來產生關聯規則的依據

3. ( ) 發現規則之後以下何者為非？
   (A) 搭配質化分析結果規劃行銷企劃
   (B) 不要貿然直接看數據說故事
   (C) 量化分析與質化分析需要一起看
   (D) 可以直接應用

# 參考文獻


- Han, J., Pei, J., & Kamber, M. (2011). *Data mining: concepts and techniques*. Elsevier.
- Imberman, S. P. (1999). *Comparative statistical analyses of automated Booleanization methods for data mining programs*. City University of New York.
- Kolappan, P., & Arumuga, P. (2013). Association Rule Mining and Medical Applcation: A Detailed Survey. *Interational Journal of Computer Applications*, 80(7), 10-19.
- Kouris, I. N., Makris, C. H., & Tsakalidis, A. K. (2005). Using information retrieval techniques for supporting data mining. *Data & Knowledge Engineering*, *52*(3), 353-383.
- Lutkevich, B. (2021). *Association Rules*. Retrieved from:
- https://searchbusinessanalytics.techtarget.com/definition/association-rules-in-data-mining
- Patil, V., Vasappanavara, R., & Ghorpade, T. (2017). *Security in association rule mining using secure sum technique with FP growth algorithm in horizontall partitioned database*. International Conference on Energy, Communication, Data Analytics and Soft Computing (ICECDS 2017).
- Roskladka, Roskladka, Kulazhenko, Desiatko, & Shtanova. (2024). Association rule system for effective risk management of a cinema chain. Retrieved from: https://ceur-ws.org/Vol-3654/paper18.pdf
- Starakiewicz, T. (2022). Who are the best buddies in the movie industry? Let's use association rules to find out! Retrieved from: https://rpubs.com/tjstarak/movie-assoc-rule-mining
- Wang, K., He, Y., & Han, J. (2003). Pushing support constraints into association rules mining. *IEEE Transactions on Knowledge and Data Engineering*, *15*(3), 642-658.

CHAPTER

# 06

# 看看關聯的結果

## 本章目標

1. 透過 Google Colab 實作 Python 以理解關聯規則與結果。

## 本章架構

6.1 跑一次看看

6.2 另一案例

6.3 結果應用

根據前一章節（第五章）中得知我們可以使用 Apriori 方法產生商品之間的關聯規則。本章節就要實際以 Python 進行分析演練。這裡將以商品交易資料帶領各位一步一步完成關聯規則分析。資料來源是運動用品量販店 X 的交易資料，這是一個屬於**使用者自己建立的資料集（User-defined dataset）**，通常這一個層級的筆數不會太多（指的就是使用者自建資料），約莫十筆資料以內，其目的是為了讓初學者（Beginner）可以正確掌握、驗證理論的意涵，等到明白如何掌握關聯規則理論與 Python 實作分析時候，接著為了體會真實世界的真實性，通常會希望產生一個筆數較多的資料集讓理論或演算過程在大量數據之下可以順利完美的產生與說明，約莫幾千筆資料或上萬筆資料，這個層級的資料集依然是屬於**被設計**出來的，電腦是可以根據一些統計分配功能模擬產生，因為被讀進 Python 之後仍然可以得到很完美的關聯規則結果，並且可以與理論互相呼應，此層級稱為**玩具資料集（Toys dataset）**。如果有機會接觸到公司專案的商業大數據分析的委託，這個時候資料是屬於公司實務上營運所產生的資料，這個層級的資料稱為**真實資料集（Real dataset）**，所以接下來本章將準備介紹**使用者自己建立的資料集（User-defined dataset）**與**真實資料集（Real dataset）**兩種方式讀進到 Python 的 Apriori 模組套件中進而產生關聯規則，使用 Google Colab 雲端平台針對不同層級的交易資料進行關聯規則分析。

## 6.1 跑一次看看

過往在學習關聯規則（Association Rules）方法時經常會出現一個很有名的經典故事，就是在賣場消費者所產生的交易資料中找出「買尿布（Diaper）也會買啤酒（Beer）」或「買啤酒也會買尿布」。雖然「尿布與買啤酒」的故事發生在沃爾瑪（Walmart）這個大型零售賣場（美國零售業龍頭），但是**商場如戰場**的鐵律仍然是一直不斷地在上演；回到賣場行為，我們都知道對賣場而言單一商品的銷售變動資訊的獲得相當重要，但是沃爾瑪將視野放得更遠，將自身升級轉而觀察賣場中成交的每一購物籃（Shopping basket）或購物車（Shopping cart）裡所採購的商品內容，讓整個零售賣場營運戰略決戰於購物籃，分析重點從單一商品銷售表現轉而聚焦到購物籃的採購內容，因為分析購物籃的採購內容就等同是在分析客戶的消費行為（Consumer behavior），以這樣方式透過購物籃的採購內容了解商品之間的關聯規則分析在實務上又可稱為購物籃分析（Market basket analysis, MBA）（Karu & Kang, 2016）。具體來說，購物籃分析的概念較專注於零售銷售數據洞察並進而了解客戶的購買行為，這樣的分析技術亦可以應用在其他領域，做為分析不同項目之間或者不同事件之間的關係（譬如供電系統或捷運系統中零件的預防保養），甚至可以分析不同服務之間的關係來提升客戶滿意度，因此該分析技術又可以稱為親和力分析（Affinity Analysis）。

一般公司為業務人員訂定績效目標時候仍然是以產品的銷售金額為主，在大型零售賣場中亦是如此，通常每一位員工的績效表現會取決於他被指定負責推廣的商品的業績（即銷售金額），因此賣場中每一商品所負責的員工都會拼命地想辦法將所負責的商品推廣進入客戶的購物籃（車）中進而結帳，至於其他員工所負責推廣的商品不會花太多心思去關心，在過去這就是以單一商品銷售為主的管理方法。但關聯規則分析或購物籃分析讓老闆的管理目標聚焦在購物籃（車）的內容，而不是只有單一商品，因為購物籃（車）表現出的是客戶的消費行為與需求。

購物籃（車）中的內容可以提供許多珍貴的資訊，除了單一商品的銷售排行之外，也可以了解客戶的消費習慣，進而掌握住某一段時間內市場上的消費趨勢與動向，這對賣場中商品的補貨（Replenishment）與採購（Procurement）非常重要，另外，購物籃（車）的採購內容金額價值也會成為 RFM 客戶價值分析所需要的平均客單價（Per-Customer Transaction）（Kudyba & Lawrence, 2008）的資料來源，因此，對於超市或賣場老闆而言最想知道的是：

Q1：我可不可以藉由觀察**您**放在購物籃或購物車裡的東西來判斷**您還會**買什麼？

Q2：我可不可以藉由觀察**您這次**放在購物籃或購物車裡的東西來判斷**您為何這次沒**買什麼？也**順便促銷一下您沒買的東西**？

這個 " **您** " 就是指消費者、客戶、顧客、會員等。簡單說，就是假設購物籃（車）中您已經放一點東西了，我可不可以判斷**您**可能**還會**買什麼？如果我可以順利判斷出客戶等一下可能要買什麼商品，請問這樣的關聯規則可以拿來做什麼應用呢？

通常在實體賣場中可以有許多應用，譬如可以調整關聯規則中的那些商品在賣場的位置，讓進入賣場的消費者可以很輕易就找到關聯規則中的所有商品，所以賣場人流動線必須時時調整，以刺激購買行為。但是如果不是實體賣場而是在虛擬商店中，關聯規則又該如何應用呢？各位可以想像在電子商務網站上面，當客戶已經放了一個商品（譬如蘋果）在網頁的購物籃（車）中，請問您的網站上的網頁可以呈現什麼廣告呢？通常電商網站可以根據過去來店消費過的交易資料中所形成的關聯規則找出經常與蘋果一起購買的商品，接著將這些商品的廣告網頁依序置入剛剛尚未完成結帳的購物籃（車）網頁附近，如此可以減少客戶搜尋商品時間，也可加速促成交易。

經過上述說明之後，本章將試著以會員客戶的消費資料進行關聯規則分析。實作上以 Apriori 尋找客戶的消費習性的方式非常簡單，只需要事先準備兩個欄位就可以找出有趣的商品之間的關聯規則。換言之，只需要交易編號與交易的商品編號與名稱就可以執行 Apriori 尋找商品之間有趣的關聯規則。

首先，請參考**附錄一與附錄二**開啟一個全新的空白的 Colab 筆記本，不管預設檔案名稱為何，先將檔案名稱修改為 **AssociationRule_apriori1.ipynb**，並按「連線」按鈕讓筆記本連到 Google 雲端資源，接著如果各位需要更高運算力（Computing power）的需求，即會用到高效能計算的處理器，則請到「**編輯→筆記本設定**」將硬體加速器選項中預設的「CPU」選項更改為「T4 GPU」選項（輝達公司的 NVIDIA Tesla T4 GPU），最後執行「**檔案→儲存**」。執行過程如下圖 6.1.1 ~ 圖 6.1.3 所示：

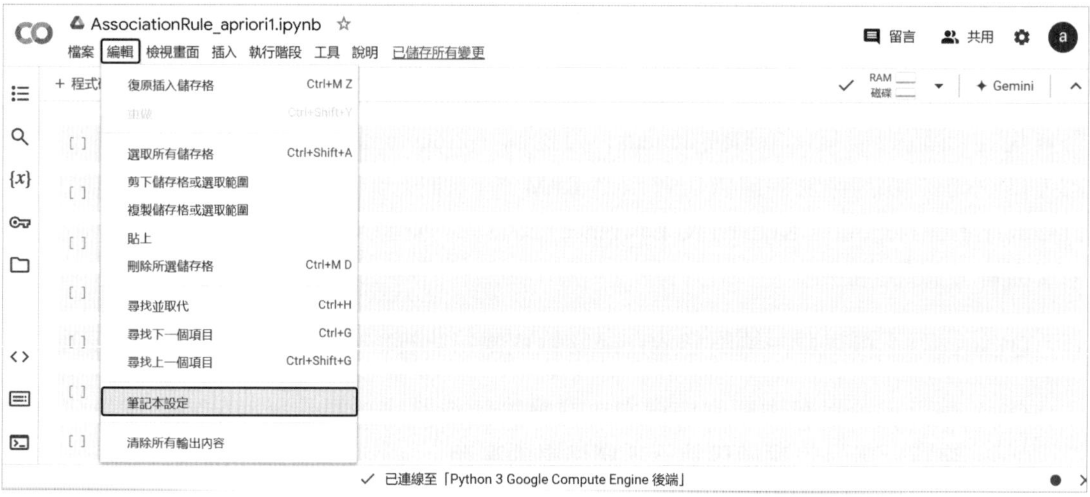

^ 圖 6.1.1

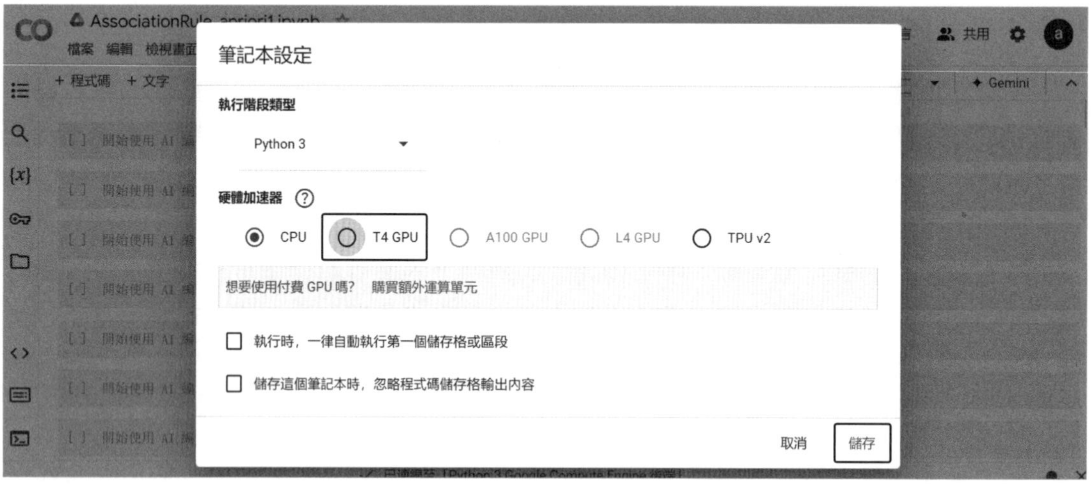

^ 圖 6.1.2

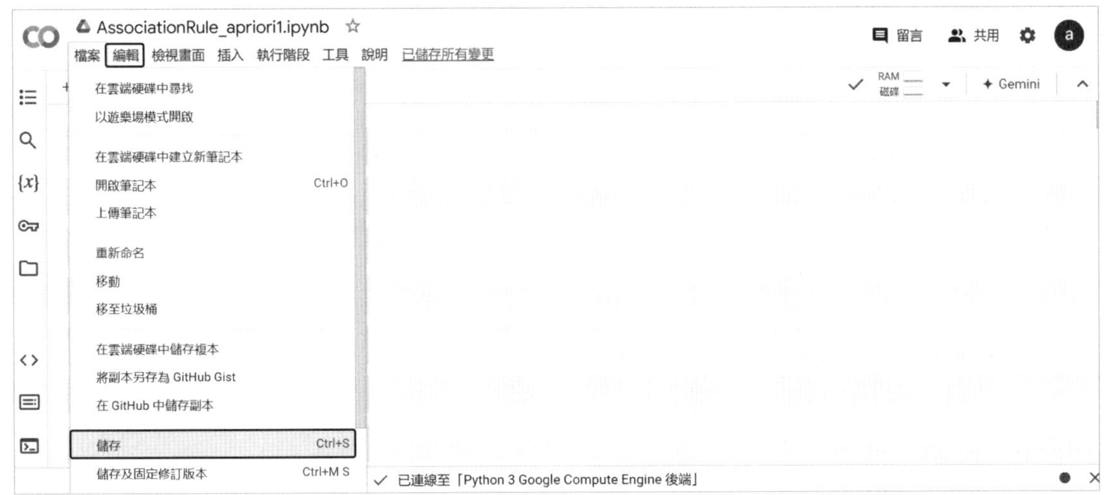


^ **圖 6.1.3** 設定 GPU

**在參考附錄一與附錄二把經常使用的模組引入記憶體後**。再來就是要進行關聯規則分析。單純透過 Python 語言來分析關聯規則，事實上是非常簡單。以下先以一個小案例（即前面所描述的 **Toys dataset**）並透過三個步驟來簡要說明關聯規則的執行，分別為步驟一、處理交易資料格式（Transaction format）。步驟二、產生頻繁項目集（Frequent itemsets）以及步驟三、產生關聯規則（Association rules）。等熟悉操作步驟之後，會再以另一實際的大型資料案例（即前面所描述的 **Real dataset**）來進行關聯規則分析。

## 步驟一、處理交易資料格式（Transaction format）

在此，我們以一個運動用品量販店 X 的交易資料集來進行分析。交易資料集中總共有 10 筆交易資料，總共有兩個欄位，分別是交易編號（TID）與商品項目（Items）。不同的交易編號就看成不同的購物籃，商品種類總共有七種品牌，分別為 adidas、Fila、Lacoste、New Balance、Nike、Pony 以及 Under Armour。詳細交易資料如下表 6.1.1 所示：

**表 6.1.1** 交易資料集

| 交易編號（TID） | 商品項目（Items） |
|---|---|
| **T01** | adidas, Fila, Under Armour |
| **T02** | Nike, Lacoste, New Balance, Pony |
| **T03** | adidas, Pony, Under Armour |
| **T04** | adidas, New Balance, Fila |
| **T05** | Lacoste, Pony |
| **T06** | adidas, New Balance, Pony |

| 交易編號（TID） | 商品項目（Items） |
| --- | --- |
| T07 | Nike, New Balance, Fila |
| T08 | Nike, Lacoste, Fila |
| T09 | adidas, Lacoste, Fila |
| T10 | Nike, Lacoste, Fila |

首先先引進兩個模組套件，主要是 **import pandas as pd** 以及 **import numpy as np**，如圖 6.1.4 所示：

```
import pandas as pd
import numpy as np
```

^ 圖 6.1.4

接下來，請透過 List 資料型態產生上述表 6.1.1 資料。我們將該 List 資料型態的內容存入變數 **mylist**。為了方便說明，**mylist** 變數就只儲存交易項目資料即可，交易編號欄位就以 Python 自帶的索引值（開始是 0）代替。請先將下列斜體 Python 程式碼指令輸入到程式碼區塊中並且執行，如下圖 6.1.5 所示：

```
mylist = [['adidas', 'Fila', 'Under Armour'],
      ['Nike', 'Lacoste', 'New Balance', 'Pony'],
      ['adidas', 'Pony', 'Under Armour'],
      ['adidas', 'New Balance', 'Fila'],
      ['Lacoste', 'Pony'],
      ['adidas', 'New Balance', 'Pony'],
      ['Nike', 'New Balance', 'Fila'],
      ['Nike', 'Lacoste', 'Fila'],
      ['adidas', 'Lacoste', 'Fila'],
      ['Nike', 'Lacoste', 'Fila']]
mylist
```

```
+ 程式碼  + 文字

[2] mylist = [['adidas', 'Fila', 'Under Armour'],
              ['Nike', 'Lacoste', 'New Balance', 'Pony'],
              ['adidas', 'Pony', 'Under Armour'],
              ['adidas', 'New Balance', 'Fila'],
              ['Lacoste', 'Pony'],
              ['adidas', 'New Balance', 'Pony'],
              ['Nike', 'New Balance', 'Fila'],
              ['Nike', 'Lacoste', 'Fila'],
              ['adidas', 'Lacoste', 'Fila'],
              ['Nike', 'Lacoste', 'Fila']]
    mylist

[['adidas', 'Fila', 'Under Armour'],
 ['Nike', 'Lacoste', 'New Balance', 'Pony'],
 ['adidas', 'Pony', 'Under Armour'],
 ['adidas', 'New Balance', 'Fila'],
 ['Lacoste', 'Pony'],
 ['adidas', 'New Balance', 'Pony'],
 ['Nike', 'New Balance', 'Fila'],
 ['Nike', 'Lacoste', 'Fila'],
 ['adidas', 'Lacoste', 'Fila'],
 ['Nike', 'Lacoste', 'Fila']]
```

^ **圖 6.1.5** 建立 mylist 資料集

我們可以透過 type() 函數查看 mylist 的資料型態是否為 list，並使用 len() 函數查看 mylist 變數的長度是否為 10 筆資料。這裡的長度 len 是 length 的縮寫，指的是多少筆資料在 mylist 變數中。請先將下列斜體 Python 程式碼指令輸入到程式碼區塊中並且執行，如下圖 6.1.6 所示：

```
print(type(mylist))
print(len(mylist))
```

```
+ 程式碼  + 文字

[2]  ['adidas', 'Pony', 'Under Armour'],
     ['adidas', 'New Balance', 'Fila'],
     ['Lacoste', 'Pony'],
     ['adidas', 'New Balance', 'Pony'],
     ['Nike', 'New Balance', 'Fila'],
     ['Nike', 'Lacoste', 'Fila'],
     ['adidas', 'Lacoste', 'Fila'],
     ['Nike', 'Lacoste', 'Fila']]

[3]  print(type(mylist))
     print(len(mylist))

     <class 'list'>
     10
```

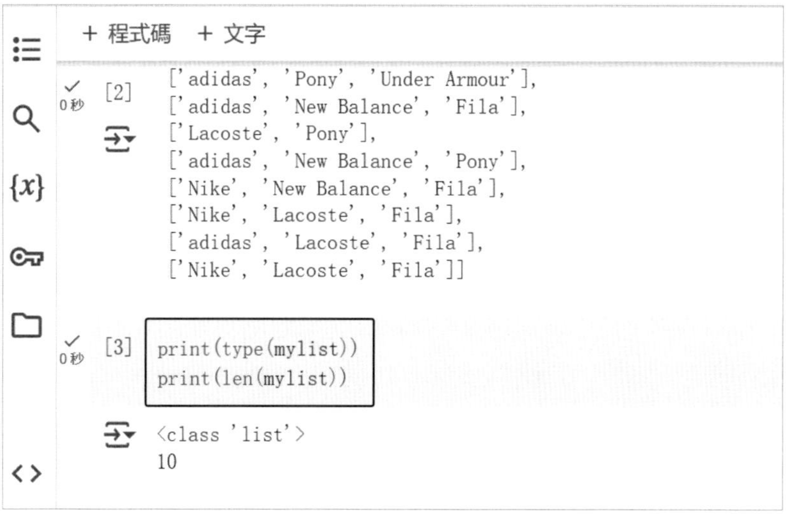

^ **圖 6.1.6** 檢查 mylist 資料型態與長度

關於 List 資料型態有關的操作，這裡有幾個簡單的指令，Python 會給 mylist 資料一個索引資訊，第一個位置就是索引 0，第二個位置就是索引 1，第三個位置就是索引 1，後面以此類推，所以指令 mylist[0] 就是第一位置的真正資料，加了 print() 函數之後就是列印出來，如 print(mylist[0])，結果為 **['adidas', 'Fila', 'Under Armour']**，將 mylist 的第二個位置內容列印出來就是 print(mylist[1])，結果為 **['Nike', 'Lacoste', 'New Balance', 'Pony']**，print(mylist[4][1]) 這一個指令就是將 mylist 的第五個位置中編號 1 的位置真正資料內容列印出來，其結果為 **Pony**，如果指令 print(mylist[-1]) 就是將 mylist 的最後一個位置（或稱倒數第一個位置）的內容列印出來，結果為 **['Nike', 'Lacoste', 'Fila']**，另外如果指令 print(mylist[-1] [-1]) 就是將 mylist 的最後一個位置中編號 -1 的位置（就是倒數第一個）真正資料內容列印出來，結果為 **Fila**，指令 print(mylist[1][0:3]) 的結果是將 mylist 的第二個位置中前三個的內容，結果為 **['Nike', 'Lacoste', 'New Balance']**，指令 print(mylist[1][:3]) 的結果與 print(mylist[1][0:3]) 的結果相同，為第二個位置中前三個的內容，其結果為 **['Nike', 'Lacoste', 'New Balance']**，指令 print(mylist[1][2:]) 的意思就是將 mylist 的第二個位置中的編號 2 的後面內容全部都列印出來，其結果為 **['New Balance', Pony]**，非常多樣化的擷取資料的指令，指令與執行結果如圖 6.1.7 所示：

```
print(mylist[0])
print(mylist[1])
print(mylist[4])
print(mylist[4][0])
print(mylist[4][1])
print(mylist[-1])
print(mylist[-1][-1])
print(mylist[1][0])
print(mylist[1][0:3])
print(mylist[1][:3])
print(mylist[1][2:])
```

```
+ 程式碼  + 文字

[4] print(mylist[0])
    print(mylist[1])
    print(mylist[4])
    print(mylist[4][0])
    print(mylist[4][1])
    print(mylist[-1])
    print(mylist[-1][-1])
    print(mylist[1][0])
    print(mylist[1][0:3])
    print(mylist[1][:3])
    print(mylist[1][2:])

['adidas', 'Fila', 'Under Armour']
['Nike', 'Lacoste', 'New Balance', 'Pony']
['Lacoste', 'Pony']
Lacoste
Pony
['Nike', 'Lacoste', 'Fila']
Fila
Nike
['Nike', 'Lacoste', 'New Balance']
['Nike', 'Lacoste', 'New Balance']
['New Balance', 'Pony']
```

^ **圖 6.1.7** 擷取 mylist 資料

如果想在 mylist 中加資料，可以使用 append() 函數，也可以刪資料，使用 remove() 函數，指令與執行結果如圖 6.1.8、圖 6.1.9 所示：

```
mylist.append(['PUMA'])
mylist
```

```
+ 程式碼  + 文字

[5] mylist.append(['PUMA'])
    mylist

[['adidas', 'Fila', 'Under Armour'],
 ['Nike', 'Lacoste', 'New Balance', 'Pony'],
 ['adidas', 'Pony', 'Under Armour'],
 ['adidas', 'New Balance', 'Fila'],
 ['Lacoste', 'Pony'],
 ['adidas', 'New Balance', 'Pony'],
 ['Nike', 'New Balance', 'Fila'],
 ['Nike', 'Lacoste', 'Fila'],
 ['adidas', 'Lacoste', 'Fila'],
 ['Nike', 'Lacoste', 'Fila'],
 ['PUMA']]
```

^ **圖 6.1.8** 新增 mylist 資料

```
mylist.remove(['PUMA'])
mylist
```

```
[6] mylist.remove(['PUMA'])
    mylist

[['adidas', 'Fila', 'Under Armour'],
 ['Nike', 'Lacoste', 'New Balance', 'Pony'],
 ['adidas', 'Pony', 'Under Armour'],
 ['adidas', 'New Balance', 'Fila'],
 ['Lacoste', 'Pony'],
 ['adidas', 'New Balance', 'Pony'],
 ['Nike', 'New Balance', 'Fila'],
 ['Nike', 'Lacoste', 'Fila'],
 ['adidas', 'Lacoste', 'Fila'],
 ['Nike', 'Lacoste', 'Fila']]
```

^ **圖 6.1.9** 刪除 mylist 資料

接下來我們介紹針對關聯規則需要進行的資料轉換。在 Python 語言中透過 Apriori 的方法找出交易資料之間的關聯規則需要有特殊的資料結構，也就是要轉換為一個二維表格；以這邊的案例為例，就是商品品項與購物籃兩個維度。因為當交易資料量很大的時候常常會遇到計算上瓶頸，因此需要將原來的 list 資料型態轉為二維表格的資料框（**DataFrame**），而這個資料框的內容填滿真（**True**）與假（**False**）的邏輯值（也就是布林值，**Boolean**）。我們在此可以使用 **TransactionEncoder** 方法先行將 mylist 中的每一筆交易資料內容轉換為真（**True**）、假（**False**），如果該筆交易（購物籃）中有買的商品就會轉成 True，沒買的商品就會轉成 False。轉換後的詳細交易資料如下表 6.1.2 所示：

**表 6.1.2** TransactionEncoder 轉換

| 交易編號（TID） | 商品項目（Items） | | | | | | |
|---|---|---|---|---|---|---|---|
| | adidas | Fila | Lacoste | New Balance | Nike | Pony | Under Armour |
| T01 | True | True | False | False | False | False | True |
| T02 | False | False | True | True | True | True | False |

| 交易編號（TID） | 商品項目（Items） | | | | | | |
|---|---|---|---|---|---|---|---|
| | adidas | Fila | Lacoste | New Balance | Nike | Pony | Under Armour |
| T03 | True | False | False | False | False | True | True |
| T04 | True | True | False | True | False | False | False |
| T05 | False | False | True | False | False | True | False |
| T06 | True | False | False | True | False | True | False |
| T07 | False | True | False | True | True | False | False |
| T08 | False | True | True | False | True | False | False |
| T09 | True | True | True | False | False | False | False |
| T10 | False | True | True | False | True | False | False |

為了轉換成表 6.1.2 的格式效果，**我們必須要先行引入 mlxtend.preprocessing 模組套件的 TransactionEncoder 方法**。mlxtend 是指 machine learning extensions 的縮寫，是一個機器學習的擴展模組套件，可以用來轉換上述的真值表。為了符合該套件所要求的 True、False 值的格式，我們將 list 資料型態的交易資料 **mylist** 透過 **TransactionEncoder** 的兩個函數進行資料轉檔工作，分別為 **fit()** 和 **transform()** 函數。

我們先用 **fit()** 來訓練資料，**就可以知道原始的 mylist 中有多少個唯一值**。我們就可以知道 mylist 中總共有**多少種**商品品項，最後再依據**唯一值的數量**以及 **transform()** 函數，就可以將 mylist 的每一筆購物籃中的紀錄轉換成 True、False。

若上述不明白，就先直接執行看看再去理解吧。我們先利用指令 **from mlxtend.preprocessing import TransactionEncoder** 引進 **TransactionEncoder()**，接著新增一個轉換用的變數 **te**，指定其為重新編碼的紀錄 **te = TransactionEncoder()**，然後分別使用 **fit()** 與 **transform()** 兩個函數來訓練與轉換資料。請先將下列斜體 Python 程式碼指令輸入到程式碼區塊中並且執行，如下圖 6.1.10 所示：

```
from mlxtend.preprocessing import TransactionEncoder
te = TransactionEncoder()
te_ary = te.fit(mylist).transform(mylist)
te_ary
```

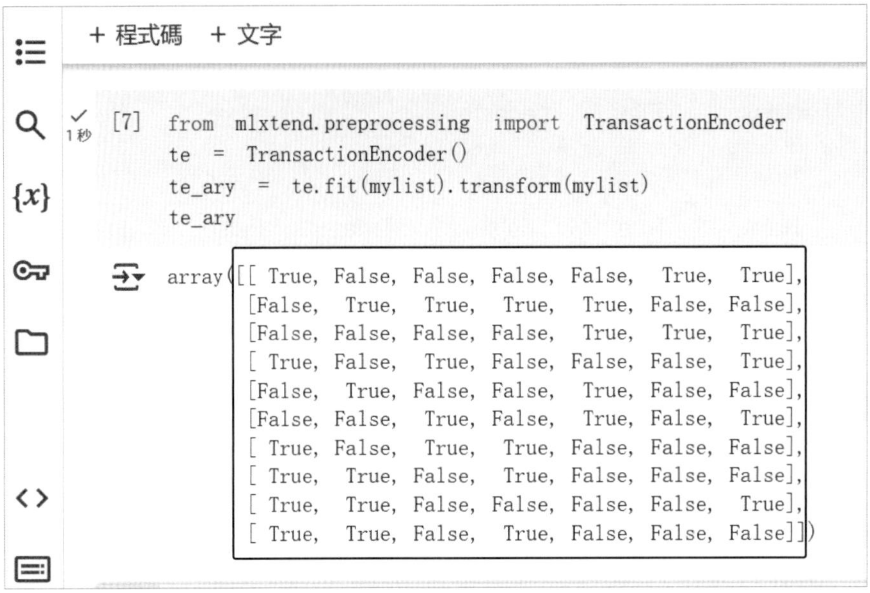

```
+ 程式碼   + 文字

[7] from mlxtend.preprocessing import TransactionEncoder
    te = TransactionEncoder()
    te_ary = te.fit(mylist).transform(mylist)
    te_ary

array([[ True, False, False, False, False,  True,  True],
       [False,  True,  True,  True,  True, False, False],
       [False, False, False, False,  True,  True,  True],
       [ True, False,  True, False, False, False,  True],
       [False,  True, False, False,  True, False, False],
       [False, False,  True, False,  True, False,  True],
       [ True, False,  True,  True, False, False, False],
       [ True,  True, False,  True, False, False, False],
       [ True,  True, False, False, False, False,  True],
       [ True,  True, False,  True, False, False, False]])
```

^ **圖 6.1.10**　轉換真值表

如果有需求也可以將 **True** 與 **Fale** 布林（邏輯）值轉成 **1** 與 **0** 值，指令為 **te_ary.astype('init')**，請先將下列斜體 Python 程式碼指令輸入到程式碼區塊中並且執行，如圖 6.1.11 所示：

```
te_ary.astype('int')
```

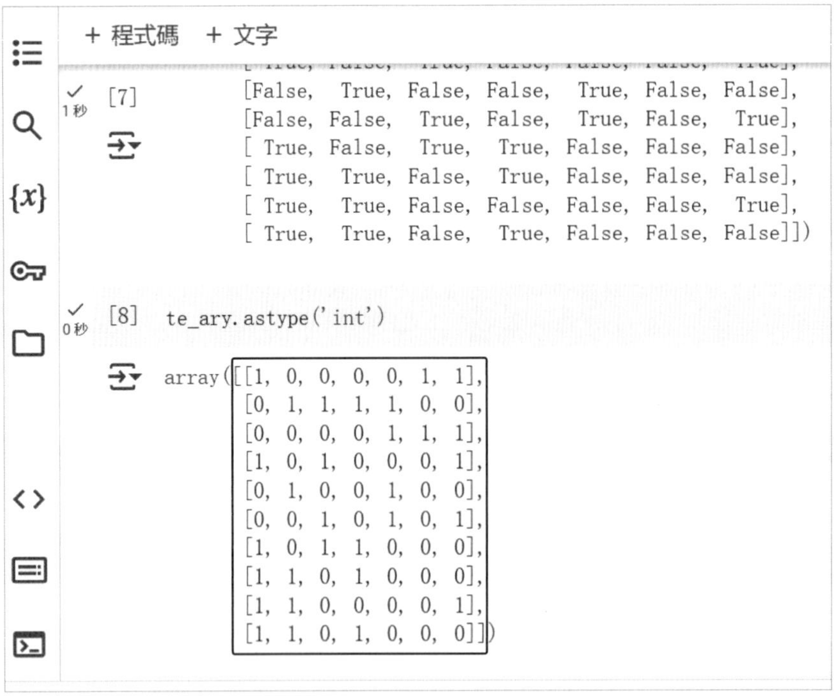

```
+ 程式碼   + 文字

[7]    [False,  True, False, False,  True, False, False],
       [False, False,  True, False,  True, False,  True],
       [ True, False,  True,  True, False, False, False],
       [ True,  True, False,  True, False, False, False],
       [ True,  True, False, False, False, False,  True],
       [ True,  True, False,  True, False, False, False]])

[8] te_ary.astype('int')

array([[1, 0, 0, 0, 0, 1, 1],
       [0, 1, 1, 1, 1, 0, 0],
       [0, 0, 0, 0, 1, 1, 1],
       [1, 0, 1, 0, 0, 0, 1],
       [0, 1, 0, 0, 1, 0, 0],
       [0, 0, 1, 0, 1, 0, 1],
       [1, 0, 1, 1, 0, 0, 0],
       [1, 1, 0, 1, 0, 0, 0],
       [1, 1, 0, 0, 0, 0, 1],
       [1, 1, 0, 1, 0, 0, 0]])
```

^ **圖 6.1.11**　轉換 True 與 False 為 0 與 1

如果想知道我們目前紀錄中有哪些唯一的商品名稱，我們可以利用指令 **columns_**。指令如下 **te.columns_**，請先將下列斜體 Python 程式碼指令輸入到程式碼區塊中並且執行，如圖 6.1.12 所示：

```
te.columns_
```

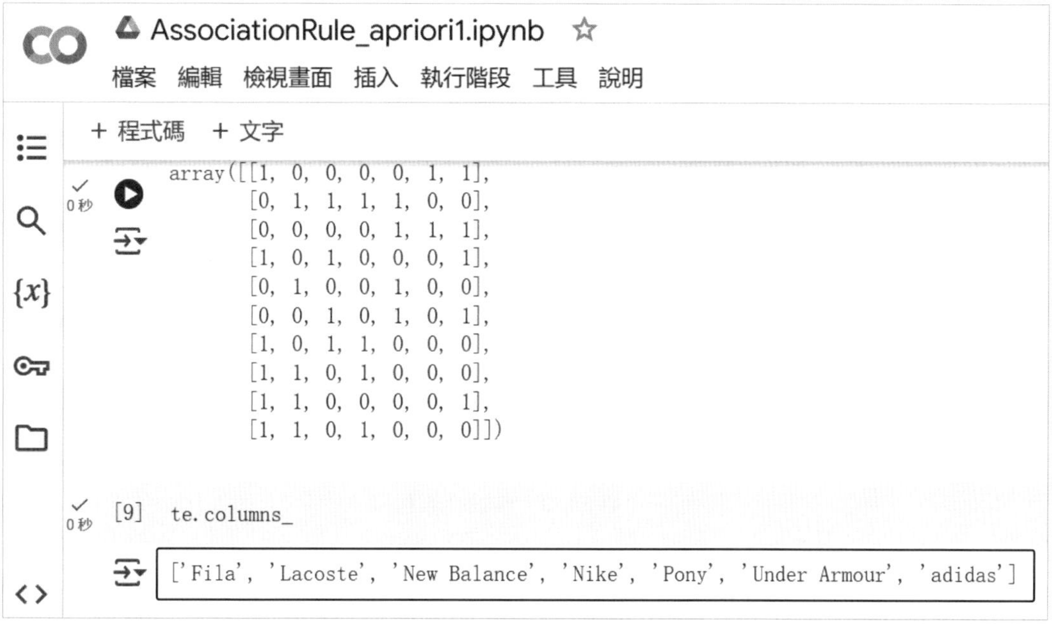

AssociationRule_apriori1.ipynb

檔案 編輯 檢視畫面 插入 執行階段 工具 說明

＋程式碼 ＋文字

```
array([[1, 0, 0, 0, 0, 1, 1],
       [0, 1, 1, 1, 1, 0, 0],
       [0, 0, 0, 0, 1, 1, 1],
       [1, 0, 1, 0, 0, 0, 1],
       [0, 1, 0, 0, 1, 0, 0],
       [0, 0, 1, 0, 1, 0, 1],
       [1, 0, 1, 1, 0, 0, 0],
       [1, 1, 0, 1, 0, 0, 0],
       [1, 1, 0, 0, 0, 0, 1],
       [1, 1, 0, 1, 0, 0, 0]])
```

```
[9] te.columns_
['Fila', 'Lacoste', 'New Balance', 'Nike', 'Pony', 'Under Armour', 'adidas']
```

圖 6.1.12 列出商品名稱

最後呈現 te_ary 的 True、Fales 陣列資料表（DataFrame）。指令為 **df = pd.DataFrame(te_ary, columns = te.columns_)**，**DataFrame()** 是資料框函數，需要兩個參數；**te_ary** 是資料來源，各個欄位名稱以剛剛所查詢的 **te.columns_** 為主，並存入變數 df 中。請先將下列斜體 Python 程式碼指令輸入到程式碼區塊中並且執行，如圖 6.1.13 所示：

```
df = pd.DataFrame(te_ary, columns = te.columns_)
df
```

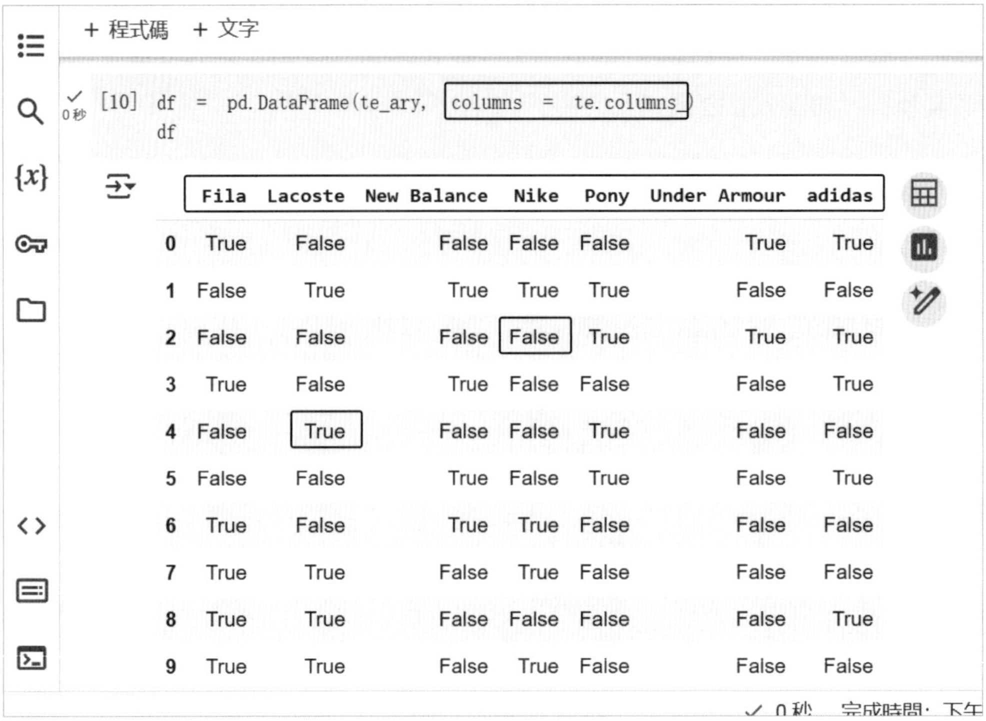

＋程式碼　＋文字

```
[10] df = pd.DataFrame(te_ary, columns = te.columns_)
     df
```

| | Fila | Lacoste | New Balance | Nike | Pony | Under Armour | adidas |
|---|---|---|---|---|---|---|---|
| 0 | True | False | False | False | False | True | True |
| 1 | False | True | True | True | True | False | False |
| 2 | False | False | False | False | True | True | True |
| 3 | True | False | True | False | False | False | True |
| 4 | False | True | False | False | True | False | False |
| 5 | False | False | True | False | True | False | True |
| 6 | True | False | True | True | False | False | False |
| 7 | True | True | False | True | False | False | False |
| 8 | True | True | False | False | False | False | True |
| 9 | True | True | False | True | False | False | False |

^ **圖 6.1.13**　轉換後表格

**交易資料是 DataFrame 的資料格式，其中的值為 True 及 False 的布林值。這種資料格式是後續執行 Apriori 方法找出關聯規則時所要求的資料格式**。圖 6.1.13 上可以看到資料框的左邊是索引編碼（Python 的第一筆都是從 0 開始）。各位可以想像一下，到當交易資料量變大，也就是購買商品種類非常多的時候，這一個資料框（二維表格）會變成很巨大。除了橫列的筆數變多，欄位數量也會變多，同時 False 的會更多，而 True 的相對來說會很少。這種極少的 True 與極多的 False 的特殊結構稱為**獨熱編碼（One-hot encoding），獨熱（One-hot）的意義就是指整個直欄（向量）或者橫列（向量）就只有少數幾個位置是 True（或 1）的值，其餘都是 False（或 0）的值。**

## 步驟二、產生頻繁項目集（Frequent itemsets）

再來就是要生成頻繁項目集了，頻繁項目集的產生是 Apriori 的一個很重要的步驟。我們利用 Apriori 方法產生關聯規則之前必須先將符合最小支持度（Minimum support）門檻值的頻繁項目集（Frequent Itemset / Large Itemset）從交易資料中找出來。我們先利用指令 **from mlxtend.frequent_patterns import apriori** 引進 **apriori ()** 函數，在此**先設定最小支持度（Minimum support）門檻值為 0.3（即 30%）**，指令為 **apriori(df, min_support = 0.3)**，執行後就可以找出符合最小支持度的頻繁項目集。目前有 10 組頻繁項目集，請先將下列斜體 Python 程式碼指令輸入到程式碼區塊中並且執行，如下圖 6.1.14 所示：

```
from mlxtend.frequent_patterns import apriori
apriori(df, min_support = 0.3)
```

+ 程式碼 + 文字

```
[11] from mlxtend.frequent_patterns import apriori
     apriori(df, min_support = 0.3)
```

| | support | itemsets |
|---|---|---|
| 0 | 0.6 | (0) |
| 1 | 0.5 | (1) |
| 2 | 0.4 | (2) |
| 3 | 0.4 | (3) |
| 4 | 0.4 | (4) |
| 5 | 0.5 | (6) |
| 6 | 0.3 | (0, 1) |
| 7 | 0.3 | (0, 3) |
| 8 | 0.3 | (0, 6) |
| 9 | 0.3 | (1, 3) |

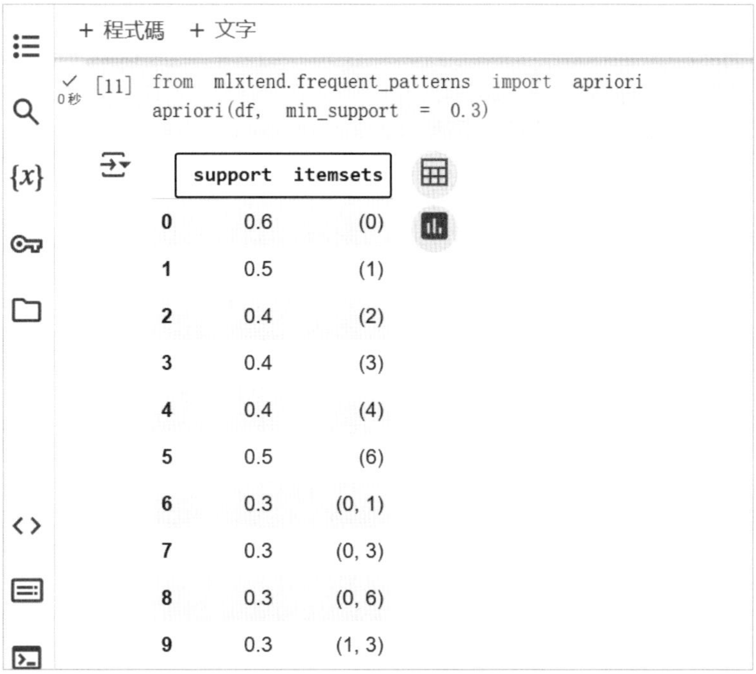

^ **圖 6.1.14** 生成頻繁項目集

不過，剛剛所產生的資料框有兩個欄位 **support** 與 **itemsets**，但是 **itemsets** 欄位中預設值是商品項目的**索引編號**，這幾乎無法閱讀。**我們可以改成商品名稱來顯示**。其指令為 **frequent_itemsets = apriori(df, min_support = 0.3, use_colnames = True)**，將 **use_colnames** 參數設定為 True，並以 df 相對應的欄位名稱來顯示頻繁項目集。我們將執行結果儲存在 **frequent_itemsets** 變數中。請先將下列斜體 Python 程式碼指令輸入到程式碼區塊中並且執行，如下圖 6.1.15 所示：

```
frequent_itemsets = apriori(df, min_support = 0.3, use_colnames = True)
frequent_itemsets
```

```
+ 程式碼　+ 文字

[12] frequent_itemsets = apriori(df, min_support = 0.3, use_colnames = True)
     frequent_itemsets

/usr/local/lib/python3.10/dist-packages/ipykernel/ipkernel.py:283: Deprecati
  and should_run_async(code)
```

| | support | itemsets |
|---|---|---|
| 0 | 0.6 | (Fila) |
| 1 | 0.5 | (Lacoste) |
| 2 | 0.4 | (New Balance) |
| 3 | 0.4 | (Nike) |
| 4 | 0.4 | (Pony) |
| 5 | 0.5 | (adidas) |
| 6 | 0.3 | (Lacoste, Fila) |
| 7 | 0.3 | (Nike, Fila) |
| 8 | 0.3 | (adidas, Fila) |
| 9 | 0.3 | (Lacoste, Nike) |

^ **圖 6.1.15**　看得懂的頻繁項目集

觀看上圖結果，從 frequent_itemsets 變數的 10 組結果中可以初步看出有 6 組是只有 1 個商品與 4 組是包含 2 個商品的頻繁項目集。這裡我們可以再幫 frequent_itemsets 變數另外加上一個欄位 **length** 來記錄每一組頻繁項目集的長度，指令為 **frequent_itemsets['length'] = frequent_itemsets['itemsets'].apply(lambda x:len(x))**。其中利用 **len()** 函數計算 itemsets 欄位中該頻繁項目集的商品項目數量，而 **apply()** 函數則會針對這一個資料框的每一筆交易資料進行剛剛所說的 **len()** 函數計算，最後將每一組頻繁項目集的長度填入新增的 **length** 欄位中。

**apply()** 函數中又使用另一個 **len()** 函數，這樣的搭配應用非常常見。**lambda** 表示為匿名函數也就是沒有函數名稱，譬如 **lambda x:len(x)** 就是透過 **len(x)** 函數做長度的計算。其中 **x** 指的就是 **frequent_itemsets['itemsets']** 欄位中的每一筆頻繁項目集內容。請先將下列斜體 Python 程式碼指令輸入到程式碼區塊中並且執行，如下圖 6.1.16 所示：

```
frequent_itemsets['length']= frequent_itemsets['itemsets'].apply(lambda x:len(x))
frequent_itemsets
```

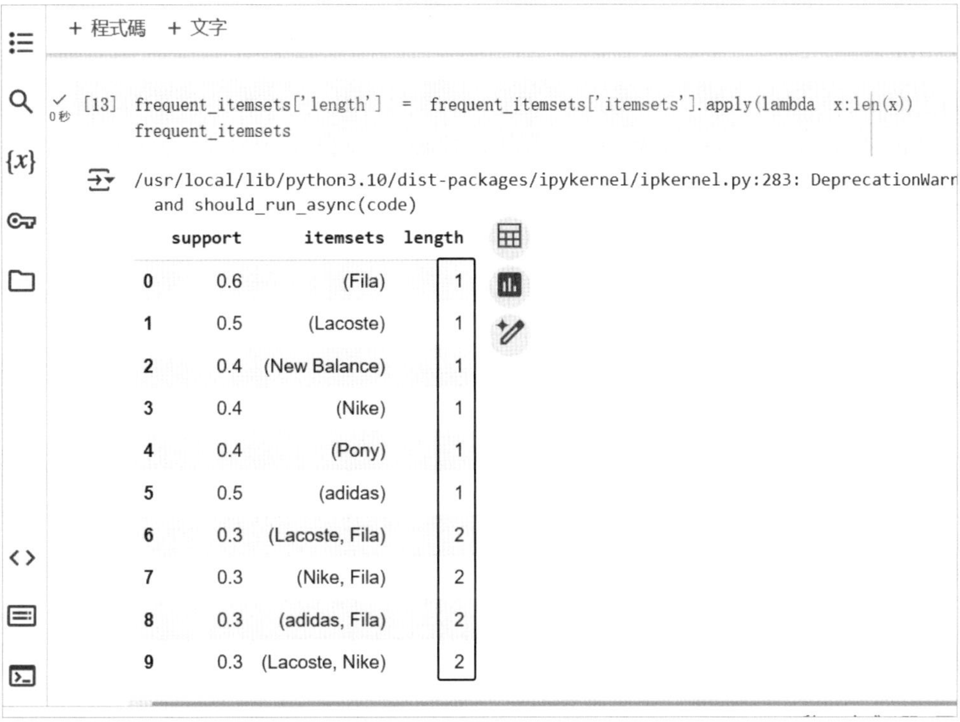

```
+ 程式碼  + 文字

[13] frequent_itemsets['length'] = frequent_itemsets['itemsets'].apply(lambda x:len(x))
     frequent_itemsets

/usr/local/lib/python3.10/dist-packages/ipykernel/ipkernel.py:283: DeprecationWarr
  and should_run_async(code)
```

| | support | itemsets | length |
|---|---|---|---|
| 0 | 0.6 | (Fila) | 1 |
| 1 | 0.5 | (Lacoste) | 1 |
| 2 | 0.4 | (New Balance) | 1 |
| 3 | 0.4 | (Nike) | 1 |
| 4 | 0.4 | (Pony) | 1 |
| 5 | 0.5 | (adidas) | 1 |
| 6 | 0.3 | (Lacoste, Fila) | 2 |
| 7 | 0.3 | (Nike, Fila) | 2 |
| 8 | 0.3 | (adidas, Fila) | 2 |
| 9 | 0.3 | (Lacoste, Nike) | 2 |

^ **圖 6.1.16** 加入頻繁項目數量資訊（或稱長度資訊）

使用者也可以依照自己的應用需求透過多個條件篩選出頻繁項目集。譬如**長度** >=2 且**支持度** >=0.3 的頻繁項目集有哪些呢？請先將下列斜體 Python 程式碼指令輸入到程式碼區塊中並且執行，如下圖 6.1.17 所示：

```
frequent_itemsets[(frequent_itemsets['length'] >= 2) & (frequent_
itemsets['support'] >= 0.3)]
```

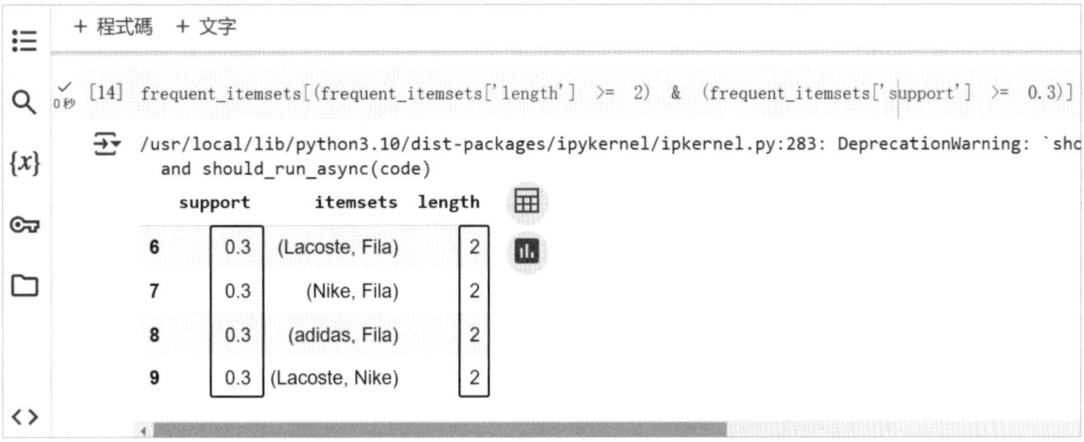

```
+ 程式碼  + 文字

[14] frequent_itemsets[(frequent_itemsets['length'] >= 2) & (frequent_itemsets['support'] >= 0.3)]

/usr/local/lib/python3.10/dist-packages/ipykernel/ipkernel.py:283: DeprecationWarning: `shc
  and should_run_async(code)
```

| | support | itemsets | length |
|---|---|---|---|
| 6 | 0.3 | (Lacoste, Fila) | 2 |
| 7 | 0.3 | (Nike, Fila) | 2 |
| 8 | 0.3 | (adidas, Fila) | 2 |
| 9 | 0.3 | (Lacoste, Nike) | 2 |

^ **圖 6.1.17** 長度 >=2 且支持度 >=0.3 的頻繁項目集

使用者也可以針對 frequent_itemsets 資料框的 itemsets 欄位篩選出某一種商品組合的頻繁項目集。譬如**找出同時擁有 Nike 與 Lacoste 兩樣商品**的頻繁項目集，指令為 **frequent_itemsets['itemsets'] == {'Nike', 'Lacoste'}** 即可找到，請先將下列斜體 Python 程式碼指令輸入到程式碼區塊中並且執行，如下圖 6.1.18 所示：

```
frequent_itemsets[frequent_itemsets['itemsets'] == {'Nike', 'Lacoste'}]
```

^ **圖 6.1.18** 找出同時包含特定商品的頻繁項目集

我們可以針對 itemsets 欄位篩選出某些商品出現的頻繁項目集，譬如想找出**只要有 Nike** 的商品出現在裡頭的頻繁項目集。我們先定義一個變數 **fname = 'Nike'**，接著使用 **astype(str)** 轉換函數（避免資料不是字串 **str** 格式，所以先行轉換）並搭配 **str.title()** 與 **str.contains()** 函數進行篩選。請先將下列斜體 Python 程式碼指令輸入到程式碼區塊中並且執行，如下圖 6.1.19 所示：

```
fname = 'Nike'
frequent_itemsets[frequent_itemsets['itemsets'].astype(str).str.title().str.
contains(fname)]
```

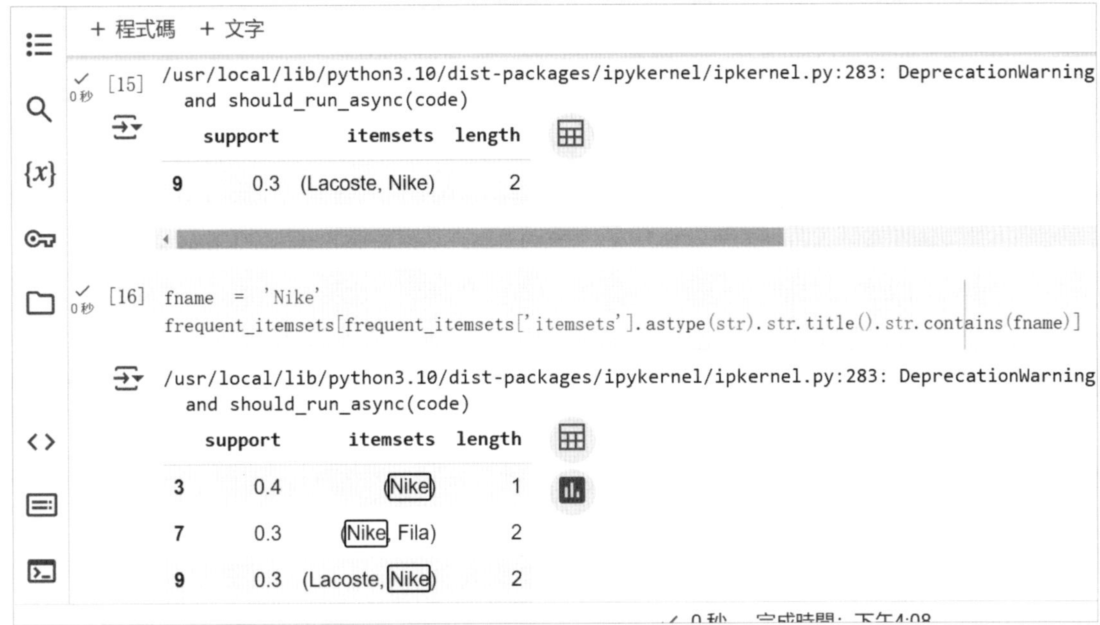


^ **圖 6.1.19** 包含 Nike 的頻繁項目集

## 步驟三、產生關聯規則（Association rules）

根據 Apriori 方法先找出符合最小支持度門檻值的所有頻繁項目集，接著再根據頻繁項目集產生關聯規則，先利用指令 **from mlxtend.frequent_patterns import association_rules** 引進 **association_rules ()** 函數，如同在找出頻繁項目集時候需要一個門檻值：最小支持度（Minimum support），在關聯規則的產生過程中也需要一個門檻值：最小信心度（Minimum confidence），在此設定最小信心度（Minimum confidence）門檻值為 0.7（即 70%）。

這裡需要注意一件重要的參數設定，通常最小支持度（Minimum support）與最小信心度（Minimum confidence）是屬於人為設定值，都是由資料科學家或大數據分析師過去的經驗所設定的門檻值。假設我們信心度要設定為 0.7，則設定信心度的指令為 **association_rules(frequent_itemsets, metric = 'confidence', min_threshold = 0.7)**，執行後就可以找出符合最小信心度的關聯規則，目前只有兩條關聯規則符合條件，請先將下列斜體 Python 程式碼指令輸入到程式碼區塊中並且執行，如下圖 6.1.20 所示：

```
from mlxtend.frequent_patterns import association_rules
association_rules(frequent_itemsets, metric = 'confidence', min_threshold = 
0.7)
```

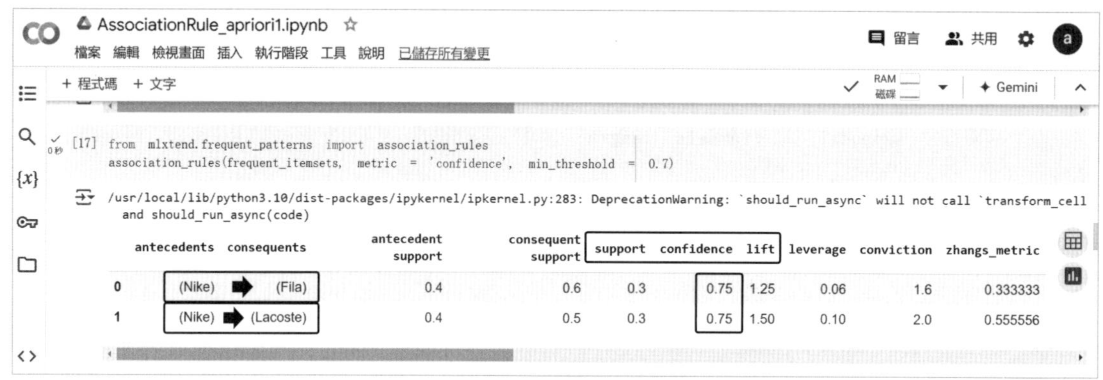


| | antecedents | consequents | antecedent support | consequent support | support | confidence | lift | leverage | conviction | zhangs_metric |
|---|---|---|---|---|---|---|---|---|---|---|
| 0 | (Nike) | (Fila) | 0.4 | 0.6 | 0.3 | 0.75 | 1.25 | 0.06 | 1.6 | 0.333333 |
| 1 | (Nike) | (Lacoste) | 0.4 | 0.5 | 0.3 | 0.75 | 1.50 | 0.10 | 2.0 | 0.555556 |

^ **圖 6.1.20** 設定最小支持度後的結果輸出

在圖 6.1.20 輸出結果表上，Python 中以二維表格方式呈現關聯規則。關聯規則的左手邊（或稱前項）就是 antecedents，右手邊（或稱後項）就是 consequents，support 就是整條關聯規則的支持度，confidence 就是整條關聯規則的信心度，lift 就是整條關聯規則的提升度。通常關聯規則的標準表達方式為 X → Y [support, confidence, lift]，**所以在最小支持度（Minimum support）= 30% 與最小信心度（Minimum confidence）= 70% 的條件之下所找出的關聯規則**為：

1. **第一條關聯規則：**{Nike} → {Fila} [30%, 75%, 1.25]
2. **第二條關聯規則：**{Nike} → {Lacoste} [30%, 75%, 1.50]

如果使用者希望以別的角度來分析，譬如**希望 lift（增益值）大於等於 1.2 以上的關聯規則**，則指令為 rules = association_rules(frequent_itemsets, metric = 'lift', min_threshold = 1.2)，更改 metric = 'lift'，後面再接一個 min_threshold = 1.2，執行後會產生四條符合條件的關聯規則。請先將下列斜體 Python 程式碼指令輸入到程式碼區塊中並且執行，如下圖 6.1.21 所示：

```
rules = association_rules(frequent_itemsets, metric = 'lift', min_threshold = 1.2)
rules
```

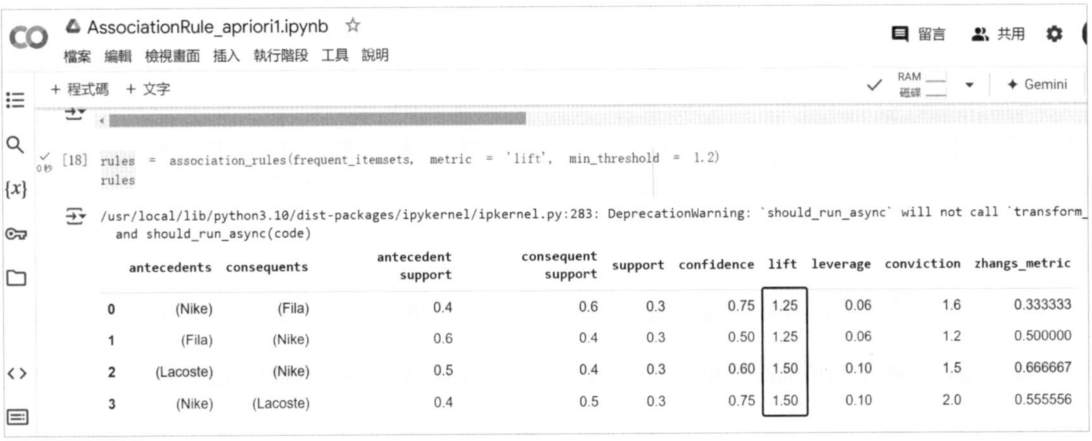

co AssociationRule_apriori1.ipynb ☆
檔案 編輯 檢視畫面 插入 執行階段 工具 說明
留言 共用
+ 程式碼 + 文字
RAM 磁碟 Gemini

```
[18] rules = association_rules(frequent_itemsets, metric = 'lift', min_threshold = 1.2)
     rules
```

```
/usr/local/lib/python3.10/dist-packages/ipykernel/ipkernel.py:283: DeprecationWarning: `should_run_async` will not call `transform_
  and should_run_async(code)
```

| | antecedents | consequents | antecedent support | consequent support | support | confidence | lift | leverage | conviction | zhangs_metric |
|---|---|---|---|---|---|---|---|---|---|---|
| 0 | (Nike) | (Fila) | 0.4 | 0.6 | 0.3 | 0.75 | 1.25 | 0.06 | 1.6 | 0.333333 |
| 1 | (Fila) | (Nike) | 0.6 | 0.4 | 0.3 | 0.50 | 1.25 | 0.06 | 1.2 | 0.500000 |
| 2 | (Lacoste) | (Nike) | 0.5 | 0.4 | 0.3 | 0.60 | 1.50 | 0.10 | 1.5 | 0.666667 |
| 3 | (Nike) | (Lacoste) | 0.4 | 0.5 | 0.3 | 0.75 | 1.50 | 0.10 | 2.0 | 0.555556 |

^ **圖 6.1.21** 修改 lift 值的輸出

此外，後續可以透過 rules 變數繼續做篩選，譬如可以根據 **apply()** 與 **len()** 函數搭配計算出每一條關聯規則左手邊（前項）項目集的長度，指令為 **rules['antecedent_len'] = rules['antecedents'].apply(lambda x:len(x))**，請先將下列斜體 Python 程式碼指令輸入到程式碼區塊中並且執行，如下圖 6.1.22 所示：

```
rules['antecedent_len'] = rules['antecedents'].apply(lambda x:len(x))
rules
```

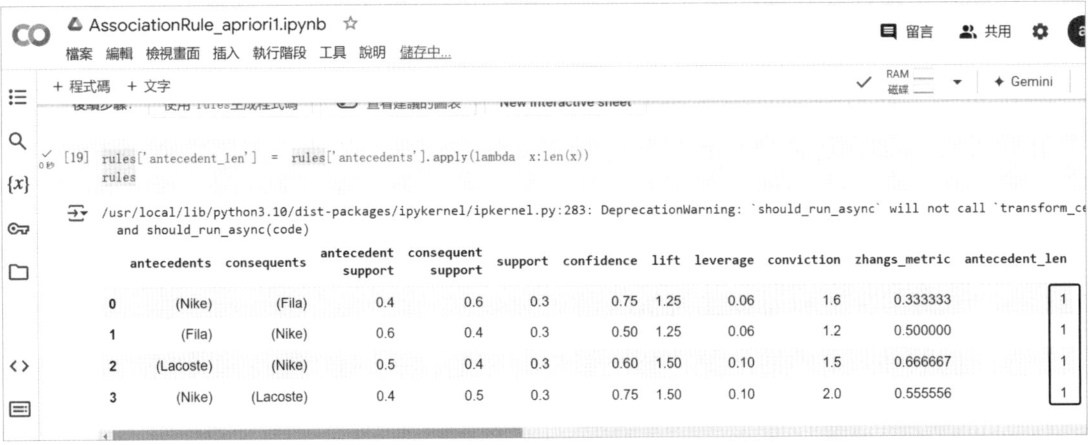

co AssociationRule_apriori1.ipynb ☆
檔案 編輯 檢視畫面 插入 執行階段 工具 說明 儲存中...
留言 共用
+ 程式碼 + 文字
RAM 磁碟 Gemini

```
[19] rules['antecedent_len'] = rules['antecedents'].apply(lambda x:len(x))
     rules
```

```
/usr/local/lib/python3.10/dist-packages/ipykernel/ipkernel.py:283: DeprecationWarning: `should_run_async` will not call `transform_ce
  and should_run_async(code)
```

| | antecedents | consequents | antecedent support | consequent support | support | confidence | lift | leverage | conviction | zhangs_metric | antecedent_len |
|---|---|---|---|---|---|---|---|---|---|---|---|
| 0 | (Nike) | (Fila) | 0.4 | 0.6 | 0.3 | 0.75 | 1.25 | 0.06 | 1.6 | 0.333333 | 1 |
| 1 | (Fila) | (Nike) | 0.6 | 0.4 | 0.3 | 0.50 | 1.25 | 0.06 | 1.2 | 0.500000 | 1 |
| 2 | (Lacoste) | (Nike) | 0.5 | 0.4 | 0.3 | 0.60 | 1.50 | 0.10 | 1.5 | 0.666667 | 1 |
| 3 | (Nike) | (Lacoste) | 0.4 | 0.5 | 0.3 | 0.75 | 1.50 | 0.10 | 2.0 | 0.555556 | 1 |

^ **圖 6.1.22** 找出規則長度

也可以再加上複雜的條件篩選，指令為 **rules[(rules['antecedent_len'] >= 1) & (rules['confidence'] >= 0.7) & (rules['lift'] >= 1.2)]**，請先將下列斜體 Python 程式碼指令輸入到程式碼區塊中並且執行，如下圖 6.1.23 所示：

```
rules[(rules['antecedent_len'] >= 1) & (rules['confidence'] >= 0.7) &
(rules['lift'] >= 1.2)]
```

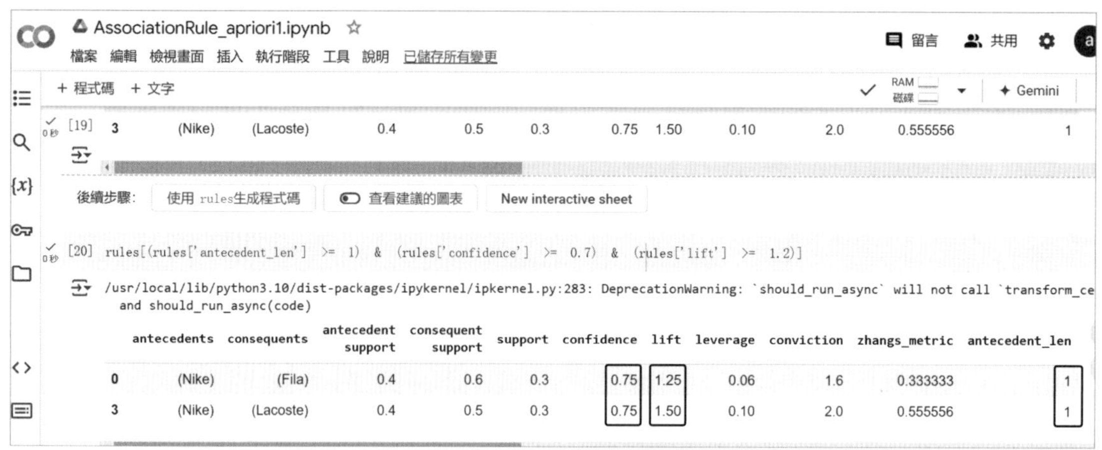

```
rules[(rules['antecedent_len'] >= 1) & (rules['confidence'] >= 0.7) & (rules['lift'] >= 1.2)]
```

| | antecedents | consequents | antecedent support | consequent support | support | confidence | lift | leverage | conviction | zhangs_metric | antecedent_len |
|---|---|---|---|---|---|---|---|---|---|---|---|
| 0 | (Nike) | (Fila) | 0.4 | 0.6 | 0.3 | 0.75 | 1.25 | 0.06 | 1.6 | 0.333333 | 1 |
| 3 | (Nike) | (Lacoste) | 0.4 | 0.5 | 0.3 | 0.75 | 1.50 | 0.10 | 2.0 | 0.555556 | 1 |

^ **圖 6.1.23** 增加篩選條件

**甚至可以指定每一條關聯規則的左手邊（前項）項目集中必須是 Nike 商品。事實上，關聯是沒有因果關係**，也就是說，前後項之間不能視為前因後果，因為它們是一起出現的。只能說，指定前項為 Nike，重點在於挑出與 Nike 一起出現的商品。如果可以看到這樣的結果，或許可以幫助我們理解要賣 Nike 這品牌的時候，順便問一下客人，要不要買一些 Fila 或 Lacoste 的產品？不想開口，那就直接把這三種商品放在一起，讓消費者自己產生購買商品的念頭。指令為 **rules[rules['antecedents'] == {'Nike'}]**，請先將下列斜體 Python 程式碼指令輸入到程式碼區塊中並且執行，如下圖 6.1.24 所示：

```
rules[rules['antecedents'] == {'Nike'}]
```

```
[21] rules[rules['antecedents'] == {'Nike'}]
/usr/local/lib/python3.10/dist-packages/ipykernel/ipkernel.py:283: DeprecationWarning: `should_run_async` will not call `transform_ce
and should_run_async(code)
```

| | antecedents | consequents | antecedent support | consequent support | support | confidence | lift | leverage | conviction | zhangs_metric | antecedent_len |
|---|---|---|---|---|---|---|---|---|---|---|---|
| 0 | (Nike) | (Fila) | 0.4 | 0.6 | 0.3 | 0.75 | 1.25 | 0.06 | 1.6 | 0.333333 | 1 |
| 3 | (Nike) | (Lacoste) | 0.4 | 0.5 | 0.3 | 0.75 | 1.50 | 0.10 | 2.0 | 0.555556 | 1 |

^ **圖 6.1.24** 前項項目集必須是 Nike 商品

有了以上簡單的 10 筆使用者自訂的交易資料（儲存在 mylist 變數中）的關聯規則分析基礎後（**即 Toys dataset**），接下來會以一個真實多筆交易資料集（**associationrule_Ex1.csv**）進行關聯規則分析（**即 Real dataset**），同樣的也使用前面所說明的三個部分來執行，分述如 6.2 節。

## 6.2 另一案例

為了方便讀者順利執行 Python 的關聯規則分析，因此先將客戶的原始交易資料從 ERP 系統的銷售與配銷模組（SD）中的交易明細資料表中擷取出來，只需要交易編號（或稱訂單編號）與交易的商品編號兩個欄位，並且分別重新命名為 shopping_cart 與 goods 兩個欄位名稱，最後將這兩個欄位的資料儲存為 **associationrule_Ex1.csv**。這一個檔案資料集總共有 817,741 筆資料，由 shopping_cart 與 goods 兩個欄位組成，這兩個欄位的說明如表 6.2.1 所示：

**表 6.2.1** associationrule_Ex1.csv 資料欄位說明

| 欄位名稱 | 欄位說明 | 備註 |
|---|---|---|
| shopping_cart | 交易編號 | shopping_cart 的意思就是交易訂單上的編號，或稱銷售訂單編號，或者是電商網站的購物車編號，使用公司內部規定的流水號格式，每一張位訂單都會有一個唯一（即不重複）的編號。 |
| goods | 交易的商品編號 | 某交易訂單中客戶所購買的商品的編號。 |

在 **associationrule_Ex1.csv** 檔案中有 817,741 筆資料，每一筆資料代表一張銷售訂單（Sales order）中該客戶（Customer）買的商品資料，一般客戶在賣場中結帳時候，收銀機系統每次掃描一種商品品項後就會發出 " 嗶一聲（Beep!!）" 的聲音，這 " 嗶一聲（Beep!!）" 就同時產生一筆交易品項資料，這裡有 817,741 筆交易品項資料，如同第四章內容所描述，由 32,266 位客戶在這段期間 4 個月（從 "2000-11-01" 到 "2001-02-28"）總共貢獻了 119,578 張銷售訂單（Sales order），有些客戶來店消費就只買一項商品，所以 ERP 系統在該張訂單上就只有儲存一筆商品項目（Line item）的交易資料（即一筆交易品項的意思），而有些客戶來店消費買多項商品，所以 ERP 系統在該張訂單上就會儲存多筆商品項目交易資料，因此這 119,578 張訂單分別在 ERP 系統上儲存了 817,741 筆商品項目交易資料，以上就是這個資料集的來源描述。上述關於商品項目（交易品項）資料、訂單資料、客戶資料之間的關係如圖 6.2.1 所示：

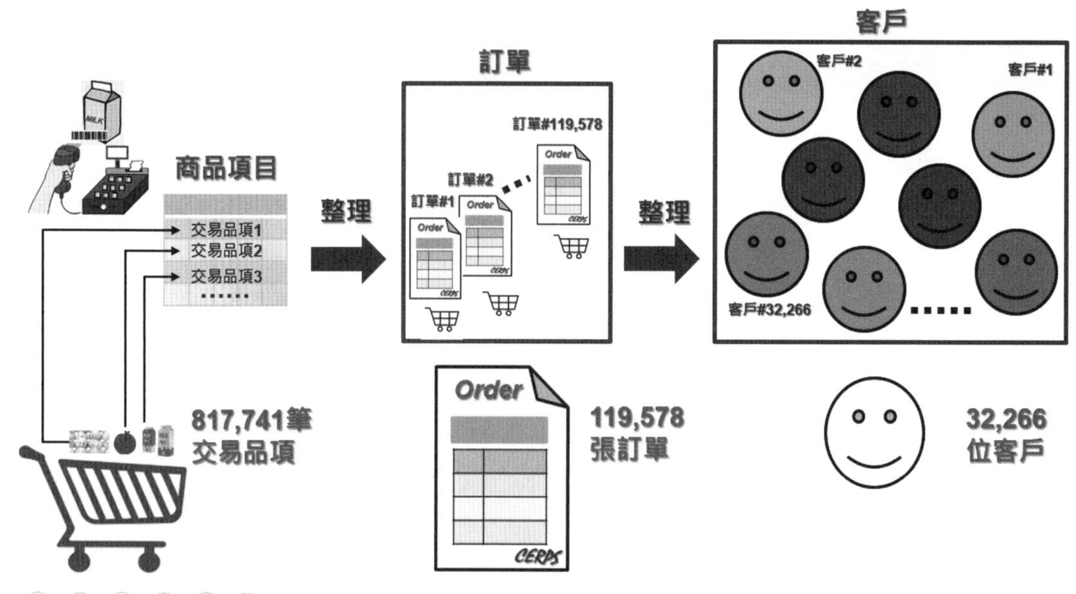


^ 圖 6.2.1　商品項目（交易品項）資料、訂單資料、客戶資料之間的關係

## 步驟一、處理交易資料格式（Transaction format）

由於使用 Google Colab 的雲端的方式撰寫 Python 程式指令碼，因此必須先將資料集 **associationrule_Ex1.csv** 上傳到 Google Colab 的雲端的預設路徑中，執行步驟請參考**附錄一**。接下來請在左邊雲端路徑中的資料集名稱上使用滑鼠左鍵連續快點兩下，就會在畫面的右邊出現該資料集的內容，總共有 2 個欄位（shopping_cart 與 goods），資料集的筆數總共有 817,741 筆資料，如下圖 6.2.2 所示：

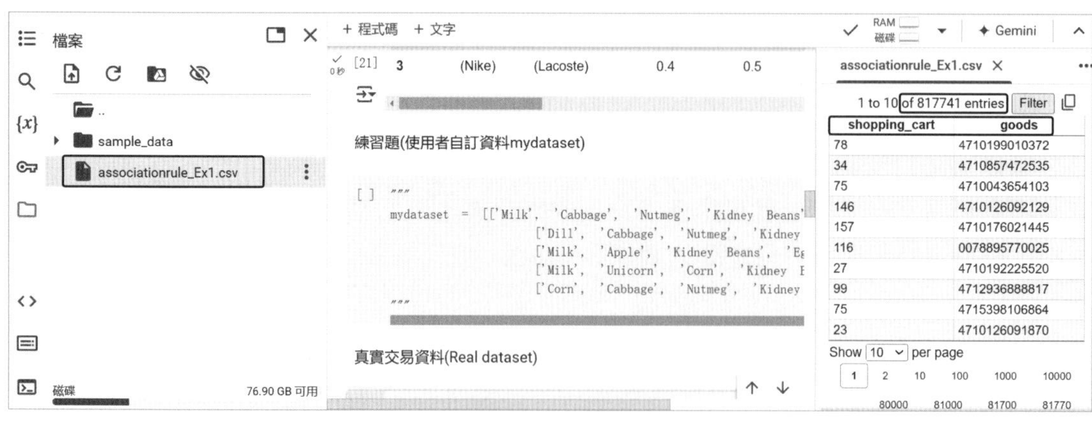


| shopping_cart | goods |
|---|---|
| 78 | 4710199010372 |
| 34 | 4710857472535 |
| 75 | 4710043654103 |
| 146 | 4710126092129 |
| 157 | 4710176021445 |
| 116 | 0078895770025 |
| 27 | 4710192225520 |
| 99 | 4712936888817 |
| 75 | 4715398106864 |
| 23 | 4710126091870 |

^ 圖 6.2.2　資料內容

接著透過 read_csv() 函數將 associationrule_Ex1.csv 讀進到 Python 環境中，指令為 **original_data = pd.read_csv('/content/associationrule_Ex1.csv')**，執行結果如下圖 6.2.3 所示：

```
#original_data = pd.read_csv('/content/associationrule_Ex1.csv')
original_data = pd.read_csv('/content/associationrule_Ex1.csv', dtype =
{'goods':str})
original_data
```

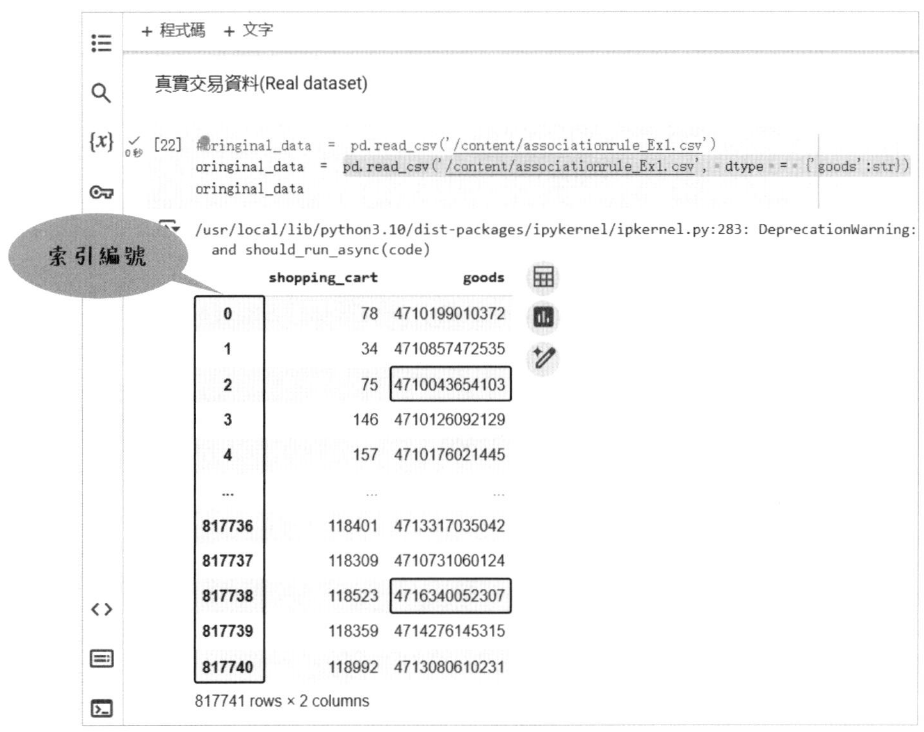


| | shopping_cart | goods |
|---|---|---|
| 0 | 78 | 4710199010372 |
| 1 | 34 | 4710857472535 |
| 2 | 75 | 4710043654103 |
| 3 | 146 | 4710126092129 |
| 4 | 157 | 4710176021445 |
| ... | ... | ... |
| 817736 | 118401 | 4713317035042 |
| 817737 | 118309 | 4710731060124 |
| 817738 | 118523 | 4716340052307 |
| 817739 | 118359 | 4714276145315 |
| 817740 | 118992 | 4713080610231 |

^ **圖 6.2.3** 資料內容

由 pandas 模組套件所讀進來的 original_data 變數仍然會是一個二維表格的格式，基本上就是一個資料框（DataFrame）的資料型態，從圖 6.2.3 中可以很清楚看見欄位名稱在表格的最上面，分別為購物車的編號 shopping_cart 與購買商品的代碼 goods 兩個欄位，總共有 817,741 筆資料，但是 shopping_cart 欄位前面卻多了一個索引（index）欄位，這是 Python 自動增加的索引用的欄位，資料值是一個流水編號，從 0 開始給索引值，這個從 0 開始編號的方式跟 R 語言不太相同，R 語言是從 1 開始編索引用的流水號，而 Python 是從 0 開始編索引用的流水號。

此外，除了可以透過 type() 函數確認 original_data 的資料型態，也可以使用 info() 函數得知 original_data 資料框中欄位的基本資訊。請先將下列斜體 Python 程式碼指令輸入到程式碼區塊中並且執行，如下圖 6.2.4、圖 6.2.5 所示：

```
type(original_data)
```

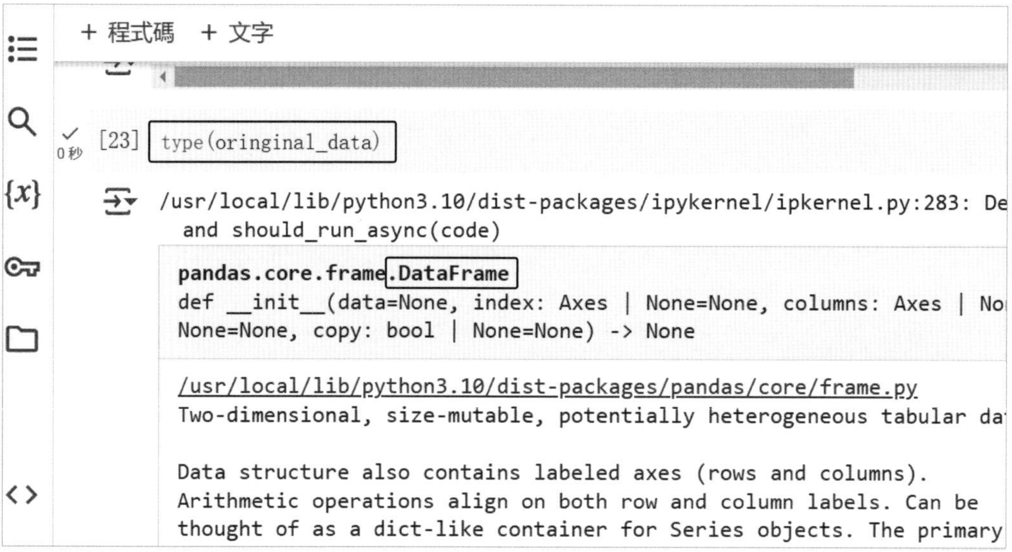


^ **圖 6.2.4** 檢視資料型態

```
original_data.info()
```

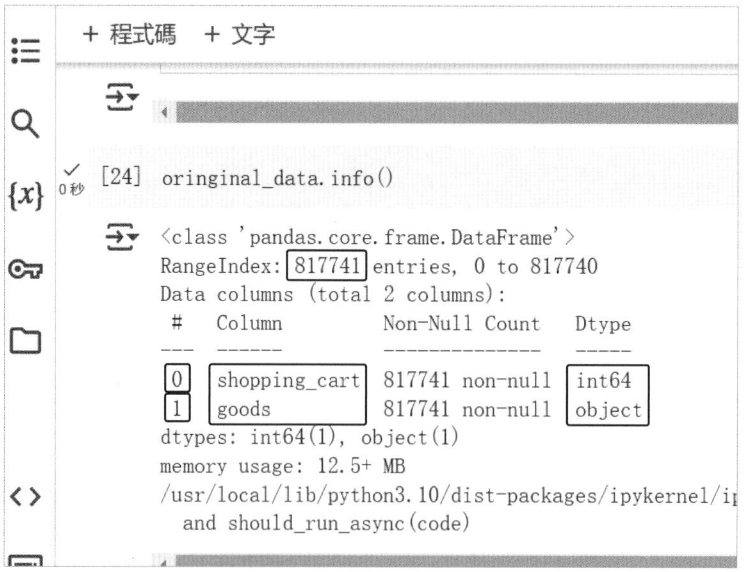


^ **圖 6.2.5** 檢視資料基本資訊

從圖 6.2.5 的結果可以看出 original_data 每一個欄位有一個流水號的索引編號，欄位 shopping_cart 的索引編號是 0，欄位 goods 的索引編號是 1，original_data 變數的第一個欄位的索引編號也是從 0 開始給值。另外，在上方 RangeIndex 顯示總共的資料筆數，共有 817,741 筆資料，索引編號從 0 編到 817,740。除了顯示欄位名稱之外，在旁邊也顯示欄位中是否有缺失值（Non-Null Count）及各欄位的資料型態（Dtype）。在本例中，因為每一個欄位都沒有缺失值，所以都是 817,741 筆，與上方總資料筆數數量相同。請注意，在第一個欄位 shopping_cart 的資料型態 Dtype 處是使用整數的數值型資料，因此用 int64 的型態來表示，這一個欄位雖然是整數資料型態，但是如果對 shopping_cart 欄位值進行加減運算是無管理意涵的，而第二個欄位是交易的商品編號 goods 是非數值的資料，因此 Python 用 object 的資料型態來表示。

如前所描述，在 original_data 資料框中有兩個欄位，分別為購物車的編號 shopping_cart 與購買商品的代碼 goods（即交易的商品編號）。另外從圖 6.2.6 中可以發現到一件有趣的事情，在 shopping_cart 欄位中是可以出現不同的購買商品的代碼 goods，即在某一時間下，同一客戶買了不同商品的意思，譬如 shopping_cart = 99 這個編號出現兩次，表示這一購物車（或購物籃）中總共購買了兩種商品，分別為 goods = 4712936888817 與 goods = 4711713290201，這樣的資料格式基本上是從企業資源規劃（ERP）資訊系統的銷售與配銷模組（Sales and Distribution, SD）的資料表中原汁原味擷取出來的樣子，同理，看一下 shopping_cart 號碼等於 23 也是出現兩次，這也表示這一購物車（或購物籃）中總共也購買了兩種商品，分別為 goods = 4710126091870 與 goods = 4710126091849，可以由下圖 6.2.6 中很清楚辨識出這樣的商業邏輯概念，請先將下列斜體 Python 程式碼指令輸入到程式碼區塊中並且執行，這一次指定查看 oringinal_data 變數中的索引編號從第 5 到第 16，指令為 **oringinal_data[5:17]**，如下圖 6.2.6 所示：

```
oringinal_data[5:17]
```

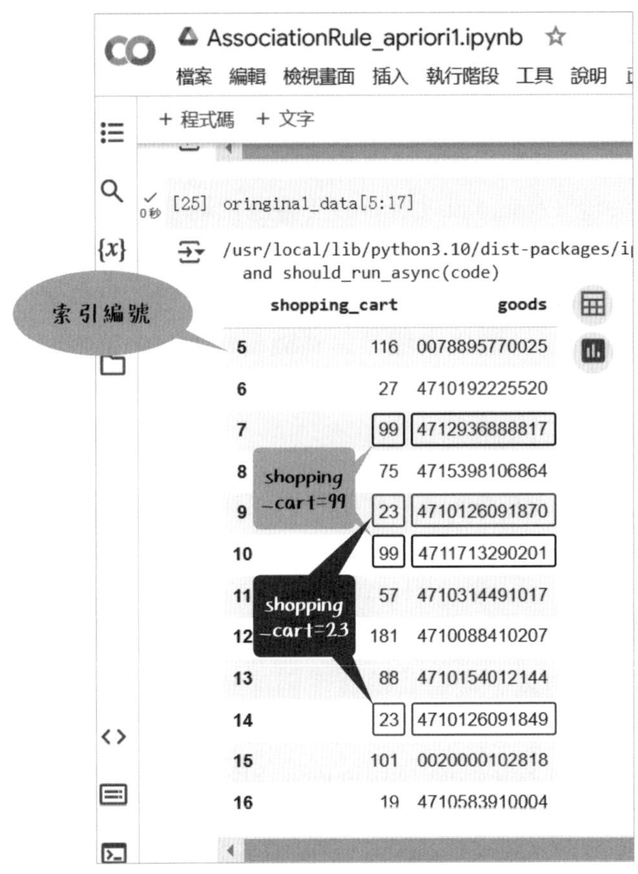


▲ **圖 6.2.6** 在 shopping_cart = 99 時購買不同兩種商品（同理 shopping_cart = 23 時也購買不同兩種商品）

所以，現在的重要任務就是必須將 original_data 轉成 Apriori 可以接受的資料格式，然而 original_data 是 ERP 資訊系統的資料格式，並無法滿足 Apriori 方法所需要的資料格式，因此我們先試著回想一下上一個 **Toys_dataset** 案例中資料處裡的程序，接著模仿 **Toys_dataset** 案例所做過的事情，簡單來說，我們的方式就是先將 original_data 中原始的 871,141 筆交易項目資料轉成 list 資料型態格式，即**將圖 6.2.6 中 ERP 系統的交易資料格式轉成表 6.1.1 的交易資料格式（先查看差別在哪裡？）**，接下來，使用 True 與 False 值填入每一筆交易中，True 代表在這一筆交易中有買該商品與 False 代表在這一筆交易中沒有買該商品，即**將表 6.1.1 資料格式轉成表 6.1.2 資料格式**。

以技術實作的角度來看，首先就是將 871,141 筆交易項目資料轉換為 **Toys_dataset** 案例中的兩層中括號的 List 資料型態，這樣的兩層中括號的 List 資料型態中的每一個中括號就是等同產生表 6.1.1 中每一筆資料（或稱為一張訂單）。為了達成這樣的資料格式效果，這邊我們可以透過 groupby('shopping_cart')['goods'] 指令來進行串接與轉換，基本上 groupby() 函數就是將分散於不同處卻有相同值的資料集結在一起，groupby() 函數的意思類似對料做群組的概念（就是進行集結），而資料群組需要有一個對象，就是根據哪一個欄位來做資料群組呢？在這例子中，是以 shopping_cart 這一個欄位為 groupby() 函數的對象進行資料的集結，指令為 groupby('shopping_cart')，而 groupby() 函數其實很像 Excel 軟體中的群組小計的概念，至於要集結哪些資料呢？就是 ('shopping_cart') 後面的 ['goods'] 指令，即針對 goods 欄位檢查具有相同 shopping_cart 值將他們集結在一起，並且指定使用 list 方式串接在一起成為一個 List，這個部分的效果就是使用 apply() 函數一次將 871,141 筆交易項目資料都集結並使用 list 串接完成，指令為 **apply(lambda x: list(x))**，最後以 df 變數儲存，此 df 變數為一個 pandas 底下的 Series 物件，因此會產生 119,578 筆資料，而這一個 Series 物件相關資訊會在後面說明，請先將下列斜體 Python 程式碼指令輸入到程式碼區塊中並且執行，如下圖 6.2.7 所示：

```
# 真實資料集轉格式指令
df = oringinal_data.groupby('shopping_cart')['goods'].apply(lambda x: list(x))
data = list(df)
data
```

```
+ 程式碼  + 文字

[26] #真實資料集轉格式指令
df = oringinal_data.groupby('shopping_cart')['goods'].apply(lambda x: list(x))
data = list(df)
data

/usr/local/lib/python3.10/dist-packages/ipykernel/ipykernel.py:283: DeprecationWarning
  and should_run_async(code)
[['4714981010038', '4719090105002'],
 ['4710147100018', '4710088434692', '4710594912028', '4710285000126'],
 ['4710265849066'],
 ['4710088410139', '4710063031878', '4710085120468'],
 ['4710105010168',
  '4710105010182',
  '4710110910149',
  '20560126',
  '4710011430517',
  '4713154428281'],
 ['0723125481409',
  '4715874000150',
  '4710022209591',

✓ 4秒  完成時間: 下午4:24
```

圖 6.2.7　groupby() 函數將同一 shopping_cart 編號買的商品編號串接在一起

接下來，各位如果有興趣可以自行下指令 **type(df)** 查詢 df 的資料型態，其查詢結果為如下資訊 **pandas.core.series.Series**。至於 df 本身的資料格式可以直接下指令 **df** 然後列印顯示變數中的資料內容，執行後可以看到 df 變數中就只有一個欄位 goods，因為此時 df 變數是一種 Series 資料型態（即單一欄位的資料型態），這時候 shopping_cart 欄位就扮演一個索引的功能，在這一個地方請注意兩個 Python 指令的重點，首先，這時候欄位 goods 的資料是一種包含有一對中括號 [] 的 list 資料型態，而中括號 [] 內的資料就是對應的那一個 shopping_cart 值所有買的商品，這裡使用商品編號來表示，如果某個 shopping_cart 買了兩種商品以上，就會使用逗號將兩種商品編號值隔開，同時可以驗證之前對於資料集的描述，總共有 11,9578 張訂單（shopping_cart 的最大值），相關資訊請先將下列斜體 Python 程式碼指令輸入到程式碼區塊中並且執行，執行結果如下圖 6.2.8 與圖 6.2.9 所示：

```
type(df)
```

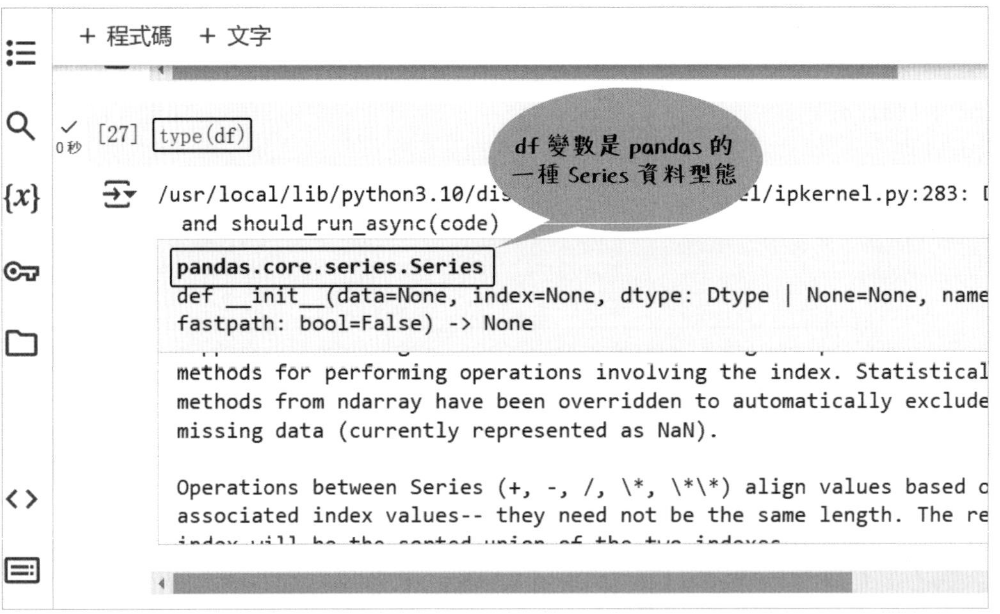


^ **圖 6.2.8** 在 df 變數的資料型態 Series 查詢

```
df
```

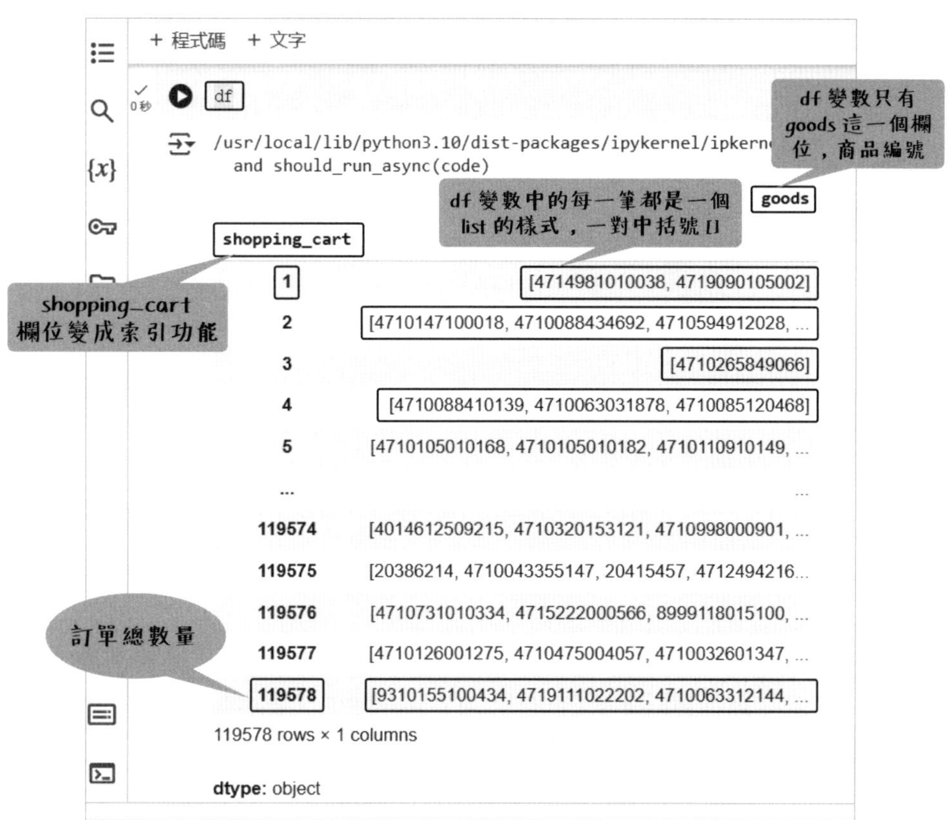


^ **圖 6.2.9** 在 df 變數資料內容查詢

仿照前面案例（運動用品量販店 X 的交易資料集），進入關聯規則之前先透過 TransactionEncoder() 函數將 data 轉成 True 與 False 格式。請先將下列斜體 Python 程式碼指令輸入到程式碼區塊中並且執行，如下圖 6.2.10 所示：

```
from mlxtend.preprocessing import TransactionEncoder
te = TransactionEncoder()
te_ary = te.fit(data).transform(data)
te_ary
```

```
+ 程式碼   + 文字
'4710109770532',
'4710000000170'
[27] from mlxtend.preprocessing import TransactionEncoder
te = TransactionEncoder()
te_ary = te.fit(data).transform(data)
te_ary

/usr/local/lib/python3.10/dist-packages/ipykernel/ipkernel.
  and should_run_async(code)
array([[False, False, False, ..., False, False, False],
       [False, False, False, ..., False, False, False],
       [False, False, False, ..., False, False, False],
       ...,
       [False, False, False, ..., False, False, False],
       [False, False, False, ..., False, False, False],
       [False, False, False, ..., False, False, False]])
```

▲ 圖 6.2.10　轉換真值表

查看交易資料中的商品名稱，可以使用 **te.columns_** 指令進行確認。最後新增一個資料變數 df，指令為 **df = pd.DataFrame(te_ary, columns = te.columns_)**，請先將下列斜體 Python 程式碼指令輸入到程式碼區塊中並且執行，如下圖 6.2.11 所示：

```
df = pd.DataFrame(te_ary, columns = te.columns_)
df
```

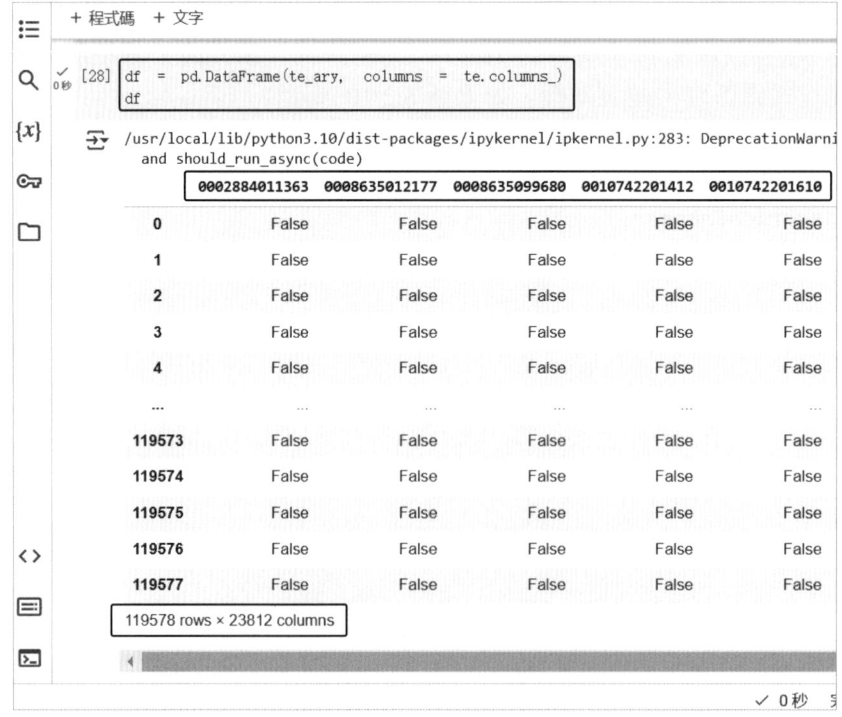


| | 0002884011363 | 0008635012177 | 0008635099680 | 0010742201412 | 0010742201610 |
|---|---|---|---|---|---|
| 0 | False | False | False | False | False |
| 1 | False | False | False | False | False |
| 2 | False | False | False | False | False |
| 3 | False | False | False | False | False |
| 4 | False | False | False | False | False |
| ... | ... | ... | ... | ... | ... |
| 119573 | False | False | False | False | False |
| 119574 | False | False | False | False | False |
| 119575 | False | False | False | False | False |
| 119576 | False | False | False | False | False |
| 119577 | False | False | False | False | False |

▲ 圖 6.2.11　指定資料變數 df

## 步驟二、產生頻繁項目集（Frequent itemsets）

接下來直接使用 **apriori()** 函數來產生頻繁（或稱高頻）項目集，先設定最小支持度門檻值為 **0.003（即 0.3%）**，即參數 min_support = 0.003，根據圖 6.2.1 資料集相關資訊描述，總共有 119,578 張交易訂單，換言之，min_support = 0.003 相當於 359 與 119,578 相除的結果（0.003 大約等於 359 / 119,578），也就是說如果有頻繁（或稱高頻）項目集的產生，則這頻繁項目集就是整個 119,578 張交易訂單中有 359 張訂單會有這樣的消費者購物組合，如果將最小支持度門檻值調高一點（稍微嚴格一點的意思）設定為 **0.005（即 0.5%）**，相當於 119,578 張訂單中有 598 張訂單有這樣的消費者購物組合，0.005 大約等於 598 / 119,578。

首先，先來看一下比較寬鬆的條件 min_support = 0.003 的結果，並直接使用**商品編號**來表示頻繁項目集，即將 **use_colnames** 參數設定為 True 即可，結果會產生符合 min_support = 0.003 門檻值有 **306 組**頻繁項目集，如下圖 6.2.12 所示，稍微留意下，因為交易資料量很大 80 多萬筆資料，而條件又設定較為寬鬆 min_support = 0.003，所以執行時間會花多一些時間，如果執行時間太久（可能是 CPU 等級與記憶體容量的問題），各位可以將 min_support 調高一點可以讓執行時間減少一些。

如果將最小支持度門檻值調高改成 min_support = 0.005，則結果產生符合 min_support = 0.005 門檻值有 **131 組**頻繁項目集如下圖 6.2.13 所示，請先將下列斜體 Python 程式碼指令輸入到程式碼區塊中並且執行其結果。

```
from mlxtend.frequent_patterns import apriori
frequent_itemsets = apriori(df, min_support = 0.003, use_colnames = True)
frequent_itemsets
```

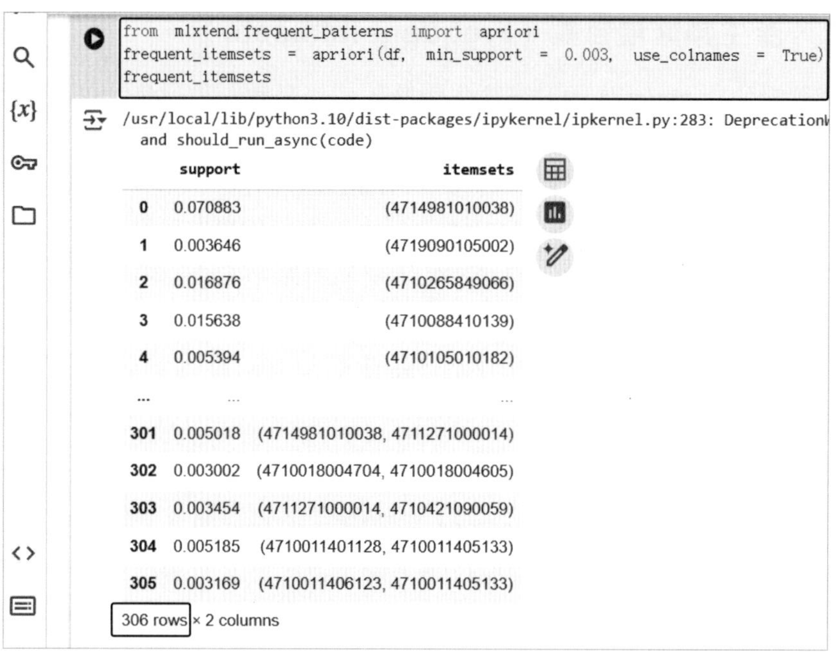


^ **圖 6.2.12** 產生符合 min_support = 0.003 門檻值有 306 組頻繁項目集

```
from mlxtend.frequent_patterns import apriori
frequent_itemsets = apriori(df, min_support = 0.005, use_colnames = True)
frequent_itemsets
```

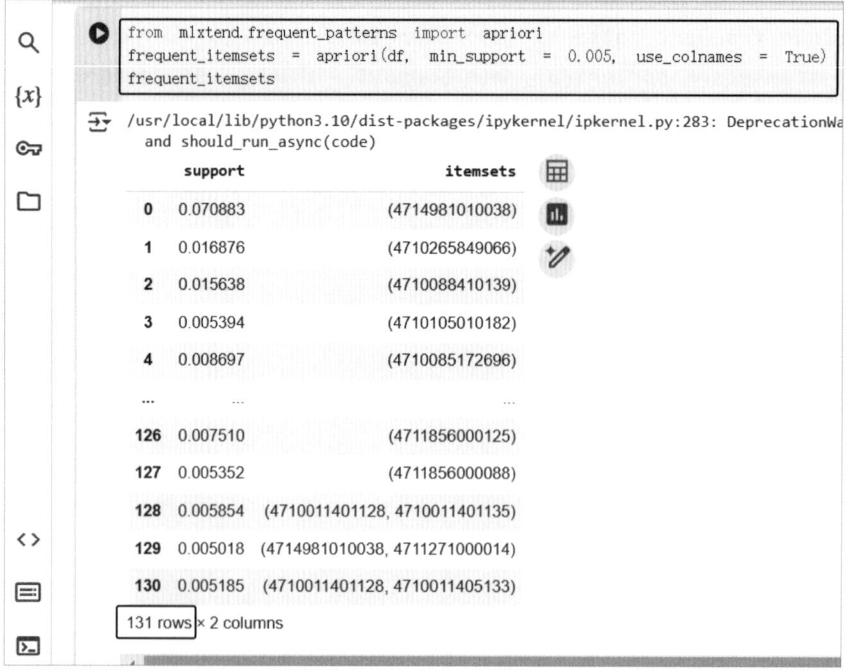


^ **圖 6.2.13** 產生符合 min_support = 0.005 門檻值有 131 組頻繁項目集

## 步驟三、產生關聯規則（Association rules）

仿照前例，根據 Apriori 方法先找出符合最小支持度門檻值的所有頻繁項目集，接著再根據頻繁項目集產生關聯規則，先利用指令 **from mlxtend.frequent_patterns import association_rules** 引進 **association_rules ()** 函數，在此先以符合 min_support = 0.003 的頻繁項目集的結果來設定最小信心度（Minimum confidence）門檻值為 0.7（即 70%），因此指令為 **association_rules(frequent_itemsets, metric = 'confidence', min_threshold = 0.7)**，執行後就可以找出符合最小信心度的關聯規則，目前只有兩條關聯規則符合條件（即 min_support = 0.003 且 min_threshold = 0.7），如圖 6.2.14 所示，請先將下列斜體 Python 程式碼指令輸入到程式碼區塊中並且執行看結果。

```
from mlxtend.frequent_patterns import association_rules
association_rules(frequent_itemsets, metric = 'confidence', min_threshold = 0.7)
```

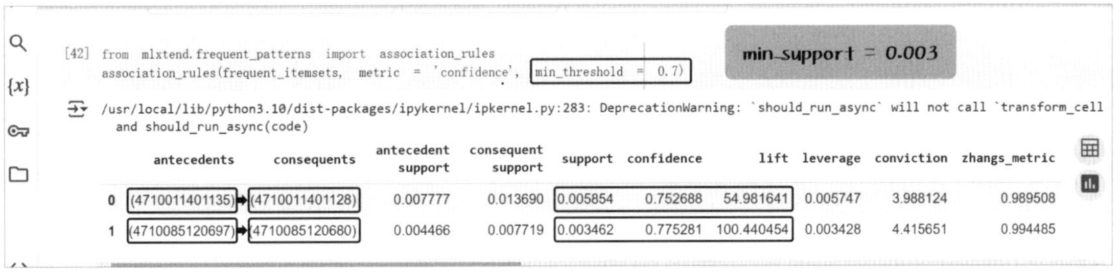


| | antecedents | consequents | antecedent support | consequent support | support | confidence | lift | leverage | conviction | zhangs_metric |
|---|---|---|---|---|---|---|---|---|---|---|
| 0 | (4710011401135) | (4710011401128) | 0.007777 | 0.013690 | 0.005854 | 0.752688 | 54.981641 | 0.005747 | 3.988124 | 0.989508 |
| 1 | (4710085120697) | (4710085120680) | 0.004466 | 0.007719 | 0.003462 | 0.775281 | 100.440454 | 0.003428 | 4.415651 | 0.994485 |

^ **圖 6.2.14** 符合條件 min_support = 0.003 且 min_threshold = 0.7 的兩條關聯規則

因為中英文翻譯的關係，最小信心度（Minimum confidence）有時候又稱為最小信賴度，甚至有其他書籍翻譯成最小信心水準或最小信賴水準，各位初學者請以英文 Minimum confidence 作為學習的認知。

在 Python 中是以二維表格方式呈現關聯規則並且提供許多額外的資訊，通常關聯規則的標準表達方式為 **X → Y [support, confidence, lift]**，所以**在最小支持度（Minimum support）= 0.3% 與最小信心度（Minimum confidence）= 70% 的條件之下所找出的關聯規則為：**

1. **第一條關聯規則：{4710011401135 } → {4710011401128 } [0.5854%, 75.2688%, 54.981641]**
2. **第二條關聯規則：{4710085120697 } → {4710085120680 } [0.3462%, 77.5281%, 100.440454]**

最後，關於操作調整 lift、篩選 rule 以及指定前項等操作不再贅述，可以參考前例 **Toys_dataset** 的關聯規則相關執行指令。

同理，各位可以嘗試著調整查看符合 min_support = 0.005 與最小信心度門檻值為 0.7（即 70%）（min_threshold = 0.7）的關聯規則有幾條呢？因為條件更嚴格一些了，所以最後只剩下一條關聯規則符合條件，如圖 6.2.15 所示，請先將下列斜體 Python 程式碼指令輸入到程式碼區塊中並且執行看結果。

```
from mlxtend.frequent_patterns import association_rules
association_rules(frequent_itemsets, metric = 'confidence', min_threshold = 0.7)
```

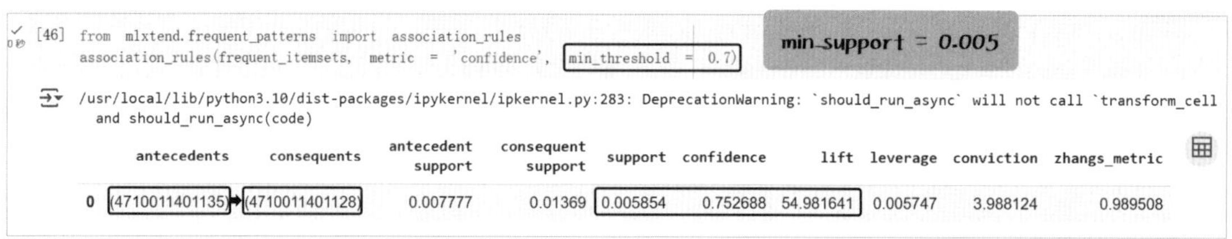


^ **圖 6.2.15** 符合條件 min_support = 0.005 且 min_threshold = 0.7 的兩條關聯規則

## 6.3 結果應用

從上述兩個案例中，我們可以看到規則的應用。透過這些規則，可以推出商品組合來刺激買氣。但在此之前，需先進行質化探究，以理解這些組合的成因。如尿布與啤酒的關聯故事若沒有質化的討論，無法得知其背後與美式足球的關係。因此，若未能掌握成因，貿然推動商品搭售或調整貨架可能導致經營上的災難。

同時，我們看到支持度與信心度的重要性。面對商品組合，信心度高較為理想。但支持度低並不意味著無價值。若大部分找到的關聯都是低支持度，那麼商品間的關聯性可能不強。相反地，高支持度的商品組合如咖啡與奶精，這樣的關係用常理便能推測，未必能真正找到潛在商機。因此，應關注有意義的低支持度組合，經質化探究後，可能發現值得開發的藍海市場。

所謂的質化探究可以透過問卷、出口調查或者焦點訪談團體來達成。例如透過訪談購買特定商品的顧客，藉以歸納他們的想法，並整合其基本資料（性別、年紀、職業等）來輔助判斷，而焦點訪談團體則可以透過觀察消費者來找到一些可能的應用。

在應用分析結果時，也未必只能套用在一個情境上。假定在百貨產業中，某品牌由於遭受到嚴重的公關危機造成撤櫃，因此需要減少消費者流失的衝擊，除了從銷售資料裡找出執行策略，也需要掌握如該品牌的競爭品分析。透過深入分析消費者資料，建立消費者的輪廓（Profile），最後提出替代品牌的應對方案，這時的決策就能稱作「擁有數據基礎的解決方案」。此外，如果有新的品牌加入，也可以探究其與原有品牌的關聯性，並利用先前已成熟的行銷模式進行促銷。

此外，此演算法可用於分析消費者動機，找出其願意付費的服務。在線上平台發達的今日，基於消費者的行為分析後，適當推出付費內容就能提高收益。然而，要是付費服務或者內容的佔比太高，則會嚴重影響消費者的購買意願，因此分析多種可能的消費者進站路線與需求，掌握序列規則以完整付費機制的設定，就會是未來發展的方向。至於如何去掌握序列規則進而找出關聯，也可以參考後續的章節介紹。

此類應用相當廣泛，能夠應用在不同的層面上。藉由對於資料清單的分析，提出足夠的預測建議，協助決策者能夠制定有效的策略，進而達到執行目標或者降低風險。當有機會接觸類似的分析時，請務必搜集最多的面向，進行質化探究，並提出包含每個方案的優劣勢及應對措施的複數解決方案！

## 本章心得

關聯法則可以幫助我們理解出現在同一購物籃裡面商品的關係，幫助我們從商品的角度理解消費者行為而非從消費者個別自身下手去看零碎的資料。

## 回饋與作業

1. 為何要將匯入資料轉為真值表？試說明原因。

## 本章習題

1. ( ) 關於「買啤酒（Beer）也會買尿布（Diaper）」的故事當時是發生在？

   (A) Apple 公司　　(B) 亞馬遜公司
   (C) SAP 公司　　(D) 沃爾瑪（Walmart）大型零售賣場中

2. ( ) 「啤酒（Beer）與尿布（Diaper）」的故事是採用下列哪一類演算法？

   (A) 決策樹分類法　　(B) 關聯規則
   (C) 集群分析　　(D) 貝氏分類法

3. ( ) 購物籃（(Shopping basket）分析所採用方法是？

   (A) 隨機森林　　(B) 關聯規則
   (C) 集群分析　　(D) kNN 分類法

4.（　）分析購物籃的採購內容就等同是在分析客戶的？

(A) 消費行為（Consumer behavior）　(B) 倉庫管理行為
(C) 財務分析行為　(D) 預期心理行為

5.（　）關於 Market basket analysis 的中文意思為？

(A) 出貨分析　(B) 購物籃分析
(C) 投籃命中分析　(D) 進貨分析

## 參考文獻


- Kaur, M., & Kang, S. (2016). Market Basket Analysis: Identify the changing trends of market data using association rule mining. *Procedia computer science*, *85*, 78-85.
- Kudyba, S., & Lawrence, K. (2008). Enhancing information management through data mining analytics to increase product sales in an e-commerce platform. *International Journal Of Electronic Marketing and Retailing*, *2*(2), 97-104.

CHAPTER

# 07

# 決策樹

## 本章目標

1. 了解決策樹運作原理與可能應用
2. 知道 Gini 係數原理

## 本章架構

7.1 如何知道公司資料中的消費者會不會再來購物

7.2 決策樹怎麼來的

7.3 如何形成決策樹

7.4 算一次決策樹

7.5 驗證建好的決策樹

7.6 剪枝的概要說明

7.7 實務應用範例

本章將探討監督式學習中的「分類（Classification）」方法，其中決策樹（Decision Tree）是一種常用的資料分類技術。決策樹，顧名思義，是一種用於輔助決策的樹狀結構分類方法。它透過樹狀結構將資料按照特定的目標進行分類，在監督式學習的框架下，以圖形化的方式便於決策者理解分類結果及其背後的原因。本章將對決策樹的基本原理及其應用進行詳細介紹。

## 7.1 如何知道公司資料中的消費者會不會再來購物

當消費者進入購物網站或應用程式時，頁面上展示的各種訊息可能導致消費者並不完全按照原先預期的路徑進行閱讀、點擊或購買，甚至可能在閱讀後或結帳前直接離開。因此，購物網站的行銷部門會推出許多行銷企劃案，但需要分析每一個企劃案能夠轉化成多少消費，以及這些消費量能被計算為該部門或企劃案的績效，這對於計算行銷企劃的後續效益至關重要。

若查閱後台記錄（Weblog）（Nivedha & Sairam, 2015），通常可以詳細看到消費者在點擊時的決策方向以及是否進行消費。然而，在龐大的消費者資料中，要找出多數消費者的購買規律並不是那麼簡單，換句話說，一個企劃案的成功與否無法僅透過上述方法輕易判斷。這就需要透過演算法來幫助分析者一一辨識出影響消費者決策的關鍵因素，如圖 7.1.1 所示。

| 魚皮購物後台管理 | | |
|---|---|---|
| 消費者 | 觀看的商品 | 有沒有買 |
| | 衣服 | X |
| | 鞋子 | O |
| | 包包 | X |
| | 皮夾 | X |
| | 電腦 | X |

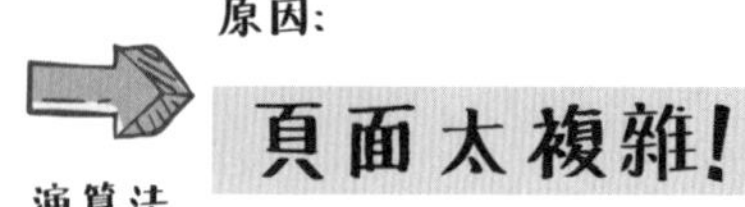


^ 圖 7.1.1　電子商城很難判別是否購買與企劃案的關聯

從圖中可見，某大型購物平台的消費記錄判斷起來非常困難。唯一明確的結果是最終的購買與否，但購物過程中的轉折、網頁點擊變化或消費者心理等都難以明確捉摸。分析人員可以針對特定欄位進行分析，例如個人基本資料以及其他可能收集到的資料（例如：先前提及的 RFM 消費者等級或購物車內容的關聯分析）與付費購買之間的關聯性是否顯著。

RFM 是一個值得深入探討的主題，尤其是在對消費者進行 RFM 集群分析之後，可以辨識出哪些消費者是潛在的獲利客戶，以及哪些可能不是。這些數據經過**大數據分析人員**及各有關部門的**評斷（重要的是，這種評斷不僅僅基於數據的記錄、整理、歸納及報告，還需要公司策略 / 管理部門、行銷企劃部門、實際面對消費者的銷售部門等，會同進行的深入解讀才具有意義）**，才能確定某一群體的分類意義及可能的後續行銷動作（缺乏後續行動的報告是無效的，就算是創造一個新的企劃來補足目前分析的不足，也算是有效動作）。集群分析能揭示各個群體的特性，允許觀察新進消費者可能屬於哪一個群體，並進一步規劃可能的銷售策略或活動。然而，這種方法僅能進行大致的分群，無法精確確定這些特徵是否能夠實際預測消費者的購買行為。因此，若希望對新進消費者進行精準行銷，則需要進一步的分析。

各位可能會認為，在集群分析中提及的消費者贈品活動，僅需進行贈送即可，但實際上這樣的企劃活動在運作過程中，通常需經歷分組、聯繫、補充資料、寄送並確認消費者收到，最後完成報帳流程，這些步驟完成後才算是企劃活動的結束，接著進行員工績效評估與公司的褒獎制度。但事實上，事情遠非如此簡單，一切只是開始。從公司的角度來看，因為寄送和人力運作都會消耗成本，若這些成本僅使得消費者的忠誠度增加，且這種增加無法被量化**（此時或許可以問自己：怎樣才是真正的忠誠度，是基於回購行為的業績呈現，還是研究調查中的心佔率，又或是社群媒體上的正面聲量？）**，預算負責部門不會輕易相信業務部門的說詞。在公司的行銷會議中經常會有這樣的爭論：「是花費兩百萬元來執行一個行銷活動或現場活動以增加消費者忠誠度，還是將這兩百萬元轉換成優惠券讓消費者進行消費折抵更為划算。」所謂的划算是指效益，即成本效益，也就是公司的投入是否能夠獲得相對應的回報與利潤。在這兩種活動的效益計算中，後者的效益更容易被預測；假設一張優惠券能夠折扣 500 元，原價 10000 元的產品在這波投入 200 萬元的行銷活動後，可能產生最高達 4000 萬元的營業額。相較之下，前者的行銷活動或現場活動的價值似乎無法確定是否能達到 4000 萬元。因為實際上很難估計，在追求即時效果的市場中，決策者往往會選擇後者。正因如此，如果是進行 RFM 集群的贈品活動，就需要開始追蹤接收贈品的消費者在之後的購買行為和購買金額。據此可以假設下面兩個問題：

1. **從有無回購來看，獲得價值贈品的消費者是否有回購。**
2. **從有無回購來看，回購狀況是否與贈品價值有關。**

換言之，上面的問題就是要針對有收到贈品的消費者進行分類，才能獲致答案。

## 7.2 決策樹怎麼來的

決策樹（Decision Tree）是一種分類方法，其結構類似於一棵樹（Zhou & Chen, 2002），因此得名決策「樹」。決策樹由一個初始決策（例如：購買或不購買商品）和計算後得出的所有可能結果組成，這些結果是基於特定條件（如年齡、性別等）來判斷購買或不購買的可能性，如圖 7.2.1 所示。例如，回購或不回購成為樹的根部，多個分支可以是年齡、性別、贈品的高、中、低價值等因素，用於分類節點和葉片，如圖 7.2.1 所顯示。但需要注意的是，這棵樹是向下生長的，而非向上。

進行分類的過程即是將資料進行區隔，所謂的區隔就是分支。分支是分類過程中的分隔點，而分類的最終結果則是葉子。根部代表了預計要探討的主題。在前述的例子中，樹根從資料表單上來看，就是需要進行決策判斷的欄位（如：消費者是否會回購），而各個分枝分類的節點與最終的葉子則由個別欄位（如年齡、性別、RFM 或其他基本屬性）組成。

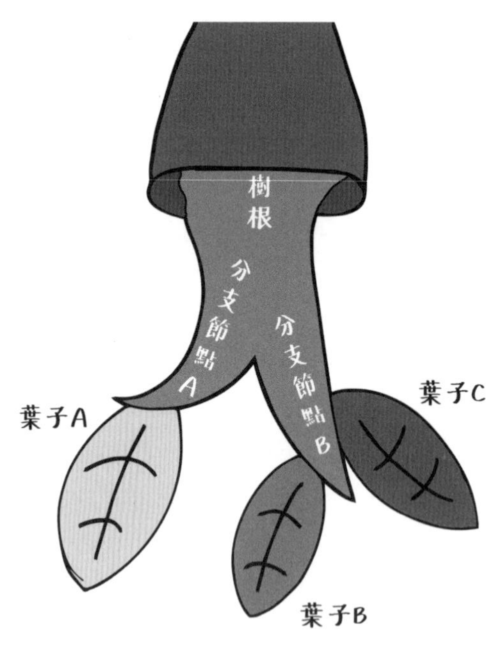


^ 圖 7.2.1　向下長的樹

決策樹在資料呈現上，透過不同屬性（欄位）的相似性來確定哪一屬性能夠最有效地將資料進行分類。最具分類能力的屬性則被視為最重要的屬性。由於是依據屬性來決定如何分類資料，決策樹實際上是按照每條資料紀錄（Y 軸）來進行分類，這類似於集群分析（**基於 Y 軸資料的集中狀態進行分析**），但又與關聯規則不同（**關聯規則是根據欄位內容的相似性進行分析，即 X 軸**）。如圖 7.2.2 所示，甲、乙、丙、丁代表與決策相關的屬性。例如，甲可能代表消費者是否有回頭購物的行為，其數值可能是 1 或 0（或者是「是」、「否」）。而影響消費者回頭購物的因素則是乙、丙、丁這三種屬性。因此，可以根據乙、丙、丁這些屬性的資料，以甲作為目標，對 a、b、c、d、e 等消費者進行分類。

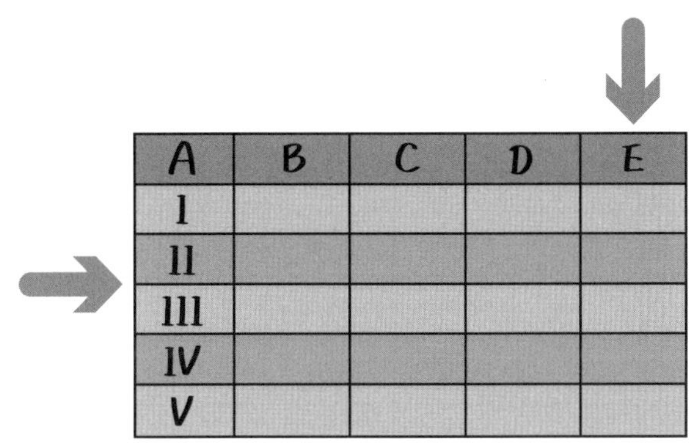


^ **圖 7.2.2** 決策樹看的是 Y 軸，也就是個別資料。

看似與集群分析相似，但所述方法與先前提到的集群分析完全不同。集群分析是在設定隨機種子後，根據各點與該種子之間的距離遠近來尋找質心，再依據這些質心進行迭代，以判斷消費者是否可以劃分為同一群體。與決策樹分類不同，集群分析不需要事先指定特定的目標欄位或變量。因此，集群分析被歸類為沒有設定特定目標的「非監督式學習」。然而，決策樹屬於有明確目的的「監督式學習」（如上例所示，樹根即是所謂的「特定目的」，也就是「消費者是否回頭購物」）。決策樹著眼於「特定目的」，探究其他納入分析的欄位變化，即要判斷哪些欄位與「消費者是否完成回購行為」相關。換言之，透過決策樹可以完全聚焦於探究特定目的（也可視為商業意義）進行分析與解釋。因此，進行決策樹分析前，必須先明確確定「要做什麼」。

# 7.3 如何形成決策樹

下表為某洋芋片的銷售紀錄。以此當作例子來試著推衍決策樹的計算如表 7.3.1 所示。

**表 7.3.1** 決策樹案例－某洋芋片的銷售紀錄

| 客戶編號 | 性別 | 購買店 | 購買地 | 愛吃的口味 | 第一次消費 |
|---|---|---|---|---|---|
| 01 | 男 | 超市 | 虎尾 | 辣 | 是 |
| 02 | 女 | 便利商店 | 斗南 | 不辣 | 是 |
| 03 | 男 | 超市 | 虎尾 | 辣 | 是 |
| 04 | 女 | 便利商店 | 虎尾 | 辣 | 是 |
| 05 | 男 | 便利商店 | 虎尾 | 辣 | 否 |
| 06 | 女 | 便利商店 | 斗南 | 辣 | 否 |
| 07 | 女 | 超市 | 斗南 | 不辣 | 否 |
| 08 | 男 | 超市 | 斗南 | 不辣 | 否 |
| 09 | 女 | 超市 | 斗南 | 不辣 | 是 |
| 10 | 女 | 超市 | 斗南 | 辣 | 否 |

目標是根據「是否為首次消費」進行分類，以確定消費者是否存在回購現象。在此過程中，人們可以透過直觀判斷來識別最能進行分類的欄位。顯然「客戶編號」不是一個好的選擇，因為它僅是一個無實際意義的序列號碼。然而，這個欄位也不能被刪除，因為一旦分類完成，該欄位將作為決策樹中的根部、分支節點或葉子的一部分；即在進行決策樹分析之後，可以將其用於行銷策略的目標對象（了解某特定客戶屬於哪一個分類，便可以進行行銷規劃，如加密後進行社群投放等）。嘗試分析「性別」、「購買店面」、「購買地點」、「偏好口味」等欄位，以探索它們與「首次消費」之間的關聯。

- 透過「性別」去分，男生是第一次消費的 2 人，不是的 2 人；女生是的 3 人，不是的 3 人。
- 透過「購買地」區分，虎尾居民是第一次消費的有 3 人，不是的 1 人；斗南是的 2 人，不是的 4 人。
- 如果只看上面兩者，當然是「購買地的斗南」比較好。因為策略上更能接觸到重複購物的客戶。

除了直接觀察上述輸入資料外，還有其判別標準。在決策樹中，通常採用熵（Entropy）或吉尼不純度（Gini Coefficient）作為判別依據（Kim & Lee, 2003）。假設目標如前所述，即分類「是否為首次消費」，從眾多欄位中，透過熵或吉尼不純度的計算，可以確定其重要性。

熵被稱為「獲得的資訊」（Information Gain）。在分類問題中，期望分類結果獲得的資訊量越小越好。您可能會疑惑，為什麼希望資訊量越小越好。可以從相反的角度思考，什麼情況下獲得的資訊量會很大。直觀來說，資訊量大意味著某些資訊非常突出。例如，在一堆白色雞蛋中，如果有一顆顏色略為偏黃，但並非土雞蛋那樣的深黃，僅是略黃一些，大部分人會注意到這顆顏色特殊的雞蛋，並可能會對這顆雞蛋產生額外的想法。因此，當「接收到的訊息內容越不純粹」，就意味著「資訊量越大」。

上述觀點也可以透過「混亂程度」來解釋。當熵值較高時，表示資料較為混亂。如果能夠降低熵值，則意味著減少了分類不精確的情況。換言之，如果獲得的資訊較多，對於分類而言，表示資料較為混亂，這也意味著分類效果不佳。因此，在進行資料分類時，應記住：**較低的熵值較好**，因為較高的熵值代表獲得的資訊較多且較雜，也意味著資料無法被明顯地分類。

熵計算式：

$$Entropy = p\times -(\log_2 p) - \mathrm{q}\times(\log_2 q)$$

$p$ 表示達成目標（True）機率，$q$ 表示沒達成目標（False）機率。底數是 2，相加後的數值最高是 1。公式取負數係因小數取對數之後會變成負數，透過取負數轉正。

如果將上述式子用 $p = 0.1\sim0.9$（亦即 $q = 0.9\sim0.1$）來進行計算，可以得到下圖 7.3.1（X 軸為 $p$ 值，Y 軸為 $q$ 值）。可以看到熵最高的時候就是 $p$ 以及 $q$ 都是 0.5 的時候，也就是一半一半的時候，換言之，這時候的資訊量最大，也就是用這欄位數值來分類，無法分得清楚。

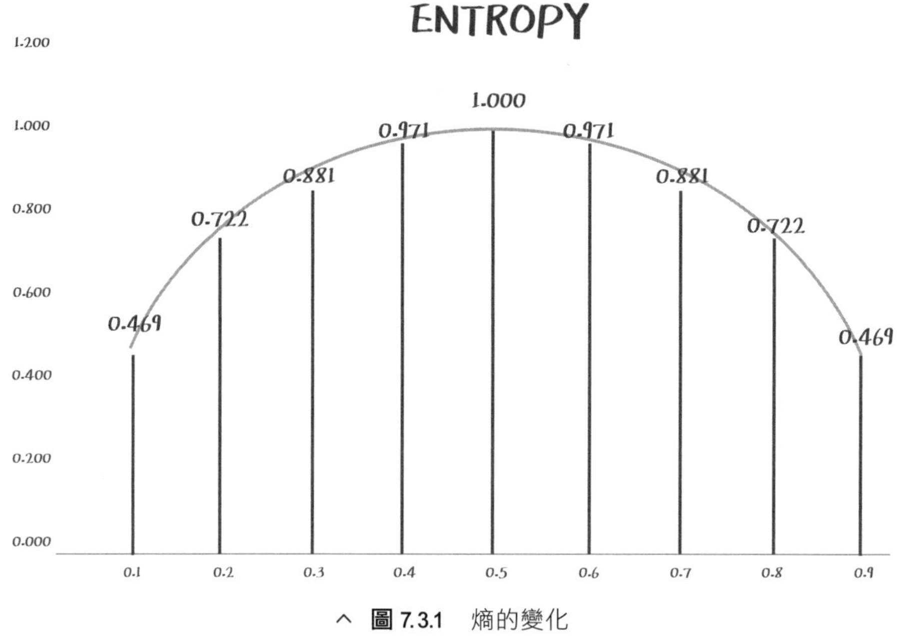


^ **圖 7.3.1** 熵的變化

**所以，就是「納入評估的每一個欄位個別的熵」都要算出來然後去比較。**

**1. 透過「居住地」去計算：**

虎尾：$-$ 0.75 ( 虎尾第一次消費 )×($\log_2$ 0.75) $-$ 0.25 ( 虎尾不是第一次消費 )×($\log_2$ 0.25) = 0.81

斗南：$-$ 0.33 ( 斗南第一次消費 )×($\log_2$ 0.33) $-$ 0.67 ( 斗南不是第一次消費 )×($\log_2$ 0.67) = 0.91

加權計算後：0.4 ( 虎尾有四筆 )×0.81 ＋ 0.6 ( 斗南有六筆 )×0.91 = 0.87

**2. 透過「性別」去計算：**

女生：$-$ 0.5×($\log_2$ 0.5) $-$ 0.5×($\log_2$ 0.5) = 1.0

男生：$-$ 0.5×($\log_2$ 0.5) $-$ 0.5×($\log_2$ 0.5) = 1.0

因為是男生女生去分類，所以還要進行加權計算：0.5×1+0.5×1 = 1.0

這數值是 1，所以很差，所以不適合當作根部節點。還有兩個「愛吃的口味」（計算結果是 1.0），「購買店」（計算結果是 1.0）。所以計算**熵**的結果，透過「居住地」來分類會比較好。可自行計算看看。

以下表 7.3.2 來說明吉尼的計算方式。分類目標是 K 欄位，K 欄位中的資料是數值。假設資料筆數有 T 筆， A, T, N, M, L 都是整數， T ≥ N, M, L ≥ 0，T 為總量，A 為分類的數值，N, M, L 為數量。

**表 7.3.2** 吉尼計算解釋

| K | True | False |
|---|---|---|
| <A | N | M |
| ≥A | L | T-L-M-N |

要計算吉尼不純度，就是大量計算所提供的數據來找出最佳的分類點 A。換言之，就是會去大量計算不同的 A 的情況下的吉尼不純度，來判別最佳的 A 數值該是多少。計算式子如下。

$$Gini(K < A) = \left(1 - \left(\frac{N}{M+N}\right)^2 - \left(\frac{M}{M+N}\right)^2\right)$$

$$Gini\left(K \geq A\right) = \left(1 - \left(\frac{L}{T-M-N}\right)^2 - \left(\frac{T-L-M-N}{T-M-N}\right)^2\right)$$

$$GINI(A) = \frac{N+M}{T} \times Gini(K < A) + \frac{T-(N+M)}{T} \times Gini(K \geq A)$$

假設表 7.3.3 為要進行年齡分類且已經整理好的資料。全部的人數總和為 40 人（就是 T=40）。在年齡分類的數值上，下例選擇 25 與 40 來進行比較。

**表 7.3.3** 整理好的是否買車

| 年齡 | 買車 | 不買車 |
|---|---|---|
| <25 | 3 | 10 |
| ≥25 | 17 | 10 |
| <40 | 8 | 12 |
| ≥40 | 12 | 8 |
| 總和 | 40 | 40 |

就電腦而言，要計算如果是以 25 歲作為分類來看是否買車的話：

**小於 25 歲（<25）：**

$$1-\left(\frac{3}{13}\right)^2-\left(\frac{10}{13}\right)^2=0.355$$

**大於等於 25 歲（≥25）：**

$$1-\left(\frac{17}{27}\right)^2-\left(\frac{10}{27}\right)^2=0.466$$

吉尼不純度（Gini）就是：

$$\left(\frac{13}{40}\right)\times 0.355+\left(\frac{27}{40}\right)\times 0.466=0.431$$

如果是以 40 歲作為分類來看是否買車的話：

**小於 40 歲（<40）：**

$$1-\left(\frac{8}{20}\right)^2-\left(\frac{12}{20}\right)^2=0.480$$

**大於等於 40 歲（≥40）：**

$$1-\left(\frac{12}{20}\right)^2-\left(\frac{8}{20}\right)^2=0.480$$

Gini：

$$\left(\frac{20}{40}\right)\times 0.480+\left(\frac{20}{40}\right)\times 0.480=0.480$$

單純比較 25 與 40 這兩個切割點，當然是 25 會比較好。但電腦可以大量計算求解，所以還可以求算其他分類狀況的吉尼不純度。

# 7.4 算一次決策樹

所謂的決策樹，是指建立一棵能夠對資料庫中的資料欄位（屬性）進行分類的樹，透過這棵樹可以判斷新資料屬於哪一個「類別」。以下將透過一棵已建立好的樹來說明如何使用決策樹，並介紹決策樹的建立過程。

圖 7.4.1 展示了一棵已經建立好的樹，透過這棵樹，廠商希望能夠分類新客戶是否會購買電熱毯，換句話說，就是要確認新客戶是屬於「會購買電熱毯」或「不會購買電熱毯」的類別。因此，在資料庫中，「購買電熱毯與否」成為了用來判斷客戶類別的目標欄位。當出現新客戶時，可以透過已建立的決策樹，來判斷該客戶是否屬於「會購買電熱毯」的類別。

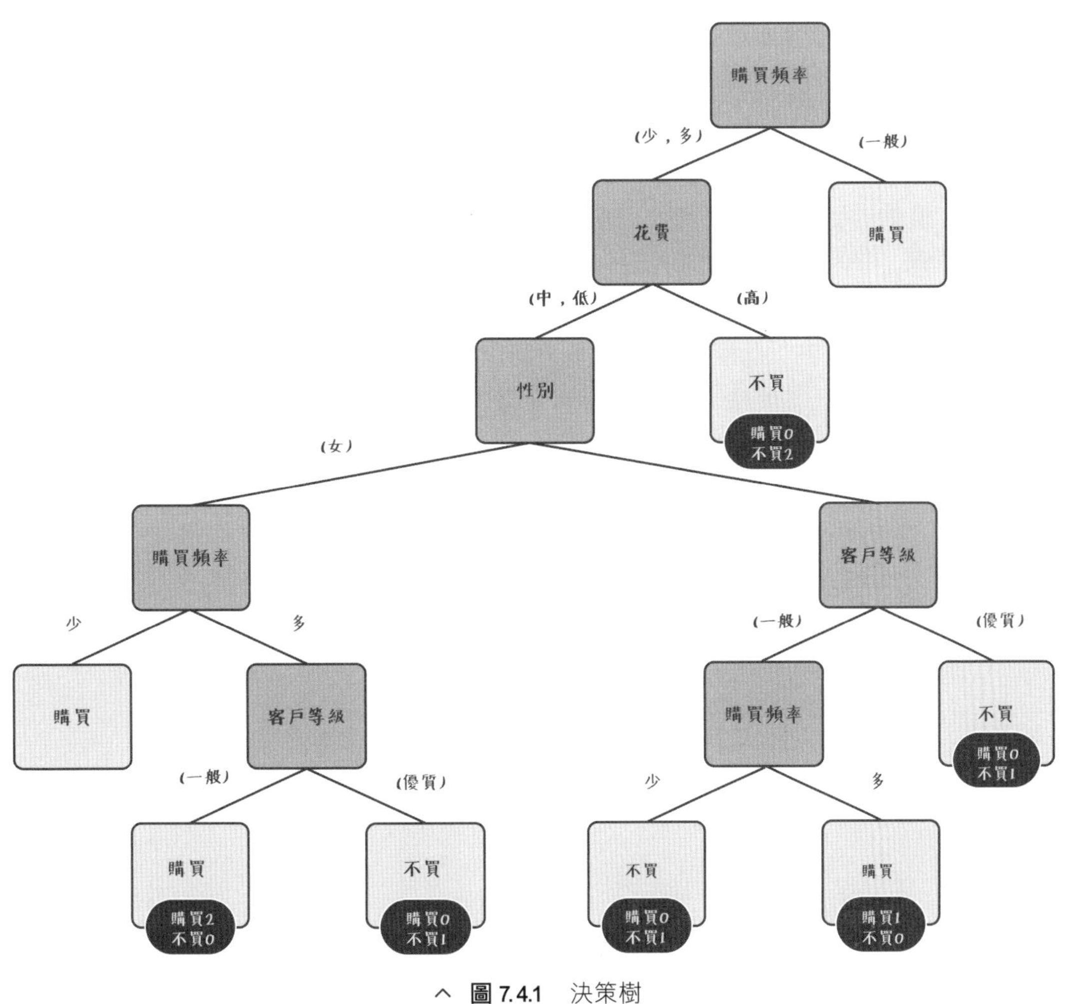


︿ 圖 7.4.1　決策樹

圖 7.4.1 最上方可見最終的決策（葉節點）即是「購買電熱毯與否」這一「目標欄位」；除目標欄位之外的所有欄位均屬於「用於判別分類的欄位」。而「分枝節點欄位」，則是經計算後用以進行分枝的欄位。在決策樹分析中，需首先設定一個目標欄位，然後透過決策樹的規則來分析其他欄位的資料，以建立一棵分類樹，其目的在於使樹的葉節點（終點）能正確標註目標欄位的值（圖中即為「購買」與「不買」）。本案例透過分析購買頻率、消費金額、性別、客戶等級等「用於判別分類的欄位」的資料值來分類客戶是否會購買電熱毯。此外，決策樹計算有其終止條件，包括某個分枝內所有樣本在目標欄位上為同一值時成為葉節點、當所有「用於判別分類的欄位」都已計算完畢且無法再分出「分枝節點欄位」時以樣本數較多的欄位值為葉節點，或者在選取欄位後某個分枝完全無資料時則不建立葉節點。

建立好樹之後，需要確定資料的類別。實際上確定資料類別的方式是透過走訪來確認「目標欄位」的值。簡而言之，就是一步步從上到下走訪各個分枝節點，並在該節點處比較「用於判別分類的欄位」的值與走訪路徑中相同欄位的值，如果走訪路徑中的該欄位值與「用於判別分類的欄位」相同，則沿該分枝繼續前進。從起點來看，「用於判別分類的欄位」為「購買頻率」，一名新客戶（代稱：阿花）的資料顯示其購買頻率為「少」，因此在判斷上是向左側分支（「購買頻率」為「少」與「多」）走訪至第二層。此處遇到的「用於判別分類的欄位」為「消費金額」，阿花的資料顯示其消費金額為「高」，因此判斷為向右側分支（「消費金額」為「高」）。至此，達到葉節點，其「目標欄位」「購買電熱毯與否」的值為「不買」，故阿花在模型走訪判斷上，不會購買電熱毯。（註：此處的購買頻率、消費金額等均須按照該業態的變化來衡量，假定產品是洗髮精，然後將一年購買一次定義為購買頻率多，那資料可能就不具參考價值。）

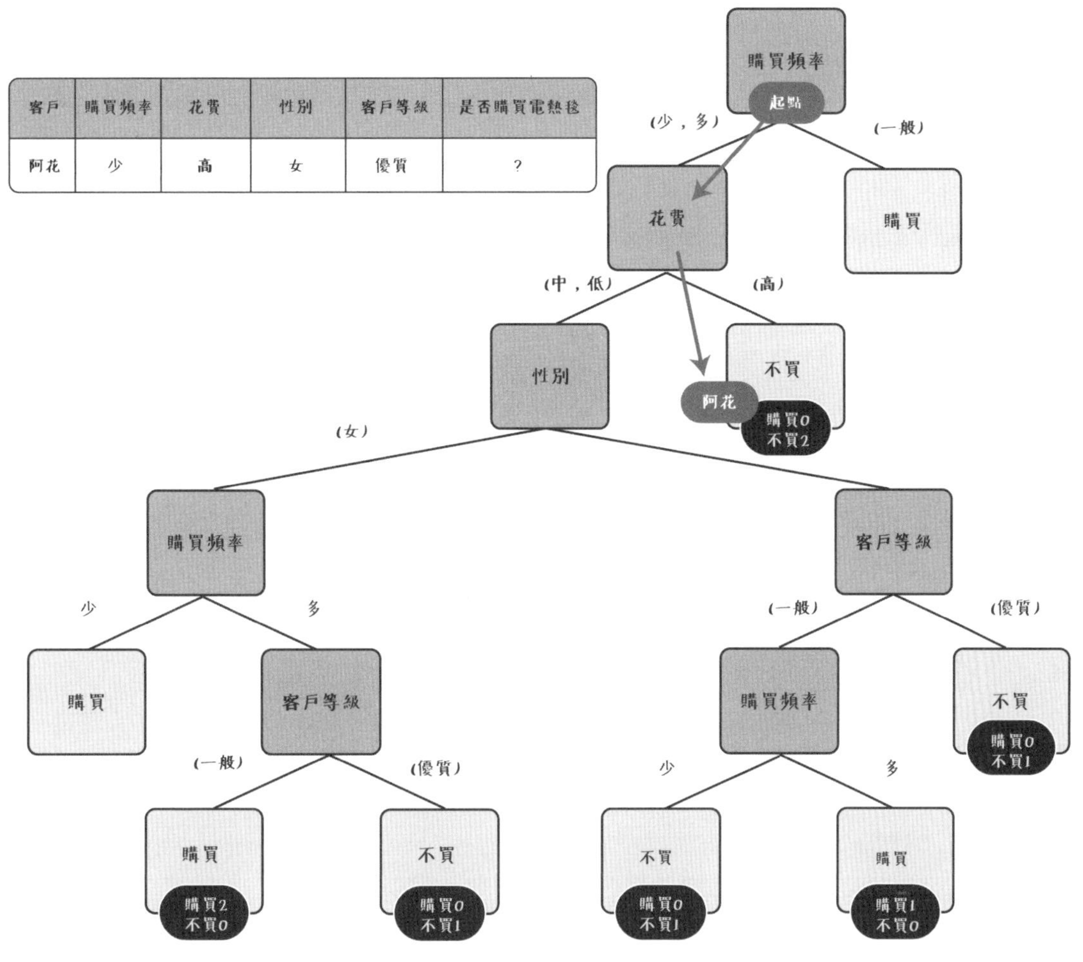

| 客戶 | 購買頻率 | 花費 | 性別 | 客戶等級 | 是否購買電熱毯 |
|---|---|---|---|---|---|
| 阿花 | 少 | 高 | 女 | 優質 | ? |



^ **圖 7.4.2** 購買電熱毯的走訪例子

了解如何使用決策樹後，我們可以從「用於判別分類的欄位」確定「分枝節點欄位」。以表 7.4.1 為例，該表展示了家電業者整理的關於客戶是否購買新產品電熱毯的資料。為了便於說明，這裡全部使用類別資料來說明如何發展出決策樹。整理後的資料欄位包括客戶（客戶名稱）、購買頻率（分為少、一般、多三種）、花費（分為高、中、低三種）、性別（男、女）、客戶等級（一般、優質）以及是否購買電熱毯（是、否）等。其中，客戶等級、購買頻率和花費都是根據客戶購買資料後的分類結果

**表 7.4.1** 已抽取建模用 14 筆客戶資料

| 客戶 | 購買頻率 | 花費 | 性別 | 客戶等級 | 是否購買電熱毯 |
|---|---|---|---|---|---|
| 寫樂 | 少 | 高 | 男 | 一般 | 否 |
| 酷比 | 多 | 高 | 男 | 優質 | 否 |
| 熊大 | 一般 | 高 | 男 | 一般 | 是 |
| 米奇 | 多 | 中 | 男 | 一般 | 是 |
| 小唐 | 多 | 低 | 女 | 一般 | 是 |
| 采妮 | 多 | 低 | 女 | 優質 | 否 |
| 米妮 | 一般 | 低 | 女 | 優質 | 是 |
| 約翰 | 少 | 中 | 男 | 一般 | 否 |
| 艾瑪 | 少 | 低 | 女 | 一般 | 是 |
| 愛娃 | 多 | 中 | 女 | 一般 | 是 |
| 瑪麗 | 少 | 中 | 女 | 優質 | 是 |
| 榮恩 | 一般 | 中 | 男 | 優質 | 是 |
| 妙麗 | 一般 | 高 | 女 | 一般 | 是 |
| 哈利 | 多 | 中 | 男 | 優質 | 否 |

本書在建立模型時採用了 CART 分類樹演算法來建樹。CART 分類樹在確定「分枝節點欄位」後，其分枝方式為透過一次分割將欄位內的值分為兩部分，從而建立一棵每個分枝處皆為二分枝的二元樹，如圖 7.4.2 所展示。在每次分枝處，左側分枝包含符合「用於判別分類的欄位」指定條件的所有資料，而右側則包含不符合該指定條件的資料。例如，若在表 7.4.1 中選擇花費作為「用於判別分類的欄位」進行分類，且將花費「高」設為指定條件，那麼左側分枝將包括花費「高」的資料，而右側分枝則包含花費「中」與「低」的資料，如圖 7.4.3 所示。

| 客戶 | 購買頻率 | 花費 | 性別 | 客戶等級 | 是否購買電熱毯 |
|---|---|---|---|---|---|
| 熊大 | 一般 | 高 | 男 | 一般 | 是 |
| 米妮 | 一般 | 低 | 女 | 優質 | 是 |
| 榮恩 | 一般 | 中 | 男 | 優質 | 是 |
| 妙麗 | 一般 | 高 | 女 | 一般 | 是 |

| 客戶 | 購買頻率 | 花費 | 性別 | 客戶等級 | 是否購買電熱毯 |
|---|---|---|---|---|---|
| 米奇 | 多 | 中 | 男 | 一般 | 是 |
| 小唐 | 多 | 低 | 女 | 一般 | 是 |
| 采妮 | 多 | 低 | 女 | 優質 | 否 |
| 米妮 | 一般 | 低 | 女 | 優質 | 是 |
| 約翰 | 少 | 中 | 男 | 一般 | 否 |
| 艾瑪 | 少 | 低 | 女 | 一般 | 是 |
| 愛娃 | 多 | 中 | 女 | 一般 | 是 |
| 瑪麗 | 少 | 中 | 女 | 優質 | 是 |
| 哈利 | 多 | 中 | 男 | 優質 | 否 |

| 客戶 | 購買頻率 | 花費 | 性別 | 客戶等級 | 是否購買電熱毯 |
|---|---|---|---|---|---|
| 米奇 | 多 | 中 | 男 | 一般 | 是 |
| 小唐 | 多 | 低 | 女 | 一般 | 是 |
| 采妮 | 多 | 低 | 女 | 優質 | 否 |
| 米妮 | 一般 | 低 | 女 | 優質 | 是 |
| 約翰 | 少 | 中 | 男 | 一般 | 否 |
| 艾瑪 | 少 | 低 | 女 | 一般 | 是 |
| 愛娃 | 多 | 中 | 女 | 一般 | 是 |
| 瑪麗 | 少 | 中 | 女 | 優質 | 是 |
| 哈利 | 多 | 中 | 男 | 優質 | 否 |

^ **圖 7.4.3** 以花費「高」為指定條件的分類

同樣地，除了花費之外，購買頻率、性別、客戶等級等欄位也可以作為「分枝節點欄位」。然而，要找出最佳的「分枝節點欄位」，關鍵在於判斷選擇哪個欄位作為「分枝節點欄位」能使資料的亂度降至最低。亂度越低，表示資料越一致，意味著判斷新客戶行為的錯誤率會更低。每個分枝節點都挑選亂度最低的欄位，這是決策樹演算法被認為是貪婪（Greedy）的原因。

要計算亂度，需要有一個方法。就 CART 分類樹演算法而言，主要是透過吉尼不純度（Gini Index）來挑選「分枝節點欄位」，也就是挑選亂度最小的欄位。吉尼不純度越低，亂度越小。

如圖 7.4.4 展示了兩棵亂度不同的樹。圖 7.4.4 上方的樹是以「購買頻率」欄位作為「分枝節點欄位」，可見左側分支條件（購買頻率「少」及「多」）包含了五筆紀錄均未購買電熱毯，右側（購買頻率「一般」）則全都購買了電熱毯。因此，左側分隔的亂度較高（即是否購買電熱毯的欄位未能呈現一致結果），而右側亂度為零（結果一致均購買了電熱毯）。整體而言，圖 7.4.4 上方的樹分枝的吉尼不純度為 0.3571。

圖 7.4.4 下方的樹則以「花費」欄位作為「分枝節點欄位」進行分類，分類效果不如上方的樹，因為亂度較高。可以看到左側和右側在是否購買電熱毯上都含有購買和未購買的紀錄，比起上方以購買頻率分類至少有一側可以完全分類出是否購買了電熱毯來得更為「亂」（即不一致，亂度高）。圖 7.4.4 下方以花費為分枝條件，計算出的整體吉尼不純度為 0.4584，高於上方以購買頻率為分枝條件的 0.3571。因此，從這個例子可以看出，資料的一致性決定了亂度的高低；吉尼不純度越低，亂度也越低。

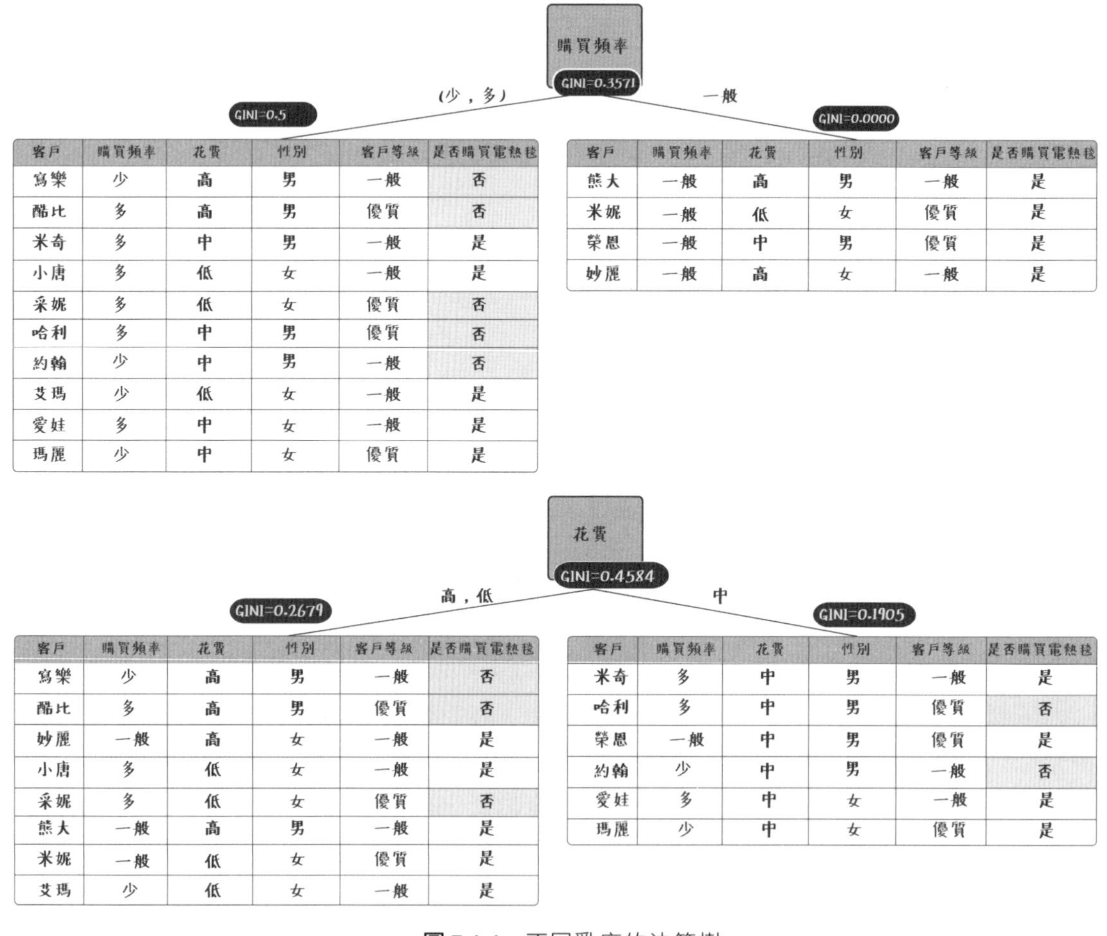


| 客戶 | 購買頻率 | 花費 | 性別 | 客戶等級 | 是否購買電熱毯 |
|---|---|---|---|---|---|
| 寫樂 | 少 | 高 | 男 | 一般 | 否 |
| 酷比 | 多 | 高 | 男 | 優質 | 否 |
| 米奇 | 多 | 中 | 男 | 一般 | 是 |
| 小唐 | 多 | 低 | 女 | 一般 | 是 |
| 采妮 | 多 | 低 | 女 | 優質 | 否 |
| 哈利 | 多 | 中 | 男 | 優質 | 否 |
| 約翰 | 少 | 中 | 男 | 一般 | 否 |
| 艾瑪 | 少 | 低 | 女 | 一般 | 是 |
| 愛娃 | 多 | 中 | 女 | 一般 | 是 |
| 瑪麗 | 少 | 中 | 女 | 優質 | 是 |

| 客戶 | 購買頻率 | 花費 | 性別 | 客戶等級 | 是否購買電熱毯 |
|---|---|---|---|---|---|
| 熊大 | 一般 | 高 | 男 | 一般 | 是 |
| 米妮 | 一般 | 低 | 女 | 優質 | 是 |
| 榮恩 | 一般 | 中 | 男 | 優質 | 是 |
| 妙麗 | 一般 | 高 | 女 | 一般 | 是 |



| 客戶 | 購買頻率 | 花費 | 性別 | 客戶等級 | 是否購買電熱毯 |
|---|---|---|---|---|---|
| 寫樂 | 少 | 高 | 男 | 一般 | 否 |
| 酷比 | 多 | 高 | 男 | 優質 | 否 |
| 妙麗 | 一般 | 高 | 女 | 一般 | 是 |
| 小唐 | 多 | 低 | 女 | 一般 | 是 |
| 采妮 | 多 | 低 | 女 | 優質 | 否 |
| 熊大 | 一般 | 高 | 男 | 一般 | 是 |
| 米妮 | 一般 | 低 | 女 | 優質 | 是 |
| 艾瑪 | 少 | 低 | 女 | 一般 | 是 |

| 客戶 | 購買頻率 | 花費 | 性別 | 客戶等級 | 是否購買電熱毯 |
|---|---|---|---|---|---|
| 米奇 | 多 | 中 | 男 | 一般 | 是 |
| 哈利 | 多 | 中 | 男 | 優質 | 否 |
| 榮恩 | 一般 | 中 | 男 | 優質 | 是 |
| 約翰 | 少 | 中 | 男 | 一般 | 否 |
| 愛娃 | 多 | 中 | 女 | 一般 | 是 |
| 瑪麗 | 少 | 中 | 女 | 優質 | 是 |

^ **圖 7.4.4** 不同亂度的決策樹

接下來以表 7.4.1 來說明如何計算吉尼不純度，找出各「分枝節點欄位」以進行分類。

1. 從根節點開始，首先是先確認根節點的「分枝節點欄位」。首先計算依「購買頻率」去做「分枝節點欄位」的吉尼不純度。因為 CART 演算法是二元樹，所以要分成兩類勢必要將類別資料區分左右，左邊是指定購買頻率「少」與「多」的，右邊則是購買頻率「一般」的。

2. 接下來個別去數有購買電熱毯與沒購買電熱毯的人數。左邊的分類（少，多）有買的五人，沒買的五人，右邊分類（一般）有買的四人，沒買的零人。

| | 購買頻率 | |
|---|---|---|
| 是否購買電熱毯 | 少，多 | 一般 |
| 是 | 5 | 4 |
| 否 | 5 | 0 |

3. 分別計算吉尼不純度。GINI（少，多）是 $1-\left(\frac{5}{10}\right)^2-\left(\frac{5}{10}\right)^2$，也就是 0.5000。GINI（一般）是 $1-\left(\frac{4}{4}\right)^2-\left(\frac{0}{4}\right)^2$，也就是 0.000。吉尼不純度為零就表示「購買電熱毯與否」這個「目標欄位」的資料內容完全一致。

4. 上面步驟是計算個別的分支的吉尼不純度；若要計算「分枝節點」的吉尼不純度，需要再將步驟 3 分別計算出的吉尼不純度，乘以其個別分支的權重。依照上面的計算，可以知道 GINI（少，多）總共有 10 筆記錄，所以權重是（$\left(\frac{10}{14}\right)$），GINI（一般）總共有 4 筆記錄，所以權重是（$\left(\frac{4}{14}\right)$）。所以總和起來是：

$$\frac{10}{14}\times 0.5000+\frac{4}{14}\times 0.0000=0.3571$$

5. 接下來計算依「花費」去做「分枝節點欄位」的吉尼不純度。可以算出 0.4584。從吉尼不純度可以看出其間亂度的差異，很明顯的是透過花費分類的亂度大於透過購買頻率分類的亂度。

以花費為判別

$$\left[1-\left(\frac{3}{8}\right)^2-\left(\frac{5}{8}\right)^2\right]\times\frac{8}{14}=0.2679$$

$$\left[1-\left(\frac{2}{6}\right)^2-\left(\frac{4}{6}\right)^2\right]\times\frac{6}{14}=0.1905$$

$$0.2679 + 0.1905 = 0.4584$$

所以，從吉尼不純度計算上可以看出，購買頻率較花費適合作為「分枝節點」的欄位。這是一種貪婪演算法，會一直計算「分枝節點」，直到吉尼不純度為零為止。不過，如果都是這樣算到底，可能會導致分支過細的狀況。為了避免這情況，實務上會透過剪枝（pruning）的方式處理，為了方便教學，本書暫不細說剪枝原理。

了解亂度、吉尼不純度與樹的建立之後，以下繼續依表 7.4.1 為例說明建立決策樹的步驟：

STEP01 確定目標欄位為「是否購買電熱毯」。

STEP02 先計算整張表 7.4.1 建模資料的吉尼不純度以呈現出該表格不一致（混亂）程度。

$$Gini = 1 - \left(\frac{5}{14}\right)^2 - \left(\frac{9}{14}\right)^2 = 0.4592$$

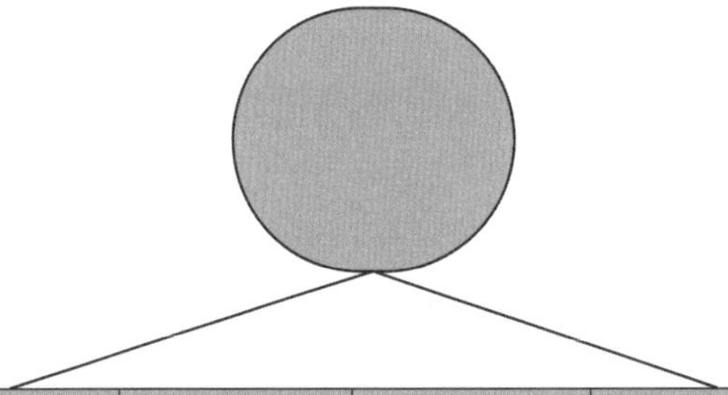

| 客戶 | 購買頻率 | 花費 | 性別 | 客戶等級 | 是否購買電熱毯 |
|---|---|---|---|---|---|
| 寫樂 | 少 | 高 | 男 | 一般 | 否 |
| 酷比 | 多 | 高 | 男 | 優質 | 否 |
| 熊大 | 一般 | 高 | 男 | 一般 | 是 |
| 米奇 | 多 | 中 | 男 | 一般 | 是 |
| 小唐 | 多 | 低 | 女 | 一般 | 是 |
| 采妮 | 多 | 低 | 女 | 優質 | 否 |
| 米妮 | 一般 | 低 | 女 | 優質 | 是 |
| 約翰 | 少 | 中 | 男 | 一般 | 否 |
| 艾瑪 | 少 | 低 | 女 | 一般 | 是 |
| 愛娃 | 多 | 中 | 女 | 一般 | 是 |
| 瑪麗 | 少 | 中 | 女 | 優質 | 是 |
| 榮恩 | 一般 | 中 | 男 | 優質 | 是 |
| 妙麗 | 一般 | 高 | 女 | 一般 | 是 |
| 哈利 | 多 | 中 | 男 | 優質 | 否 |

^ 圖 7.4.5 開始計算

STEP03 除「客戶」（姓名）欄位外，針對所有的「判別分類用的欄位」逐一進行計算吉尼不純度並比較，找出最低吉尼不純度者來作為起點的「分枝節點欄位」。

(1) 先看花費的部分。因為花費部分分類為高、中、低三種，但透過吉尼不純度的計算會將樹切割成為二元樹，所以將花費的資料值依照左邊為指定條件，右邊為其他數值來進行分類，本處將資料指定條件區隔為 {( 高 , 中 ),( 低 )}，{( 高 , 低 ),( 中 )}，以及 {( 中 , 低 ),( 高 )} 三種。接下來進行吉尼不純度計算以比較哪一種的吉尼不純度最低。計算方式：

a. *Gini*(( 高 , 中 ),( 低 ))

先個別計算花費 ( 高 , 中 ) 與花費 ( 低 ) 者購買與非購買電熱毯的人數：

- 花費為「高」的，有買與沒買的各 2 人。
- 花費為「中」的，4 人有買但 2 人沒買。
- 上面加總後花費為「高，中」者，則是 6 個有買與 4 個沒買。
- 花費為「低」的，4 人有買但 1 人沒買。

| | (高，中) | (低) |
|---|---|---|
| 是 | 6 | 3 |
| 否 | 4 | 1 |

所以總結上述可以形成下面結果：

接下來分別計算吉尼不純度，這邊會進行加權計算，如，花費 ( 高 , 中 ) 的資料總筆數為 10 筆（也就是 6+4 筆），除以全部資料筆數（14 筆）就是計算針對花費 ( 高 , 中 ) 者所需加權的權重分數，接下來就是將吉尼不純度乘以權重的分數。接下來計算出花費 ( 低 ) 的權重為 $\frac{4}{14}$ 。然後仿照步驟 2 的方式分別計算吉尼不純度。

先計算花費 ( 高 , 中 ) 的，

$$\frac{(\text{高},\text{中})\text{資料總筆數}(6+4=10)}{\text{全部資料總筆數}(14)} \times (1-(\frac{(\text{高},\text{中})\text{有買總筆數}(6)}{(\text{高},\text{中})\text{資料總筆數}(10)})^2 - (\frac{(\text{高},\text{中})\text{沒買總筆數}(4)}{(\text{高},\text{中})\text{資料總筆數}(10)})^2) = 0.34286$$

再計算花費 ( 低 ) 的，

$$\frac{(\text{低})\text{資料總筆數}(3+1=4)}{\text{全部資料總筆數}(14)} \times (1-(\frac{(\text{低})\text{有買總筆數}(3)}{(\text{低})\text{資料總筆數}(4)})^2 - (\frac{(\text{低})\text{沒買總筆數}(1)}{(\text{低})\text{資料總筆數}(4)})^2) = 0.1071$$

然後兩個數值相加總得到 *Gini*(( 高 , 中 ),( 低 )) = 0.4500。

**b.** *Gini*(( 高 , 低 ),( 中 ))

同上步驟，先個別計算 ( 高 , 低 ) 與 ( 中 ) 購買與非購買電熱毯的數量：

- 「高，低」是 5 個有買與 3 個沒買。
- 「中」是 4 個有買與 2 個沒買。

| | (高，低) | (中) |
|---|---|---|
| 是 | 5 | 4 |
| 否 | 3 | 2 |

所以形成下面結果：

接下來進行加權計算，如，( 高 , 低 ) 的資料總筆數為 8 筆（（也就是 5+3 筆），除以全部資料筆數（14 筆）就是 ( 高 , 低 ) 加權的權重。接下來計算出 ( 中 ) 的權重為 $\frac{6}{14}$。然後仿照步驟 2 的方式計算吉尼不純度。

先計算花費 ( 高 , 低 ) 的，

$$\frac{(\text{高},\text{低})\text{資料總筆數}(8)}{\text{全部資料總筆數}(14)} \times (1-(\frac{(\text{高},\text{低})\text{有買總筆數}(5)}{(\text{高},\text{低})\text{資料總筆數}(8)})^2 - (\frac{(\text{高},\text{低})\text{沒買總筆數}(4)}{(\text{高},\text{低})\text{資料總筆數}(8)})^2) = 0.2678$$

再計算花費 ( 中 ) 的，

$$\frac{(\text{中})\text{資料總筆數}(6)}{\text{全部資料總筆數}(14)}\times(1-(\frac{(\text{中})\text{有買總筆數}(4)}{(\text{中})\text{資料總筆數}(6)})^2-(\frac{(\text{中})\text{沒買總筆數}(2)}{(\text{中})\text{資料總筆數}(6)})^2)=0.1904$$

然後兩個數值相加總得到 *Gini*(( 高 , 低 ),( 中 ))=0.4583

**c.** *Gini*(( 中 , 低 ),( 高 ))

| | (中，低) | (高) |
|---|---|---|
| 是 | 7 | 2 |
| 否 | 3 | 2 |

仿照 a, b 步驟，計算人數後得出下面結果：

接下來計算吉尼不純度。

先計算花費 ( 中 , 低 ) 的，

$$\frac{(\text{中},\text{低})\text{資料總筆數}(10)}{\text{全部資料總筆數}(14)}\times(1-(\frac{(\text{中},\text{低})\text{有買總筆數}(7)}{(\text{中},\text{低})\text{資料總筆數}(10)})^2-(\frac{(\text{中},\text{低})\text{沒買總筆數}(3)}{(\text{中},\text{低})\text{資料總筆數}(10)})^2)=0.3000$$

再計算花費 ( 高 ) 的，

$$\frac{(\text{高})\text{資料總筆數}(4)}{\text{全部資料總筆數}(14)}\times(1-(\frac{(\text{高})\text{有買總筆數}(2)}{(\text{高})\text{資料總筆數}(4)})^2-(\frac{(\text{高})\text{沒買總筆數}(2)}{(\text{高})\text{資料總筆數}(4)})^2)=0.1429$$

然後兩個數值相加總得到 *Gini*(( 中 , 低 ),( 高 ))=0.4429

**d.** 比較 a, b, c 中，以吉尼不純度最低者代表「花費」這欄位的吉尼不純度。就上述看是 c. 0.4429 最低，因為要取最低的作為該欄位的吉尼不純度，所以 *Gini*( 花費 ) = 0.4429。

**(2)** 計算購買頻率的吉尼不純度，因為包含了少、一般與多三種，所以同花費部分的計算，需要進行比較以找出最佳吉尼不純度。經過計算，吉尼不純度分別為：

a. *Gini*(( 少 , 一般 ),( 多 )) ＝ 0.4286

b. *Gini*(( 少 , 多 ),( 一般 )) ＝ 0.3571

c. *Gini*(( 一般 , 多 ),( 少 )) ＝ 0.4266

d. 比較 a, b, c 後，以 b. 0.3571 最低。取最低的所以 *Gini*( 購買頻率 ) ＝ 0. 3571。

**(3)** 計算性別的吉尼不純度。因為只有男女分類，所以僅需直接計算吉尼不純度，不用再行比較。先個別計算 ( 男 ) 與 ( 女 ) 購買與非購買電熱毯的數量如下：

仿照步驟 2 直接計算吉尼不純度 *Gini*( 性別 ) = 0.3673

| | (男) | (女) |
|---|---|---|
| 是 | 3 | 6 |
| 否 | 4 | 1 |

**(4)** 計算客戶等級的吉尼不純度。因為只有優質與一般兩種，所以同性別的計算方式，直接計算吉尼不純度。先個別計算 ( 優質 ) 與 ( 一般 ) 購買與非購買電熱毯的數量如下：

| | (優質) | (一般) |
|---|---|---|
| 是 | 6 | 3 |
| 否 | 2 | 3 |

仿照步驟 2 直接計算吉尼不純度 Gini( 客戶等級 ) = 0.4286。

**STEP 04** 比較步驟 3 的 i, ii, iii, iv 四步驟的吉尼不純度

*Gini*( 花費 ) ＝ 0.4429

*Gini*( 購買頻率 ) ＝ 0. 3571

*Gini*( 性別 ) ＝ 0.3673

*Gini*( 客戶等級 ) = 0.4286

得出吉尼不純度最低為購買頻率 (0.3571)。所以，根節點會以「購買頻率」為「分枝節點欄位」來分類。而在購買頻率中，當初計算出 0.3571 這數值的分類是以 ( 少 , 多 ) 以及 ( 一般 ) 作為分類。所以，在二元樹的兩端分別為 ( 少 , 多 ) 以及 ( 一般 )，如下圖 7.4.6 所示。

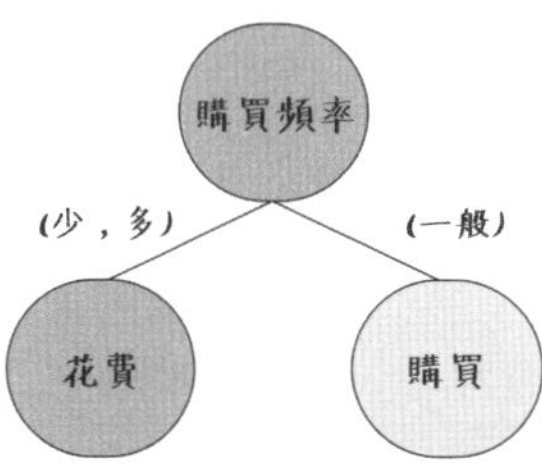


| 客戶 | 購買頻率 | 花費 | 性別 | 客戶等級 | 是否購買電熱毯 |
|---|---|---|---|---|---|
| 寫樂 | 少 | 高 | 男 | 一般 | 否 |
| 酷比 | 多 | 高 | 男 | 優質 | 否 |
| 熊大 | 一般 | 高 | 男 | 一般 | 是 |
| 米奇 | 多 | 中 | 男 | 一般 | 是 |
| 小唐 | 多 | 低 | 女 | 一般 | 是 |
| 采妮 | 多 | 低 | 女 | 優質 | 否 |
| 哈利 | 多 | 中 | 男 | 優質 | 否 |
| 約翰 | 少 | 中 | 男 | 一般 | 否 |
| 艾瑪 | 少 | 低 | 女 | 一般 | 是 |
| 愛娃 | 多 | 中 | 女 | 一般 | 是 |
| 瑪麗 | 少 | 中 | 女 | 優質 | 是 |

| 客戶 | 購買頻率 | 花費 | 性別 | 客戶等級 | 是否購買電熱毯 |
|---|---|---|---|---|---|
| 熊大 | 一般 | 高 | 男 | 一般 | 是 |
| 米妮 | 一般 | 低 | 女 | 優質 | 是 |
| 榮恩 | 一般 | 中 | 男 | 優質 | 是 |
| 妙麗 | 一般 | 高 | 女 | 一般 | 是 |

^ **圖 7.4.6** 第一次分枝

**STEP05** 接下來針對購買頻率兩個分枝，進行前述步驟 1 到 4 以找出分類分支的變數。

先計算購買頻率 ( 少 , 多 ) 的吉尼不純度，得到 *Gini*( 購買頻率 ( 少 , 多 )) = 0.5000。

**表 7.4.2** 購買頻率 ( 少 , 多 ) 分類後客戶資料

| 客戶 | 購買頻率 | 花費 | 性別 | 客戶等級 | 是否購買電熱毯 |
|---|---|---|---|---|---|
| 寫樂 | 少 | 高 | 男 | 一般 | 否 |
| 酷比 | 多 | 高 | 男 | 優質 | 否 |
| 熊大 | 一般 | 高 | 男 | 一般 | 是 |
| 米奇 | 多 | 中 | 男 | 一般 | 是 |
| 小唐 | 多 | 低 | 女 | 一般 | 是 |
| 采妮 | 多 | 低 | 女 | 優質 | 否 |
| 哈利 | 多 | 中 | 男 | 優質 | 否 |
| 約翰 | 少 | 中 | 男 | 一般 | 否 |
| 艾瑪 | 少 | 低 | 女 | 一般 | 是 |
| 愛娃 | 多 | 中 | 女 | 一般 | 是 |
| 瑪麗 | 少 | 中 | 女 | 優質 | 是 |

(1) 吉尼不純度計算上，已經計算過的變數 ( 欄位 ) 是可以納入重複計算，所以還是需要針對購買頻率繼續計算。從表 7.4.2 針對購買頻率 ( 少 , 多 ) 可以繼續分類為少與多兩種來進行計算。各欄位經過計算之後得出下列結果。

*Gini*( 花費 (( 中 , 低 ),( 高 )) = 0.2679

*Gini*( 購買頻率 ( 少 , 多 )) = 0. 3571

*Gini*( 性別 ) = 0.32

*Gini*( 客戶等級 ) = 0.4048

所以，購買頻率 ( 少 , 多 ) 的分枝節點的分枝依據為最低吉尼不純度的花費 (Gini( 花費 ) = 0.2679)。在二元樹的兩端分別為 ( 中 , 低 ) 以及 ( 高 )。

(2) 另一分枝 Gini( 購買頻率 ( 一般 )) = 0.0000。因為全部都是購買電熱毯的客戶，所以，吉尼不純度為 0（都歸類在都購買的那一類），所以說這就是最佳狀況，也就是確實且完整的分類。

**表 7.4.3** 購買頻率 ( 一般 ) 分類後客戶資料

| 客戶 | 購買頻率 | 花費 | 性別 | 客戶等級 | 是否購買電熱毯 |
|---|---|---|---|---|---|
| 熊大 | 一般 | 高 | 男 | 一般 | 是 |
| 米妮 | 一般 | 低 | 女 | 優質 | 是 |
| 榮恩 | 一般 | 中 | 男 | 優質 | 是 |
| 妙麗 | 一般 | 高 | 女 | 一般 | 是 |

計算後分類如下圖 7.4.7 所示。

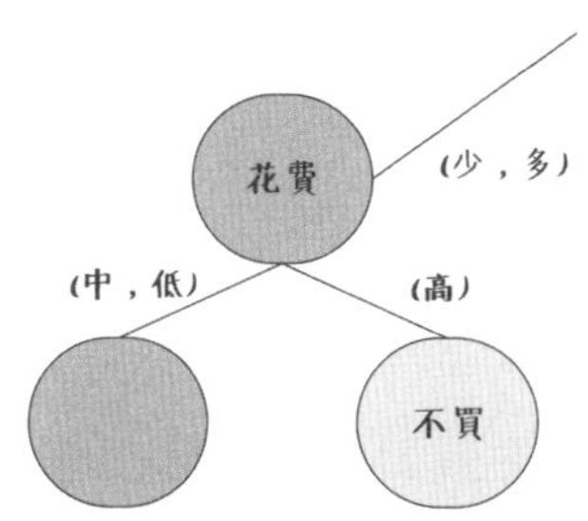


| 客戶 | 購買頻率 | 花費 | 性別 | 客戶等級 | 是否購買電熱毯 |
|---|---|---|---|---|---|
| 熊大 | 一般 | 高 | 男 | 一般 | 是 |
| 米奇 | 多 | 中 | 男 | 一般 | 是 |
| 小唐 | 多 | 低 | 女 | 一般 | 是 |
| 采妮 | 多 | 低 | 女 | 優質 | 否 |
| 哈利 | 多 | 中 | 男 | 優質 | 否 |
| 約翰 | 少 | 中 | 男 | 一般 | 否 |
| 艾瑪 | 少 | 低 | 女 | 一般 | 是 |
| 愛娃 | 多 | 中 | 女 | 一般 | 是 |
| 瑪麗 | 少 | 中 | 女 | 優質 | 是 |

| 客戶 | 購買頻率 | 花費 | 性別 | 客戶等級 | 是否購買電熱毯 |
|---|---|---|---|---|---|
| 寫樂 | 少 | 高 | 男 | 一般 | 否 |
| 酷比 | 多 | 高 | 男 | 優質 | 否 |

^ **圖 7.4.7** 第二次分枝

**STEP06** 接下來繼續針對花費 ( 中 , 低 ) 以及花費 ( 高 ) 兩個分枝，進行步驟 1 到 4 的分類。

**(1)** 針對花費 ( 中 , 低 ) 計算吉尼不純度得出 Gini( 購買頻率 ( 中 , 低 )) = 0.4688。

表 7.4.4 花費 ( 中 , 低 ) 分類後客戶資料

| 客戶 | 購買頻率 | 花費 | 性別 | 客戶等級 | 是否購買電熱毯 |
|---|---|---|---|---|---|
| 米奇 | 多 | 中 | 男 | 一般 | 是 |
| 小唐 | 多 | 低 | 女 | 一般 | 是 |
| 采妮 | 多 | 低 | 女 | 優質 | 否 |
| 米妮 | 一般 | 低 | 女 | 優質 | 是 |
| 約翰 | 少 | 中 | 男 | 一般 | 否 |
| 艾瑪 | 少 | 低 | 女 | 一般 | 是 |
| 愛娃 | 多 | 中 | 女 | 一般 | 是 |
| 瑪麗 | 少 | 中 | 女 | 優質 | 是 |
| 哈利 | 多 | 中 | 男 | 優質 | 否 |

(2) 然後在花費 ( 中 , 低 ) 中針對個別變數（欄位）計算（表 7.4.4）之後得出下列結果。

*Gini*( 花費 (( 中 ),( 低 )) = 0.4571

*Gini*( 購買頻率 ( 少 , 多 )) = 0.4724

*Gini*( 性別 ) = 0.3467

*Gini*( 客戶等級 ) = 0.4000

所以，節點分支依據為最低吉尼不純度的性別（*Gini*( 性別 ) = 0.3467），所以，在二元樹的兩端分別為（女）以及（男）。

(3) 花費 ( 高 ) 的吉尼不純度為 0，因為全部都是不買電熱毯的客戶，所以 *Gini*( 花費 ( 高 )) = 0.0000。這是最佳狀況，也就是確實且清楚的分類完成（表 7.4.5）。

表 7.4.5 花費 ( 高 ) 分類後客戶資料

| 客戶 | 購買頻率 | 花費 | 性別 | 客戶等級 | 是否購買電熱毯 |
|---|---|---|---|---|---|
| 寫樂 | 少 | 高 | 男 | 一般 | 否 |
| 酷比 | 多 | 高 | 男 | 優質 | 否 |

計算後分類如下圖 7.4.8 所示。

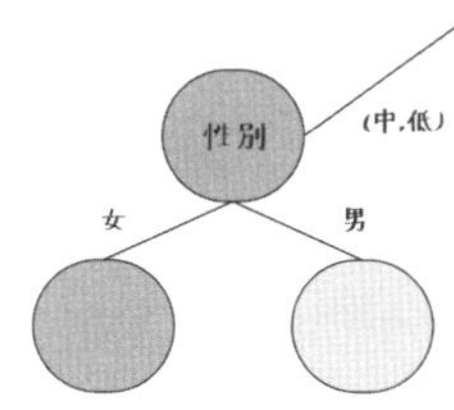


| 客戶 | 購買頻率 | 花費 | 性別 | 客戶等級 | 是否購買電熱毯 |
|---|---|---|---|---|---|
| 小唐 | 多 | 低 | 女 | 一般 | 是 |
| 采妮 | 多 | 低 | 女 | 優質 | 否 |
| 艾瑪 | 少 | 低 | 女 | 一般 | 是 |
| 愛娃 | 多 | 中 | 女 | 一般 | 是 |
| 瑪麗 | 少 | 中 | 女 | 優質 | 是 |

| 客戶 | 購買頻率 | 花費 | 性別 | 客戶等級 | 是否購買電熱毯 |
|---|---|---|---|---|---|
| 米奇 | 多 | 中 | 男 | 一般 | 是 |
| 哈利 | 多 | 中 | 男 | 優質 | 否 |
| 約翰 | 少 | 中 | 男 | 一般 | 否 |

^ **圖 7.4.8** 第三次分枝

**STEP 07** 針對 6 產生的兩個分枝 ( 女、男 )，進行吉尼不純度的計算。

**(1)** 針對性別 ( 女 )，計算吉尼不純度，*Gini*( 性別 ( 女 )) = 0.3200。

**表 7.4.6** 性別 ( 女 ) 分類後客戶資料

| 客戶 | 購買頻率 | 花費 | 性別 | 客戶等級 | 是否購買電熱毯 |
|---|---|---|---|---|---|
| 小唐 | 多 | 低 | 女 | 一般 | 是 |
| 采妮 | 多 | 低 | 女 | 優質 | 否 |
| 艾瑪 | 少 | 低 | 女 | 一般 | 是 |
| 愛娃 | 多 | 中 | 女 | 一般 | 是 |
| 瑪麗 | 少 | 中 | 女 | 優質 | 是 |

**(2)** 在性別 ( 女 ) 的分類下，針對性別以外的個別變數 ( 欄位 ) 計算之後得出下列結果（表 7.4.6）。

*Gini*( 花費 (( 中 ),( 低 )) = 0.3810

*Gini*( 購買頻率 ( 少 , 多 )) = 0.3810

*Gini*( 客戶等級 ) = 0.3929

所以，節點分支依據為最低吉尼不純度的花費或購買頻率 ( 兩者吉尼不純度皆為 0.3810)。若隨機挑選後為「購買頻率」出線，接下來就以購買頻率為主進行分類。

**(3)** 在購買頻率 ( 多 ) 中，針對花費與客戶等級進行計算。

**表 7.4.7** 購買頻率 ( 多 ) 分類後客戶資料

| 客戶 | 購買頻率 | 花費 | 性別 | 客戶等級 | 是否購買電熱毯 |
|---|---|---|---|---|---|
| 小唐 | 多 | 低 | 女 | 一般 | 是 |
| 采妮 | 多 | 低 | 女 | 優質 | 否 |
| 愛娃 | 多 | 中 | 女 | 一般 | 是 |

a. 計算吉尼不純度，Gini( 購買頻率 ( 多 )) ＝ 0.5000。

b. 從表 7.4.7 可以看到，購買頻率以及性別都已經一致，所以針對花費與客戶等級計算之後得出下列結果。客戶等級分類的吉尼不純度最低，所以接下來以客戶等級來分類（表 7.4.8 以及 7.4.9）。

*Gini*( 花費 ( 低 ),( 中 )) ＝ 0.4643

*Gini*( 客戶等級 ( 一般 ),( 優質 )) ＝ 0.0000

**表 7.4.8** 客戶等級 ( 一般 ) 分類後客戶資料

| 客戶 | 購買頻率 | 花費 | 性別 | 客戶等級 | 是否購買電熱毯 |
|---|---|---|---|---|---|
| 小唐 | 多 | 低 | 女 | 一般 | 是 |
| 愛娃 | 多 | 中 | 女 | 一般 | 是 |

**表 7.4.9** 客戶等級 ( 優質 ) 分類後客戶資料

| 客戶 | 購買頻率 | 花費 | 性別 | 客戶等級 | 是否購買電熱毯 |
|---|---|---|---|---|---|
| 采妮 | 多 | 低 | 女 | 優質 | 否 |

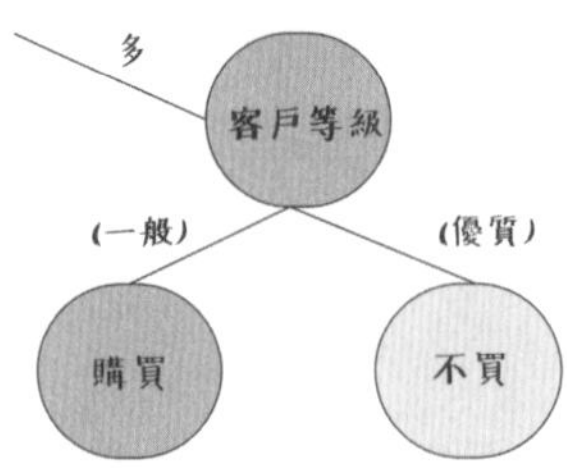


| 客戶 | 購買頻率 | 花費 | 性別 | 客戶等級 | 是否購買電熱毯 |
|---|---|---|---|---|---|
| 小唐 | 多 | 低 | 女 | 一般 | 是 |
| 愛娃 | 多 | 中 | 女 | 一般 | 是 |

| 客戶 | 購買頻率 | 花費 | 性別 | 客戶等級 | 是否購買電熱毯 |
|---|---|---|---|---|---|
| 采妮 | 多 | 低 | 女 | 優質 | 否 |

^ **圖 7.4.9** 第四次分枝

c. 再來計算購買頻率 ( 少 ) 的吉尼不純度，得到 *Gini*( 購買頻率 ( 少 )) = 0.0000，都有買電熱毯。

**表 7.4.10** 購買頻率 ( 少 ) 分類後客戶資料

| 客戶 | 購買頻率 | 花費 | 性別 | 客戶等級 | 是否購買電熱毯 |
|---|---|---|---|---|---|
| 艾瑪 | 少 | 低 | 女 | 一般 | 是 |
| 瑪麗 | 少 | 中 | 女 | 優質 | 是 |

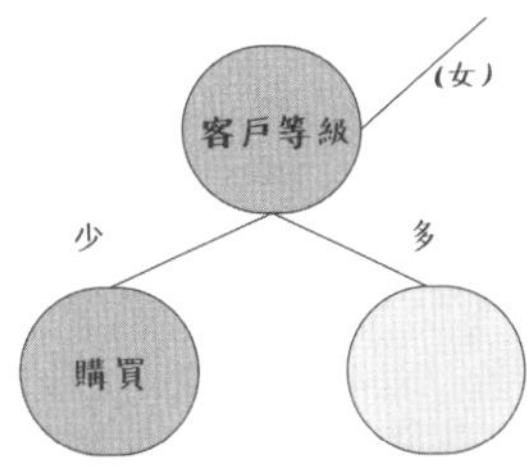


| 客戶 | 購買頻率 | 花費 | 性別 | 客戶等級 | 是否購買電熱毯 |
|---|---|---|---|---|---|
| 瑪麗 | 少 | 中 | 女 | 優質 | 是 |
| 艾瑪 | 少 | 低 | 女 | 一般 | 是 |

| 客戶 | 購買頻率 | 花費 | 性別 | 客戶等級 | 是否購買電熱毯 |
|---|---|---|---|---|---|
| 小唐 | 多 | 低 | 女 | 一般 | 是 |
| 愛娃 | 多 | 中 | 女 | 一般 | 是 |
| 采妮 | 多 | 低 | 女 | 優質 | 否 |

^ **圖 7.4.10** 第五次分枝

(4) 針對性別 ( 男 )，計算吉尼不純度，Gini( 性別 ( 男 )) = 0.4444。

(5) 從表 7.4.11 可以看出花費與性別都一致。所以接下來針對購買頻率與客戶等級進行吉尼不純度的計算，得出下列結果。

*Gini*( 購買頻率 ( 少 , 多 )) = 0.4643

*Gini*( 客戶等級 ) = 0.3333

所以，節點分支依據為最低吉尼不純度的客戶等級 ( 一般 , 優質 ) 來分類。

**表 7.4.11** 性別 ( 男 ) 分類後客戶資料

| 客戶 | 購買頻率 | 花費 | 性別 | 客戶等級 | 是否購買電熱毯 |
|---|---|---|---|---|---|
| 米奇 | 多 | 中 | 男 | 一般 | 是 |
| 約翰 | 少 | 中 | 男 | 一般 | 否 |
| 哈利 | 多 | 中 | 男 | 優質 | 否 |

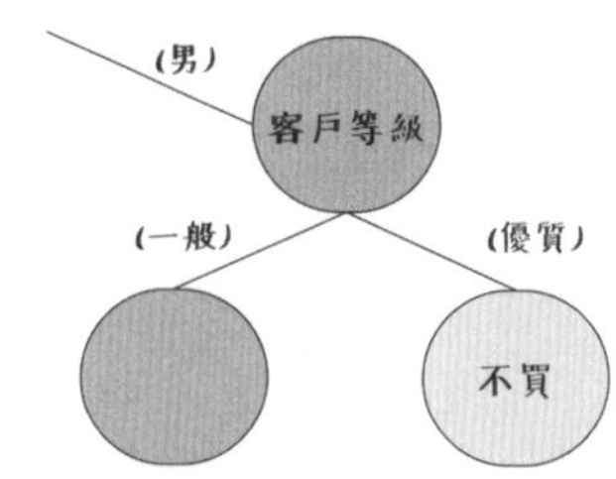


| 客戶 | 購買頻率 | 花費 | 性別 | 客戶等級 | 是否購買電熱毯 |
|---|---|---|---|---|---|
| 米奇 | 多 | 中 | 男 | 一般 | 是 |
| 約翰 | 少 | 中 | 男 | 一般 | 否 |

| 客戶 | 購買頻率 | 花費 | 性別 | 客戶等級 | 是否購買電熱毯 |
|---|---|---|---|---|---|
| 哈利 | 多 | 中 | 男 | 優質 | 否 |

^ **圖 7.4.11** 第六次分枝

a. 接下來依照客戶等級 ( 一般 , 優質 ) 分類，分別計算吉尼不純度，Gini( 客戶等級 ( 一般 )) = 0.5000（表 7.4.12）。*Gini*( 客戶等級 ( 優質 )) = 0.0000（表 7.4.13）。客戶等級 ( 優質 ) 已經分類完成，不用繼續計算。

**表 7.4.12** 客戶等級 ( 一般 ) 分類後客戶資料

| 客戶 | 購買頻率 | 花費 | 性別 | 客戶等級 | 是否購買電熱毯 |
|---|---|---|---|---|---|
| 米奇 | 多 | 中 | 男 | 一般 | 是 |
| 約翰 | 少 | 中 | 男 | 一般 | 否 |

**表 7.4.13** 客戶等級 ( 優質 ) 分類後客戶資料

| 客戶 | 購買頻率 | 花費 | 性別 | 客戶等級 | 是否購買電熱毯 |
|---|---|---|---|---|---|
| 哈利 | 多 | 中 | 男 | 優質 | 否 |

繼續將客戶等級 ( 一般 ) 的結果進行分類。因為花費、性別、客戶等級都無法繼續分類，僅計算購買頻率便可。依照購買頻率，可分類 ( 多 , 少 ) 兩種。在此，分類後，Gini( 購買頻率 ( 多 , 少 )) = 0.0000（表 7.4.14, 表 7.4.15）。

**表 7.4.14** 購買頻率 ( 多 ) 分類後客戶資料

| 客戶 | 購買頻率 | 花費 | 性別 | 客戶等級 | 是否購買電熱毯 |
|---|---|---|---|---|---|
| 米奇 | 多 | 中 | 男 | 一般 | 是 |

**表 7.4.15** 購買頻率 ( 少 ) 分類後客戶資料

| 客戶 | 購買頻率 | 花費 | 性別 | 客戶等級 | 是否購買電熱毯 |
|---|---|---|---|---|---|
| 約翰 | 少 | 中 | 男 | 一般 | 否 |

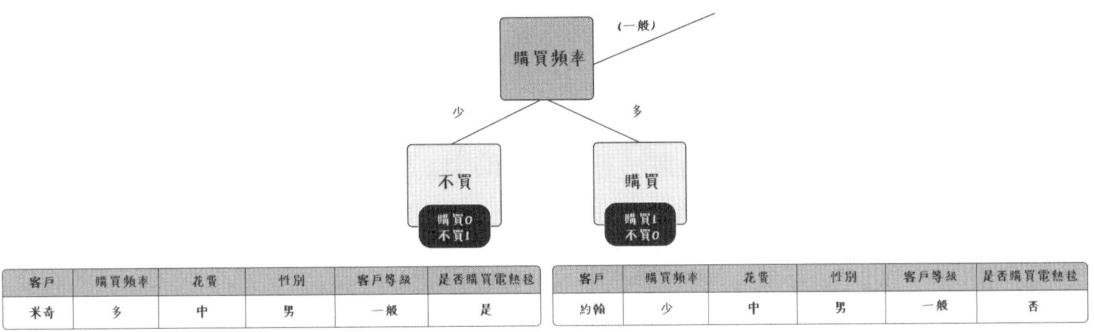


| 客戶 | 購買頻率 | 花費 | 性別 | 客戶等級 | 是否購買電熱毯 |
|---|---|---|---|---|---|
| 米奇 | 多 | 中 | 男 | 一般 | 是 |

| 客戶 | 購買頻率 | 花費 | 性別 | 客戶等級 | 是否購買電熱毯 |
|---|---|---|---|---|---|
| 約翰 | 少 | 中 | 男 | 一般 | 否 |

^ 圖 7.4.12　第七次分枝

STEP08　完成樹的建立。

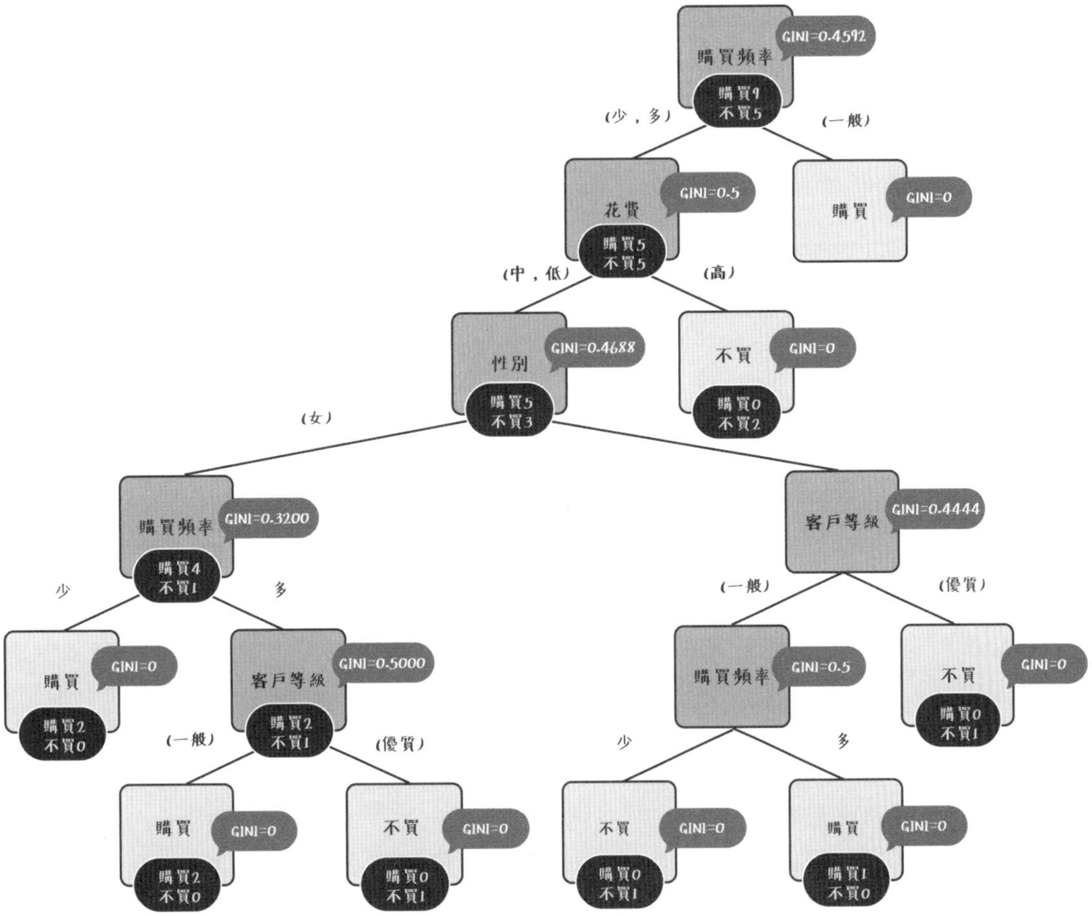

^ 圖 7.4.13　建立完成的樹

# 7.5 驗證建好的決策樹

建立好模型後的工作並未結束。在後續章節中，對於分類或預測的演算法，一個非常重要的步驟是進行模型的評估（evaluation），即量測所建立模型的性能好壞。所謂的量測是指透過測試數據來驗證所構建模型是否能準確地判斷目標變量。在分類或預測的演算法中，常透過混淆矩陣（如表 7.5.1 所示）來計算的準確率（accuracy）、精確率（precision）與召回率（recall），這些指標用於量測並判斷建立的模型的性能。

**表 7.5.1** 混淆矩陣

| | | 分類結果 | |
|---|---|---|---|
| | | 分類為買 | 分類為不買 |
| 實際情形 | 實際為買 | TP (True Positive) | FN (False Negative) |
| | 實際為不買 | FP (False Positive) | TN (True Negative) |

其中，

Accuracy = $\dfrac{TP+TN}{TP+FP+FN+TN}$，也就是分類與實際一致的比例。

Precision = $\dfrac{TP}{TP+FP}$，也就是站在分類預測的角度上看，預測是真的，那有多少是實際真的的比例。

Recall = $\dfrac{TP}{TP+FN}$，也就是站在實際情形的角度上看，實際上是真的，那有多少是分類預測上也是真的的比例。

混淆矩陣中的 TP 代表預測和實際結果都是購買電熱毯的人，而 TN 則代表預測和實際結果都不會購買電熱毯的人。FP 在統計學上稱為型一錯誤（type I error），即分類結果為真，但實際上是假（即預測會購買電熱毯，但實際上不會）；FN 則是型二錯誤（type II error），即分類結果為假，但實際上是真（即預測不會購買電熱毯，但實際上會）。

所謂的準確率是指分類為真且實際上也為真，以及分類為假且實際上也為假的比例；換句話說，就是「預測是否準確」的比率。精確率則是在所有預測為真的情況下，實際也為真的個數所佔的比例；換言之，就是「在預測為真的情況下，實際上也確實為真」的比率。最後，召回率是在所有實際為真的情況下，被正確預測為真的個數所佔的比例；也就是「在實際為真的情況下，預測能夠正確命中」的比率。

進一步想，精確率的意義就在於可以「確認模型是否精準」。比如樣本如果是 1000 人，預測上有 300 人會購買電熱毯，但實際上只有 200 人購買電熱毯，那精確程度 $\frac{200}{300}$ 就是（0.667），這比例還不錯。而召回率則是在「確認不被誤判的機率」，如同上面的 1000 人的例子，假設實際上有 400 人購買，雖然前面案例預測上是 300 人購買，但若實際上只有 200 人是預測上有買實際上也有買，那計算出的召回率就是 $\frac{200}{400}$（0.500），換言之，僅有 50% 的機會不被誤判，因為還有 50% 的機會可能被沒被找到（100%-50% 不被誤判的機率）。筆者想另外提醒的是，模型的精準需要考慮到許多變數，包含外在變數如颱風、經濟衰退、替代品上市等，因此判斷精準度時不能以單一面向去看銷售結果，本書的舉例是以方便理解的狀態來說明演算法。此外，錯誤的預測如果能夠找出新的「消費或不消費的原因」，在管理上也是一個成功的進展。

另一種記憶精確率與召回率的方式如下：精確度可類比於工廠出貨，因為我們通常認為自己的貨品是良好的才會出貨給對方（即被分類為正確），而對方專家則是根據實際情況評估我們的貨品有多少是良好的。召回率則類似於發放問卷後的情況，收回來的都是有效的回應，但其中有一部分經過篩選判斷為無效（即進行分類）並予以排除，這就是所謂的召回率。

理解上述概念後，接下來就是進行模型的測試（validation）。進行測試需要使用測試資料來驗證，實務上主要有兩種方式來區分測試資料和建模資料：K 折驗證（k-fold，我們稱為 K 折交叉，以下簡稱為 K 折）和留一驗證（leave-one-out）。所謂的 K 折驗證，是將總體資料平均分成 K 份，每次取出一份作為測試資料進行驗證，其餘的 K-1 份則用作訓練建模資料，進而計算準確率……逐一完成 K 份的建模與驗證後，將 K 次驗證的準確率取平均值，作為應用決策樹分析於該份資料的整體準確程度（即模型的 model rebustness）。若有一筆新的資料加入，根據這整體準確程度可以判斷本模型基本上能以多大的準確性對這筆新資料進行分類。

留一驗證則是將總體中的每一筆資料都單獨作為測試資料，並仿照 K 折驗證的方式，使用除了該筆測試資料外的所有資料進行建模，然後用這筆測試資料來評估模型的準確率，以此確認是否能正確分類。

通常 K 折驗證會選用 10-fold（隨機分成十份），但為了便於案例資料的計算，這裡採用 8-fold 進行（隨機分成八份）。表 7.5.2 展示了測試資料，即表 7.5.3 中第 8 個 fold 的兩筆記錄。換言之，假設原始資料被分成 8 份，那麼表 7.4.1 就是其中用來訓練的 7 份之一，表 7.5.2 則是作為測試用的那一份。

表 7.5.2　抽取出測試資料

| 客戶 | 購買頻率 | 花費 | 性別 | 客戶等級 | 是否購買電熱毯 |
|---|---|---|---|---|---|
| 阿丁 | 多 | 高 | 男 | 優質 | 否 |
| 鐵雄 | 少 | 高 | 男 | 一般 | 是 |

表 7.5.3　8-fold 資料集

| Fold | 客戶 | 購買頻率 | 花費 | 性別 | 客戶等級 | 是否購買電熱毯 |
|---|---|---|---|---|---|---|
| 1 | 寫樂 | 少 | 高 | 男 | 一般 | 否 |
|  | 酷比 | 多 | 高 | 男 | 優質 | 否 |
| 2 | 熊大 | 一般 | 高 | 男 | 一般 | 是 |
|  | 米奇 | 多 | 中 | 男 | 一般 | 是 |
| 3 | 小唐 | 多 | 低 | 女 | 一般 | 是 |
|  | 采妮 | 多 | 低 | 女 | 優質 | 否 |
| 4 | 米妮 | 一般 | 低 | 女 | 優質 | 是 |
|  | 約翰 | 少 | 中 | 男 | 一般 | 否 |
| 5 | 艾瑪 | 少 | 低 | 女 | 一般 | 是 |
|  | 愛娃 | 多 | 中 | 女 | 一般 | 是 |
| 6 | 瑪麗 | 少 | 中 | 女 | 優質 | 是 |
|  | 榮恩 | 一般 | 中 | 男 | 優質 | 是 |
| 7 | 妙麗 | 一般 | 高 | 女 | 一般 | 是 |
|  | 哈利 | 多 | 中 | 男 | 優質 | 否 |
| 8 | 阿丁 | 多 | 高 | 男 | 優質 | 否 |
|  | 鐵雄 | 少 | 高 | 男 | 一般 | 是 |

接下來針對測試資料進行計算。發現測試的兩筆資料中，阿丁購買頻率多，花費高，不買，這點對應到圖 7.4.1 模型是符合的。鐵雄購買頻率少，花費高，「有買電熱毯」，但這點對應到圖 7.4.1 模型則是「沒買電熱毯」，所以測試結果與建模結果不符合。換言之，正確一筆，錯誤一筆。所以套用混淆矩陣可以得出表 7.5.4。然後計算出 Accuracy = 50.00%( $\frac{1}{0+1+0+1}$ )，Precision = 0.00%( $\frac{1}{0+1}$ )，Recall = 0.00%( $\frac{0}{0+1}$ )。因為分類為真實際為真的計數為零，所以 Precision 以及 Recall 數值都是 0%。

表 7.5.4 案例的混淆矩陣

| | | 分類結果 | |
|---|---|---|---|
| | | 分類為買 | 分類為不買 |
| 實際情形 | 實際為買 | TP (True Positive)= 0 | FN (False Negative)= 0 |
| | 實際為不買 | FP (False Positive)= 1 | TN (True Negative)= 1 |

完成這批資料分析後，我們發現準確度（accuracy）為 50%。接著，將表 7.5.3 中第 1 個 fold 的兩筆資料（寫樂與酷比）作為測試資料，而使用其餘 7 個 fold 的 14 筆資料作為訓練資料來建立決策樹。之後，對寫樂與酷比的資料進行混淆矩陣計算以得出準確度……依此方法，對所有的 8 組 folds 分別進行訓練與驗證，計算出各自的準確度。最終，將所有 8 組 folds 計算出的準確度（accuracy）數值取平均，作為整體建立模型的準確度。

## 7.6 剪枝的概要說明

經上述說明後，我們知道可以透過吉尼不純度或熵來計算決策樹每個節點的分類標準。目前，主要的決策樹算法包括以計算熵為基礎的 C4.5（衍生自 ID3，Iterative Dichotomiser 3，改善了 ID3 分割過細的缺點）（Jones, Yih, & Wallace, 2001）以及以吉尼不純度為基礎發展的 CART（Classification and Regression Tree，分類與回歸樹）。後者將資料分類為二，即採用二元樹的概念。

CART 算法可以對離散型資料欄位與連續型資料欄位進行分析。此外，CART 中用於劃分分支的欄位可以在下層樹枝節點再次被用作劃分分支的依據。而 ID3 或 C4.5 在計算過程中，每個欄位僅能使用一次。

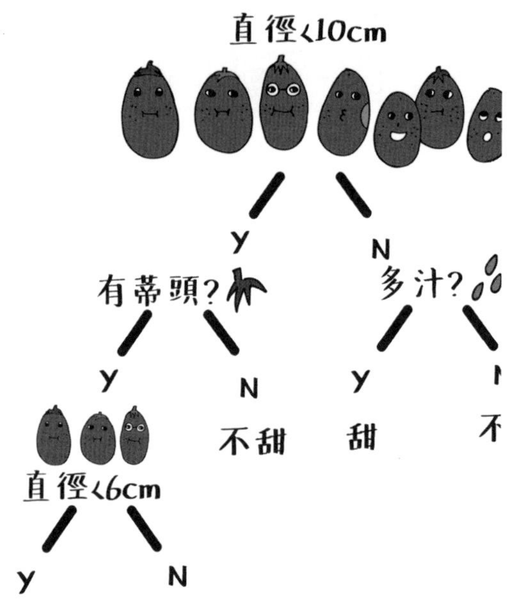


^ **圖 7.6.1** CART 演算可以重複出現已經用過的欄位

從圖 7.6.1 的例子中，我們可以看到最左側的樹分枝中，「直徑」這一特徵出現了兩次，這是因為 CART 演算法沒有規定一個欄位只能使用一次的限制。因此，特徵可以重複出現，這可能會引發一個問題：該樹可能會變得非常大。特別是當需要納入分類的欄位很多時（如先前例子中提到的年齡，這個特徵的可切分點可能是無窮多的），一個欄位在前面被使用後，可能會因為計算出的係數足夠低而被多次使用，直至分類過細，這就是所謂的過度擬合。過度擬合指的是「分枝或切割得太細了」（Khoshgoftaar & Allen, 2001）。

若切割過細，則需考慮「剪枝」作為解決方案。可以這麼理解，如果庭院中的樹沒有限制地生長，可能會看起來很亂或不美觀，同樣會想透過修剪讓樹看起來更整齊。在大數據分析中，剪枝有兩種方式，包括「事前剪枝」和「事後剪枝」，如圖 7.6.2 所示。「事前剪枝」是在樹生成時就對其生長進行限制，例如透過設定運算標準來預先限制樹的生長。考慮到預算和實際執行時間的限制，事前剪枝變得尤為重要，有助於聚焦目標、解決問題。例如，可以限制決策樹在訓練時每個節點的資料量必須超過一定數量才能進行運算，或透過限定樹生長到某一特定層級來進行控制。" 事後剪枝 " 則是在樹已經生成後，對過度擬合的部分進行修剪，即在樹完全生長後再去除不必要的過細分支。

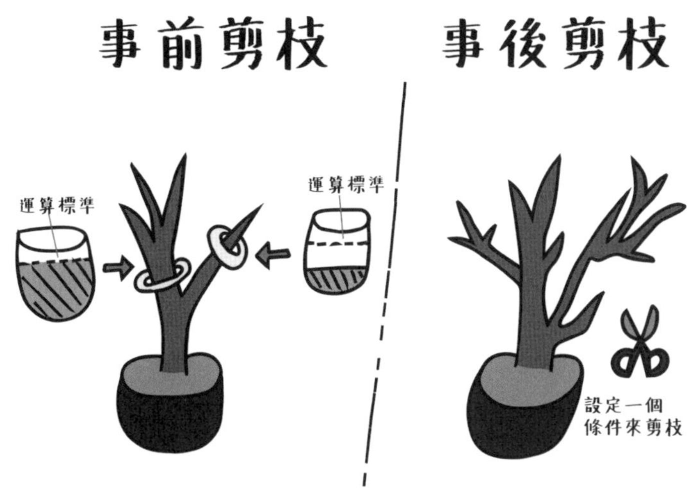


^ 圖 7.6.2 決策樹的剪枝

「事後剪枝」需要在完全生成樹之後，透過特定機制尋找可以進行剪枝的部分，對整棵樹進行修剪。如成本複雜度剪枝法（Cost-Complexity Pruning），是透過計算所有資料與預測值之間的差異，即 SSR（Sum of Squared Residuals），然後基於這個計算結果進行剪枝。如果一個子樹的存在增加了成本，但剪除後能夠加快計算分類速度，減少計算所需時間，則進行剪枝。事後剪枝的成本複雜度是一個進階的主題，這裡不作詳細介紹。

## 7.7 實務應用範例

決策樹的應用層面相當廣，在行銷面的基本應用型態在前述說明中已有描述，這邊的實務應用則舉其他商業面向的案例，如 Abad Grau, Tajtakova, & Arias-Aranda （2009）曾針對表演藝術市場區分的決策進行研究，透過決策樹獲得一個完整模型，以此了解市場偏好與表演者的態度、意向。Lipyanina, Sachenko, Lenfyuk, Nadvynychny, & Grodsky（2020）利用決策樹對客戶行為、年齡、性別進行定位，在營收最大化的前提下，使用社群媒體的情境廣告活動數據建立模型，以改善社群媒體的商業頁面定位。

除了商業面向外，軍事領域也能利用此演算法來判斷可能的應對策略。新加坡武裝部隊的 Major Ng Kok Wan 提出透過決策樹邏輯來加強對敵人不確定性的衡量，集中過程在阻止敵人的戰鬥選擇，並誘使敵人採取我方期望的行動。決策樹演算法被視為分析哪個作戰行動能獲得最佳結果的工具。Abbas, Musa, & Balal （2015）也進行了類似的武裝對抗預測模型研究，提出利用決策樹來預測蘇丹武裝衝突的應對策略。而在醫療的層面，應用範圍也相當廣袤，舉例來說 Chern, Chen, & Hsiao（2019）透過決策樹與邏輯回歸模型建立遠程醫療病人分類。Podgorelec, Kokol, Stiglic, & Rozman （2002）運用決策樹方法創建自動學習的簡單決策模型，使醫療決策執行更為有效且可靠。發現了嗎？這些其實都是需要複雜判斷的項目，在過去數千年來這些被視為「非人腦判斷不可」的內容，在現今也逐步因應大數據趨勢而產生變化，進行到可預測的層面。

從「複雜行為的預測動作」的角度來看，筆者分享另外兩個相當需要決策樹的情境，其一是公司的人事單位：許多公司的離職率居高不下，可能存在著許多問題，來自於如職場環境不友善、工作薪酬不對等或其他內外在環境影響。因此，人事單位若導入大數據分析，如 Gamboa（2022）透過滿意度、員工表現、工作量、工作時數、年資、工傷、過去五年的晉升、部門與薪水，投入決策樹算法後可以將員工分成幾種大類，因此也就能判斷員工離職的可能性，並進行決策留下員工。透過決策樹就可以非常靈活的發現複雜的職工模式，其輸出的結果也相當直觀，即使是非技術背景的人也能輕鬆解釋這樣的結果（van der Laken, & van Vulpen, 2022）。可能不是大家都在乎人事單位的用人狀況，但在國內有另一件大事就常使人們瘋狂：選舉。每次選舉社會總是投以強大的關注，也投入巨大的資源，因此選舉策略人員也常常需要判斷群眾投票的意向，而這時候決策樹就派上用場。如 Armengol 與 García-Cerdaña 也在 2020 年進行過一個分析，針對西班牙巴賽隆納地區的投票狀況，結果顯示擁有大學學位的人口比例是影響政黨傾向的最主要因素，但也有某些地區在任何一種選舉中都傾向某一政黨。而在代議機構內的選舉往往也具備複雜要件，有如政黨要素、議題調性等，Bagui, Mink, & Cash 就曾於 2007 年針對美國眾議院在每個政黨的特定議題比例進行決策樹分析。在台灣，林昌平於 2022 年也針對 2012-2016 年總統選舉進行 CART 分析，顯示較常用的 OLS（Ordinary Least Squares）迴歸分析更為準確。由此可見這樣的模式在選舉臆測上的應用，且在全球範圍與各層級範圍都具備應用的可行性。

## 本章心得

決策樹就是樹，有根、樹枝、分支節點還有葉子，既然是樹當然還是需要做修剪，而最後怎麼用這棵樹，端看管理層面的目標與應用戰略。

## 回饋與作業

1. 請透過混淆矩陣，列出公式並舉例說明準確率（accuracy），精確率（precision）與召回率（recall）。

## 本章習題

1. ( ) 關於決策樹的基本原理以下何者為非？

   (A) 監督式學習　　(B) 非監督式學習

   (C) 有目標　　(D) 用以分類

2. ( ) 關於決策樹以下何者為非？

   (A) 樹狀的結構　　(B) 向上長的樹

   (C) 有樹根　　(D) 可能會過度擬合

3. ( ) 決策樹分枝的判別標準可以有？

   (A) 熵 (Gini Coefficient)　　(B) 吉尼係數 (Entropy)

   (C) 商 (Entropy)　　(D) 吉尼係數 (Gini Coefficient)

## 參考文獻


- Abad Grau, M. M., Tajtakova, M., & Arias-Aranda, D. (2009). Machine Learning Methods for the Market Segmentation of the Performing Arts Audiences. *International Journal of Business Environment*, 2(3), 356-375.
- Abbas, O., Musa, M. E. M., & Balal, S. (2015). Using Decision Tree to Predict Armed Conflicts in Sudan. *International Journal of Computer (IJC)*, *16*(1), 9-17.
- Armengol, E., & García-Cerdaña, → . (2020). Decision trees as a tool fordata analysis. Elections in Barcelona: A case study. *Modeling Decisions for Artifical Intelligence 2020. (MDAI 2020) , Lecture Notes in Computer Science (LNAI),* 12256, 261-272
- Bagui, S., Mink, D.,& Cash, P. (2007). Data mining techniques to study voting patterns in the US. *Data Science Journal, 6*, 46-63.
- Biau, G., & Scornet, E. (2016). A random forest guided tour. *Test*, *25*(2), 197-227.
- Chern, C. C., Chen, Y. J., & Hsiao, B. (2019). Decision tree–based classifier in providing telehealth service. *BMC medical informatics and decision making*, *19*(1), 1-15.
- Gamboa, A. (2022). HR analytics with decision tree classification machine learning model. Retrieved from: https://medium.com/@magamboa_84023/hr-analytics-with-decision-tree-classification-machine-learning-model-1b8eccd5d6d8/
- Jones, A., Yih, Y., & Wallace, E. (2001). Monitoring and controlling operations. *Handbook of Industrial Engineering*, 1768-1790.
- Kim, S. J., & Lee, K. B. (2003). Constructing decision trees with multiple response variables. *International Journal of Management and Decision Making*, *4*(4), 337-353.

- Khan, Z., Gul, A., Perperoglou, A., Miftahuddin, M., Mahmoud, O., Adler, W., & Lausen, B. (2020). Ensemble of optimal trees, random forest and random projection ensemble classification. *Advances in Data Analysis and Classification*, *14*(1), 97-116.
- Khoshgoftaar, T. M., & Allen, E. B. (2001). Controlling overfitting in classification-tree models of software quality. *Empirical Software Engineering*, *6*(1), 59-79.
- Lipyanina, H., Sachenko, A., Lendyuk, T., Nadvynychny, S., & Grodskyi, S. (2020). Decision tree based targeting model of customer interaction with business page. In *CMIS* (pp. 1001-1012).
- McDonald, A. D., Lee, J. D., Schwarz, C., & Brown, T. L. (2014). Steering in a random forest: Ensemble learning for detecting drowsiness-related lane departures. *Human factors*, *56*(5), 986-998.
- Nivedha, R., & Sairam, N. (2015). A machine learning based classification for social media messages. *Indian Journal of Science and Technology*, *8*(16), 1-4.
- Podgorelec, V., Kokol, P., Stiglic, B., & Rozman, I. (2002). Decision trees: an overview and their use in medicine. *Journal of medical systems*, *26*(5), 445-463.
- van der Laken, P., & van Vulpen, E. (2022). How to use decision trees in HR analytics: A practical guide. Retrieved from: https://www.aihr.com/blog/decision-trees-hr-analytics/
- Zhou, Z. H., & Chen, Z. Q. (2002). Hybrid decision tree. *Knowledge-based systems*, *15*(8), 515-528.
- 陳昌平 (2022)。台灣總統選舉的分類與迴歸樹預測分析：以 2012 年與 2016 年總統選舉為例。《國立臺灣科技大學人文社會學報》，18(4)，299-330。

CHAPTER

# 08

# 看看決策樹的結果

## 本章目標

1. 透過 Google Colab 實作 Python 以理解決策樹分析與其結果

## 本章架構

8.1 跑一次決策樹分析看看

8.2 如何解釋眼前生成的這棵樹

8.3 延伸應用

人類的生活中隨時都在進行分類的活動，例如 Email 的分類、垃圾分類等，換言之，將資料進行分類是時常會碰到的事情，又比如我們在整理自己書架中的書，總會將「感覺」相近的書放在附近，常見的分類有：電腦工具書、漫畫書、小說、雜誌、傳記、語言類的…等等，往往我們的分類會以自己覺得有意義的方式進行分類，所謂的「有意義的方式」指的就是一種分類的方法，又或者說是一種分類的模型，這些對於物品分類的邏輯，通常來自於每一個人的社會經驗累積而成，而經驗指的就是歷史資料，但就電腦而言，它並沒有「社會」的經驗，那電腦該如何進行分類呢？在第七章中介紹過以決策樹（Decision Tree）的方法將資料分類，而分類與迴歸樹（Classification and regression tree, CART）（Gey & Nedelec, 2005）是一項常用的決策樹分類方法，本章就使用 CART 決策樹方法對客戶價值資料進行分類並且介紹決策樹如何在 Python 中被實作出來。

## 8.1 跑一次決策樹分析看看

為了讓數據分析能有單一完整呈現，在此仍然以第四章所使用的個案公司資料為案例，假設個案公司的業務人員已經使用客戶 R、F、M 欄位資料配合 K 平均法對客戶進行分群了（集群相關操作可參考第四章實作），經過一陣子時間之後，透過公司聘請的領域專家、學者對每一位客戶進行評估，評估每一位客戶對公司的價值，在此稱為客戶價值（Customer value），或可稱為客戶貢獻度，詳細內容如表 8.1.1 客戶價值資料集所示，該資料集是描述個案公司客戶貢獻度的資料，依照貢獻度等級分為高貢獻度客戶（High）、中貢獻度客戶（Medium）以及低貢獻度客戶（Low）。而評估客戶貢獻度的欄位有三個，最近一次消費（Recency, 簡稱 R）、消費頻率（Frequency, 簡稱 F）及消費金額（Monetary, 簡稱 M）。資料集的真實檔案名稱為 **classification_decisiontree_Ex1.csv**。資料格式上，第一個欄位（cid）為數值編號，看起來是數值但它是一種公司內部客戶的流水編號，無法被拿來進行數值加或減的運算，因為加或減運算之後並沒有任何管理意涵，而第二到第四個欄位（R、F、M）為數值資料，為每一位客戶在某段時間內（此範例為 4 個月）的交易行為轉換後的重要資訊，第五個欄位（customer_value）是類別資料，是儲存客戶的價值資料，是一種類別型態值（由領域專家、學者對每一位客戶進行評估後給予的標籤值），其值有三種，其一是 H，就是指高度貢獻的客戶（High），另一值 L，就是指低度貢獻的客戶（Low），在 H 與 L 這兩類別值中間另外還有一個類別資料值稱為 M，就是指中度貢獻的客戶（Medium）。

**表 8.1.1** 客戶價值資料集

| cid | R | F | M | customer_value |
|---|---|---|---|---|
| **1069** | 19 | 4 | 486 | M |
| **1113** | 54 | 4 | 557.5 | M |
| **1250** | 19 | 2 | 791.5 | M |
| **1359** | 87 | 1 | 364 | L |
| **1823** | 36 | 3 | 869 | M |
| **...** | ... | ... | | ... |
| **2179544** | 1 | 1 | 3753 | M |
| **2179568** | 1 | 1 | 406 | L |
| **2179605** | 1 | 1 | 6001 | M |
| **2179643** | 1 | 1 | 887 | L |
| **20002000** | 24 | 27 | 1814.63 | H |

首先開啟一個全新的空白的 Colab 筆記本，不管預設檔案名稱為何，先將檔案名稱修改為 **Classification_DecisionTree_cart1.ipynb**，並按「連線」按鈕讓筆記本連到 Google 雲端資源，接著如果各位需要更高運算力（Computing power）的需求，即會用到高效能計算的處理器，則請到「編輯→筆記本設定」將硬體加速器選項中預設的「CPU」選項更改為「T4 GPU」選項（輝達公司的 NVIDIA Tesla T4 GPU），最後執行「檔案→儲存」。執行方式請參考附錄一。接下來把經常使用的模組引進到程式區塊中，在此是 pandas（引入後命名為 pd）與 numpy（引入後命名為 np）（請參考附錄一）（Brownlee, 2016）。

```
import pandas as pd
import numpy as np
```

接下來我們來建立分類與迴歸樹（CART）。使用 Python 語言來建立分類模型時，其步驟有著非常高的標準化程序，通常可以使用六個步驟完成建立分類模型與預測的工作，如圖 8.1.1 所示，圖上有六個數字分別對應以下六個工作步驟，分述如下：

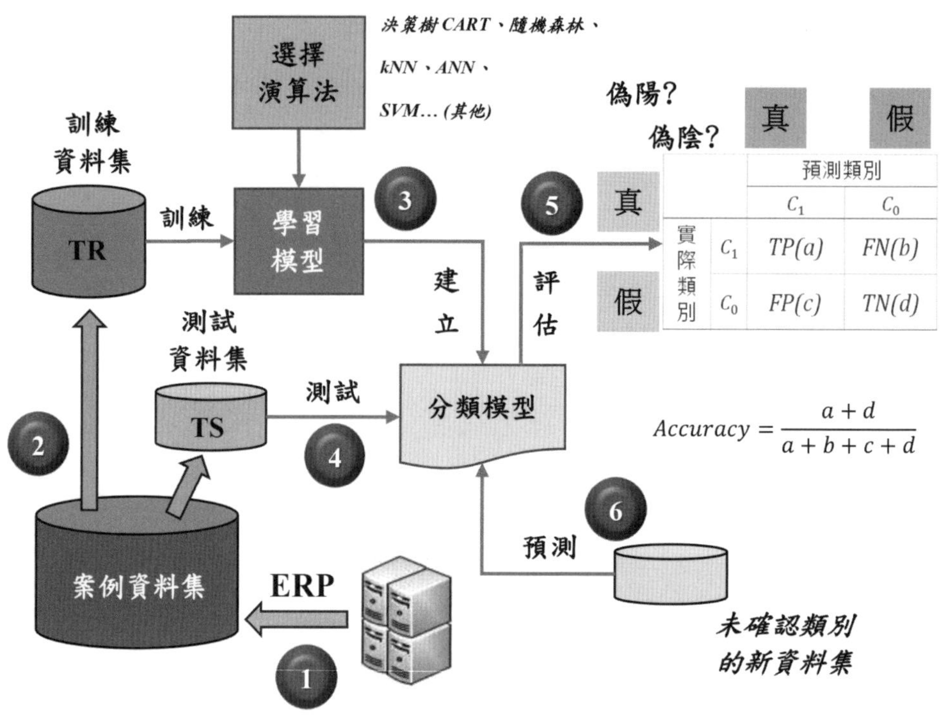


^ **圖 8.1.1** 模型建立步驟

## 步驟一、資料載入與準備

在此將表 8.1.1 的客戶價值資料集內容讀入 Colab 環境中。客戶價值資料集是透過 ERP 系統中下載客戶交易資料與客戶基本資料後經過 R、F、M 的計算所得到的客戶價值資料，並且也邀請行銷領域專家、學者評估每一位客戶價值資料後給予高（H）、中（M）、低（L）價值標籤處理，最後儲存成 csv（逗號分隔值，Comma-Separated Values）檔案資料，檔案名稱為 **classification_decisiontree_Ex1.csv**，總共有 32,266 筆資料，描述 32,266 位公司客戶的貢獻價值狀況。請先將 **classification_decisiontree _Ex1.csv** 檔案上傳到 Colab 雲端環境中，並將下列斜體 Python 程式碼指令輸入到程式碼區塊中執行來查看整個客戶價值資料集，如下圖 8.1.2 所示。

```
df = pd.read_csv('/content/classification_decisiontree_Ex1.csv')
df
```

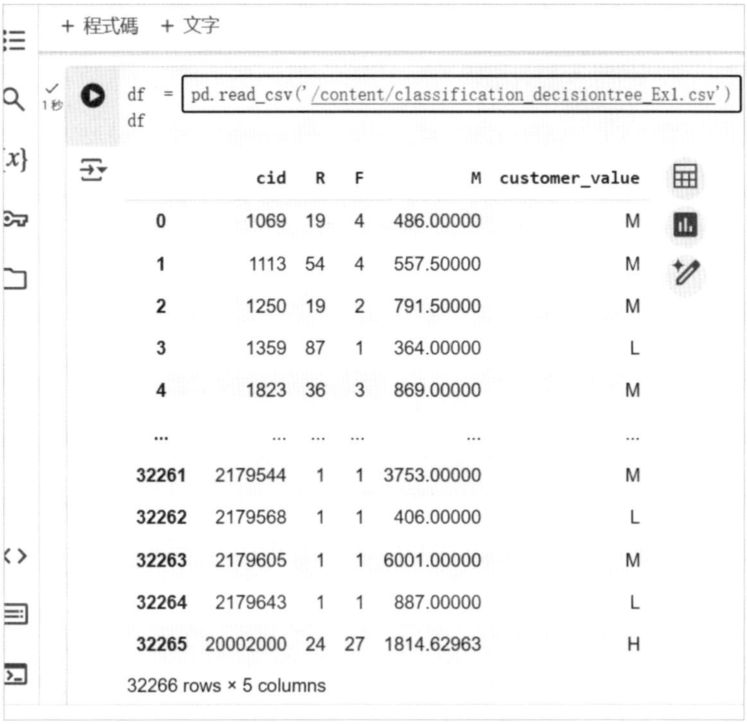

+ 程式碼 + 文字

```
df = pd.read_csv('/content/classification_decisiontree_Ex1.csv')
df
```

| | cid | R | F | M | customer_value |
|---|---|---|---|---|---|
| **0** | 1069 | 19 | 4 | 486.00000 | M |
| **1** | 1113 | 54 | 4 | 557.50000 | M |
| **2** | 1250 | 19 | 2 | 791.50000 | M |
| **3** | 1359 | 87 | 1 | 364.00000 | L |
| **4** | 1823 | 36 | 3 | 869.00000 | M |
| **...** | ... | ... | ... | ... | ... |
| **32261** | 2179544 | 1 | 1 | 3753.00000 | M |
| **32262** | 2179568 | 1 | 1 | 406.00000 | L |
| **32263** | 2179605 | 1 | 1 | 6001.00000 | M |
| **32264** | 2179643 | 1 | 1 | 887.00000 | L |
| **32265** | 20002000 | 24 | 27 | 1814.62963 | H |

32266 rows × 5 columns

^ **圖 8.1.2** 顯示資料集檔案內容

因為決策樹是屬於監督式機器學習方法，所以在建立模型的過程中需要先確認目標，也就是模型的目標變數。除此之外，也需要知道與這目標變數有關的自變數，這也需要先定義清楚。目標變數通常指的就是建立分類模型後我們想要使用模型幫我們預測什麼事情，譬如我們想建立分類模型來預測新的客戶價值，因此圖 8.1.2 中的 customer_value 欄位就會是我們的目標變數欄位。當然接著要去想我們需要使用哪一些資料來預測新客戶的價值等級呢？通常會需要透過顧客價值分類的專家或學者提供意見協助挑選出會影響的欄位（以此當作自變數），如果沒有這方面專家學者的意見，通常就會使用剩下的欄位全部投入當作會影響顧客貢獻度判定的欄位（剩下的欄位全部當作自變數，但是唯一性質高的 cid 欄位不會納入自變數中）；這些會影響目標變數判定的欄位稱為自變數欄位，如圖 8.1.2 中的 R、F、M 欄位。所以，建立模型的意涵簡而言之就是使用「過去的資料」來預測「未來的狀況」進而協助「決策」的判斷，如下圖 8.1.3 所示：

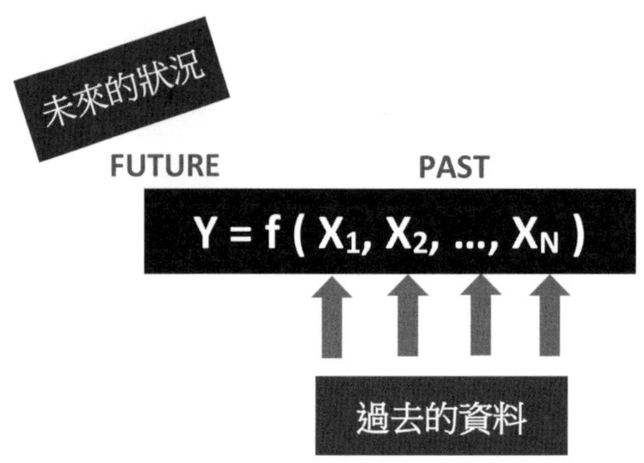


圖 8.1.3　過去資料預測未來狀況

由以上的說明得知在開始建立模型之前建議各位可以先與專家或主管討論並確認過分類模型的目標變數欄位與自變數欄位。因此在客戶價值資料集的範例中兩種變數分別對應到的欄位名稱為：

- 目標變數欄位：customer_vlaue
- 自變數欄位：R、F、M

（請注意：通常編碼、代碼等欄位的資料值因為唯一性特質很強，所以不太會被納入自變數欄位，譬如 cid。）

在 Python 中為了方便後續建立模型以及模型的評估工作，我們需先將目標變數與自變數資料分別設定後使用。我們將三個自變數 R、F、M 儲存在變數 CustomerData 中，而目標變數欄位 customer_value 儲存在變數 CustomerTagret 中。請先將下列斜體 Python 程式碼指令輸入到程式碼區塊中並且執行，如下圖 8.1.4 與圖 8.1.5 所示：

```
CustomerData = df[[ 'R', 'F', 'M']]
CustomerData.head()
```

^ **圖 8.1.4** 自變數存入記憶體

再來執行下列程式：

```
CustomerTarget = df['customer_value']
CustomerTarget[:5]
```

^ **圖 8.1.5** 自變數存入記憶體

## 步驟二、訓練與測試資料切割

處理完欄位，再來就是要進行資料集的切割。通常我們會把讀入的資料集切割成兩部分，其一為訓練資料集（Training dataset），簡稱為 TR，另一為測試資料集（Testing dataset），簡稱為 TS，此時需要從 sklearn 的 model_selection 中引進 train_test_split 函數，可以快速地按照使用者的規劃資料的比例值切割訓練資料集（TR）與測試資料集（TS）。如下圖 8.1.6 所示：

自變數 CustomerData　　目標變數 CustomerTarget

| R | F | M | customer_value |
|---|---|---|---|
| 19 | 4 | 486 | M |
| 54 | 4 | 557.5 | M |
| 19 | 2 | 791.5 | M |
| 87 | 1 | 364 | L |
| 36 | 3 | 869 | M |
| ... | ... | | ... |
| 1 | 1 | 3753 | M |
| 1 | 1 | 406 | L |
| 1 | 1 | 6001 | M |
| 1 | 1 | 887 | L |
| 24 | 27 | 1814.63 | H |

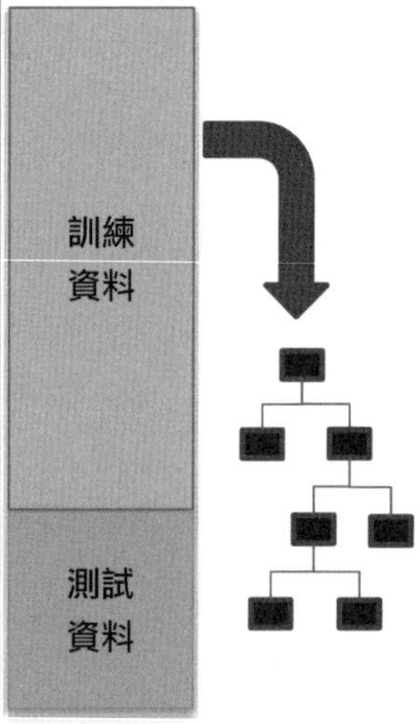

訓練資料

測試資料

^ 圖 8.1.6　切割訓練資料與測試資料的概念

一般來說，會設定全部資料的 75% 為訓練資料集，剩下的 25% 為測試資料集，數據分析師可以依照當下的需求自行調整。原則是**訓練資料集的筆數不可以比測試資料集的筆數少**。請先將下列斜體 Python 程式碼指令輸入到程式碼區塊中並且執行，如下圖 8.1.7 所示：

```
from sklearn.model_selection import train_test_split
```

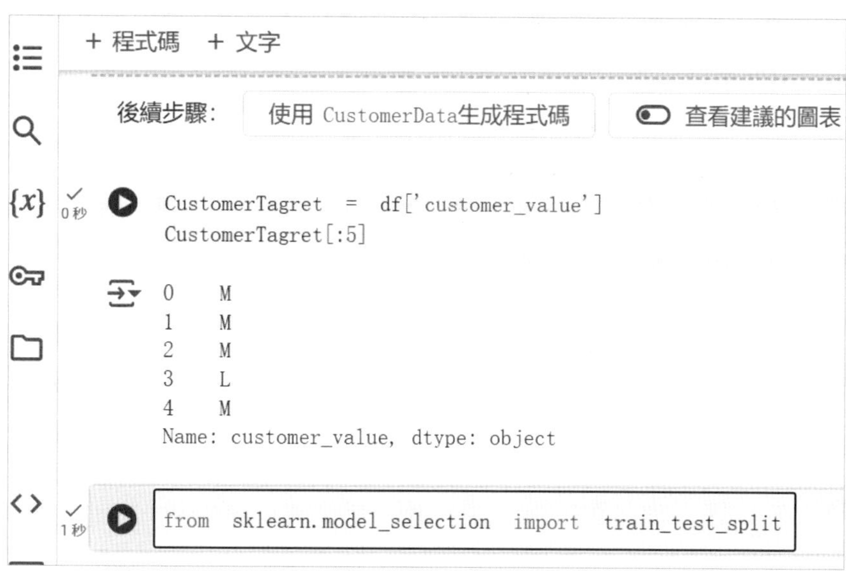

+ 程式碼 + 文字
後續步驟: 使用 CustomerData生成程式碼 查看建議的圖表
CustomerTagret = df['customer_value']
CustomerTagret[:5]
0 M
1 M
2 M
3 L
4 M
Name: customer_value, dtype: object
from sklearn.model_selection import train_test_split

^ **圖 8.1.7** 切割訓練與測試資料

為了讓資料集切割順暢，避免日後混淆，在資料切割前需要先完整規劃變數。綜上所述，我們需要將自變數與目標變數資料整理如下。

- **訓練資料集（Training dataset）大小設定為 75%**
- **測試資料集（Testing dataset）大小設定為 25%**

訓練資料集中分成兩部分儲存：

- **訓練資料集的自變數欄位設定為 X_train**
- **訓練資料集的目標變數欄位設定為 y_train**

測試資料集中也分成兩部分儲存：

- **測試資料集的自變數欄位設定為 X_test**
- **測試資料集的目標變數欄位設定為 y_test**

我們接著使用 train_test_split() 函數將資料切割後分存在 X_train, X_test, y_train, y_test 四個變數中。**因為是要將數據載入這四個變數，所以這四個變數會在等號左邊**，而等號後面才是 train_test_split() 函數。該函數中有四個常用參數設定，第一個參數建模使用的為自變數 CustomerData，第二個參數為目標變數 CustomerTarget，第三個參數用以**指定訓練資料集的大小比例**，這裡使用小數點方式表達，而 0.75 就是指 75%，而沒寫到的剩下 0.25（即 25%）就是測試資料集大小。除此之外，為了讓目標變數中的 H、M 以及 L 三類資料按照比例被抽出，我們使用 stratify 參數，讓 stratify = CustomerTarget，同時使用 random_state = 42 讓資料以相同亂數種子 42 抽出，此數字可以自行改變大小，但是如果想讓每一次抽出資料結果相同，可以每一次執行都使用同一個數字即可達到此效果，譬如都填入亂數種子 42。在切割完資料後順便查看一下 **X_train**、**X_test**、**y_train** 以及 **y_test** 筆數各為多少，所以下面斜體的程式碼加上四個 print() 函數以及搭配 {} 格式與 format() 函數，其中格式 f 的前面數字代表需要幾位小數點，0f 表示使用整數顯示。請將下列斜體 Python 程式碼指令輸入到程式碼區塊中並且執行，如下圖 8.1.8 所示：

```
X_train, X_test, y_train, y_test = train_test_split(
    CustomerData,
    CustomerTagret,
    train_size = 0.75,
    stratify = CustomerTagret,
    random_state = 42
)

print("X_train: {:.0f}".format(len(X_train)))
print("X_test: {:.0f}".format(len(X_test)))
print("y_train: {:.0f}".format(len(y_train)))
print("y_test: {:.0f}".format(len(y_test)))
```

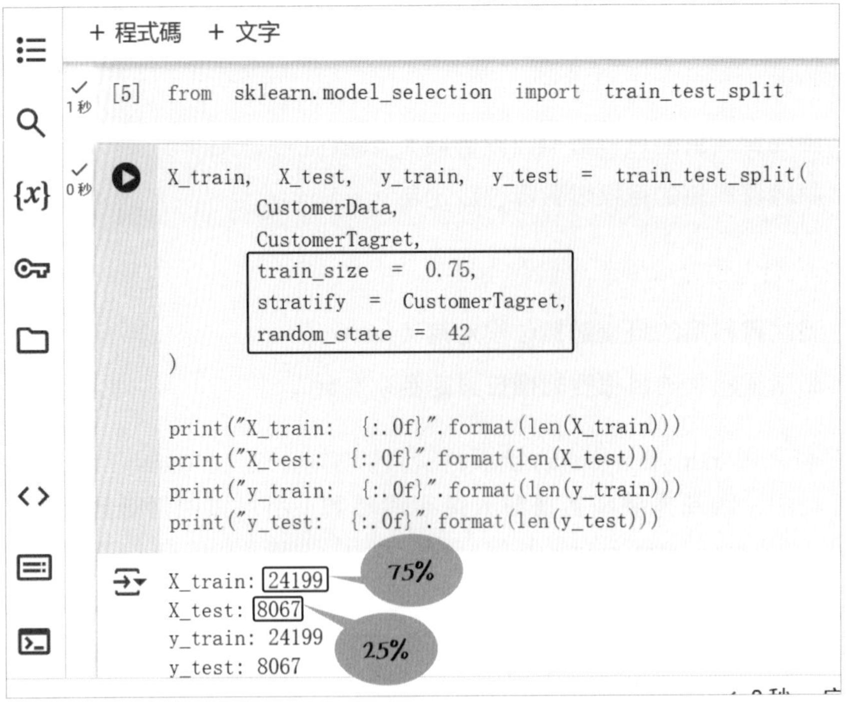


^ **圖 8.1.8** 執行將資料分為訓練與測試

上述的參數資料的設定可整理為下表，可作為後續模型調整參數時候的參考依據。

**表 8.1.2** 分割好的資料集

| 訓練資料集（Training dataset） | 75% | 測試資料集（Testing dataset） | 25% |
|---|---|---|---|
| 自變數欄位 | 目標變數欄位 | 自變數欄位 | 目標變數欄位 |
| X_train | y_train | X_test | y_test |
| 24,199 筆 | 24,199 筆 | 8,067 筆 | 8,067 筆 |
| 總筆數：32,266 | | | |

## 步驟三、訓練（學習）與建立分類模型

這一步驟是建立模型的核心步驟。我們從 sklearn 中引進各類 tree 的演算法，並選擇其中一個決策樹分類器的函數，即 **DecisionTreeClassifier()**，引入的指令為 **from sklearn.tree import DecisionTreeClassifier**。請先將下列斜體 Python 程式碼指令輸入到程式碼區塊中並且執行，如下圖 8.1.9 所示：

```
from sklearn.tree import DecisionTreeClassifier
```

```
+ 程式碼  + 文字

[6]  )

     print("X_train:  {:.0f}".format(len(X_train)))
     print("X_test:  {:.0f}".format(len(X_test)))
     print("y_train:  {:.0f}".format(len(y_train)))
     print("y_test:  {:.0f}".format(len(y_test)))

     X_train: 24199
     X_test: 8067
     y_train: 24199
     y_test: 8067

     from sklearn.tree import DecisionTreeClassifier
```

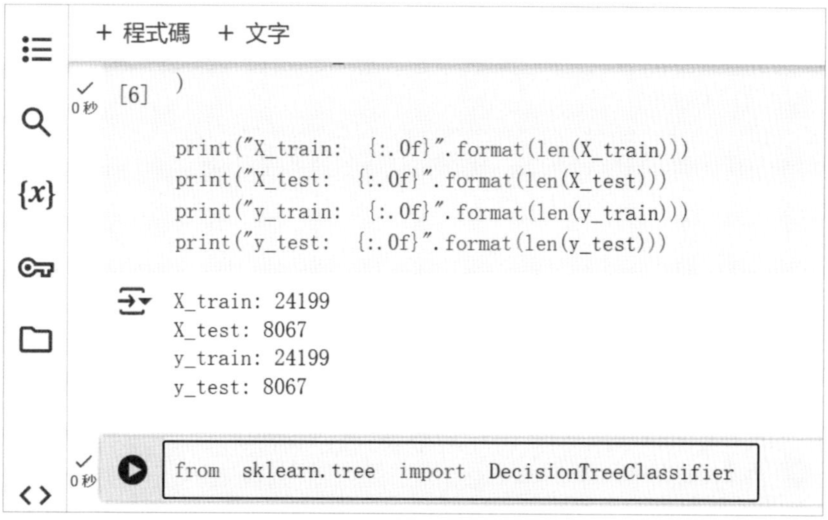

^ **圖 8.1.9** 引入決策樹演算法

我們接著使用 **DecisionTreeClassifier()** 函數新增一個建立模型的框架變數 **myDT**。該函數會使用兩個參數，第一個參數 **criterion**，這是在建構決策樹模型的時候會使用到的重要參數，稱為特徵選擇標準（criterion）。目前常用的特徵選擇標準有兩種，熵值（Entropy）與吉尼係數（Gini）。請注意，**如果設定 criterion = 'gini'，則表示使用 CART 演算法來建構決策樹，且如果 criterion 沒設定，就是以吉尼係數（Gini）為預設值**。此外，**如果設定 criterion = 'entropy'，則表示是使用另一種演算法來建構決策樹**。在此配合第七章使用 CART 決策樹建立分類模型。指令為 **myDT = DecisionTreeClassifier(criterion = 'gini')**。

函數中除了使用 criterion 參數之外，第二個參數為 **max_depth**，可決定決策樹的最深長度。如果設定為 3，表示有三層，而這三層不含決策樹的樹根節點（樹根節點通常會被視為決策樹的第零層），即 **max_depth = 3**。**此參數的用意可以避免資料被過度訓練（Overfitting）現象**。執行後可以看到 **myDT** 變數就是一個訓練模型之前的一個建好的模型框架。請注意，到此還尚未開始訓練模型，只是將後續要訓練的模型相關參數的條件事先設定好，下一個指令才會真正將訓練資料（指先前抽出的 75% 資料）餵進來模型框架中訓練。請將下列斜體 Python 程式碼指令輸入到程式碼區塊中並且執行，如下圖 8.1.10 所示：

```
myDT = DecisionTreeClassifier(criterion = 'gini', max_depth = 3)
myDT
```

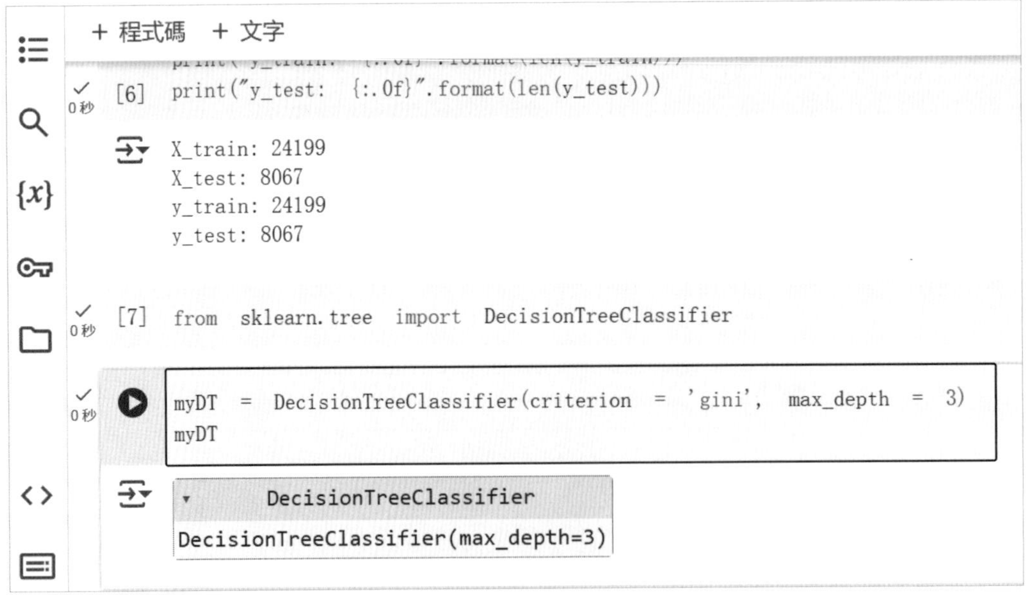


^ **圖 8.1.10** 準備好可以執行的模型並設定 CART 決策樹參數

接下來搭配 **fit()** 函數將上面已經分割好的訓練資料集的資料放入剛剛架構部屬好的模型框架 **myDT** 中，指令為 **myDT.fit(X_train, y_train)**。該指令的第一個參數是訓練資料集中的自變數 **X_train**，第二個參數是訓練資料集中的目標變數 **y_train**，請先將下列斜體 Python 程式碼指令輸入到程式碼區塊中並且執行，如下圖 8.1.11 所示：

```
myDT.fit(X_train, y_train)
```

^ **圖 8.1.11** 放入訓練資料集

## 步驟四、產生測試資料集的預測結果

在這一個步驟中，就是將測試資料集中的所有自變數（**X_test**）餵進去 **myDT** 決策樹模型中，並同時讓模型判定該筆資料的預測類別值（H、M、L）。**myDT** 決策樹模型需搭配使用模型的 **predit()** 方法來判定測試資料集中的每一筆各是哪一種客戶價值的類別值。指令為 **y_pred = myDT.predict(X_test)**，將判定類別結果儲存在 **y_pred** 變數中。根據資料切割步驟得知測試資料集有 8,067 筆資料，因此這邊執行後會得到 8,067 筆類別值資料，請先將下列斜體 Python 程式碼指令輸入到程式碼區塊中並且執行，如下圖 8.1.12 所示：

```
y_pred = myDT.predict(X_test)
y_pred
```

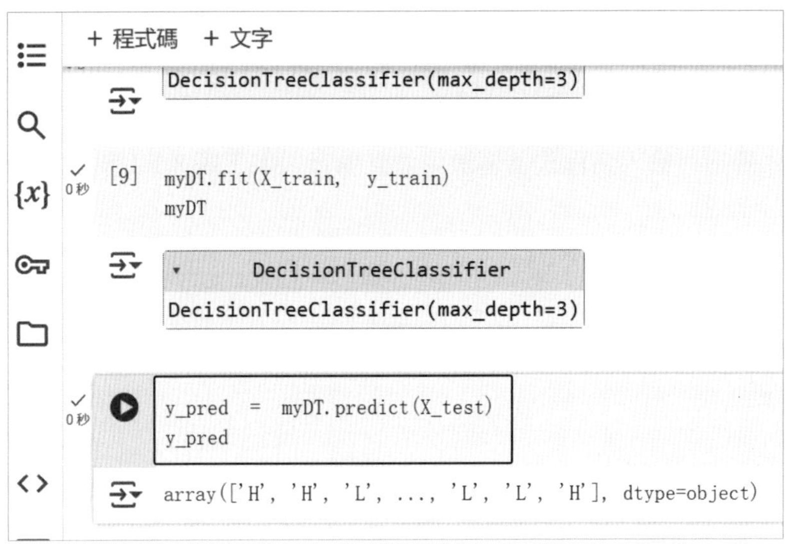

^ 圖 8.1.12　執行預測

## 步驟五、評估測試資料集在分類模型的預測績效表現

為了了解整個模型在預測測試資料集（8,067 筆客戶貢獻資料）的表現績效，必須引進一些績效指標函數的模組套件。我們可以從 **sklearn** 中引進 **metrics** 套件模組，指令為 **from sklearn import metrics**，請先將下列 Python 程式碼指令輸入到程式碼區塊中並且執行，如下圖 8.1.13 所示：

```
from sklearn import metrics
```

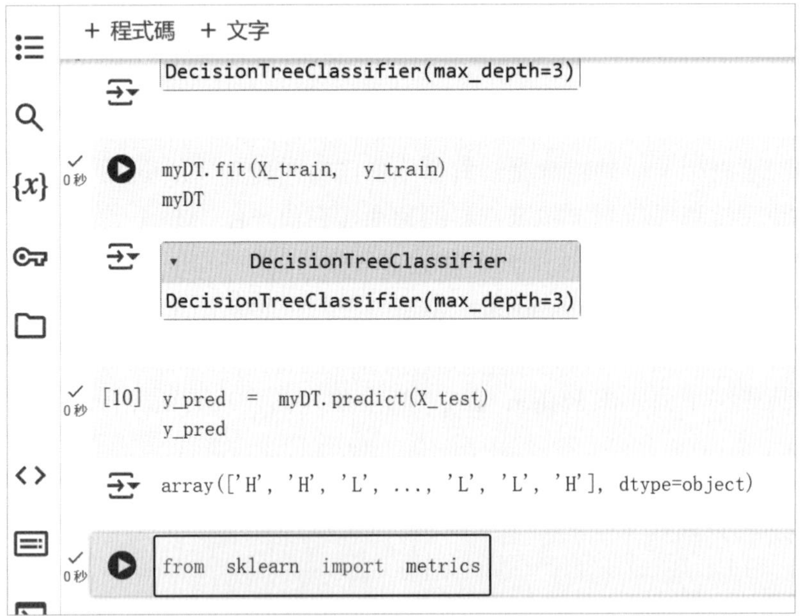

^ 圖 8.1.13　引入績效指標模組

而整個模型的預測正確率（Accuracy）是衡量分類模型預測績效的最基本指標。我們使用 **metrics** 模組套件中的 **accuracy_score()** 函數來判斷預測的正確率。另外，通常會針對模型建立一個矩陣，此矩陣內的數據是用來輔助說明模型在預測方面表現的績效狀況，這一個矩陣稱為混淆矩陣（Confusion Matrix）。在圖 8.1.14 中列出兩類別（$C_1$、$C_2$）與三類別（$C_1$、$C_2$、$C_3$）目標值的混淆矩陣，譬如在本範例中，客戶價值資料集的目標變數 customer_vlaue 欄位有高（H）、中（M）、低（L）三種類別值，矩陣左邊是實際的不同類別值筆數的資訊，簡言之就是高（H）、中（M）、低（L）各幾筆，即測試資料集中目標變數 y_test 中三個類別值資料（H、M、L）標籤，請注意：因為 Python 會以第一個字母的順序排列，所以混淆矩陣中的順序會以 H、L、M 方式來顯示。綜合以上，這個範例因為目標變數有三個類別值，因此會形成一個 3 乘 3 的矩陣。**將混淆矩陣中的數量加總（a+b+c+d+e+f+g+h+i）就是測試資料集的總筆數**。這一個值就是正確率（Accuracy）的分母項值，而**分子項值就是整個混淆矩陣中的對角線的值（正確預測）相加（a+e+i）**。

| | | 預測類別 | |
|---|---|---|---|
| | | $C_1$ | $C_2$ |
| 實際類別 | $C_1$ | a | b |
| | $C_2$ | c | d |

| | | 預測類別 | | |
|---|---|---|---|---|
| | | $C_1$ | $C_2$ | $C_3$ |
| 實際類別 | $C_1$ | a | b | c |
| | $C_2$ | d | e | f |
| | $C_3$ | g | h | i |

$$Accuracy = \frac{a+d}{a+b+c+d} \qquad Accuracy = \frac{a+e+i}{a+b+\cdots+i}$$

^ **圖 8.1.14** 混淆矩陣與 Accuracy 的計算

整個模型的預測正確率（Accuracy）指令為 **acc = metrics.accuracy_score(y_test, y_pred)**。第一個參數是測試資料集中的目標變數 **y_test**，第二個參數是模型預測結果的 **y_ pred** 變數，並將計算完後的結果儲存在 **acc** 變數中輸出。以下我們以 **print()** 函數進行輸出，在 **print()** 函數中加入 **format()** 函數可以自定輸出格式，**.2f** 就是指顯示出小數點兩位。本處我們輸出指令訂為 **print("Accuracy: {:.2f}".format(acc))**。

在 Python 2.6 後可以新增了一種格式化字符串的函數 **str.format()**，這種種方法增強了字符串格式化的表達功能。基本語法是透過 **{}** 和 **:** 來代替以前的 **%** 符號。例如 w = 1.2378，接著在 Python 中撰寫這兩個 **print('%.2f'%w)** 與 **print('{0:.2f}'.format(w))** 指令，因為四捨五入的關係，所以兩個輸出答案皆為 **1.24**。在執行 **print("Accuracy: {:.2f}".format(acc))** 後，得到整個分類模型的預測正確率（Accuracy）為 0.81。這表示以 CART

演算法所建立的 myDT 決策樹模型的預測績效表現算是不錯，正確率可以高達 81%。請先將下列斜體 Python 程式碼指令輸入到程式碼區塊中並且執行，如下圖 8.1.15 所示。

```
acc = metrics.accuracy_score(y_test, y_pred)
print("Accuracy: {:.2f}".format(acc))
```

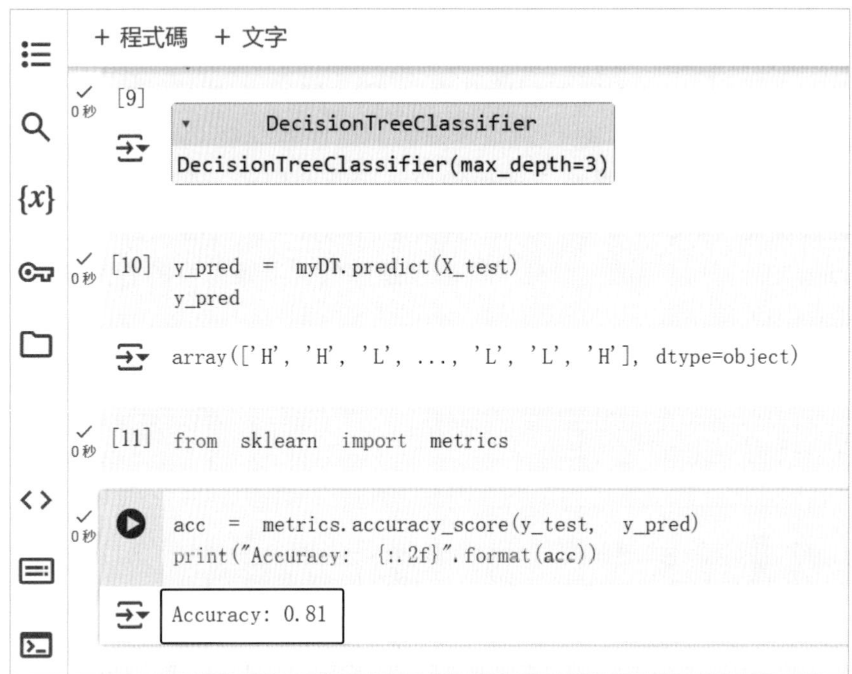


^ **圖 8.1.15**　計算正確率

在 Python 中也提供輸出混淆矩陣的函數 **confusion_matrix()**，指令為 **mycm = metrics.confusion_matrix(y_test, y_pred)**。第一個參數是測試資料集中的目標變數 y_test（可以想像成考卷的標準答案），第二個參數是模型預測結果的 y_ pred 變數（可以想像成學生答題的答案），請先將下列 Python 程式碼指令輸入到程式碼區塊中並且執行，如下圖 8.1.16 所示：

```
mycm = metrics.confusion_matrix(y_test, y_pred)
print('Confusion Matrix: \n', mycm)
```

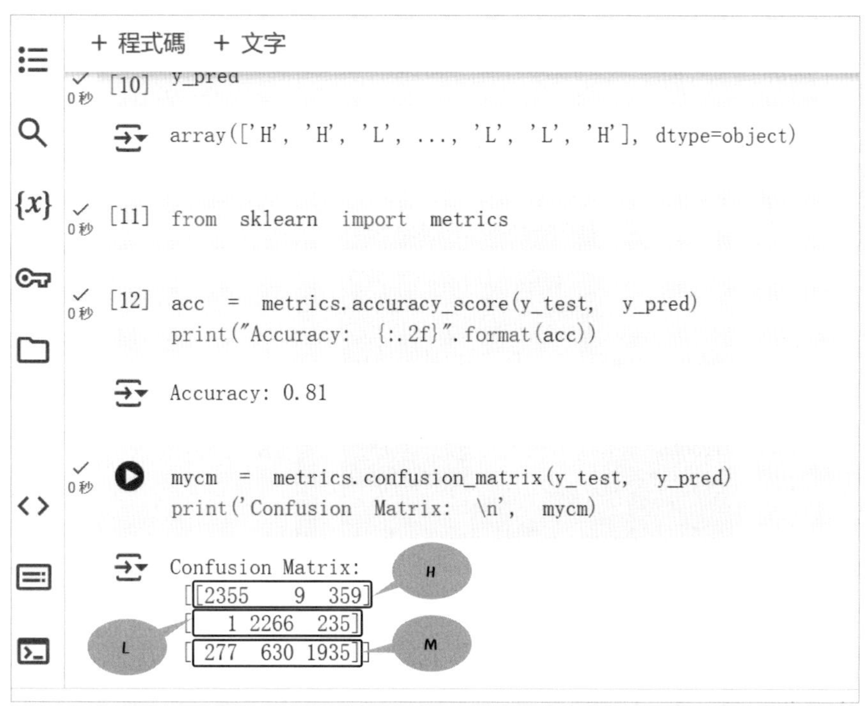


^ 圖 8.1.16 輸出簡易的混淆矩陣

由於上面的混淆矩陣資訊較為簡略，解讀上比較不容易辨別出哪一個類別有多少筆資料，如上圖需要自己確認 H、L、M 的位置，因此 Python 的 **metric** 模組套件另外提供一個 **ConfusionMatrixDisplay()** 方法便於使用者繪製出比較容易解讀且視覺化的工具，指令為 **metrics.ConfusionMatrixDisplay(confusion_matrix = mycm, display_labels = myDT.classes_).plot()**。**ConfusionMatrixDisplay()** 是一個繪製資訊較為完整的混淆矩陣工具，主要有兩個參數要設定，第一個參數是指定一個混淆矩陣 **confusion_matrix =**，在此範例為 **mycm** 變數，第二個參數是顯示混淆矩陣的類別名稱 **display_labels =**，這裡指定 myDT 模型中目標變數欄位 customer_vlaue 所有的類別值（H、L、M）就可以完成，可以指定這個值 **myDT.classes_**，最後使用 **plot()** 函數繪製出混淆矩陣。請先將下列斜體 Python 程式碼指令輸入到程式碼區塊中並且執行，如下圖所示：

```
metrics.ConfusionMatrixDisplay(confusion_matrix = mycm, display_labels =
myDT.classes_).plot()
```

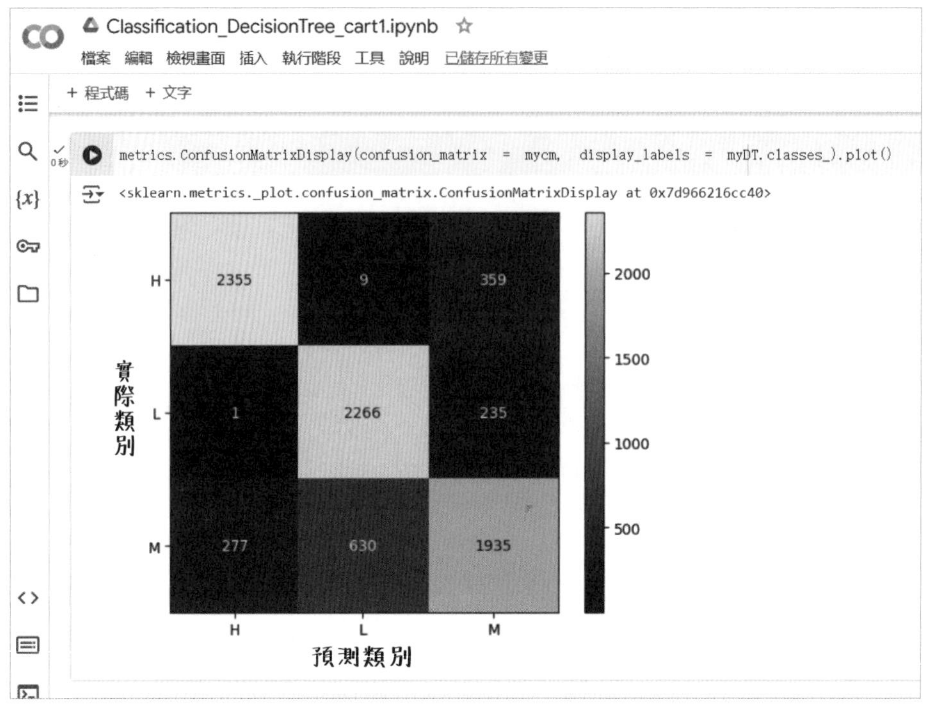


^ **圖 8.1.17** 繪製混淆矩陣

## 步驟六、預測未知類別的新資料

通常到第五步驟已經完成大部分的建立分類模型的工作。但是建模的目的就是為了將來有新客戶資料產生的時候可以依此分類模型進行判斷新客戶資料的等級歸屬。是 H 貢獻度嗎？還是屬於 L 貢獻度呢？還是說是屬於 M 貢獻度呢？如果分類模型預測的正確率不夠高，則會影響到公司對於每一位新客戶的行銷規劃方案的後續擬定方向，不可不慎重。

在此我們假設有兩位新客戶資料產生了，如下：

第一位新客戶資料如下：

- 目標變數欄位：customer_value = 未知
- 自變數欄位：R = 5.0、F = 2.0、M = 2100

第二位新客戶資料如下：

- 目標變數欄位：customer_value = 未知
- 自變數欄位：R = 1.0、F = 6.0、M = 5000

啟動該分類模型 **myDT** 進行預測，請先將下列斜體 Python 程式碼指令輸入到程式碼區塊中並且執行，如下圖所示：

```
newdata = [[5.0, 2.0, 2100], [1.0, 6.0, 5000]]
print(newdata)
y_newpred_c = myDT.predict(newdata)
print(y_newpred_c)
```

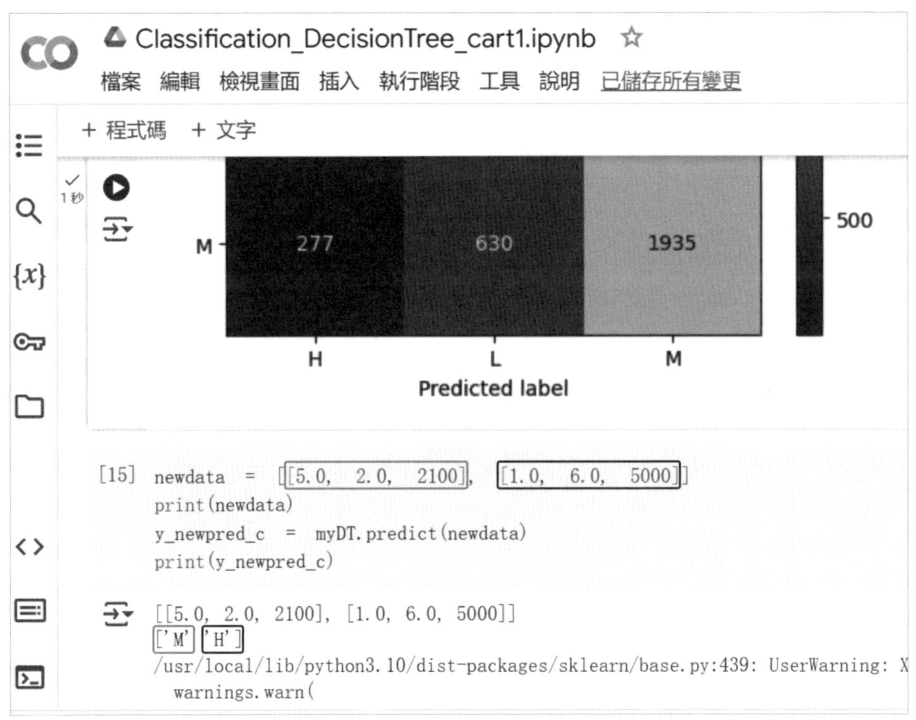


^ **圖 8.1.18** 新客戶資料預測結果

經過 **myDT** 決策樹分類模型的預測，可以判斷第一位新客戶的貢獻度為中度價值（M），第二位新客戶的貢獻度為高度價值（H），後續所產生的新客戶等級資料可以依此方式預測客戶價值等級類別，將預測結果的資料分享給行銷部門參考，以利推動不同類型的客戶所擬定的行銷方案。

# 8.2 如何解釋眼前生成的這棵樹

因為決策樹分類模型與其他分類模型最大差異就是決策樹模型可以產生視覺化的樹狀模型結構，整個預測的過程是可以透過一個視覺工具將資料分類的脈絡說明出來，因此接下來這一段將介紹如何藉由決策樹模型產生視覺化的決策樹。我們可以引進 sklearn 中的 tree 模組套件，並且使用 plot_tree() 函數就可以輕易地繪製出決策樹，指令為 from sklearn.tree import plot_tree，請先將下列斜體 Python 程式碼指令輸入到程式碼區塊中並且執行，如下圖 8.2.1 所示：

```
from sklearn.tree import plot_tree
```

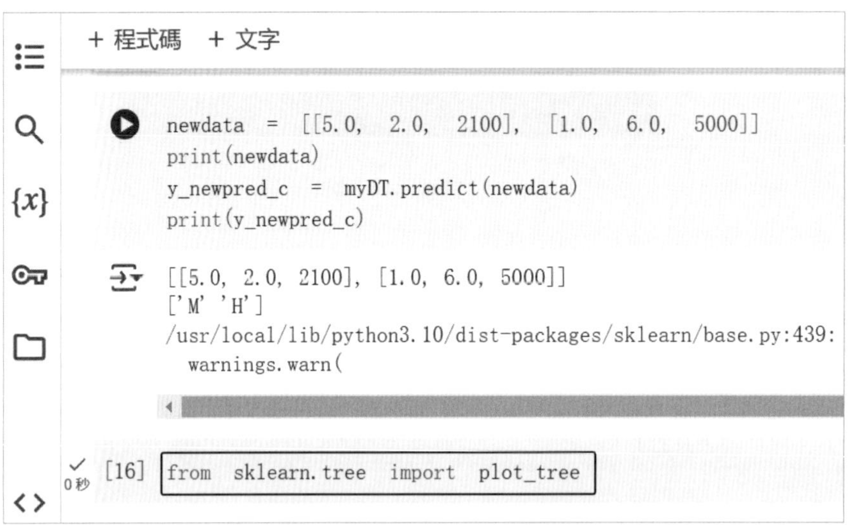


^ **圖 8.2.1** 引入決策樹繪圖模組

接下來就可以 **plot_tree()** 函數繪製決策樹。我們將剛剛產生的決策樹模型 **myDT** 放入函數中執行，指令為 **plot_tree(myDT)**。請先將下列斜體 Python 程式碼指令輸入到程式碼區塊中並且執行，如下圖 8.2.2 所示：

```
plot_tree(myDT)
```

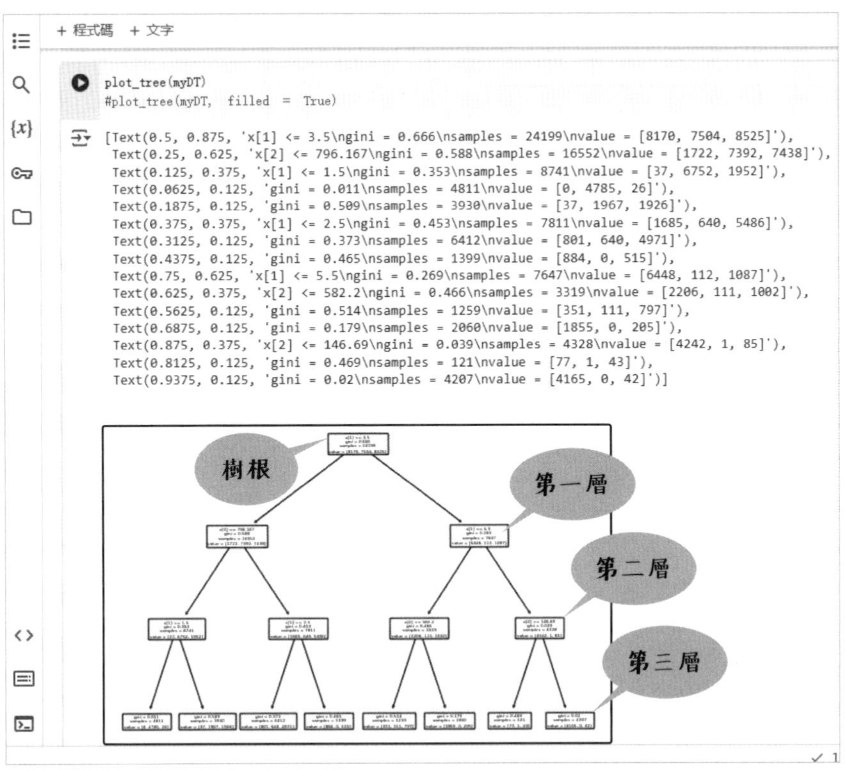


^ 圖 8.2.2 繪製決策樹

可以看出 plot_tree（myDT）所畫出的決策樹圖形過於窄小，不易理解內涵，此處可以使用另一個繪圖模組套件 **matplotlib.pyplot** 中的 **figure()** 函數設定將圖形放大。指令為 **figure(figsize=(15, 10))**。**figsize 中的參數分別為寬度 15 與長度 10**。請先將下列斜體 Python 程式碼指令輸入到程式碼區塊中並且執行，如下圖 8.2.3 所示：

```
import matplotlib.pyplot as plt
plt.figure(figsize=(15, 10))
plot_tree(myDT)

plt.show()
```

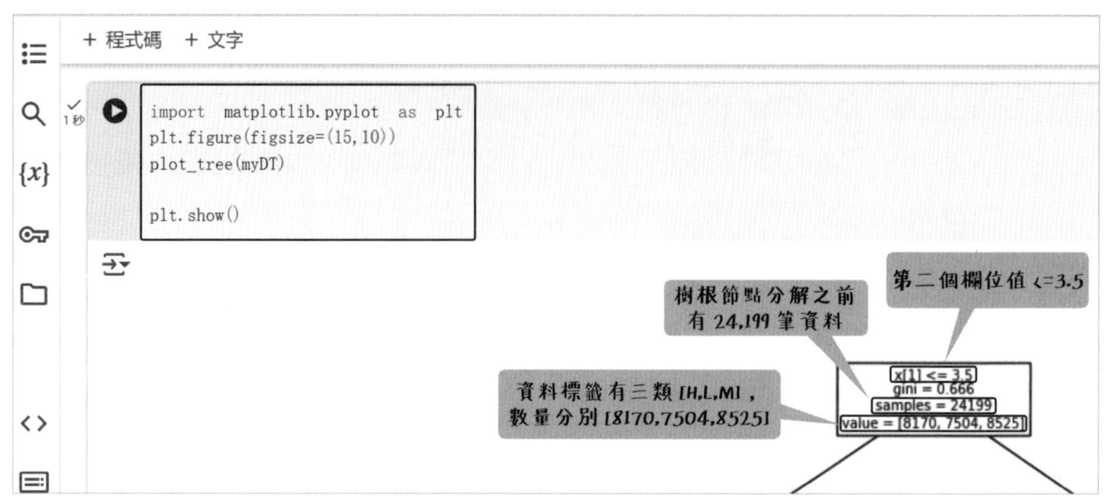
+ 程式碼 + 文字
import matplotlib.pyplot as plt
plt.figure(figsize=(15,10))
plot_tree(myDT)
plt.show()
第二個欄位值 <=3.5
樹根節點分解之前
有 24,199 筆資料
資料標籤有三類 [H,L,M]，
數量分別 [8170,7504,8525]
x[1] <= 3.5
gini = 0.666
samples = 24199
value = [8170, 7504, 8525]

^ **圖 8.2.3** 將決策樹放大

這裡特別將整顆決策樹顯示出來，如圖 8.2.4。從決策樹的樹根中得知當條件 X[1] <= 3.5 成立則往決策樹的左邊走，不成立就往決策樹的右邊走，以此類推。但是 X[1] 指什麼呢？就是模型中自變數的第二個欄位。回憶一下自變數欄位有三個，依序分別為最近一次消費（R）、消費頻率（F）及消費金額（M）。所以第二個自變數是指消費金額（F）。假設新客戶的 F 欄位資料值是 3，符合 <= 3.5，則繼續往左邊路徑走到葉節點，但是在葉節點上目前看不出是什麼類別值（H? L? M?），因此可以再修正一下繪製決策樹的方法，加入一些參數進去讓決策樹的資訊更容易解讀。

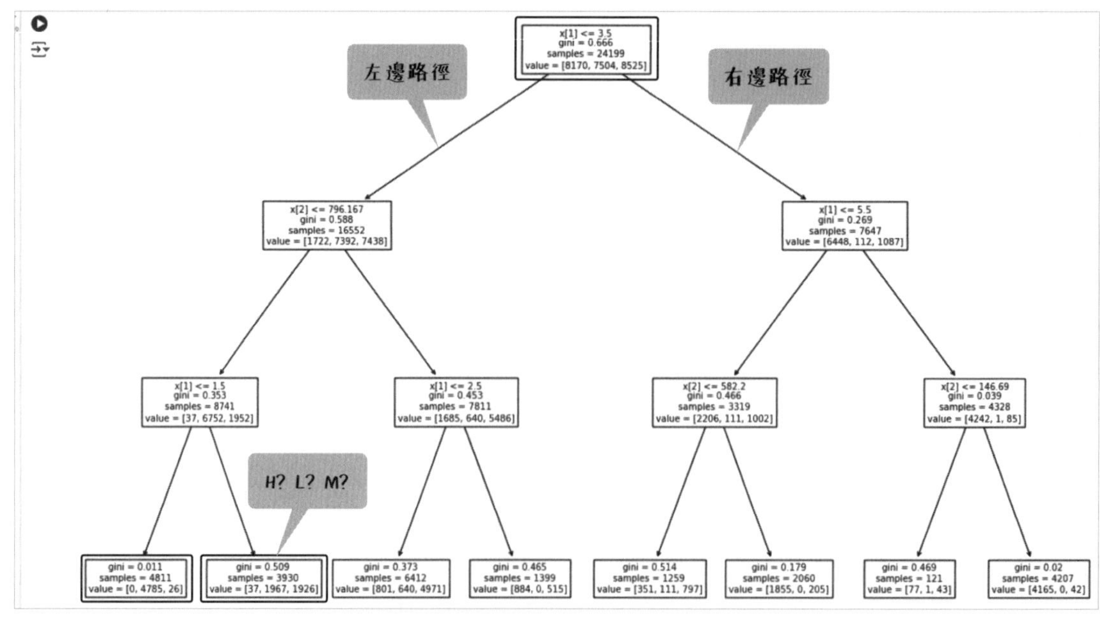
左邊路徑
右邊路徑
H? L? M?

^ **圖 8.2.4** 形成的整棵樹

想知道葉節點的類別，我們可以在 plot_tree() 函數中執行前加兩行指令。**設定兩個新的 list 變數 A、F，內容為 A=['H', 'L', 'M']， F =['R', 'F', 'M']，然後在 plot_tree() 函數中多加兩個參數：特徵名稱（feature_names）與類別名稱（class_names）。我們設定 feature_names = F，另外設定 class_names = A，最後形成的指令為 plot_tree(myDT, feature_names = F, class_names = A)**，請先將下列斜體 Python 程式碼指令輸入到程式碼區塊中並且執行，如下圖 8.2.5 所示：

```
plt.figure(figsize=(15,10))
A = ['H', 'L', 'M']
F = ['R', 'F', 'M']
plot_tree(myDT, feature_names = F, class_names = A)

plt.show()
```

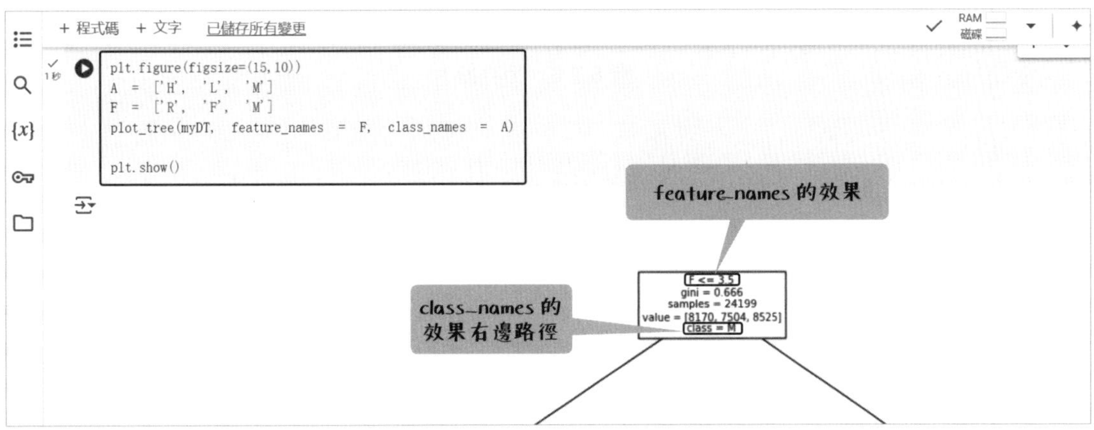


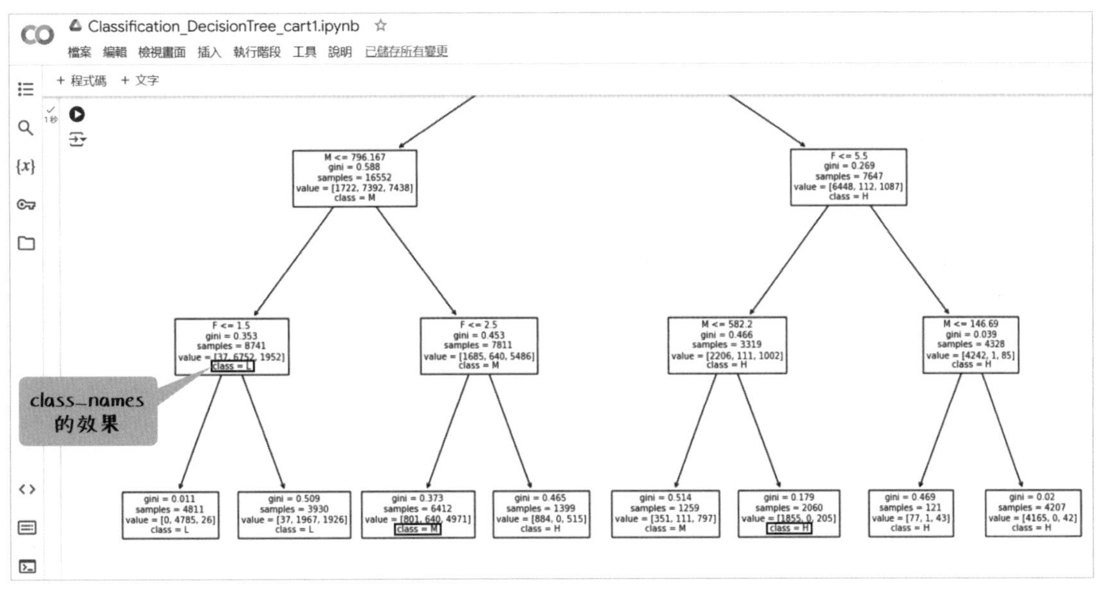


^ **圖 8.2.5** 可以看到特徵名稱的樹

最後，如果對著所生成的決策樹圖形按滑鼠右鍵 " **另存圖片** "，就可以將該樹存成圖片（圖 8.2.6）。

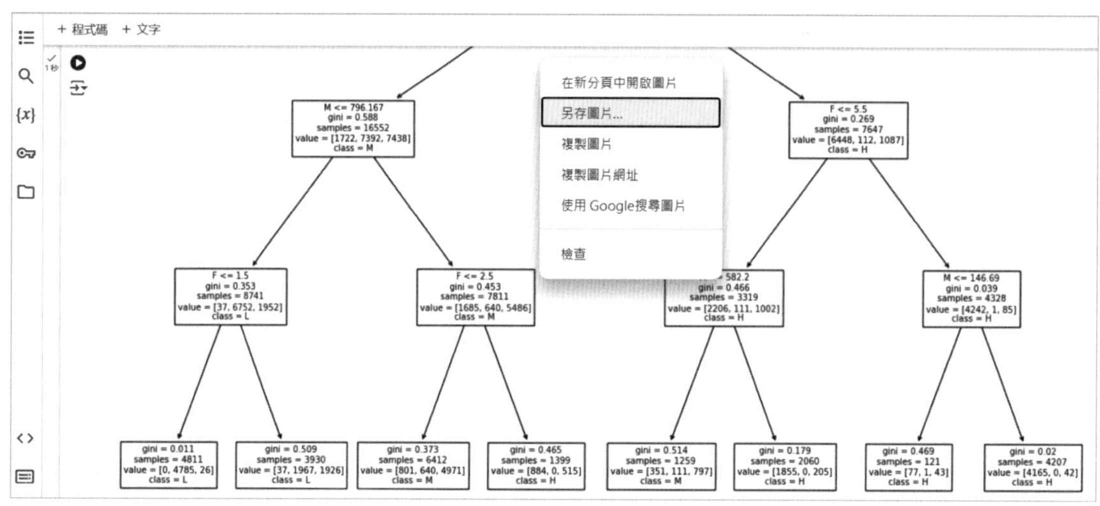


^ **圖 8.2.6** 另存圖片

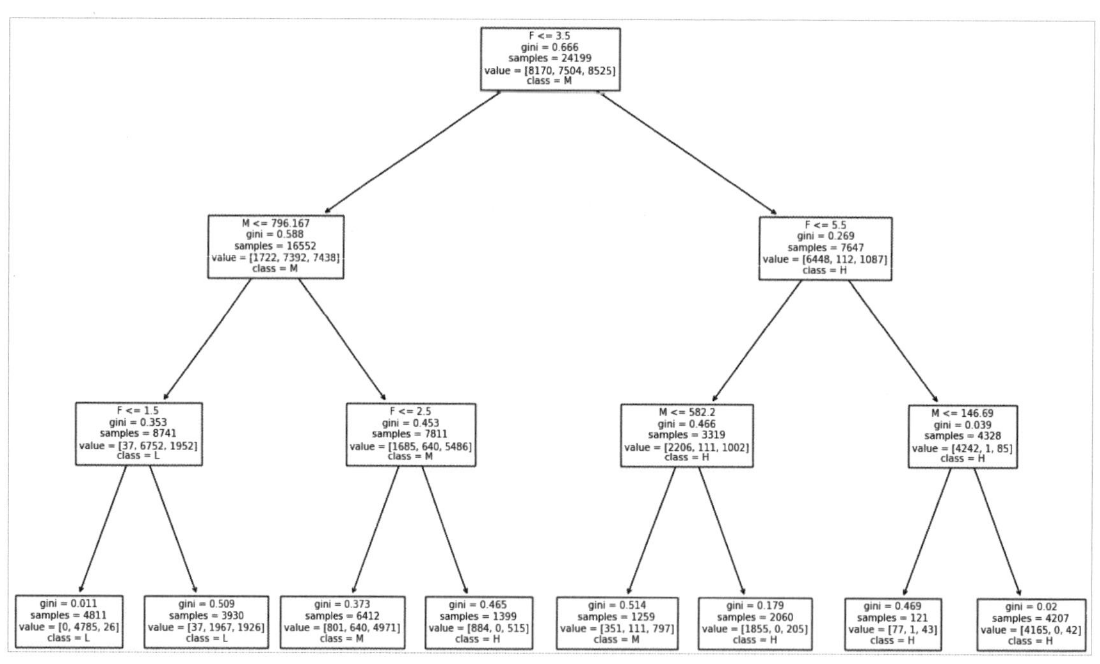


^ **圖 8.2.7** 完成的一棵樹

## 8.3 延伸應用

作為分析者，我們通常無法將複雜的運算與原始資料提供給決策者，因為這些訊息對於他們而言過於繁瑣，也無需深入理解。決策者主要需要的是明確的指引方向和清晰的概要。而決策樹的繪製就能是一個非常有效的做法，透過視覺化的呈現，決策者能迅速了解目標生成的每個過程與節點。作為分析者，應該針對視覺化進行一些前置工作：

1. **流程對比**：檢視公司現有銷售或者其他目的的執行流程中，是否與決策樹的結果完全相同或是全然迥異？若完全相同，則分析顯得多餘，除非能夠篩出前所未見的資訊，或驗證目前的營運假設。然若完全迥異，則可深入研究差異，提出改善建議以提升預測準確性。
2. **指引提供**：針對分支結果，根據實際營運的狀況，提供簡明的指引。舉例在一個陶器燒製工廠，我們將過去 10 年所有燒製的陶器，其參數完全列出，並且以決策樹分析後，發現一個溫度、時間、濕度與土質相互配合下的完美燒製公式。但由於每種產品有不同的需求，而不同的燒製結果也可以再製成不同的產品，因此「完美」這件事情就不能被視為重要因子，此時可以給出的建議可能就與我們原先想像的「以數據化的方式找到最佳解」，轉變成「提供較不容易失敗的指引」，如設定溫度超過某個值則陶器龜裂的機率將高於 80%，透過這樣來達到管理目的。

此外，決策樹的精華是提供後續行為的指引與預期，因此必須避免過度擬合，畢竟在真實狀況下，若想做到完全準確的預測，會結合其他的演算方式來執行，決策樹有其擅場，在應用時也需要特別留意是否符合真實應用情境。

### 本章心得

看圖就可以知道新餵入的資料是哪一類型，所以透過決策樹可以將消費者進行有意義分類。

### 回饋與作業

1. 決策樹為何是監督式演算法？試從實作中說明理由。

## 本章習題

1. （ ）關於決策樹分類演算法的描述何者正確？

    (A) 監督式方法　　(B) 非監督式方法

    (C) 兼容監督與非監督方法　　(D) 加強非監督式方法

2. （ ）關於決策樹分類演算法的描述何者錯誤？

    (A) 有目標變數　　(B) 有自變數

    (C) 運用自變數去預測目標變數　　(D) 自變數就是要預測的未來資料

3. （ ）關於決策樹的預測的驗證議題，下列何者錯誤？

    (A) 使用訓練資料集來建立模型

    (B) 將資料拆成訓練與測試組，前者訓練模型，後者用以驗證

    (C) 測試組資料量不要多於訓練組資料量

    (D) 測試組資料量一定要是訓練組資料量的九倍

4. （ ）使用分類六大步驟完成建立分類與預測決策樹不包含？

    (A) 資料載入與準備　　(B) 訓練與測試資料切割

    (C) 產生訓練資料集的預測結果　　(D) 預測未知類別的新資料

5. （ ）在建立模型的過程中，需要將原始資料切割成兩部分，第一部分是訓練資料集，第二部分是？

    (A) 交叉資料集　　(B) 缺失值資料集

    (C) 常數值資料集　　(D) 測試資料集

## 參考文獻


- Gey, S., & Nedelec, E. (2005). Model selection for CART regression trees. *IEEE Transactions on Information Theory*, *51*(2), 658-670.
- Brownlee, J. (2016). *Machine learning mastery with Python: understand your data, create accurate models, and work projects end-to-end*. Machine Learning Mastery.

CHAPTER

# 09

# 隨機森林與最近鄰

## 本章目標

1. 了解分類演算法進階的使用
2. 明白隨機森林與 kNN 原理

## 本章架構

9.1 隨機森林 - 把樹擴大了

9.2 隨機森林演算

9.3 最近鄰演算法（k nearest neighbor, kNN）

9.4 kNN 的實務應用

9.5 實務應用範例

前述章節針對分類問題使用了廣泛且易於理解的決策樹作為介紹，然而在實務上的分類演算法應用還包括可能的改良與衍生。本章將介紹兩種衍生方法：隨機森林與 K 最近鄰法。前者基於決策樹，透過構建多棵樹的模型來尋求最佳解決方案；後者則不建立模型，採用計算距離的方式來幫助辨識新資料與既有資料之間的差異，並探討新資料可能的分類結果。例如，為了提高決策樹的準確性並減少過度擬合的問題，可以選用隨機森林演算法，透過多棵樹的集成選出最佳解。而結合投票概念進一步應用於分類預測的 K 最近鄰法，可以幫助分析人員更加邏輯地分類並預測客戶的購買行為。

## 9.1 隨機森林 - 把樹擴大了

面對決策樹的結果，如果僅透過一次性的運算機制來決定，可能會顯得有些武斷。正如決策樹章節所述，這可能會導致過度擬合的問題，並且需要進行繁瑣的剪枝處理。如果能夠透過多棵樹的投票比較後再做出決策，則可能會更為合理。基於此，隨機森林（Random Forest）概念應運而生（Biau & Scornet, 2016）。

隨機森林實質上是將許多棵樹組合成一片森林，透過比較多棵樹的結果來進行分析，有點類似進行量化研究時增加樣本數的做法。舉例來說，如果一位部門主管面臨專案無法按時完成的困境，導致經濟損失，他肯定希望能從這次的經驗中學習，找出問題所在，並在事態惡化前採取行動挽救，正如圖 9.1.1 所描繪的情境。

^ 圖 9.1.1　隨機森林的概念

一般而言，人們會根據個人經驗所理解到的條件進行篩選。例如，若觀察到男性員工在執行工作任務時經常出現超時現象（從「工作延遲」欄位的數據中可見次數頻繁），且大部分無法提供充分解釋（「延遲原因」欄位為空或說明不明確），則可能會根據歸納法的習慣認為這是常態。當人腦可以接受這樣的邏輯，電腦的判斷也是相同的。如果可以確定答案，則大致可以認為符合上述條件的情況（「性別」、「工作是否延遲」、「延遲原因」）為關鍵因素，這些因素即為決策樹中的分枝變量。換言之，決策樹的目的在於尋找最適合的節點分枝變量，並逐步根據條件將目標分類。然而，僅憑這些條件找到的匹配情況，不必然意味著所選擇的變量（條件）是正確的。在判斷或者建立參數時，可能由於刻板印象，無法提供解釋的人不一定就存在問題，因而造成誤判，因此並非所有判斷變量都必須納入計算。

**為了避免刻板印象或既定概念，需要整合更多人的觀點，選擇合適的變量，並透過多數決的方式來確定最適合的條件。**因為從人類的角度來看，這些判斷條件和變量選擇（如「性別」、「工作是否延遲」、「延遲原因」）往往帶有強烈的主觀性，其影響範圍廣泛，這種偏見在各行各業都有可能出現。舉一個實際例子：汽車經銷商不應僅因車主資料顯示為女性就認為買家均為女性，這可能是因為為了節省保險費用而由女性進行登記，但這種情況可能導致無法準確識別哪些車款真正受女性喜愛。如果基於這樣的資料推出針對女性的專屬行銷活動，可能效果不彰。因此，排除個人基於經驗的偏好、偏見或誤解變得格外重要。

因此，隨機森林透過整合不同欄位觀點的方式進行構建，能匯整眾多單獨決策樹的意見，找出最合理的結論。每個人的觀點形成一棵樹，集合這些樹就構成了一片森林。透過這種方式，隨機森林利用多數決原則，從多棵樹中選出最佳解答。這樣的方法至少比依賴單一決策樹的判斷來得更加公正合理。雖然每棵樹可能因為個體的主觀偏見而出現過度擬合的情況，但隨機森林透過綜合考慮各樹的預測結果，進行投票後確定最終結果，從而有效改善和避免單棵樹可能出現的過度擬合問題。

## 9.2 隨機森林演算

決策樹簡單易懂，但容易造成分枝過細的過度擬合的情況，如圖 9.2.1 所示。從圖上可以看到決策樹過度擬合的樣子；資料切割到極細，每一個葉節點內的資料極少。但因為太細，如果若今天樣本數不夠大，訓練出來的模型不見得準確，切割到極細的狀況，今天或可找到一筆新的客戶資料其所屬的葉節點分類，但樣本數極小的情況下反而喪失了商業上應用的意義。

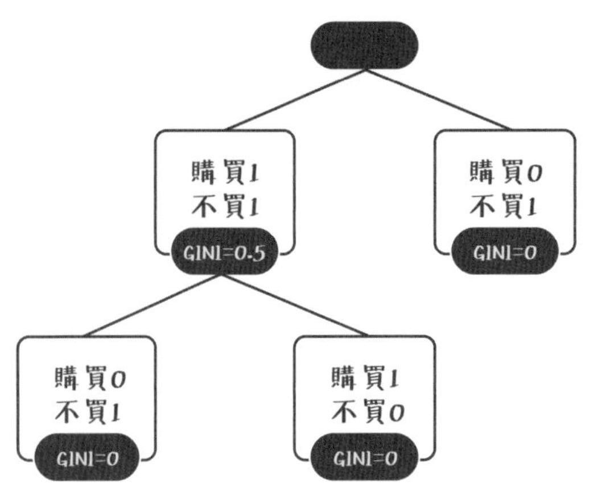


^ 圖 9.2.1 過度擬合

如果建立多棵樹將會提高準確度，假設以表 9.2.1 的資料來驗證所建立的模型，「目標欄位」為「是否購買電熱毯」。圖 9.2.2 是一棵樹的分類後驗證結果，結果顯示準確度（Accuracy）為 50.00%。但如果可以建立出一座包含了四棵樹的森林，準確度在同一「判斷分類用欄位」（收入 ( 千 )）下不同的分類結果，可以算出個別的準確率從 50.00% 到 75.00%，計算這森林的準確率可提升到 83.33%。換言之，多棵樹的準確度常高於單一棵樹的結果。

**表 9.2.1** 測試用資料

| 客戶 | 購買頻率 | 花費 | 性別 | 客戶等級 | 收入(千) | 是否購買電熱毯 |
|---|---|---|---|---|---|---|
| 阿丁 | 多 | 高 | 男 | 優質 | 500 | 是 |
| 鐵雄 | 少 | 高 | 男 | 一般 | 330 | 否 |
| 珍珍 | 多 | 少 | 女 | 一般 | 250 | 是 |
| 平平 | 少 | 多 | 女 | 優質 | 420 | 否 |

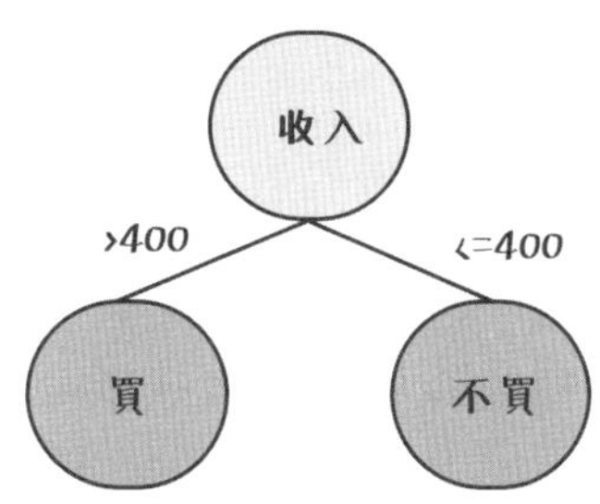


| Accuracy=50.00% | 是否購買電熱毯分類結果 | | |
|---|---|---|---|
| | | 分類為買 | 分類為不買 |
| 是否購買電熱毯實際情況 | 實際為買 | 1 | 1 |
| | 實際為不買 | 1 | 1 |

^ **圖 9.2.2** 決策樹結果

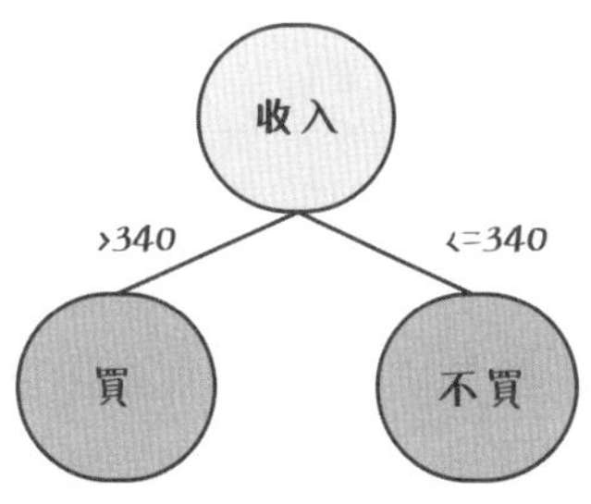


| Accuracy=50.00% | 是否購買電熱毯分類結果 | | |
|---|---|---|---|
| | | 分類為買 | 分類為不買 |
| 是否購買電熱毯實際情況 | 實際為買 | 1 | 1 |
| | 實際為不買 | 1 | 1 |

收入

>430 <=430

買 不買

| Accuracy=75.00% | 是否購買電熱毯分類結果 | | |
|---|---|---|---|
| | | 分類為買 | 分類為不買 |
| 是否購買電熱毯實際情況 | 實際為買 | 1 | 1 |
| | 實際為不買 | 0 | 2 |

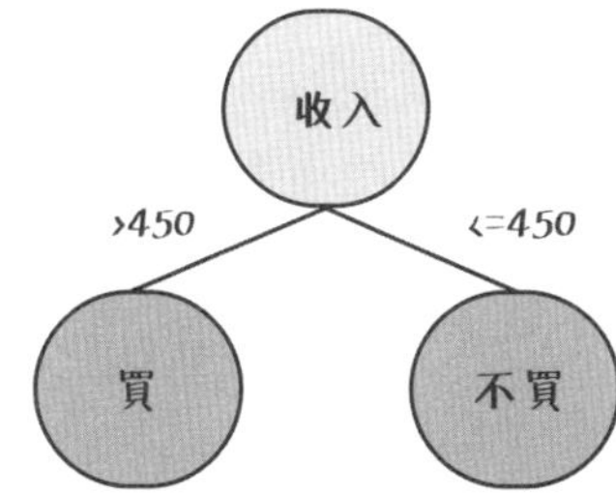


| Accuracy=75.00% | 是否購買電熱毯分類結果 | | |
|---|---|---|---|
| | | 分類為買 | 分類為不買 |
| 是否購買電熱毯實際情況 | 實際為買 | 1 | 1 |
| | 實際為不買 | 0 | 2 |

整體Accuracy Rate： $\frac{TP+TN}{TP+FP+FN+TN} = \frac{10}{4+4+4} = \frac{10}{12}$

$= 83.33\%$

^ **圖 9.2.3** 隨機森林的結果

介紹了上面的例子之後，以下以一個簡單的案例來介紹如何生成隨機森林的步驟。

1. 產生隨機森林中一棵樹的資料

表 9.2.2 為客戶原始資料。今天如果是要透過建立隨機森林模型來分類客戶，「目標欄位」是 VIP，也就是這隨機森林是用來分類客戶是否為 VIP。其他欄位「買飲料」、「買衣服」、「買雜貨」以及「月花費」則是「判別分類用的欄位」。

**表 9.2.2** 客戶原始資料

| 客戶 | 買飲料 | 買衣服 | 買雜貨 | 月花費(千) | VIP |
|---|---|---|---|---|---|
| 阿花 | NO | NO | NO | 131 | NO |
| 阿丁 | YES | YES | YES | 200 | NO |
| 阿文 | NO | NO | YES | 200 | YES |
| 阿宏 | YES | NO | YES | 154 | YES |

隨機森林，如其名，包含了眾多隨機生成的樹。這些樹的隨機性並非無中生有，而是基於對現有資料的特定處理。即便不深入學習統計學，大家也普遍認知到，達成隨機效果的方法包括擲公平的骰子或進行公正的抽籤。隨機森林中的隨機，則是透過計算機技術從原始資料集中隨機抽取子集，以此建立新的資料集，進而構造樹木。由於資料的限制，這一過程允許資料的重複抽取，即在一次抽取後，資料被放回原始數據集，使得後續抽取仍可能選中同一數據。

以一個假設的例子來說明，假定從一個原始資料集中隨機抽取到四個數據點：首先抽到阿文，接著是阿花，然後是阿宏，第四次抽取仍是阿宏。基於這四筆數據，就可以構建一個新的資料集。由於從原始資料集中進行了重複抽取，阿宏被抽中兩次，這正體現了允許抽取後資料放回，以便於後續抽取可能重選到相同資料的原則。這種方法被稱為拔靴法（bootstrapping），即透過拔靴法生成的隨機抽樣資料集。而這個案例同時展示了，某些數據點可能從未被抽中。使用拔靴法來產生用於建樹的隨機資料集的策略，在資料探勘領域稱為裝袋（bagging）。

表 9.2.3　隨機資料集

| 客戶 | 買飲料 | 買衣服 | 買雜貨 | 月花費(千) | VIP |
|---|---|---|---|---|---|
| 阿文 | NO | NO | YES | 200 | YES |
| 阿花 | NO | NO | NO | 131 | NO |
| 阿宏 | YES | NO | YES | 154 | YES |
| 阿丁 | YES | YES | YES | 200 | NO |

透過拔靴法的重複取樣，將既有資料透過隨機的揀選產生隨機資料集，也就是將原先的樣本透過隨機重複抽取來產生新樣本資料（McDonald, Lee, Schwarz, & Brown, 2014）。接下來將這隨機資料集，應用前一章學習的演算法（CART）來建立起一棵決策樹。

2. 建立隨機森林的過程

為避免過度擬合，在隨機森林演算法中，不似前一章提到的決策樹，將所有的「判別分類用的欄位」都納入作為判別建立決策樹的「分枝節點欄位」；而是每次分枝僅考慮部分的「判別分類用的欄位」來建立分枝節點。

以下為假設每次都「只選兩個判別分類用的欄位」來建立樹。如果選「買衣服」（吉尼係數為 0.375）與「月花費」（月花費大於 159 千元與小於等於 159 千元兩類，吉尼係數為 0.250）兩個欄位來進行分枝條件的判別，所以「月花費」的吉尼係數較低就是「只選擇兩個判別分類用的欄位」（「買衣服」與「月花費」）比較下的最佳分枝節點。

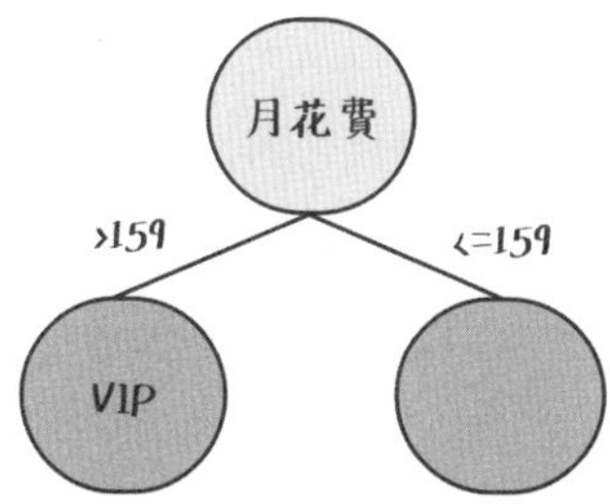


| 客戶 | 買飲料 | 買衣服 | 買雜貨 | 月花費(千) | VIP |
|---|---|---|---|---|---|
| 阿文 | NO | NO | YES | 200 | YES |

| 客戶 | 買飲料 | 買衣服 | 買雜貨 | 月花費(千) | VIP |
|---|---|---|---|---|---|
| 阿花 | NO | NO | NO | 131 | NO |
| 阿宏 | YES | NO | YES | 154 | YES |
| 阿宏 | YES | NO | YES | 154 | YES |

^ 圖 9.2.4　隨機森林建立第一棵樹的第一次分類

3. 在「只選兩個判別分類用的欄位」下，繼續針對步驟 2 所建立的個別分枝的下一次最佳分枝節點進行計算……直到建立完成一整棵完整的樹。

4. 重複上述步驟 1 到步驟 3，以建立多棵樹。假設建立出下列四棵樹形成了隨機森林（註：透過電腦計算，可以形成數百棵或者數千棵的樹，但為了說明起見，這邊先以四棵樹為主）。

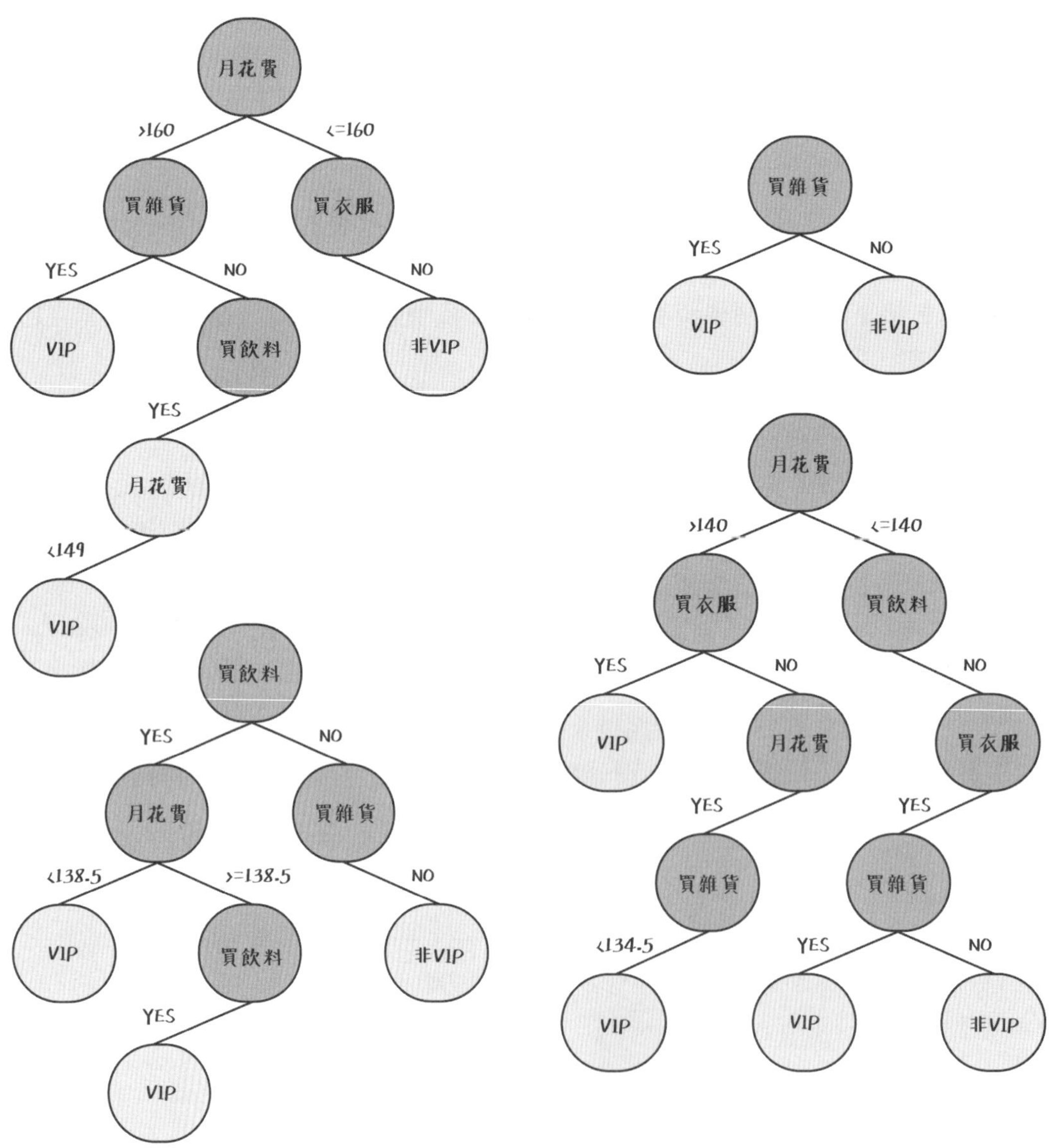


^ **圖 9.2.5** 完成一座隨機森林

應用上面步驟建好了隨機森林之後，需要進行測試驗證。同決策樹章節提到的，上述的資料可以透過 K 折驗證（k-fold）以及留一驗證（leave-one-out）的方式區隔建模資料與測試資料並進行混淆矩陣的驗證，並參考 7.5 節的混淆矩陣來計算準確率（accuracy），當作這森林的測試結果。

如果有一位新的客戶阿榮的資料（表 9.2.4），經理想要了解阿榮該分類為 VIP 或者非 VIP。就隨機森林而言，就是透過走訪（traversal）各棵樹（四棵）之後，確定阿榮是否為 VIP，然後計算投票結果。結果看到說阿榮不是 VIP 的有三棵樹，說這客戶是 VIP 的只有一棵樹。所以投票（vote）之後，確認該客戶不為 VIP。

**表 9.2.4** 測試資料

| 客戶 | 買飲料 | 買衣服 | 買雜貨 | 月花費(千) | VIP |
| --- | --- | --- | --- | --- | --- |
| 阿榮 | YES | NO | YES | 190 | ? |

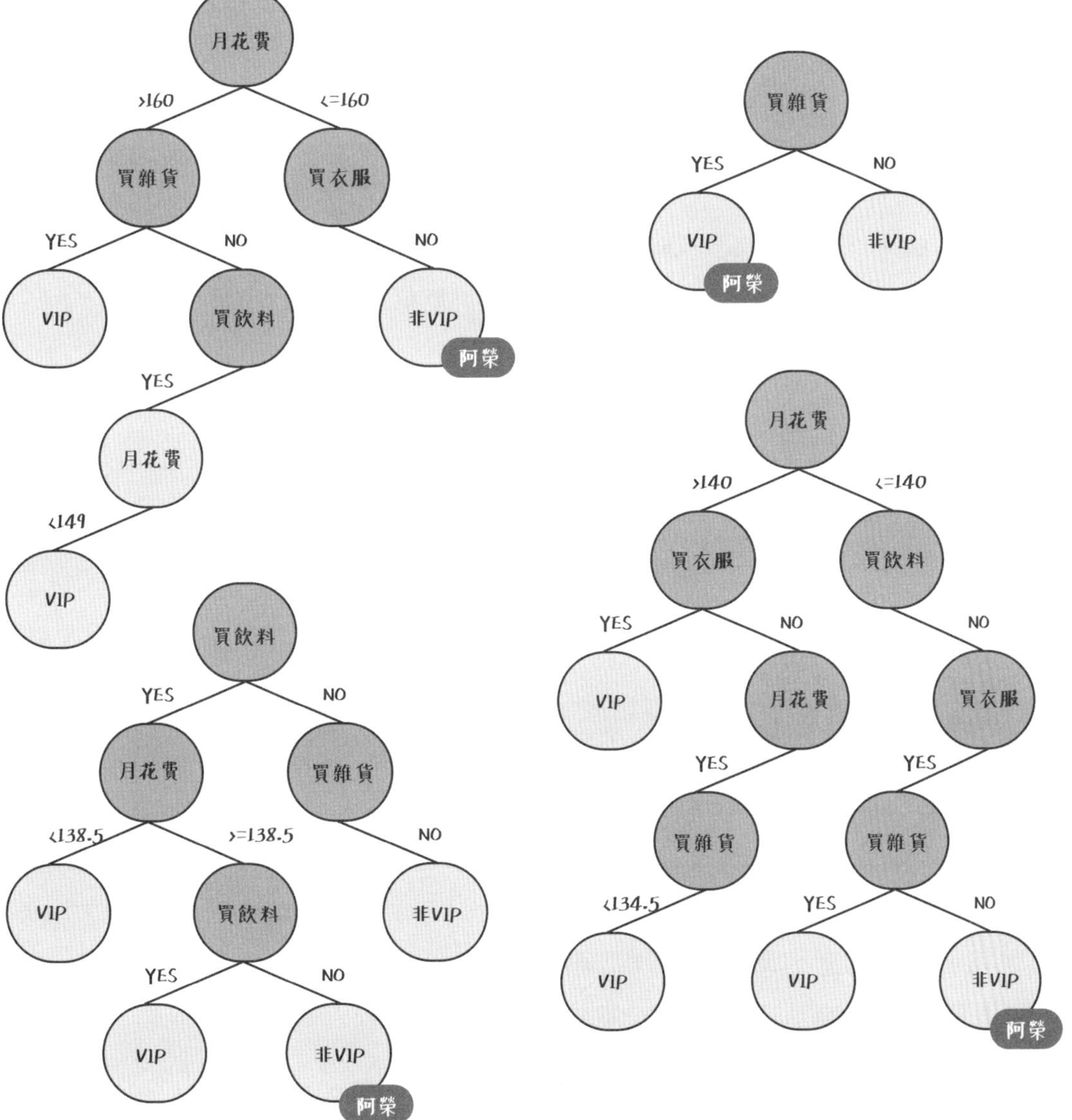


^ **圖 9.2.6** 透過投票判斷新客戶是否為 VIP

透過先前的討論，我們了解到隨機森林的建立是基於對現有資料的隨機處理。然而，當構建森林中的第一棵樹時，我們面臨一個問題：為何在選擇每個「分枝節點欄位」時，只考慮了兩個「判別分類用的欄位」，而沒有考慮使用三個或四個欄位來進行節點的構建。這一點值得進一步探討。

表 9.2.2 中的資料，其中一些未被納入考量，可以用來決定最佳「判別分類用的欄位」數量。換言之，這些未被考慮的資料有助於判斷使用多少個「判別分類用的欄位」來選擇「分枝節點欄位」最為合適。這類未納入表 9.2.3 的資料，在隨機森林中稱為袋外（OOB，Out-of-Bag）資料。實際操作中，可以利用 OOB 資料集來確定建立「分枝節點欄位」時應使用的「判別分類用的欄位」數量。

如果考慮使用兩個「判別分類用的欄位」建立分枝，如前文提到的「買衣服」和「月花費」，就能夠比較它們的吉尼係數來確定「分枝節點欄位」。當引入第三個「判別分類用的欄位」，假設隨機選擇「買衣服」、「買飲料」和「月花費」三個欄位，則可以根據這三個欄位的吉尼係數結果來決定「分枝節點欄位」。在此情況下，「是否買飲料」具有最低的吉尼係數（0.25），因此被選作「分枝節點欄位」。

進一步擴展至四個「判別分類用的欄位」時，包括「買飲料」、「買衣服」、「買雜貨」和「月花費」，我們發現「是否買雜貨」的吉尼係數最低（0.0），故此被選作「分枝節點欄位」。

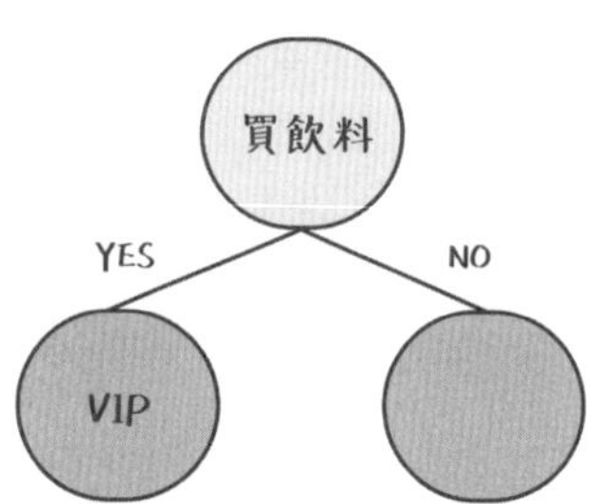


| 客戶 | 買飲料 | 買衣服 | 買雜貨 | 月花費(千) | VIP |
|---|---|---|---|---|---|
| 阿文 | NO | NO | YES | 200 | YES |
| 阿宏 | YES | NO | YES | 154 | YES |
| 阿宏 | YES | NO | YES | 154 | YES |

| 客戶 | 買飲料 | 買衣服 | 買雜貨 | 月花費(千) | VIP |
|---|---|---|---|---|---|
| 阿花 | NO | NO | NO | 131 | NO |
| 阿文 | NO | NO | YES | 200 | YES |

^ **圖 9.2.7** 透過三個判別分類用欄位建立分枝節點

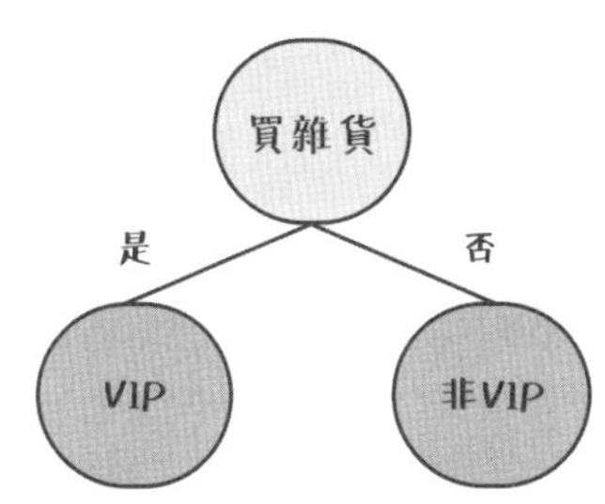


| 客戶 | 買飲料 | 買衣服 | 買雜貨 | 月花費(千) | VIP |
|---|---|---|---|---|---|
| 阿宏 | YES | NO | YES | 154 | YES |
| 阿宏 | YES | NO | YES | 154 | YES |
| 阿文 | NO | NO | YES | 200 | YES |

| 客戶 | 買飲料 | 買衣服 | 買雜貨 | 月花費(千) | VIP |
|---|---|---|---|---|---|
| 阿花 | NO | NO | NO | 131 | NO |

^ **圖 9.2.8** 透過四個判別分類用欄位建立分枝節點

**表 9.2.5** 沒納入建模的資料

| 客戶 | 買飲料 | 買衣服 | 買雜貨 | 月花費(千) | VIP |
|---|---|---|---|---|---|
| 阿丁 | YES | YES | YES | 200 | NO |

當將表 9.2.5 未納入建模的阿丁納入考量時，透過兩個「判別分類用欄位」建立的分枝節點檢視，發現阿丁並不符合 VIP 的條件（因為月花費大於 159 千），與實際阿丁是 VIP 的情況不符，準確度為 0%。而當使用三個「判別分類用欄位」進行分枝建立，以「是否購買飲料」作為判別標準時，因阿丁未購買飲料，故應分類為 VIP，準確度達到 100%。

若考慮四個「判別分類用欄位」進行分枝，以「是否購買雜貨」作為判別標準，測試結果顯示阿丁為非 VIP，與事實不符，準確度再次為 0%。因此，在這種情況下，建立「分枝節點欄位」最佳做法是使用三個「判別分類用欄位」。

若 OOB 資料有多筆，可以透過混淆矩陣計算不同「判別分類用欄位」數量下的準確率。例如，若兩個「判別分類用欄位」下準確度為 80%，三個為 65%，四個為 75%，則選擇準確度最高的兩個「判別分類用欄位」進行分類。

總而言之，隨機森林的運作方式有助於解決決策樹過度擬合的問題。透過統計的大數法則，建立數千至數萬棵樹進行投票，可以得到更加準確的結果。單一棵樹雖可能過於複雜，但隨機森林透過足夠的隨機性抽樣和多種組合，可以更接近實際所需答案，降低錯誤率。

# 9.3 最近鄰演算法（k nearest neighbor, kNN）

最近鄰演算法（k nearest neighbor, kNN）是分類學習的一種，同時也是一種預測演算法。其方式類似於 k-means 集群分析，名稱中同樣有個 k，但這裡的 k 代表的是與自己最近的一定數量的資料點。以前面的例子來解釋 kNN 的運作。

若要了解進入教室的人其性別差異，從人類的角度可以輕易判斷：根據身高、體重、年齡等因素。例如，一個身高 162 公分、體重 55 公斤、年齡 12 歲的人，多數人會判斷為較早進入青春期的女生。這種判斷基於觀察子女成長的經驗或個人成長經歷，與 k-means 的作法相近；k-means 透過生成隨機種子，計算資料與各種子間的距離，以確定質心是否可作為集群中心。

經驗豐富的父母可能會認為，若是小六男生，身高 162 公分、體重 55 公斤似乎偏高。這種推測基於父母的經驗或曾經聽聞的案例，這些經驗即是所謂的「最近鄰」。這說明了「身高 162 公分、體重 55 公斤」的資料與「小六男生」的印象相距較遠，而與早熟女生的印象相近。這揭示了 kNN 的基礎概念，即比較 K 個最接近的案例，但與 k-means 的差別在於 kNN 是監督式演算法，有具體的目標（例如：判斷進入教室的人的性別），透過比較找到與目標最接近的答案。

^ 圖 9.3.1　kNN 猜 N 生 Y 生

> **∨ 註解**
>
> 女生青春期通常較高，如果從 kNN 原理來看應該就是所選的 k 裡面多是高的女生。

## 9.4 kNN 的實務應用

在了解最近鄰的概念後，接下來進行演算。右表 9.4.1 為一個客戶資料表，包含了客戶的「購買金額」、「購買數量」以及「重要客戶」等三個欄位。假設有一個新的客戶（表 9.4.2），那此人是否是重要客戶，可以透過最近鄰演算法進行判別。

**表 9.4.1** 客戶資料

| 購買金額 | 購買數量 | 重要客戶 |
|---|---|---|
| 166 | 58 | N |
| 158 | 59 | N |
| 158 | 63 | N |
| 160 | 59 | N |
| 160 | 60 | N |
| 163 | 60 | N |
| 163 | 61 | N |
| 160 | 65 | Y |
| 163 | 64 | Y |
| 170 | 60 | Y |
| 170 | 62 | Y |
| 165 | 65 | Y |
| 172 | 62 | Y |
| 165 | 65 | Y |
| 168 | 66 | Y |
| 170 | 63 | Y |
| 170 | 64 | Y |
| 170 | 68 | Y |

**表 9.4.2** 新客戶

| 購買金額 | 購買數量 | 重要客戶 |
|---|---|---|
| 163 | 62 | ? |

在進行 kNN 演算法第一步要先定義預計要以多少筆資料進行預測，在此設定為 3，這邊也就是將 kNN 的 k 設定為 3。接下來開始建立模型。

1. 參考集群分析計算資料間距離的公式，這邊以歐幾里德距離來計算新進來客戶的資料與分析資料的差異。也就是透過計算距離的方式去做。如：該客戶與第一位客戶的計算，其他依序類推：

$$距離 = \sqrt{(62-58)^2 + (163-166)^2}$$

2. 計算得出預測結果表 9.4.3。

**表 9.4.3** 預測結果

| 購買金額 | 購買數量 | 重要客戶 | 距離 |
|---|---|---|---|
| 166 | 58 | N | 5.00 |
| 158 | 59 | N | 5.83 |
| 158 | 63 | N | 5.10 |
| 160 | 59 | N | 4.24 |
| 160 | 60 | N | 3.61 |
| 163 | 60 | N | 2.00 |
| 163 | 61 | N | 1.00 |
| 160 | 65 | Y | 4.24 |
| 163 | 64 | Y | 2.00 |
| 170 | 60 | Y | 7.28 |
| 170 | 62 | Y | 7.00 |
| 165 | 65 | Y | 3.61 |
| 172 | 62 | Y | 9.00 |
| 165 | 65 | Y | 3.61 |
| 168 | 66 | Y | 6.40 |
| 170 | 63 | Y | 7.07 |
| 170 | 64 | Y | 7.28 |
| 170 | 68 | Y | 9.22 |

3. 將表 9.4.3 的距離結果由近到遠進行排序（表 9.2.4）。

表 9.4.4　距離排序

| 購買金額 | 購買數量 | 重要客戶 | 距離 | 排序 |
|---|---|---|---|---|
| 166 | 58 | N | 5.00 | 9 |
| 158 | 59 | N | 5.83 | 11 |
| 158 | 63 | N | 5.10 | 10 |
| 160 | 59 | N | 4.24 | 7 |
| 160 | 60 | N | 3.61 | 4 |
| 163 | 60 | N | 2.00 | 2 |
| 163 | 61 | N | 1.00 | 1 |
| 160 | 65 | Y | 4.24 | 7 |
| 163 | 64 | Y | 2.00 | 2 |
| 170 | 60 | Y | 7.28 | 15 |
| 170 | 62 | Y | 7.00 | 13 |
| 165 | 65 | Y | 3.61 | 4 |
| 172 | 62 | Y | 9.00 | 17 |
| 165 | 65 | Y | 3.61 | 4 |
| 168 | 66 | Y | 6.40 | 12 |
| 170 | 63 | Y | 7.07 | 14 |
| 170 | 64 | Y | 7.28 | 15 |
| 170 | 68 | Y | 9.22 | 18 |

4. 在 k=3 的情況下，從表 9.2.4 找出前三名。計算出重要客戶比例為 N 者 2 人，Y 者 1 人。據此，預測新進客戶為 N，也就是該客戶不是重要的客戶。

**表 9.4.5** 最接近的前三名學生

| 購買金額 | 購買數量 | 重要客戶 | 距離 | 排序 |
|---|---|---|---|---|
| 163 | 60 | N | 2.00 | 2 |
| 163 | 61 | N | 1.00 | 1 |
| 163 | 64 | Y | 2.00 | 2 |

透過上述討論，應該對 kNN 演算法的基本概念有了大致的理解。然而，如何選擇合適的 k 值則是一個需要謹慎考慮的問題。首先，選擇的 k 值應該是一個奇數，並且不能太小，例如：k=1。如果最接近的資料點僅有一個，則只會得到一個性別的結果，這樣的做法過於偏執，因為它沒有提供第二種可能的答案，實際上這就是一種過度擬合的現象。

此外，應用 kNN 演算法時，也需要確定適畜範圍的限制。以身高為例，如果數據集中的資料來自小學五年級和六年級的學生，這些學生的年齡可能只有十一歲或十二歲，但如果今天進來的是一名十五歲的學生，那麼他 / 她的年齡已經超出班級學生的常規年齡範圍太多了，但是僅從資料中卻無法確定一個十五歲的學生應該屬於何種性別。最重要的是，基於分析出有意義的結果，k 的值也不應該設為偶數，因為如果恰好一半是重要客戶，另一半是非重要客戶，則在數量上會出現平衡，無法確定重要性，這種情況下就無法得出明確的答案。

## 9.5 實務應用範例

kNN 應用極為廣泛，尤其是現在智慧型手機與應用程式發達的時代，許多企業除了傳統打卡方法外，也流行導入使用虹膜、指紋甚至人臉識別技術的應用程式進行打卡，此外如現在許多家庭常配用電子鎖，也牽涉到識別技術。由於虹膜與指紋具唯一性（每個人的虹膜與指紋均不相同），在數據比對上僅需比較所輸入資料與資料庫內相似程度即可。然而，人臉識別則屬於另一層面的辨識方法。當面對如今天疲倦或被陽光曬紅的情況，系統無法進行直接的一對一比較。此時，透過 kNN 的比對，可根據多個特徵值判斷打卡者的身份（Ebrahimpour & Kouzani, 2007）。市面上有眾多介紹如何利用 Python 引入 kNN 演算法，進而自主建立人臉辨識甚至動作辨識系統。不僅能識別人臉，還能辨識更細微的物體，如將顯微鏡放在皮膚表面上，已有學者將 kNN 用於細胞檢測的方法（Dann, Henderson, Teichmann, Morgan, & Marioni, 2021）。而科技的發展日新月異，過往我們難以判斷的事物也越來越能夠透過大數據應用來進行解析，其中就包括了判斷幼兒哭聲的意義，作為父母或兄姊，又或者是聽聞過其他幼兒的成長階段，就會知道在某個時間段，基於肌肉尚未健全，也尚未發展出語言邏輯，幼兒會以哭聲作為溝通的方式，而這時候往往只能猜測幼兒「發生什麼事」，以至於許多幼兒因痛覺無法陳述，導致疾病延遲醫治，以致後續病痛或者喪失性命。在 2019 年，Dewi, Prasasti 與 Irawan 等人就透過 kNN 來分析出遠端監控時，嬰幼兒的聲音是否是哭聲（有時嬰幼兒只是發出聲音，但遠端監控時往往只能偵測是否產生聲源）。Zayed, Hasasneh 與 Tadj 等人在 2023 年則透過許多大數據分析的方式對於幼兒疾病的預防進行了測試，其中分析方法就包含了隨機森林與 kNN，結果是在不同的音訊特徵下，可以有基本的辨別方式。而這套機制近年也開始商轉，成為許多新手爸媽常用的應用程式。

而另一種 kNN 的應用則在考古學上，眾所皆知，截至目前為止有為數不少的文字是尚未被破譯的，未被破譯的因素有非常多，其中可能包括語言喪失或者考古資料不足等因素。在 2017 年經 Capobianco 等人的研究下，透過非監督式 kNN（PCA-kNN）方式，在不毀損歷史文物的狀況下分析化學成分與保存狀況。而 Paparrigopoulou 等人則在 2022 年起也透過 kNN 等研究方法試圖為古希臘的書卷進行定年（依此來確定是同一個世代的產物，藉以橫向比對考古資料）。無獨有偶，Sudarma 與 Darma 等人則於 2014 年起以 kNN 方法針對峇里島古文字進行識別。相信持續在大數據的介入之下，對於歷史的謎團破解的速度也會以超乎想像的方式推進。

kNN 演算法不僅適用於識別應用，亦可用於分析社群行為。許多人每日在社群媒體發表貼文、觀看及分享他人貼文、甚至按讚，這些行為資料均可作為 kNN 分類分析與預測之用（Chou, Wu, Chen & Shou, 2014; Boguná, Pastor-Satorras, Díaz-Guilera, & Arenas, 2004）。透過 kNN 演算法，可分析人際間的連結距離；例如，從某個粉絲專頁出發，可識別該專頁與所有用戶間的連結，以及這些用戶與其他專頁或朋友間的連結。然而，此類應用因資料來源多透過網路爬蟲技術獲得，在個資法範疇下存在模糊地帶，涉及隱私問題，使用時需特別留意。

對於眾多公司而言，透過行銷預算以提升公司盈利實屬被動策略之一環（畢竟行銷行為產生的成本會直接列於公司的負債帳裡），因此於積極策略中，企業多從製程與成本著手，進而調整企業結構。在工業 4.0 背景下，kNN 演算法扮演著關鍵角色，透過算法生成的結果，能夠保證從原料管理至產品出廠的品質，選擇適當的 k 值以達到更精確的預測結果（Angelopoulos, Michailidis, Nomikos, Trakadas, Hatziefremidis, Voliotis, & Zahariadis, 2020）。此外，銀行或其他金融機構亦可透過 kNN 資料分析進行風險規避，並在面臨危機時發出預警（Imandoust, & Bolandraftar, 2013）。

## 本章心得

想要分類與預測，透過隨機森林與 kNN 演算法可以很容易理解且達成要分類的目的。對於 kNN 如何設定 k，需要由分析人員自行設定合適的數值。

## 回饋與作業

1. 隨機森林的 bootstrapping 是採用取後放回或取後不放回？
2. 如果 kNN 的 k 設定為 4，套用表 9.2.1，那會是怎樣的結果？

## 本章習題

1. (　) 隨機森林是衍生自於？

   (A) 決策樹　(B) 類神經

   (C) 關聯規則　(D) 集群分析

2. (　) 隨機森林的可能用途？

   (A) 判別顧客年紀　(B) 推算顧客重要性

   (C) 確定員工薪資　(D) 找出關聯規則

3. (　) 關於 kNN 演算法以下何者為非？

   (A) k 不可以太小

   (B) k 需要是奇數

   (C) 選擇的鄰居針對特定議題的意見居多數者勝出

   (D) 與 k-Means 相同值

## 參考文獻


- Angelopoulos, A., Michailidis, E. T., Nomikos, N., Trakadas, P., Hatziefremidis, A., Voliotis, S., & Zahariadis, T. (2020). Tackling faults in the industry 4.0 era—a survey of machine-learning solutions and key aspects. *Sensors*, *20*(1), 109.
- Biau, G., & Scornet, E. (2016). A random forest guided tour. *Test*, *25*(2), 197-227.
- Boguná, M., Pastor-Satorras, R., Díaz-Guilera, A., & Arenas, A. (2004). Models of social networks based on social distance attachment. *Physical review E*, *70*(5), 056122.
- Capobianco, G., Bracciale, M. P., Sali, D., Sbardella, F., Belloni, P., Bonifazi, G., Serranti, S., Santarelli, M. L., & Guidi, M. C. (2017). Chemometrics approach to FT-

IR hyperspectral imaging analysis of degradation products in artwork cross-section. *Microchemical Journal, 132*, 69-76.

- Dann, E., Henderson, N. C., Teichmann, S. A., Morgan, M. D., & Marioni, J. C. (2021). Differential abundance testing on single-cell data using k-nearest neighbor graphs. *Nature Biotechnology*, 1-9.
- Dewi, S. P., Prasasti, A. L., & Irawam, B. (2019). Analysis of LFCC feature extraction in baby crying classification using KNN. *2019 IEEE International Conference on Internet of Things and Intelligence System (IoTaIS)*, 86-91
- Ebrahimpour, H., & Kouzani, A. (2007, December). Face recognition using bagging KNN. In *International conference on signal processing and communication systems (ICSPCS'2007) australia, gold coast* (pp. 17-19). sn.
- Imandoust, S. B., & Bolandraftar, M. (2013). Application of k-nearest neighbor (knn) approach for predicting economic events: Theoretical background. *International Journal of Engineering Research and Applications*, *3*(5), 605-610.
- Khan, Z., Gul, A., Perperoglou, A., Miftahuddin, M., Mahmoud, O., Adler, W., & Lausen, B. (2020). Ensemble of optimal trees, random forest and random projection ensemble classification. *Advances in Data Analysis and Classification*, *14*(1), 97-116.
- McDonald, A. D., Lee, J. D., Schwarz, C., & Brown, T. L. (2014). Steering in a random forest: Ensemble learning for detecting drowsiness-related lane departures. *Human factors*, *56*(5), 986-998.
- Paparrigopoulou, A., Pavlopoulos, J., & Konstantinidou, M. (2022) Dating Greek Papyri Images with Machine Learning. Retrieved from: https://doi.org/10.21203/rs.3.rs-2272076/v1
- Sudarma, M., & Darma, I W. A. S. (2014). The identification of Balinese scripts' characters based on semantic feature and K nearest neighbor. *International Journal of Computer Applications, 19*(1), 14-18.
- Zayed, Y., Hasasneh, A., & Tadj, C. (2023). Infant cry signal diagnostic system using deep learning and fused features. Diagnostics, 13(12):2107, Retrieved from: https://doi.org/10.3390/diagnostics13122107
- Zhou, X., Wu, S., Chen, G., & Shou, L. (2014). kNN processing with co-space distance in SoLoMo systems. *Expert systems with applications*, *41*(16), 6967-6982.

CHAPTER

# 10

# 執行一下隨機森林吧

## 本章目標

1. 透過 Google Colab 實作 Python 以理解隨機森林的運作方式

## 本章架構

10.1 跑一次隨機森林演算法看看

10.2 結果解釋

在進入隨機森林之前先回顧一下第九章所提到的重點：面對決策樹這樣多元的結果…如果可以看看多棵決策樹進行比較是不是會更好呢？在第七章 CART 決策樹中所描述，不管是使用何種方法所產生的決策樹其實都是一個資料分類模型（Classification model），即每一棵決策樹都可以被視為一個分類器（Classifier），而每一個分類器都是一個領域專家，當專家在判讀未知類別資料後，會輸出一個類別結果標籤值，譬如說領域專家 A 的意見就是一顆決策樹（Classifier A）、領域專家 B 的意見就是另一棵決策樹（Classifier B），而您的意見（專家 C）也會是一顆決策樹（Classifier C）……，當所有領域專家的這些決策樹集結在一起進而判斷未知類別資料的結果標籤，如此像是民主機制中投票表決的多數決概念，就是隨機森林。

簡而言之，如果可以在判斷未知資料類別值之前詢問過多個分類器（類似多個人類領域專家們）的意見，並且綜合多個分類器的結果，最後猶如一場會議投票表決計票方式，取多數決定來當作答案，如此那將會是綜合全體意見的答案，其預測正確率將可以有所提升，這樣的方式對於未知類別資料預測的判斷上有極大的幫助，這樣綜合多棵決策樹分類結果的方法被稱為隨機森林（Random forests）（Oshiro, Perez, & Baranauskas, 2012）。以下將針對隨機森林實作進行說明。

## 10.1 跑一次隨機森林演算法看看

在《三國演義》的故事中經常可見諸葛亮運籌帷幄，致勝於千里之外，譬如空城計、草船借箭、或赤壁之戰之前舌戰群儒，他對於天下大勢判斷與戰事預測之精準無人出其右。但是有句俗語「三個臭皮匠勝過一個諸葛亮」，這句話也提醒大家集思廣益也能想出贏過諸葛亮的想法，上述說明其實就是隨機森林演算法的概念。

隨機森林（Random forest）也是屬於機器學習中領域中一種監督式學習（Supervised learning）方法用於解決分類問題（Classification）。如前面所描述隨機森林是建立在決策樹（Decision tree）上，除了單棵樹與森林之間的直覺概念之外，隨機二字有著兩種基本想法，即透過**隨機樣本（Sample）**與**隨機特徵（Feature）**來建構多棵決策樹，森林中的每一棵決策樹可以對輸入的樣本產出一個分類，最後使用民主多數決（類似投票）的方式決定最後分類的結果，有點像是結合多個較弱的分類器可以組合出一個較強的分類器的想法，這概念也被稱為是集成學習（Ensemble Learning），簡單來說就是結合多個模型的表現，來提高最後分類或預測的正確率，也因此隨機森林（較強的分類器）被稱為進階版的決策樹（較弱的分類器），就是很多顆樹合起來建構出一座森林，而隨機森林就是這些樹的集成（Ensemble）。

可是在實作上我們會遇到一個問題，畢竟只有一個資料集，要如何建立出隨機森林這類較強的分類器呢？其精神就是建構多棵有差異的決策樹時必須輸入**不同的樣本**和**不同的特徵**，可以使用隨機抽樣中所提到的**取後放回**的方式來產生，如此可以解決這些困擾。

再舉一個例子：譬如有一個新客戶王小明已經有交易往來一陣子，但是他的客戶等級尚未得知。我們可以根據客戶等級的訓練資料集先行產生了 7 個不同的決策樹分類器，這 7 個分類器各別對王小明的四個自變數欄位（Frequency、Quantity、Category、Amount）進行類別判讀，來確認他是優質客戶（Excellent）、好客戶（Good）還是一般客戶（Fair）。接著這 7 個分類器各別判定後得到結果為 Excellent、Fair、Good、Excellent、Excellent、Good、Excellent，即第一個分類器預測王小明為優質客戶，第二個分類器預測王小明為一般客戶，第三個分類器預測王小明為好客戶……，以及第七個分類器預測王小明為優質客戶。整理後得知 Excellent 得 4 票、Good 得 2 票、Fair 僅得 1 票；而多數決的方式就是類似取眾數（Mode）的概念，Excellent 票數最多，那麼隨機森林的分類結果就會視這位新客戶的等級為優質客戶（Excellent），簡單吧？

如果對上一章節還有印象，簡單說隨機森林實作上就是結合多棵以吉尼係數（Gini）為基礎的 CART 決策樹分類器，再加上隨機方式抽出的訓練資料，計算之後得到資料分類的類別推估值。接下來我們就透過 Python 一步一步進行建模與預測，資料集跟第八章相同資料集是描述公司客戶價值的資料，依照貢獻的價值等級分為高價值客戶（H）、中價值客戶（M）及低價值客戶（L）。而評估客戶價值的欄位有三個，就是行銷部門常用的最近一次消費（Recency）、消費頻率（Frequency）及消費金額（Monetary），資料集的檔案名稱為 **classification_randomforests_Ex1.csv**，第一個欄位為數值資料，第二到四個欄位則為數值資料，第五個欄位是類別資料儲存客戶類別值，分別是 H、M 以及 L 三種，資料如表 10.1.1 所示。

**表 10.1.1** 客戶價值資料集

| cid | R | F | M | customer_value |
|---|---|---|---|---|
| **1069** | 19 | 4 | 486 | M |
| **1113** | 54 | 4 | 557.5 | M |
| **1250** | 19 | 2 | 791.5 | M |
| **1359** | 87 | 1 | 364 | L |
| **1823** | 36 | 3 | 869 | M |
| … | … | … | | … |
| **2179544** | 1 | 1 | 3753 | M |
| **2179568** | 1 | 1 | 406 | L |

| cid | R | F | M | customer_value |
|---|---|---|---|---|
| 2179605 | 1 | 1 | 6001 | M |
| 2179643 | 1 | 1 | 887 | L |
| 20002000 | 24 | 27 | 1814.63 | H |

資料分類的工作程序基本上同先前章節所敘述的有六個步驟，分別為資料載入與準備、訓練與測試資料切割、訓練（學習）與建立分類模型、產生測試資料集的預測結果、評估測試資料集在分類模型的績效表現以及預測未知類別的新資料，這一整套資料分類的程序與第八章的說明相同，如圖 10.1.1 所示，唯一不同就是所選用演算法不同。這次選用隨機森林方法當做建立分類模型的演算法，因此在實作上 Python 會因為所選的不同演算法而使用不同的函數建立模型。

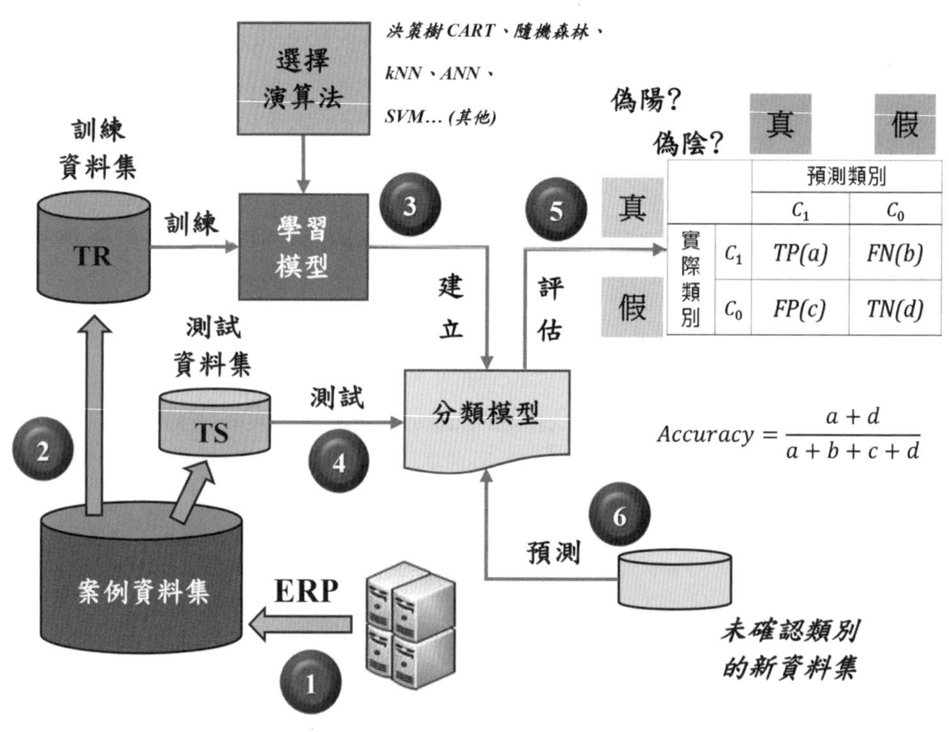


^ 圖 10.1.1　模型建立步驟

根據第九章中對於使用隨機森林方法所產生的分類模型原理。在此以客戶價值貢獻度資料帶領各位一步一步完成隨機森林分類模型與預測分析。資料來源是以一個客戶價值資料集 classification_randomforests_Ex1.csv 為主建立一個客戶資料分類模型。

如同第八章方式，首先開啟一個全新的空白的 Colab 筆記本，不管預設檔案名稱為何，先將檔案名稱修改為 **Classification_RandomForests1.ipynb**，並按「連線」按鈕讓筆記本連到 Google 雲端資源，接著如果各位需要更高運算力（Computing power）的需求，即會用到高效能計算的處理器，則請到「編輯→筆記本設定」將硬體加速器選項中預設的「CPU」選項更改為「T4 GPU」選項（輝達公司的 NVIDIA Tesla T4 GPU），最後執行「檔案→儲存」。接下來請把經常使用的模組（pandas，以 pd 代稱，以及 numpy，以 np 代稱）引進到程式區塊中。操作說明請參考附錄一。

```
import pandas as pd
import numpy as np
```

緊接著我們要來建立隨機森林（Random forests）方法的預測模型。使用 Python 語言來建立分類模型時，其步驟有著非常高的標準化程序，通常可以使用六個步驟完成建立分類模型與預測的工作，如圖 10.1.1 所示，圖上有六個數字分別對應以下六個工作步驟，分述如下：

## 步驟一、資料載入與準備

我們先將表 10.1.1 的客戶價值資料集內容讀入 Colab 環境中。客戶價值資料集是透過 ERP 系統中下載客戶交易資料與客戶基本資料後經過 R、F、M 的計算所得到的客戶價值資料，並且也邀請行銷領域專家、學者評估每一位客戶價值資料後給予高（H）、中（M）、低（L）價值標籤處理，最後儲存成 csv（逗號分隔值，Comma-Separated Values）檔案資料，檔案名稱為 **classification_randomforests_Ex1.csv**，總共有 32,266 筆資料，描述 32,266 位公司客戶的貢獻價值狀況。請先將 **classification_randomforests_Ex1.csv** 檔案上傳到 Colab 雲端環境中，並將下列斜體 Python 程式碼指令輸入到程式碼區塊中執行來查看整個客戶價值資料集。如下圖 10.1.2 所示。

```
df = pd.read_csv('/content/classification_randomforests_Ex1.csv')
df
```

+ 程式碼 + 文字

```
[1] import pandas as pd
    import numpy as np
```

```
df = pd.read_csv('/content/classification_randomforests_Ex1.csv')
df
```

| | cid | R | F | M | customer_value |
|---|---|---|---|---|---|
| **0** | 1069 | 19 | 4 | 486.00000 | M |
| **1** | 1113 | 54 | 4 | 557.50000 | M |
| **2** | 1250 | 19 | 2 | 791.50000 | M |
| **3** | 1359 | 87 | 1 | 364.00000 | L |
| **4** | 1823 | 36 | 3 | 869.00000 | M |
| ... | ... | ... | ... | ... | ... |
| **32261** | 2179544 | 1 | 1 | 3753.00000 | M |
| **32262** | 2179568 | 1 | 1 | 406.00000 | L |
| **32263** | 2179605 | 1 | 1 | 6001.00000 | M |
| **32264** | 2179643 | 1 | 1 | 887.00000 | L |
| **32265** | 20002000 | 24 | 27 | 1814.62963 | H |

32266 rows × 5 columns

^ **圖 10.1.2** 顯示資料集檔案內容

因為隨機森林方法也是屬於監督式機器學習方法，如第八章所言，在建立模型的過程中需要先行決定兩件事情：模型的**目標變數**與**自變數**。目標變數通常指的就是建立分類模型後，我們想要使用模型幫我們預測什麼事情。譬如我們想建立分類模型來預測新的客戶價值，因此 customer_value 欄位就會是我們的目標變數欄位。當然接著要去想我們需要使用哪一些資料來預測新客戶的價值等級呢？通常會需要透過顧客價值分類的專家或學者提供意見協助挑選出會影響的欄位（以此當作自變數），如果沒有這方面專家學者的意見，通常就會使用剩下的欄位全部投入當作會影響顧客貢獻度判定的欄位（剩下的欄位全部當作自變數，但是唯一性質高的 cid 欄位不會納入自變數中）；這些會影響目標變數判定的欄位稱為自變數欄位，如圖 10.1.2 中的 R、F、M 欄位。與第八章相同的目的，在客戶價值資料集的範例中，**目標變數**與**自變數**這兩個變數分別為：

- 目標變數欄位：customer_vlaue
- 自變數欄位：R、F、M

（請注意：通常編碼、代碼等欄位的資料值因為唯一性特質很強，所以不太會被納入自變數欄位，譬如 cid。）

在 Python 中為了方便後續建立模型以及模型的評估工作，我們需先將目標變數與自變數資料分別設定後使用。我們將三個自變數 R、F、M 儲存在變數 CustomerData 中，而目標變數欄位 customer_value 儲存在變數 CustomerTagret 中。請先將下列斜體 Python 程式碼指令輸入到程式碼區塊中並且執行，如下圖 10.1.3 與 10.1.4 所示：

```
CustomerData = df[['R', F, 'M']]
CustomerData.head()  #head() 功能是顯示前五筆資料
```

＋程式碼　＋文字

```
[3] CustomerData = df[['R', 'F', 'M']]
    CustomerData.head()    #head()功能是顯示前五筆資料
```

| | R | F | M |
|---|---|---|---|
| **0** | 19 | 4 | 486.0 |
| **1** | 54 | 4 | 557.5 |
| **2** | 19 | 2 | 791.5 |
| **3** | 87 | 1 | 364.0 |
| **4** | 36 | 3 | 869.0 |

^ **圖 10.1.3**　將資料存入自變數的變數中

```
CustomerTarget = df['customer_value']
CustomerTarget[:5]
```

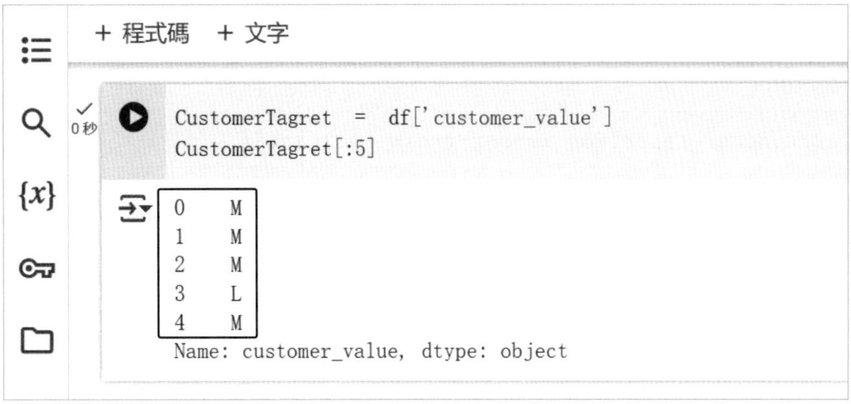

＋程式碼　＋文字

```
CustomerTagret = df['customer_value']
CustomerTagret[:5]
```

```
0    M
1    M
2    M
3    L
4    M
Name: customer_value, dtype: object
```

^ **圖 10.1.4**　將資料存入目標變數的變數中

## 步驟二、訓練與測試資料切割

接下來把讀入的資料集切割成兩部分，其一為訓練資料集（Training dataset），簡稱為 TR，另一為測試資料集（Testing dataset），簡稱為 TS。此時需要從 sklearn 的 model_selection 中引進 train_test_split 函數，可以快速地按照使用者的規劃資料的比例值切割訓練資料集（TR）與測試資料集（TS）。如圖 10.1.5 所示：

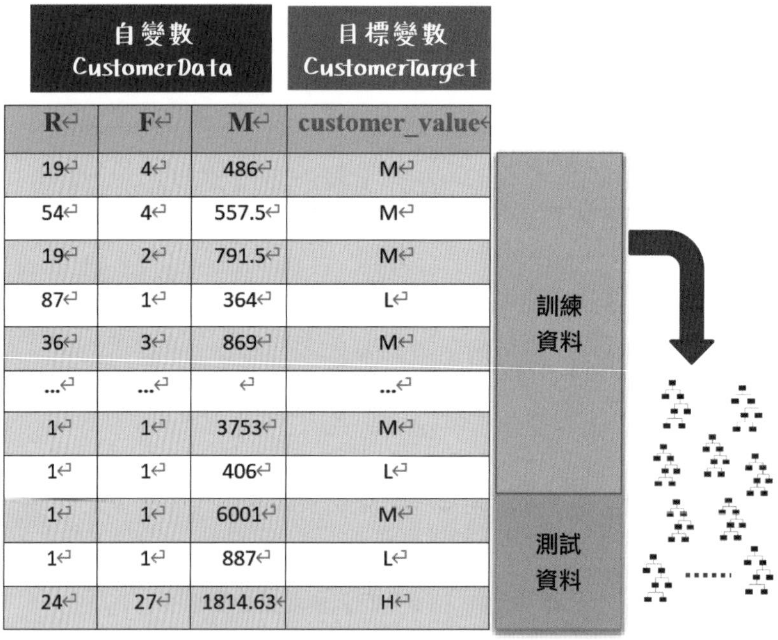

自變數 CustomerData

目標變數 CustomerTarget

| R | F | M | customer_value |
|---|---|---|---|
| 19 | 4 | 486 | M |
| 54 | 4 | 557.5 | M |
| 19 | 2 | 791.5 | M |
| 87 | 1 | 364 | L |
| 36 | 3 | 869 | M |
| ... | ... | | ... |
| 1 | 1 | 3753 | M |
| 1 | 1 | 406 | L |
| 1 | 1 | 6001 | M |
| 1 | 1 | 887 | L |
| 24 | 27 | 1814.63 | H |

訓練資料

測試資料

......

^ 圖 10.1.5　切割訓練資料與測試資料的概念

此處與第八章相同，在客戶價值資料集中取 75% 為訓練資料集，25% 為測試資料集。可以依需求自行調整，原則是**訓練資料集的筆數不可以比測試資料集的筆數少**，請先將下列斜體 Python 程式碼指令輸入到程式碼區塊中並且執行，如圖 10.1.6 所示：

```
from sklearn.model_selection import train_test_split
```

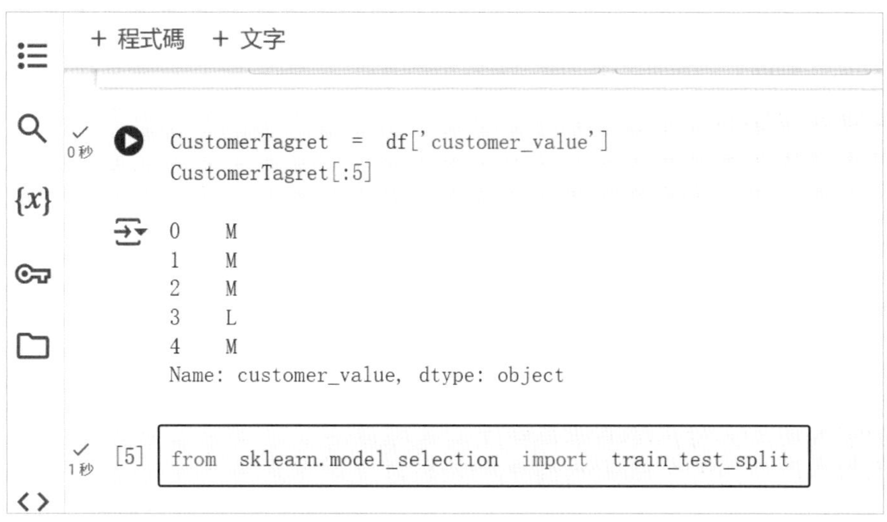
+ 程式碼 + 文字
0秒
CustomerTagret = df['customer_value']
CustomerTagret[:5]
0 M
1 M
2 M
3 L
4 M
Name: customer_value, dtype: object
1秒
[5]
from sklearn.model_selection import train_test_split

^ **圖 10.1.6** 匯入資料分割函數

為了讓資料集切割順暢，避免日後混淆，在資料切割前需要先完整規劃變數。綜上所述，我們需要將自變數與目標變數資料整理如下。

- **訓練資料集（Training dataset）大小設定為 75%**
- **測試資料集（Testing dataset）大小設定為 25%**

訓練資料集中分成兩部分儲存：

- **訓練資料集的自變數欄位設定為 X_train**
- **訓練資料集的目標變數欄位設定為 y_train**

測試資料集中也分成兩部分儲存：

- **測試資料集的自變數欄位設定為 X_test**
- **測試資料集的目標變數欄位設定為 y_test**

我們接著使用 **train_test_split()** 函數將資料切割後分存在 **X_train, X_test, y_train, y_test** 四個變數中。**因為是要將數據載入這四個變數，所以這四個變數會在等號左邊**，而等號後面才是 **train_test_split()** 函數。該函數中有四個常用參數設定，第一個參數建模使用的為自變數，第二個參數為目標變數，第三個 train_size 參數為指定訓練資料集的大小比例，第四個 stratify 參數可以按照目標變數的比例抽出資料，第五個 random_state 參數可以每一次執行都使用同一個數字即可達到此效果，譬如都填入亂數種子 42。在切割完資料後順便查看一下 **X_train**、**X_test**、**y_train** 以及 **y_test** 筆數各為多少，所以下面斜體的程式碼加上四個 print() 函數以及搭配 {} 格式與 format() 函數，其中格式 f 的前面數字代表需要幾位小數點，0f 表示使用整數顯示。請先將下列斜體 Python 程式碼指令輸入到程式碼區塊中並且執行，如下圖 10.1.7 所示：

```
X_train, X_test, y_train, y_test = train_test_split(
    CustomerData,
    CustomerTarget,
    train_size = 0.75,
    stratify = CustomerTarget,
    random_state = 42
)

print("X_train: {:.0f}".format(len(X_train)))
print("X_test: {:.0f}".format(len(X_test)))
print("y_train: {:.0f}".format(len(y_train)))
print("y_test: {:.0f}".format(len(y_test)))
```

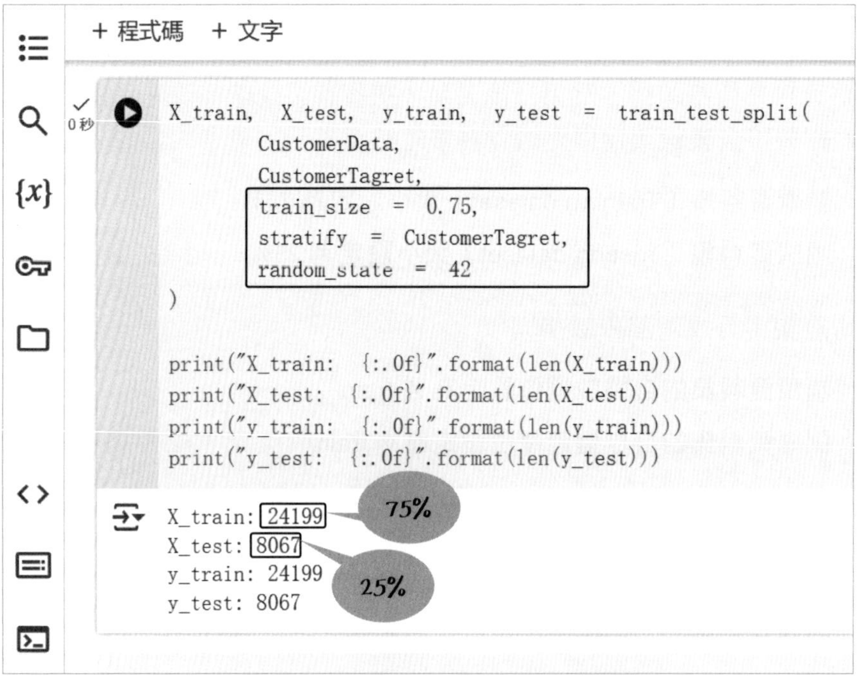

^ **圖 10.1.7** 設定訓練與測試資料的隨機種子

上述的參數資料的設定必須整理起來如下表 10.1.2（同第八章的表 8.1.2），可以做為後續模型調整參數時候的參考依據，如下所示：

**表 10.1.2** 分割好的資料集

| 訓練資料集（Training dataset） | 75% | 測試資料集（Testing dataset） | 25% |
|---|---|---|---|
| 自變數欄位 | 目標變數欄位 | 自變數欄位 | 目標變數欄位 |
| X_train | y_train | X_test | y_test |
| 24,199 筆 | 24,199 筆 | 8,067 筆 | 8,067 筆 |
| 總筆數：32,266 | | | |

## 步驟三、訓練（學習）與建立分類模型

這一步驟是建立模型的核心步驟，先從 **sklearn** 中引進 **ensemble** 模組套件，選擇其中一個隨機森林分類器的函數 **RandomForestClassifier()**，指令為 **from sklearn.ensemble import RandomForestClassifier**，請先將下列斜體 Python 程式碼指令輸入到程式碼區塊中並且執行，如圖 10.1.8 所示：

```
from sklearn.ensemble import RandomForestClassifier
```

```
+ 程式碼  + 文字
        stratify = CustomerTagret,
        random_state = 42
)

print("X_train:  {:.0f}".format(len(X_train)))
print("X_test:  {:.0f}".format(len(X_test)))
print("y_train:  {:.0f}".format(len(y_train)))
print("y_test:  {:.0f}".format(len(y_test)))

X_train: 24199
X_test: 8067
y_train: 24199
y_test: 8067

[7] from sklearn.ensemble import RandomForestClassifier
```

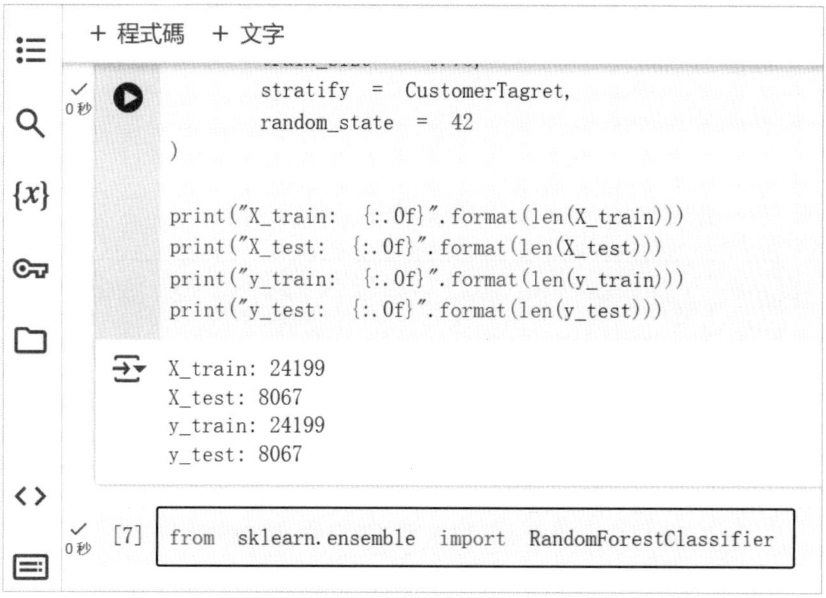

^ **圖 10.1.8** 載入隨機森林演算法

接著可以使用 **RandomForestClassifier()** 函數新增一個建立模型的框架變數 **myRFC**。**RandomForestClassifier()** 函數中使用兩個參數，第一個參數 **n_estimators** 代表要在隨機森林中使用多少棵 CART 決策樹，即森林中樹木的數量，我們這邊先設定為 150 棵 CART 決策樹，通常此值如果設定值越大，會耗掉相當多的計算時間，但是所產生的分類模型預測效果相對往往會比較好。切記，任何模型都有其極限，當 **n_estimators** 數量達到一定程度時，預測正確率（Accuracy）往往就不會再提高了，可能開始有不穩定情況發生，即有時候正確率高、有時候正確率低，上下大幅振動，因此必須留意 n_estimators 設定與預測正確率（Accuracy）的判斷。

第二個參數 **criterion**，這是在建構隨機森林模型的時候會使用到的重要參數，稱為特徵選擇標準（criterion），目前常用的特徵選擇標準的預測值是使用**吉尼係數（Gini）**，因為隨機森林的理論基礎是由 CART 決策樹方法所延伸的，因此以吉尼係數（Gini）為預測值，請先將下列斜體 Python 程式碼指令輸入到程式碼區塊中並且執行，如圖 10.1.9 所示：

```
myRFC = RandomForestClassifier(n_estimators = 150, criterion = 'gini')
myRFC
```

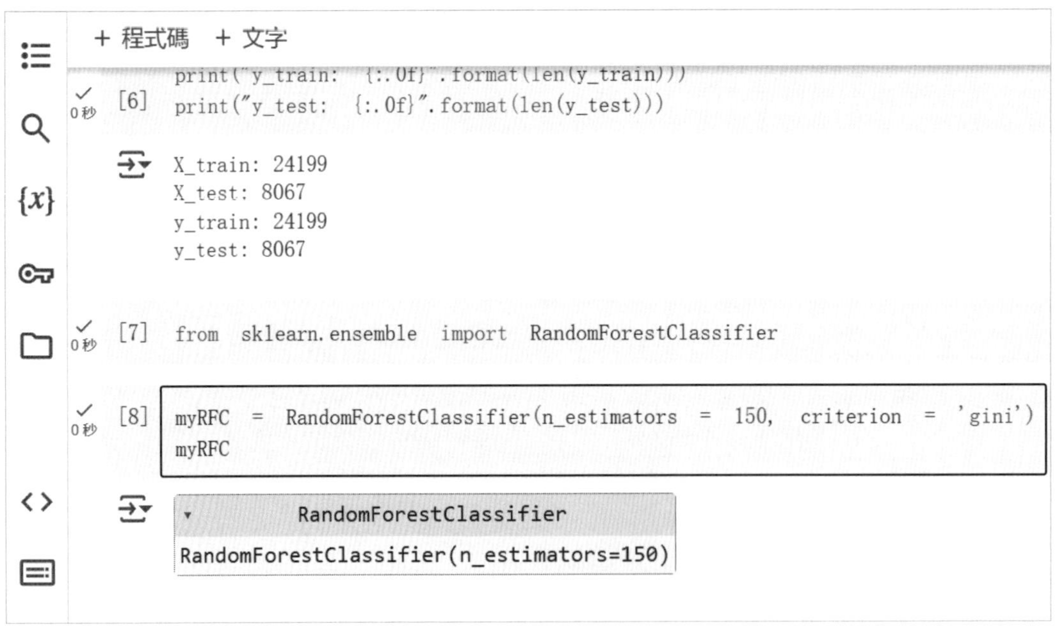

^ **圖 10.1.9** 準備好可以執行的模型並設定隨機森林參數

接下來引進 24,199 筆的訓練資料集資料進入剛剛架構部屬好的框架 **myRFC**，並且搭配 **fit()** 函數，指令為 **myRFC.fit(X_train, y_train)**。這裡的第一個參數是訓練資料集中的自變數 **X_train**，第二個參數是訓練資料集中的自變數 **y_train**。請先將下列斜體 Python 程式碼指令輸入到程式碼區塊中並且執行，如圖 10.1.10 所示：

```
myRFC.fit(X_train, y_train)
myRFC
```

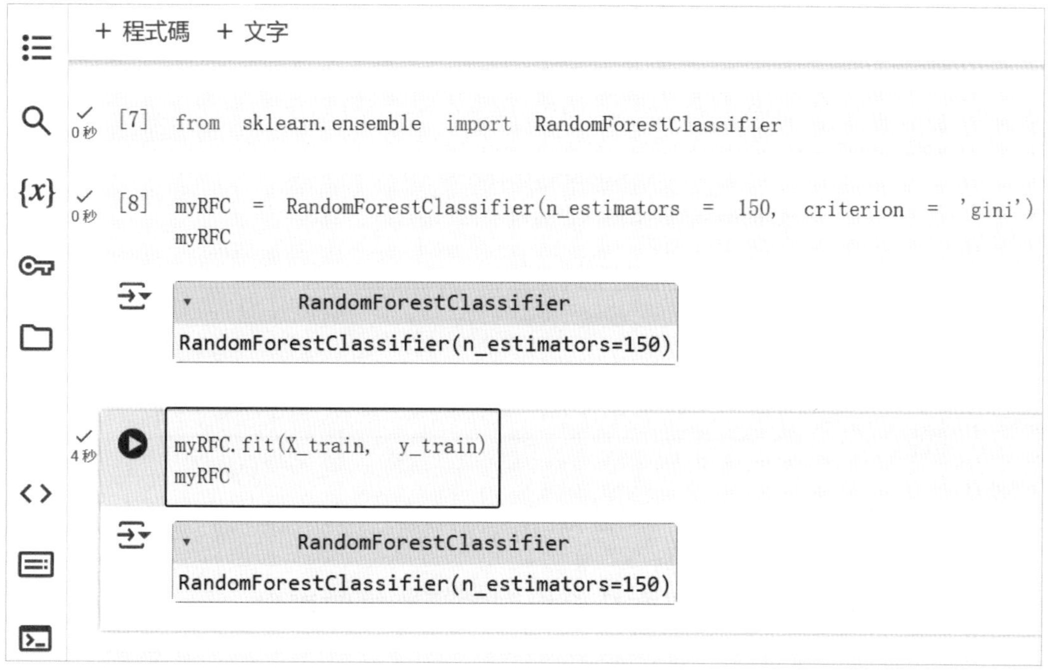


^ **圖 10.1.10** 放入訓練資料集

## 步驟四、產生測試資料集的預測結果

在這一個步驟中，引進測試資料集讓剛剛訓練好的模型 **myRFC** 可以進行資料預測，基本上就是將測試資料集中的每一筆自變數（**X_test**）餵進去 **myRFC** 隨機森林分類模型中，並同時讓模型判定該筆資料的預測類別值（**H**、**M**、**L**）。**myRFC** 隨機森林分類模型搭配使用 **predit()** 函數就可以判定測試資料集中的每一筆是哪一種客戶的類別值，指令為 **y_rfc_pred = myRFC.predict(X_test)**，判定類別結果儲存在 **y_rfc_pred** 變數中。根據資料切割步驟得知測試資料集有 8,067 筆資料，因此這邊執行後會得到 8,067 筆類別值資料，請先將下列斜體 Python 程式碼指令輸入到程式碼區塊中並且執行，如圖 10.1.11 所示：

```
y_rfc_pred = myRFC.predict(X_test)
y_rfc_pred
```

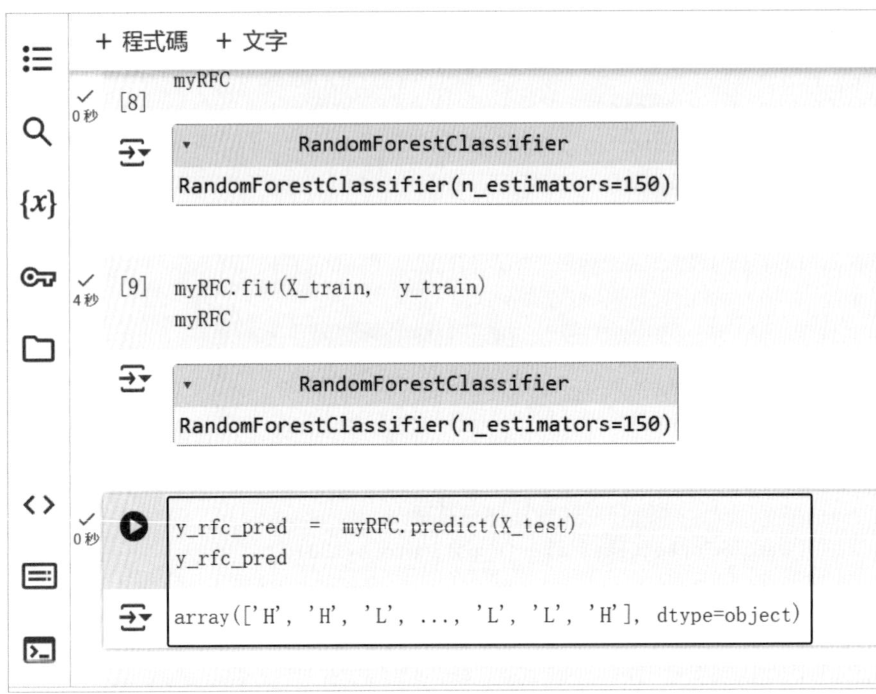

+ 程式碼 + 文字
[8] myRFC
RandomForestClassifier
RandomForestClassifier(n_estimators=150)
[9] myRFC.fit(X_train, y_train)
myRFC
RandomForestClassifier
RandomForestClassifier(n_estimators=150)
y_rfc_pred = myRFC.predict(X_test)
y_rfc_pred
array(['H', 'H', 'L', ..., 'L', 'L', 'H'], dtype=object)

^ **圖 10.1.11** 執行預測

## 步驟五、評估測試資料集在分類模型的預測績效表現

為了了解整個模型在預測測試資料集（8,067 筆客戶貢獻度資料）的表現績效，因此必須引進一些績效指標函數的模組套件，可以從 **sklearn** 中引進 **metrics** 套件模組，指令為 **from sklearn import metrics**，請先將下列斜體 Python 程式碼指令輸入到程式碼區塊中並且執行，如圖 10.1.12 所示：

```
from sklearn import metrics
```

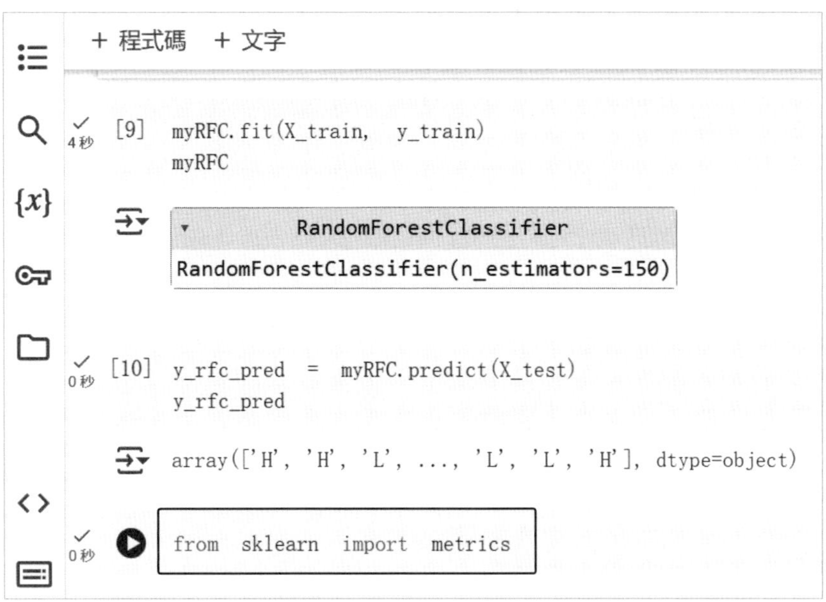
+ 程式碼 + 文字
[9] myRFC.fit(X_train, y_train)
myRFC
RandomForestClassifier
RandomForestClassifier(n_estimators=150)
[10] y_rfc_pred = myRFC.predict(X_test)
y_rfc_pred
array(['H', 'H', 'L', ..., 'L', 'L', 'H'], dtype=object)
from sklearn import metrics

^ **圖 10.1.12** 引入績效指標模組

整個模型的預測正確率（Accuracy）是衡量分類模型預測績效的最基本指標。同第八章，我們使用 metrics 模組套件中的 accuracy_score() 函數就可以得到答案，指令為 **acc_rfc = metrics.accuracy_score(y_test, y_rfc_pred)**。第一個參數是測試資料集中的目標變數 **y_test**，第二個參數是模型預測結果的 **y_rfc_pred** 變數，並將計算完後的結果儲存在 **acc_rfc** 變數中輸出。以下我們以 **print()** 函數進行輸出，在 **print()** 函數中加入 **format()** 函數可以自定輸出格式，**.2f** 就是指顯示出小數點兩位。本處我們輸出指令訂為 **print("Accuracy: {:.2f}".format(acc))**。

在 Python 2.6 後可以新增了一種格式化字符串的函數 **str.format()**，這種種方法增強了字符串格式化的表達功能。基本語法是透過 **{}** 和 **:** 來代替以前的 **%** 符號。執行 **print("Accuracy: {:.2f}".format(acc))** 後，得到整個分類模型的預測正確率（Accuracy）為 0.89。這表示以 CART 演算法為基礎所建立的 myRFC 隨機森林模型的預測績效表現算是不錯，正確率可以高達 89%。請先將下列斜體 Python 程式碼指令輸入到程式碼區塊中並且執行，同第八章，要檢視模型的正確率可以執行 print("Accuracy: {:.2f}".format(acc_rfc))。請將下列斜體 Python 程式碼指令輸入到程式碼區塊中並且執行，如下圖 10.1.13 所示：

```
acc_rfc = metrics.accuracy_score(y_test, y_rfc_pred)
print("Accuracy: {:.2f}".format(acc_rfc))
```

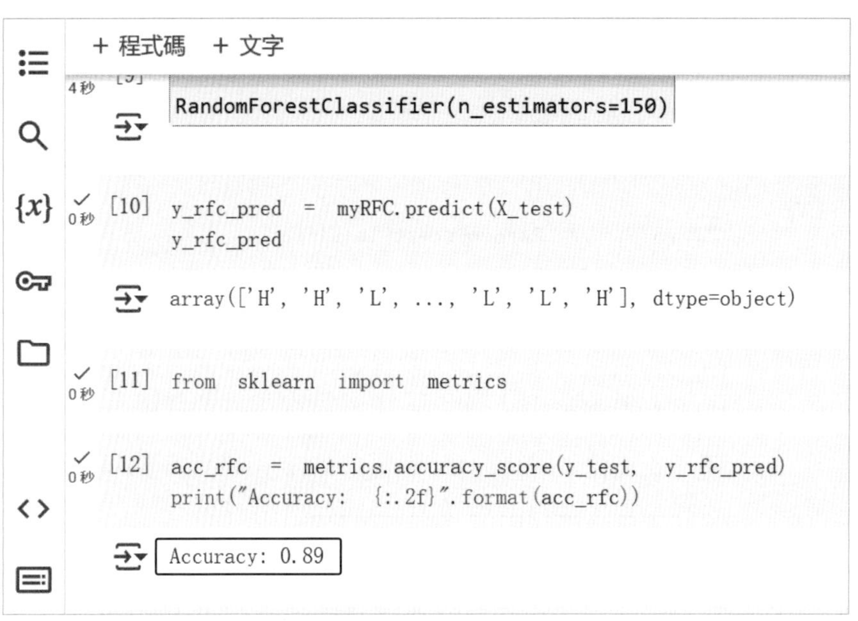

+ 程式碼 + 文字
RandomForestClassifier(n_estimators=150)
[10] y_rfc_pred = myRFC.predict(X_test)
y_rfc_pred
array(['H', 'H', 'L', ..., 'L', 'L', 'H'], dtype=object)
[11] from sklearn import metrics
[12] acc_rfc = metrics.accuracy_score(y_test, y_rfc_pred)
print("Accuracy: {:.2f}".format(acc_rfc))
Accuracy: 0.89

^ **圖 10.1.13** 計算 Accuracy

除了正確率（Accuracy）表達模型的分類預測之外，通常還可以另外建立一個矩陣數據來說明模型的績效表現，這一個矩陣稱為混淆矩陣（Confusion Matrix）。關於混淆矩陣的說明請參考第八章混淆矩陣相關的內容。

在 Python 中也提供輸出混淆矩陣的函數 **confusion_matrix()**，指令為 **mycm_rfc = metrics.confusion_matrix(y_test, y_rfc_pred)**。第一個參數是測試資料集中的目標變數 y_test（可以想像成考卷的標準答案），第二個參數是模型預測結果的 y_rfc_ pred 變數（可以想像成學生答題的答案），請先將下列 Python 程式碼指令輸入到程式碼區塊中並且執行，如下圖 10.1.14 所示：

```
mycm_rfc = metrics.confusion_matrix(y_test, y_rfc_pred)
print('Confusion Matrix: \n', mycm_rfc)
```

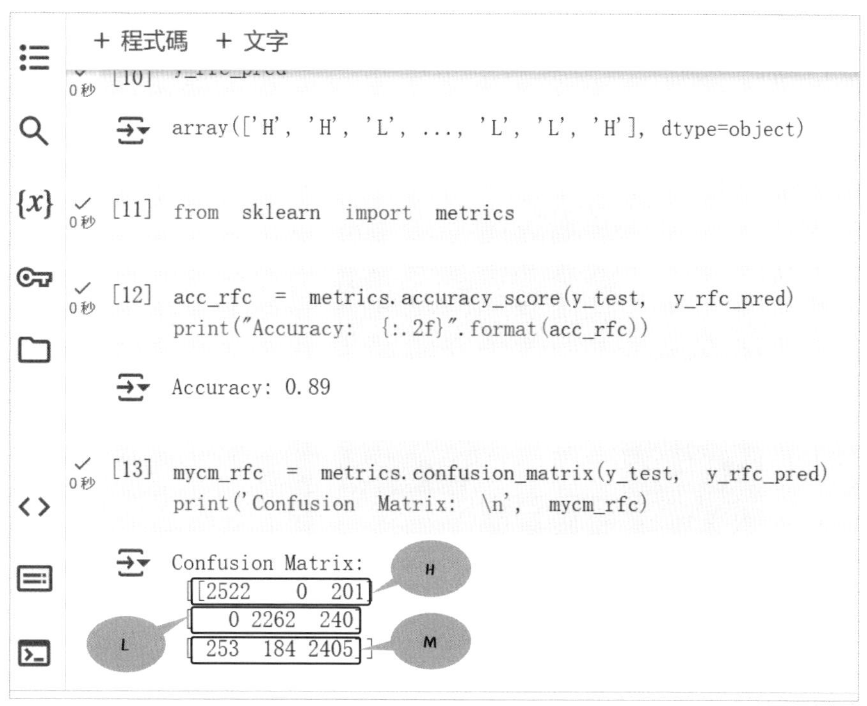

+ 程式碼 + 文字
array(['H', 'H', 'L', ..., 'L', 'L', 'H'], dtype=object)
[11] from sklearn import metrics
[12] acc_rfc = metrics.accuracy_score(y_test, y_rfc_pred)
print("Accuracy: {:.2f}".format(acc_rfc))
Accuracy: 0.89
[13] mycm_rfc = metrics.confusion_matrix(y_test, y_rfc_pred)
print('Confusion Matrix: \n', mycm_rfc)
Confusion Matrix:
[[2522 0 201]
[ 0 2262 240]
[ 253 184 2405]]
H
L
M

^ **圖 10.1.14** 輸出簡易的混淆矩陣

由於上面的混淆矩陣資訊較為簡略，解讀上比較不容易辨別出哪一個類別有多少筆資料，如上圖需要自己確認 H、L、M 的位置，因此 Python 的 **metric** 模組套件另外提供一個 **ConfusionMatrixDisplay()** 方法便於使用者繪製出比較容易解讀且視覺化的工具，指令為 **metrics.ConfusionMatrixDisplay(confusion_matrix = mycm_rfc, display_labels = myRFC.classes_).plot()**。**ConfusionMatrixDisplay()** 是一個繪製資訊較為完整的混淆矩陣工具，主要有兩個參數要設定，第一個參數是指定一個混淆矩陣 **confusion_matrix =**，在此範例為 **mycm_rfc** 變數，第二個參數是顯示混淆矩陣的類別名稱 **display_labels =**，這裡指定 myRFC 模型中目標變數欄位 customer_vlaue 所有的類別值（H、L、M）就可以完成，可以指定這個值 **myRFC.classes_**，最後使用 **plot()** 函數繪製出混淆矩陣。請先將下列斜體 Python 程式碼指令輸入到程式碼區塊中並且執行，如下圖所示：

```
metrics.ConfusionMatrixDisplay(confusion_matrix = mycm_rfc, display_labels =
myRFC.classes_).plot()
```

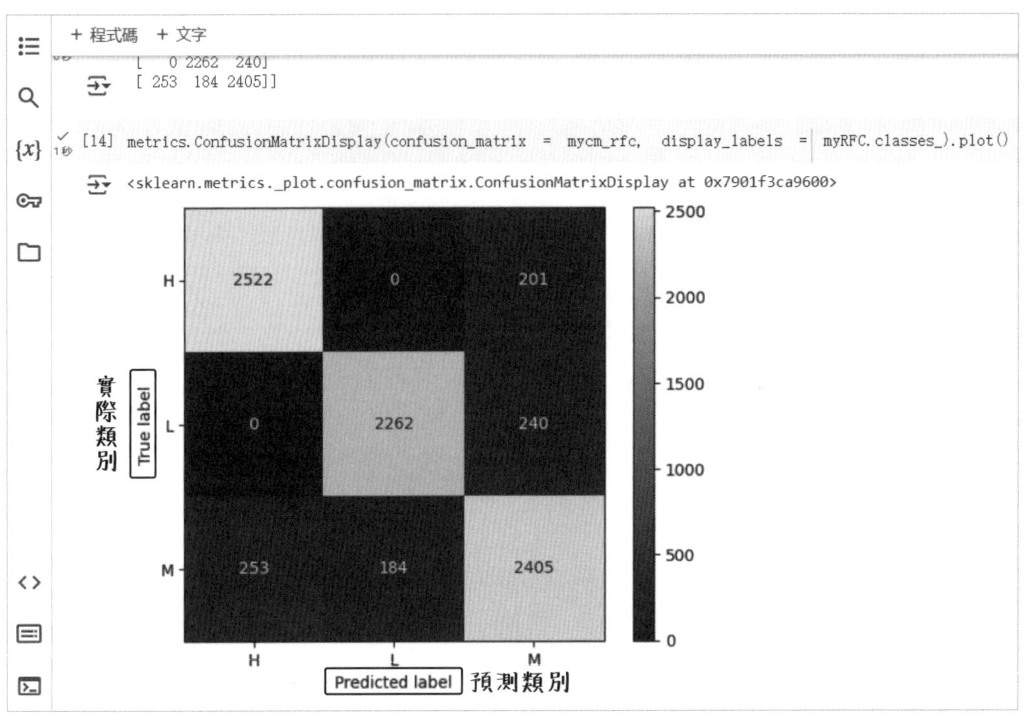


^ **圖 10.1.15** 繪製混淆矩陣

## 步驟六、預測未知類別的新資料

通常到第五步驟已經完成大部分的建立分類模型的工作。但是建模的目的就是為了將來有新客戶資料產生的時候可以依此分類模型進行判斷新客戶資料的等級歸屬。是 H 貢獻度嗎？還是屬於 L 貢獻度呢？還是說是屬於 M 貢獻度呢？如果分類模型預測的正確率不夠高，則會影響到公司對於每一位新客戶的行銷規劃方案的後續擬定方向，不可不慎重。

在此我們假設有兩位新客戶資料產生了，如下：

第一位新客戶資料如下：

- **目標變數欄位**：customer_value = 未知
- **自變數欄位**：R = 5.0、F = 2.0、M = 2100

第二位新客戶資料如下：

- **目標變數欄位**：customer_value = 未知
- **自變數欄位**：R = 1.0、F = 6.0、M = 5000

啟動該分類模型 **myRFC** 進行預測，請先將下列 Python 程式碼指令輸入到程式碼區塊中並且執行，如下圖所示：

```
newdata = [[5.0, 2.0, 2100], [1.0, 6.0, 5000]]
print(newdata)
y_newpred_rfc_c = myRFC.predict(newdata)
print(y_newpred_rfc_c)
```

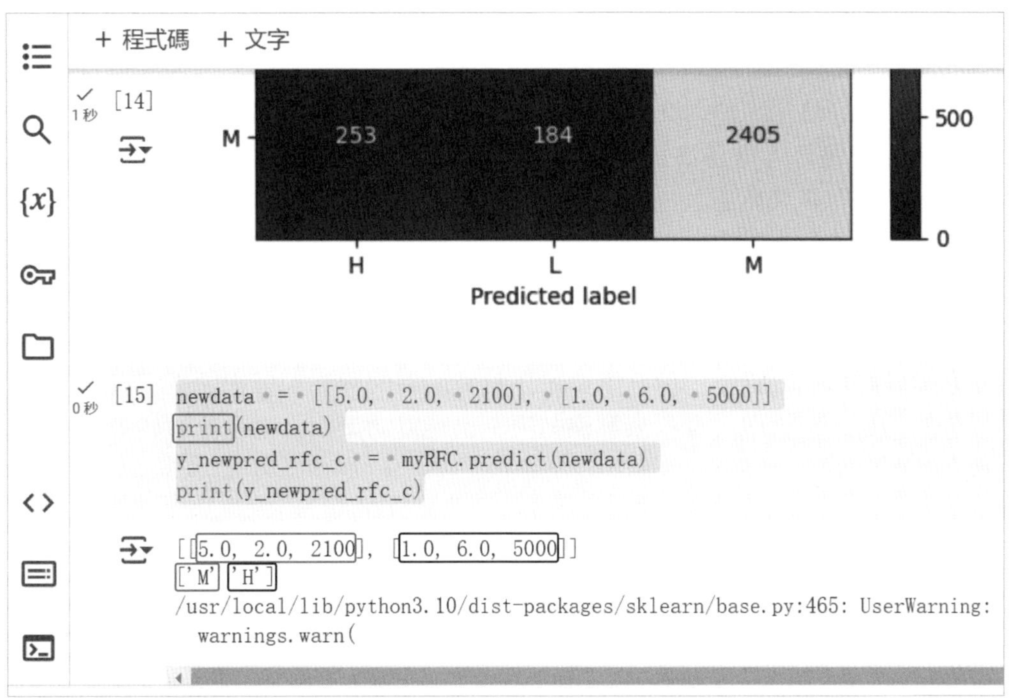


^ **圖 10.1.16** 新客戶資料預測結果

經過 **myRFC** 隨機森林分類模型的預測，可以判斷第一位新客戶的貢獻度為中度價值（M），第二位新客戶的貢獻度為高度價值（H），後續所產生的新客戶等級資料可以依此方式預測客戶價值等級類別，將預測結果的資料分享給行銷部門參考，以利推動不同類型的客戶所擬定的行銷方案。

# 10.2 結果解釋

從第八章與第十章我們應用了決策樹以及隨機森林來了解客戶的狀況，並對不同重要性的客戶進行顧客關係管理。但在進行分類之後，建議分析者仍須從質化的角度去檢視客戶。如年齡層、性別比例、職業類別與可能收入等因素。這些質化的切角可以幫助我們針對特定客戶進行適當的溝通。此外，為了說服決策者這樣的資料是可用的，除了依賴決策樹與隨機森林的結果外，需要深入資料解釋。傳統決策樹能從圖形直觀判斷其意義，透過看圖來解釋決策樹規則，透過直觀的視覺化呈現，搭配質化的消費者樣貌，藉以強化內部說服。

進一步對於被分類的人群進行個人資料的探究。例如在「good」中女性居多（70%）且為一般上班族的高收入者，或許就可以規劃適合他們的行銷方案，例如透過溫馨的問候來喚起這些客戶的購買慾望，或者加強客戶的忠誠度與回購意願。

在台灣的行銷環境裡，強大的數據庫相對稀缺，企業體或研究機構需擁有足夠的第一方資訊才能妥善應用，然而在日益強調個資法的時代，機構取得消費者的資訊就需要斟酌其必要性，例如：單純為了防疫需求量測體溫，人員若是當下體溫超過 37.5 度，往往機構就不允許該人員進入，因此從個資法的角度上，紀錄體溫的行為就無必要性。這使得我們能搜集的資料欄減少。正因為如此，目前混合第一方與第三方資料，成為行銷或者管理的趨勢。然而混用資料時，資料代表性的問題往往被忽略，當我們意欲在一次分析就完成所有資料的分類與預測，困難度相當高，據此，隨機森林就能夠在這樣的場合中發揮良好功能，雖然不似決策樹可以看到節點的解釋，但卻能直接找樹的結論來作為其分類結果。結合個人資料來解釋結果，也能幫助策劃人員找出更佳策略，藉以達成目標。

## 本章心得

『森林就是一堆樹』。簡單來說就是很多顆樹加起來可以變成一座森林，隨機森林其實就是進階版的決策樹，而隨機森林，就是這些樹的集合（ensemble）。但從這一堆樹中找到最後結果，這是需要電腦大量的運算才能獲致結果。

## 回饋與作業

1. 隨機森林演算法為何是監督式演算法？試從實作中說明理由。

## 本章習題

1. （　）分類模型可以由隨機森林方法所建立，而隨機森林方法的方法是衍生於？

   (A) 決策樹　　(B) 倒傳遞類神經方法

   (C) 關聯規則　　(D) 集群分析

**2.** (　) 綜合多棵決策樹分類結果的方法被稱為？

(A) 隨機森林（Random forests）　(B) 梯度森林
(C) 獨熱編碼分類法　(D) 關聯規則

**3.** (　) 有句俗語「三個臭皮匠勝過一個諸葛亮」，這句話也提醒大家集思廣益也能想出贏過諸葛亮的想法，上述說明其實就是下列哪一種演算法的概念？

(A) 貝氏分類法　(B) Random forests
(C) Association Rules　(D) K-Means

**4.** (　) CART 決策樹所描述的過程，不管是使用何種方法所產生的決策樹其實都是一個資料分類模型，即每一棵決策樹都可以被視為一個？

(A) 關聯規則　(B) 相似集群
(C) 分類器　(D) 資料表

**5.** (　) 下列哪一個選項的中文名稱被稱為隨機森林？

(A) CART　(B) Apriori
(C) One-hot encoding　(D) Random forests

## 參考文獻


- Byeon, H. (2018). Developing a model to predict the occurrence of the cardiocerebrovascular disease for the Korean elderly using the random forests algorithm. *International Journal of Advanced Computer Science and Applications*, *9(9)*, 494-499.
- Oshiro, T. M., Perez, P. S., & Baranauskas, J. A. (2012, July). How many trees in a random forest?. In *International workshop on machine learning and data mining in pattern recognition* (pp. 154-168). Springer, Berlin, Heidelberg.

CHAPTER

# 11

# 執行一下 kNN 吧

## 本章目標

1. 透過 Google Colab 實作 Python 以理解 kNN 機器學習與預測的結果

## 本章架構

在先前章節中介紹過兩種以樹狀結構為基礎的分類模型（或稱為分類器 Classifier），CART 決策樹與隨機森林，同時也分別在第八章與第十章中以 Python 一步一步實例建構出這兩種分類模型以及預測需要注意的地方，這種常見的樹狀結構分類模型主要是以遞迴（Recursive）方式進行資料的切割來將資料做分類，除此遞迴方式之外，常見的還有另外一種分類模型建立方式，譬如 k 最近鄰演算法（kNN）就是以投票多數決方式來決定資料類別值，以下將進行這一個演算法的介紹。

# 11.1 跑一次 kNN 演算法

CART 決策樹與隨機森林兩種方法主要都是以吉尼係數（Gini）的計算做為特徵選擇標準（Criterion）來建構分類器架構，再依此樹狀結構模型做為後續判斷與預測資料類別值的依據，而決策樹分類資料的方法可以追溯到 E.B. Hunt 等人於 1966 年率先提出的演算法（Hunt, Marin, Stone, 1966），這是屬於一種遞迴分割方式來建構資料的分類模型。下圖 11.1.1 是以身高、體重兩個欄位資料為基準的資料散佈圖。圖中有兩類共 62 個不同資料點，包含 27 個三角形與 35 個圓形，三角形與圓形分別代表不同類的資料（譬如有買筆電 NB、沒有筆電 NB）。我們可以根據不同的身高 H1 與 H2 值，以及不同的體重 W1 與 W2 值當作分類切割的準則（類似門檻值概念），當我們不斷地進行水平或垂直切割，直到第四次切割後停止，總共可以將 62 個資料點切分成五個區塊。停止切割的條件就是每一區塊內的資料點被要求是屬於同一類別資料就可以停止切割。

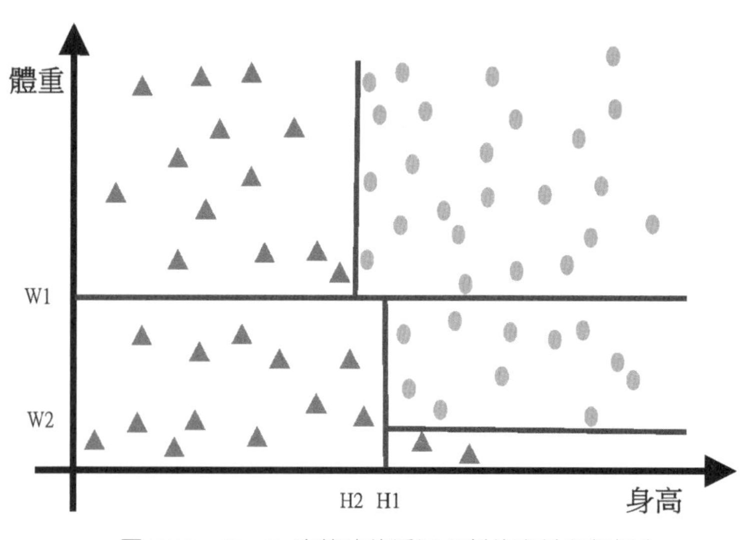


^ **圖 11.1.1** Hunt's 演算法的遞迴分割的資料分類概念

上面這種方式稱為 Hunt's 演算法，在實行時的觀念如同是針對身高與體重不斷地比對切割的準則（W1、H1、W2、H2），直到每一區塊內都是同一類別值就停止。但是這樣切割如果從人類視覺思維來看，就可以呈現出一棵決策樹（樹狀結構）的樣子。但是 Hunt's 演算法只是個起頭，後續被其他專家學者提出的一些改善決策樹的演算法大多是以 Hunt's 為基礎再延伸，包含了著名的 ID3（Iterative Dichotomiser 3）、C4.5 和 CART 演算法…等，因此在對照圖 11.1.1 所呈現的決策樹模樣可以簡易繪製成如圖 11.1.2 的樹狀結構。

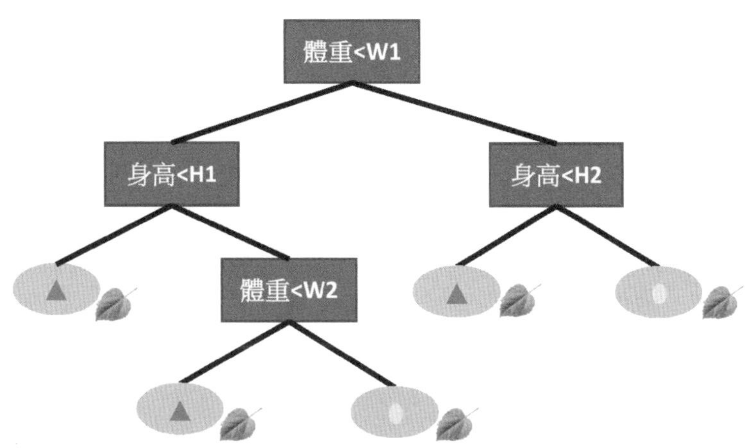


▲ **圖 11.1.2** 將圖 11.1.1 轉換成決策樹資料分類概念

承上，如果產生一個未知類別的資料點放入散佈圖中，那我們該如何預測判別該資料屬於哪一類？譬如說在圖 11.1.1 的中間放入一個叉叉（X）的資料點，很容易就判斷出該筆叉叉（X）的資料點身處在三角形的類別區塊中，因此會被決策樹分類模型（或稱分類器）預測判斷為三角形的類別值，如圖 11.1.3 所示：

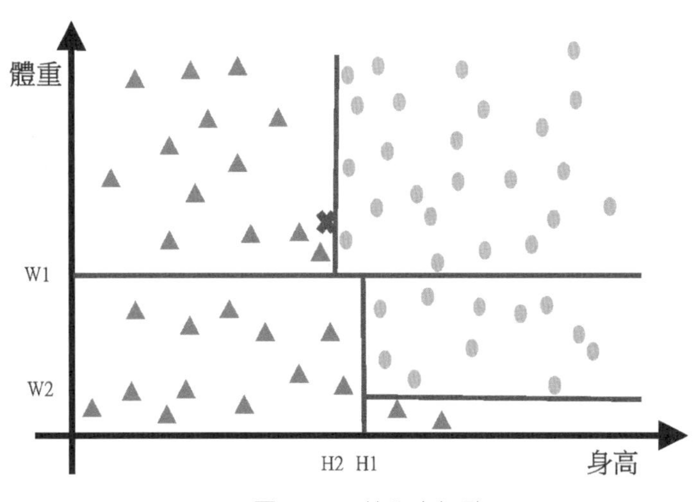


▲ **圖 11.1.3** 放入未知點

除了以遞迴方式切割建立分類模型之外還有其他方式。如果觀察附近鄰居資料點的類別值之後投票表決，最後以多數決的類別值做為新的未知資料點的類別值，這種方法的觀念相當容易學習，也就是所謂「近朱者赤，近墨者黑」的觀念，被稱作 k 最近鄰演算法（k nearest neighbor, kNN），就是以最靠近未知類別資料點的鄰居來進行投票，如果最靠近鄰居大多是黑色資料點，則這未知類別點屬於黑色的機率值很高，而如何決定近鄰的資料點可以仰賴兩兩資料點距離（Distance）的計算來完成，所訓練出來的分類器又可以稱為 k 最近鄰分類器。其中 k 是一個參數，k 設定成 3 就是 3 最近鄰分類器（3NN Classifier），設定成 5 就是 5 最近鄰分類器（5NN Classifier），設定成 9 就是 9 最近鄰分類器（9NN Classifier），依此類推，就可以延伸應用，但須注意需設定成奇數，此方法因為很簡單就可以輕易完成建模與預測，因此在監督式機器學習的眾多方法中又可以稱為惰性學習法（Lazy learning）。譬如設定 k=3，即只看 3 個最靠近的鄰居類別值，則中間叉叉（X）資料點的最靠近的 3 位鄰居中有 2 個三角形資料點，以及 1 個圓形資料點，用肉眼去看投票結果 2:1，所以中間叉叉（X）資料點會被 3NN Classifier 預測為三角形類別。如圖 11.1.4 所示。

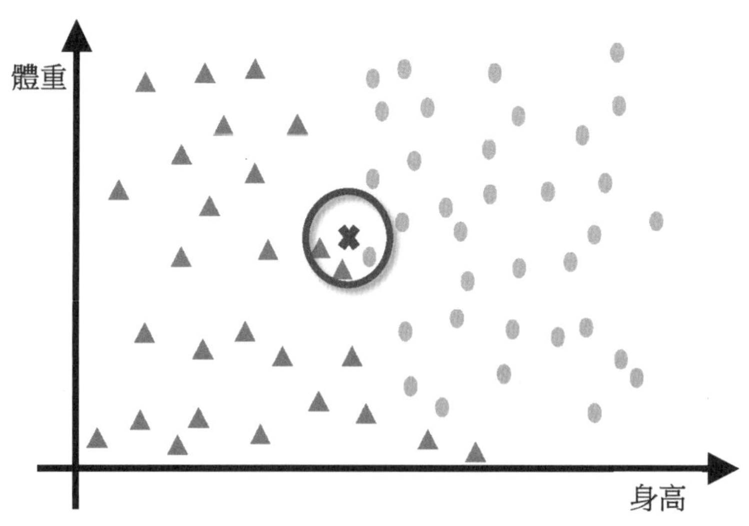


^ **圖 11.1.4** 3-NN 的結果

如果設定 k=5，即只看 5 個最靠近的鄰居類別值，則中間叉叉（X）資料點的最靠近的 5 位鄰居中有 2 個三角形資料點，以及 3 個圓形資料點，那投票結果就是 2:3，圓形勝出。所以中間叉叉（X）資料點會被 5NN Classifier 預測為圓形類別，如圖 11.1.5 所示：

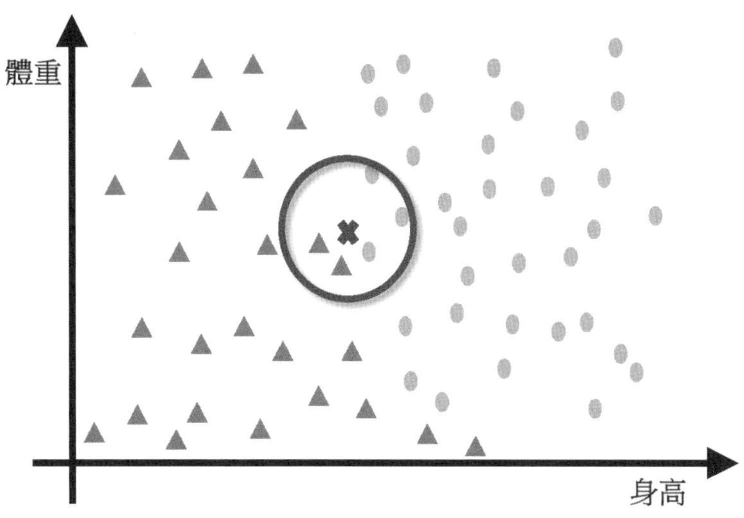


^ 圖 11.1.5　5-NN 的結果

上面可以看到這樣的預測頗為有趣。且為了讓投票順利，k 建議必須要設定為奇數比較容易判定。因在第九章已經對於 kNN 的理論與應用有所說明，接下來我們就透過 Python 一步一步進行建模與預測，資料集跟第八章相同資料集是描述公司客戶價值的資料，依照貢獻的價值等級分為高價值客戶（H）、中價值客戶（M）及低價值客戶（L）。而評估客戶價值的欄位有三個，就是行銷部門常用的最近一次消費（Recency）、消費頻率（Frequency）及消費金額（Monetary），資料集的檔案名稱為 **classification_kNN_Ex1.csv**，第一個欄位為數值資料，第二到四個欄位則為數值資料，第五個欄位是類別資料儲存客戶類別值，分別是 H、M 以及 L 三種，資料如表 11.1.1 所示。

**表 11.1.1**　客戶價值資料集

| cid | R | F | M | customer_value |
|---|---|---|---|---|
| **1069** | 19 | 4 | 486 | M |
| **1113** | 54 | 4 | 557.5 | M |
| **1250** | 19 | 2 | 791.5 | M |
| **1359** | 87 | 1 | 364 | L |
| **1823** | 36 | 3 | 869 | M |
| … | … | … | | … |
| **2179544** | 1 | 1 | 3753 | M |
| **2179568** | 1 | 1 | 406 | L |
| **2179605** | 1 | 1 | 6001 | M |
| **2179643** | 1 | 1 | 887 | L |
| **20002000** | 24 | 27 | 1814.63 | H |

資料分類的工作程序基本上同先前章節所敘述的有六個步驟，分別為資料載入與準備、訓練與測試資料切割、訓練（學習）與建立分類模型、產生測試資料集的預測結果、評估測試資料集在分類模型的績效表現以及預測未知類別的新資料，這一整套資料分類的程序與第八章的說明相同，如圖 11.1.6 所示，唯一不同就是所選用演算法不同。這次選用最近鄰（kNN）方法當做建立分類模型的演算法，因此在實作上 Python 會因為所選的不同演算法而使用不同的函數建立模型。

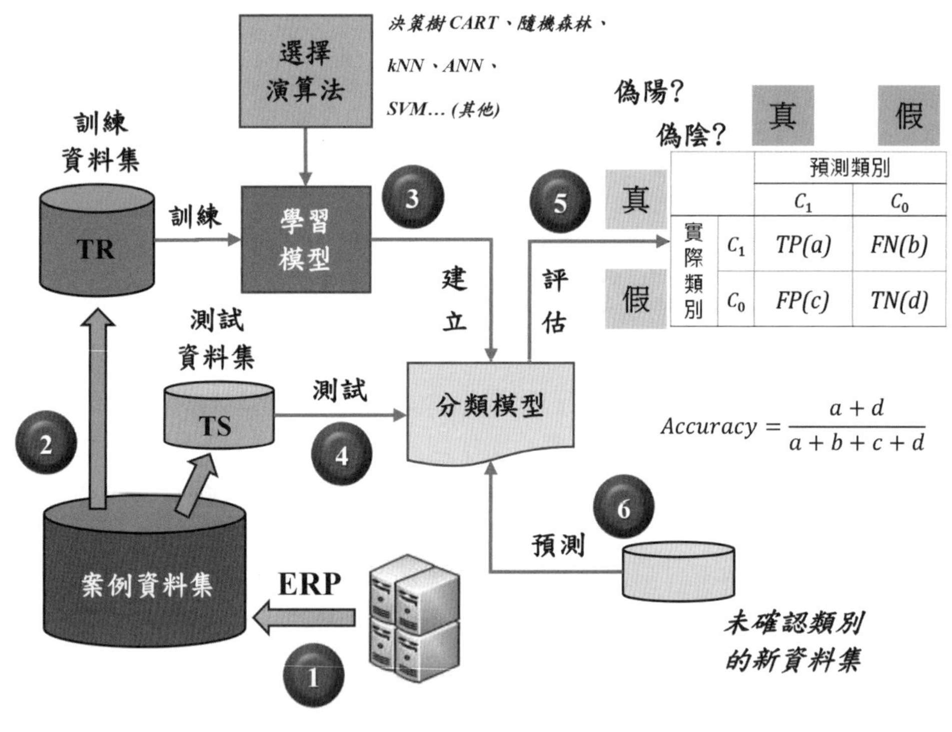


^ 圖 11.1.6　模型建立步驟

根據第九章中對於使用最近鄰（kNN）的方法所產生的分類模型原理。在此以客戶價值貢獻度資料帶領各位一步一步完成最近鄰（kNN）分類模型與預測分析。資料來源是以一個客戶價值資料集 **classification_kNN_Ex1.csv** 為主建立一個客戶資料分類模型。

如同第八章方式，首先開啟一個全新的空白的 Colab 筆記本，不管預設檔案名稱為何，先將檔案名稱修改為 **Classification_kNN1.ipynb**，並按「連線」按鈕讓筆記本連到 Google 雲端資源，接著如果各位需要更高運算力（Computing power）的需求，即會用到高效能計算的處理器，則請到「編輯→筆記本設定」將硬體加速器選項中預設的「CPU」選項更改為「T4 GPU」選項（輝達公司的 NVIDIA Tesla T4 GPU），最後執行「檔案→儲存」。接下來請把經常使用的模組（pandas，以 pd 代稱，以及 numpy，以 np 代稱）引進到程式區塊中。操作說明請參考附錄一。

```
import pandas as pd
import numpy as np
```

緊接著我們要來建立最近鄰（kNN）方法的預測模型。使用 Python 語言來建立分類模型時，其步驟有著非常高的標準化程序，通常可以使用六個步驟完成建立分類模型與預測的工作，如圖 11.1.6 所示，圖上有六個數字分別對應以下六個工作步驟，分述如下：

## 步驟一、資料載入與準備

我們先將表 11.1.1 的客戶價值資料集內容讀入 Colab 環境中。客戶價值資料集是透過 ERP 系統中下載客戶交易資料與客戶基本資料後經過 R、F、M 的計算所得到的客戶價值資料，並且也邀請行銷領域專家、學者評估每一位客戶價值資料後給予高（H）、中（M）、低（L）價值標籤處理，最後儲存成 csv（逗號分隔值，Comma-Separated Values）檔案資料，檔案名稱為 **classification_kNN_Ex1.csv**，總共有 32,266 筆資料，描述 32,266 位公司客戶的貢獻價值狀況。請先將 **classification_kNN_Ex1.csv** 檔案上傳到 Colab 雲端環境中，並將下列斜體 Python 程式碼指令輸入到程式碼區塊中執行來查看整個客戶價值資料集。如下圖 11.1.7 與圖 11.1.8 所示。

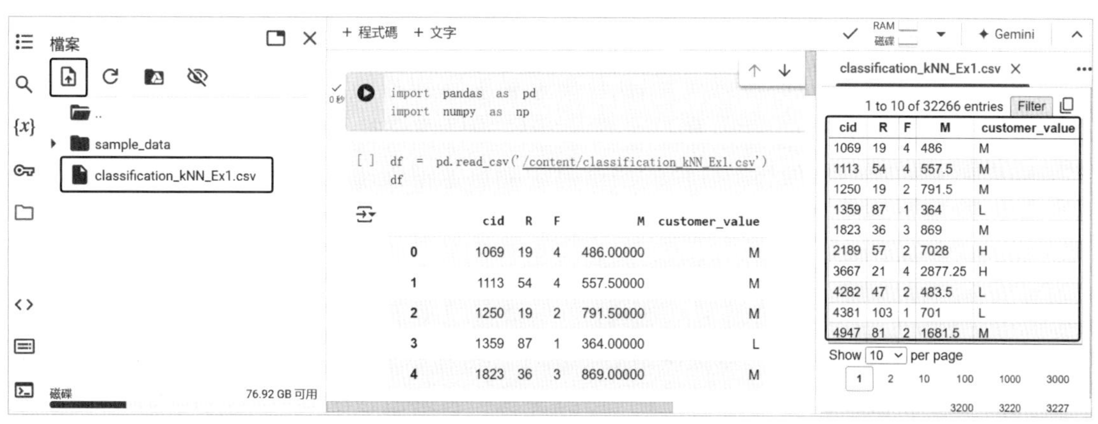


| | cid | R | F | M | customer_value |
|---|---|---|---|---|---|
| 0 | 1069 | 19 | 4 | 486.00000 | M |
| 1 | 1113 | 54 | 4 | 557.50000 | M |
| 2 | 1250 | 19 | 2 | 791.50000 | M |
| 3 | 1359 | 87 | 1 | 364.00000 | L |
| 4 | 1823 | 36 | 3 | 869.00000 | M |

| cid | R | F | M | customer_value |
|---|---|---|---|---|
| 1069 | 19 | 4 | 486 | M |
| 1113 | 54 | 4 | 557.5 | M |
| 1250 | 19 | 2 | 791.5 | M |
| 1359 | 87 | 1 | 364 | L |
| 1823 | 36 | 3 | 869 | M |
| 2189 | 57 | 2 | 7028 | H |
| 3667 | 21 | 4 | 2877.25 | H |
| 4282 | 47 | 2 | 483.5 | L |
| 4381 | 103 | 1 | 701 | L |
| 4947 | 81 | 2 | 1681.5 | M |

^ **圖 11.1.7** 載入檔案到 Colab 雲端

```
df = pd.read_csv('/content/classification_kNN_Ex1.csv')
df
```

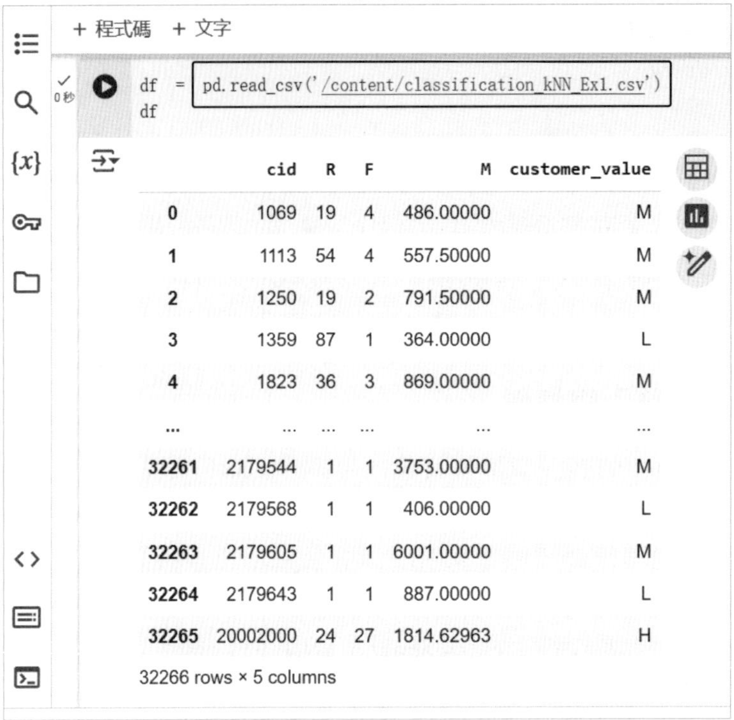

＋程式碼　＋文字

```
df = pd.read_csv('/content/classification_kNN_Ex1.csv')
df
```

| | cid | R | F | M | customer_value |
|---|---|---|---|---|---|
| **0** | 1069 | 19 | 4 | 486.00000 | M |
| **1** | 1113 | 54 | 4 | 557.50000 | M |
| **2** | 1250 | 19 | 2 | 791.50000 | M |
| **3** | 1359 | 87 | 1 | 364.00000 | L |
| **4** | 1823 | 36 | 3 | 869.00000 | M |
| **...** | ... | ... | ... | ... | ... |
| **32261** | 2179544 | 1 | 1 | 3753.00000 | M |
| **32262** | 2179568 | 1 | 1 | 406.00000 | L |
| **32263** | 2179605 | 1 | 1 | 6001.00000 | M |
| **32264** | 2179643 | 1 | 1 | 887.00000 | L |
| **32265** | 20002000 | 24 | 27 | 1814.62963 | H |

32266 rows × 5 columns

▲ **圖 11.1.8**　顯示資料集檔案內容

因為 kNN 方法也是屬於監督式機器學習方法，如第八章所言，在建立模型的過程中需要先行決定兩件事情：模型的**目標變數**與**自變數**。目標變數通常指的就是建立分類模型後，我們想要使用模型幫我們預測什麼事情。譬如我們想建立分類模型來預測新的客戶價值，因此 customer_value 欄位就會是我們的目標變數欄位。當然接著要去想我們需要使用哪一些資料來預測新客戶的價值等級呢？通常會需要透過顧客價值分類的專家或學者提供意見協助挑選出會影響的欄位（以此當作自變數），如果沒有這方面專家學者的意見，通常就會使用剩下的欄位全部投入當作會影響顧客貢獻度判定的欄位（剩下的欄位全部當作自變數，但是唯一性質高的 cid 欄位不會納入自變數中）；這些會影響目標變數判定的欄位稱為自變數欄位，如圖 11.1.8 中的 R、F、M 欄位。與第八章相同的目的，在客戶價值資料集的範例中，**目標變數**與**自變數**這兩個變數分別為：

- 目標變數欄位：customer_vlaue
- 自變數欄位：R、F、M

（請注意：通常編碼、代碼等欄位的資料值因為唯一性特質很強，所以不太會被納入自變數欄位，譬如 cid。）

在 Python 中為了方便後續建立模型以及模型的評估工作，我們需先將目標變數與自變數資料分別設定後使用。我們將三個自變數 R、F、M 儲存在變數 CustomerData 中，而目標變數欄位 customer_value 儲存在變數 CustomerTagret 中。請先將下列斜體 Python 程式碼指令輸入到程式碼區塊中並且執行，如下圖 11.1.9 與 11.1.10 所示：

```
CustomerData = df[['R', 'F', 'M']]
CustomerData.head()
```

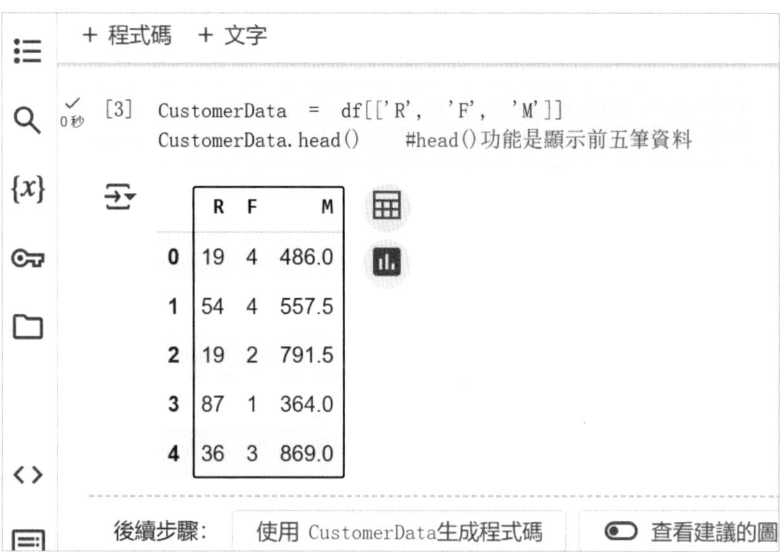


| | R | F | M |
|---|---|---|---|
| 0 | 19 | 4 | 486.0 |
| 1 | 54 | 4 | 557.5 |
| 2 | 19 | 2 | 791.5 |
| 3 | 87 | 1 | 364.0 |
| 4 | 36 | 3 | 869.0 |

^ **圖 11.1.9** CustomerData 資料

```
CustomerTarget = df['customer_value']
CustomerTarget[:5]
```

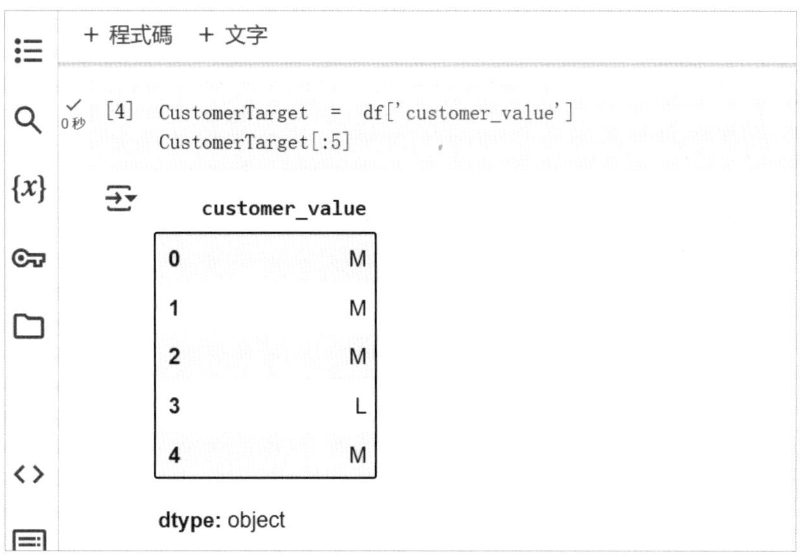


| | customer_value |
|---|---|
| 0 | M |
| 1 | M |
| 2 | M |
| 3 | L |
| 4 | M |

**dtype:** object

^ **圖 11.1.10** CustomerTarget 資料

## 步驟二、訓練與測試資料切割

接下來把讀入的資料集切割成兩部分，其一為訓練資料集（Training dataset），簡稱為 TR，另一為測試資料集（Testing dataset），簡稱為 TS。此時需要從 **sklearn** 的 **model_selection** 中引進 **train_test_split** 函數，可以快速地按照使用者的規劃資料的比例值切割訓練資料集（TR）與測試資料集（TS），如下圖 11.1.1 所示：

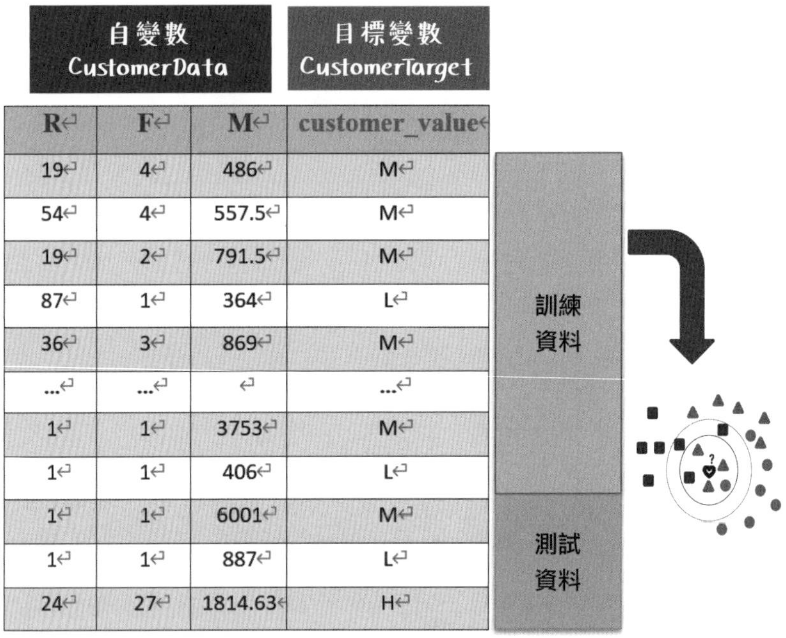

自變數 CustomerData　　目標變數 CustomerTarget

| R | F | M | customer_value |
|---|---|---|---|
| 19 | 4 | 486 | M |
| 54 | 4 | 557.5 | M |
| 19 | 2 | 791.5 | M |
| 87 | 1 | 364 | L |
| 36 | 3 | 869 | M |
| ... | ... | | ... |
| 1 | 1 | 3753 | M |
| 1 | 1 | 406 | L |
| 1 | 1 | 6001 | M |
| 1 | 1 | 887 | L |
| 24 | 27 | 1814.63 | H |

訓練資料

測試資料

^ **圖 11.1.11**　切割訓練資料與測試資料的概念

此處與第八章相同，在客戶價值資料集中取 75% 為訓練資料集，25% 為測試資料集。可以依需求自行調整，原則是**訓練資料集的筆數不可以比測試資料集的筆數少**，請先將下列斜體 Python 程式碼指令輸入到程式碼區塊中並且執行，如圖 11.1.12 所示：

```
from sklearn.model_selection import train_test_split
```

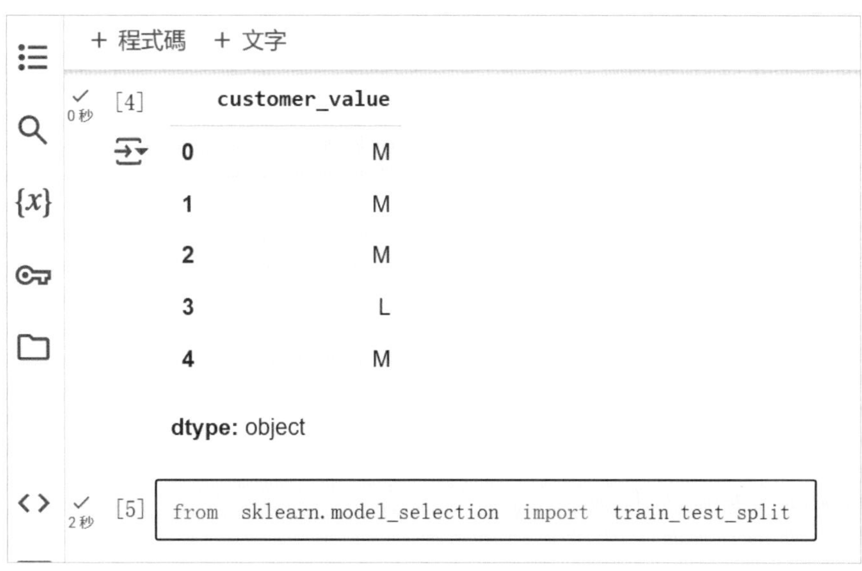

^ 圖 11.1.12 匯入資料分割函數

為了讓資料集切割順暢，避免日後混淆，在資料切割前需要先完整規劃變數。綜上所述，我們需要將自變數與目標變數資料整理如下。

- **訓練資料集（Training dataset）大小設定為 75%**
- **測試資料集（Testing dataset）大小設定為 25%**

訓練資料集中分成兩部分儲存：

- **訓練資料集的自變數欄位設定為 X_train**
- **訓練資料集的目標變數欄位設定為 y_train**

測試資料集中也分成兩部分儲存：

- **測試資料集的自變數欄位設定為 X_test**
- **測試資料集的目標變數欄位設定為 y_test**

我們接著使用 train_test_split() 函數將資料切割後分存在 X_train, X_test, y_train, y_test 四個變數中。**因為是要將數據載入這四個變數，所以這四個變數會在等號左邊**，而等號後面才是 train_test_split() 函數。該函數中有四個常用參數設定，第一個參數建模使用的為自變數 CustomerData，第二個參數為目標變數 CustomerTarget，第三個參數用以**指定訓練資料集的大小比例**，這裡使用小數點方式表達，而 0.75 就是指 75%，而沒寫到的剩下 0.25（即 25%）就是測試資料集大小。除此之外，為了讓目標變數中的 H、M 以及 L 三類資料按照比例被抽出，我們使用 stratify 參數，讓 stratify = CustomerTarget，同時使用 random_state = 42 讓資料以相同亂數種子 42 抽出，此數字可以自行改變大小，但是如果想讓每一次抽出資料結果相同，可以每一次執行都使用同一個數字即可達到此效果，譬如都填入亂數種子 42。在切割完資料後順便查看一下 **X_train**、**X_test**、**y_train** 以及 **y_test** 筆數各為多少，所以下面斜體的程式碼加上四個 print() 函數以及搭配 {} 格式與 format() 函數，其中格式 f 的前面數字代表需要幾位小數點，0f 表示使用整數顯示。請先將下列斜體 Python 程式碼指令輸入到程式碼區塊中並且執行，如下圖 11.1.13 所示：

```
X_train, X_test, y_train, y_test = train_test_split(
    CustomerData,
    CustomerTarget,
    train_size = 0.75,
    stratify = CustomerTarget,
    random_state = 42
)

print("X_train: {:.0f}".format(len(X_train)))
print("X_test: {:.0f}".format(len(X_test)))
print("y_train: {:.0f}".format(len(y_train)))
print("y_test: {:.0f}".format(len(y_test)))
```

＋程式碼　＋文字

```
[6] X_train, X_test, y_train, y_test = train_test_split(
        CustomerData,
        CustomerTarget,
        train_size = 0.75,
        stratify = CustomerTarget,
        random_state = 42
    )

    print("X_train: {:.0f}".format(len(X_train)))
    print("X_test: {:.0f}".format(len(X_test)))
    print("y_train: {:.0f}".format(len(y_train)))
    print("y_test: {:.0f}".format(len(y_test)))

X_train: 24199
X_test: 8067
y_train: 24199
y_test: 8067
```

75%

25%

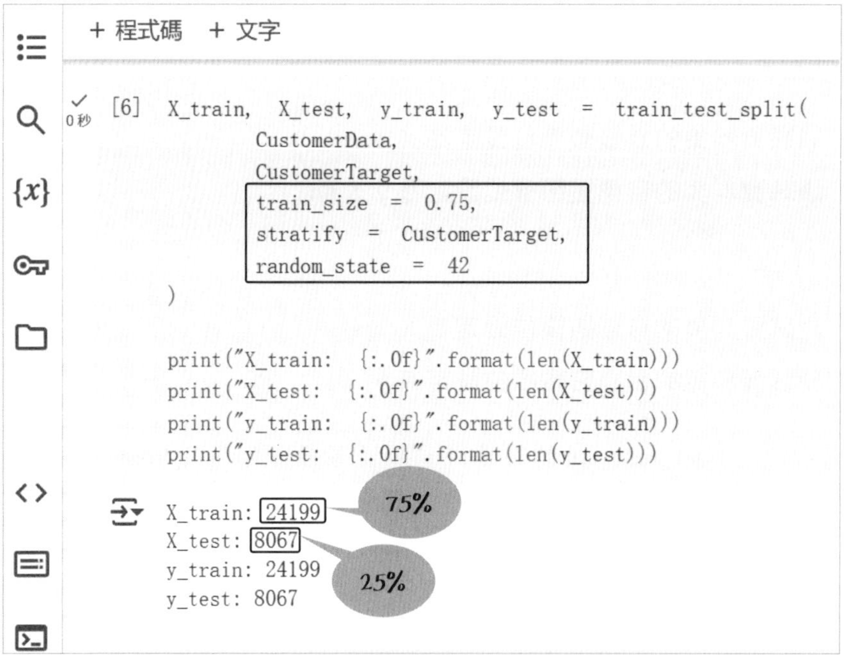

^ **圖 11.1.13**　設定訓練與測試資料的隨機種子

上述的參數資料的設定必須整理起來如下表 11.1.2，可以做為後續模型調整參數時候的參考依據，如下所示：

**表 11.1.2** 分割好的資料集

| 訓練資料集（Training dataset） | 75% | 測試資料集（Testing dataset） | 25% |
|---|---|---|---|
| 自變數欄位 | 目標變數欄位 | 自變數欄位 | 目標變數欄位 |
| X_train | y_train | X_test | y_test |
| 24,199 筆 | 24,199 筆 | 8,067 筆 | 8,067 筆 |
| 總筆數：32,266 | | | |

## 步驟三、訓練（學習）與建立分類模型

這一步驟是建立模型的核心步驟，先從 **sklearn** 中引進 **neighbors** 模組套件，選擇其中一個最近鄰（kNN）分類器的函數 **KNeighborsClassifier()**，指令為 **from sklearn.neighbors import KNeighborsClassifier**，請先將下列斜體 Python 程式碼指令輸入到程式碼區塊中並且執行，如圖 11.1.14 所示：

```
from sklearn.neighbors import KNeighborsClassifier
```

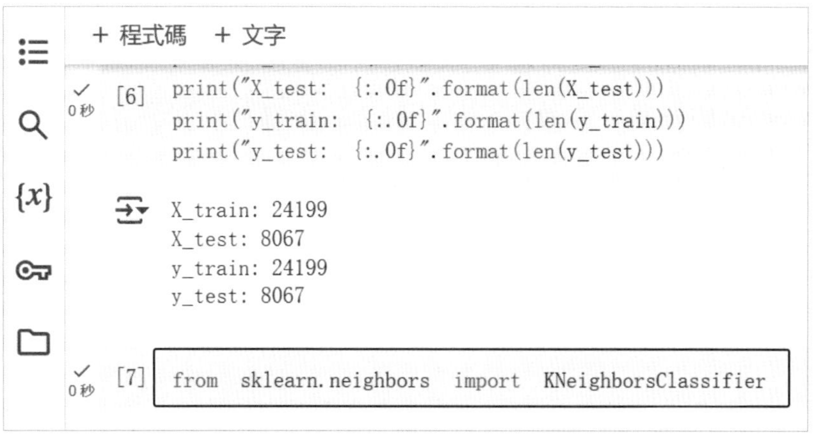


^ **圖 11.1.14** 載入最近鄰（kNN）演算法

接著可以使用 **KNeighborsClassifier()** 函數新增一個建立模型的框架變數 **myKNN**。根據最近鄰（kNN）演算法只需要一個簡單的需求，所以在函數中只需要使用一個參數 **n_neighbors**，該參數代表 kNN 方法中所設定的最鄰近的鄰居資料點數量。如果是要擷取三個最靠近的鄰居資料點數量，即 n_neighbors = 3。各位可以適度調整這個參數值大小並且留意一下鄰居數量設定較多或較少的時候與分類模型的預測正確率（Accuracy）

之間的波動關係。請先將下列斜體 Python 程式碼指令輸入到程式碼區塊中並且執行，如圖 11.1.15 所示。

```
mykNN = KNeighborsClassifier(n_neighbors = 3)
mykNN
```

^ **圖 11.1.15** 準備好可以執行的模型並設定 kNN 參數

接下來引進 24,199 筆的訓練資料集資料進入剛剛架構部屬好的框架 **mykNN**，並且搭配 **fit()** 函數，指令為 **mykNN.fit(X_train, y_train)**。這裡的第一個參數是訓練資料集中的自變數 **X_train**，第二個參數是訓練資料集中的自變數 **y_train**。請先將下列斜體 Python 程式碼指令輸入到程式碼區塊中並且執行，如圖 11.1.16 所示：

```
mykNN.fit(X_train, y_train)
mykNN
```

+ 程式碼 + 文字
y_train: 24199
y_test: 8067
[7] from sklearn.neighbors import KNeighborsClassifier
[8] myKNN = KNeighborsClassifier(n_neighbors = 3)
myKNN
KNeighborsClassifier
KNeighborsClassifier(n_neighbors=3)
[9] mykNN.fit(X_train, y_train)
KNeighborsClassifier
KNeighborsClassifier(n_neighbors=3)

^ **圖 11.1.16** 放入訓練資料集

## 步驟四、產生測試資料集的預測結果

在這一個步驟中，引進測試資料集讓剛剛訓練好的模型 **mykNN** 可以進行資料預測，基本上就是將測試資料集中的每一筆自變數（**X_test**）餵進去 **mykNN** 最近鄰（kNN）分類模型中，並同時讓模型判定該筆資料的預測類別值（**H**、**M**、**L**）。**mykNN** 最近鄰（kNN）分類模型搭配使用 **predit()** 函數就可以判定測試資料集中的每一筆是哪一種客戶的類別值，指令為 **y_kNN_pred = mykNN.predict(X_test)**，判定類別結果儲存在 **y_kNN_pred** 變數中。根據資料切割步驟得知測試資料集有 8,067 筆資料，因此這邊執行後會得到 8,067 筆類別值資料，請先將下列斜體 Python 程式碼指令輸入到程式碼區塊中並且執行，如圖 11.1.17 所示：

```
y_kNN_pred = mykNN.predict(X_test)
y_kNN_pred
```

+ 程式碼 + 文字
[8] mykNN
KNeighborsClassifier
KNeighborsClassifier(n_neighbors=3)
[9] mykNN.fit(X_train, y_train)
KNeighborsClassifier
KNeighborsClassifier(n_neighbors=3)
[10] y_kNN_pred = mykNN.predict(X_test)
y_kNN_pred
array(['M', 'H', 'L', ..., 'L', 'L', 'H'], dtype=object)

^ **圖 11.1.17** 執行預測

## 步驟五、評估測試資料集在分類模型的預測績效表現

為了了解整個模型在預測測試資料集（8,067 筆客戶貢獻度資料）的表現績效，因此必須引進一些績效指標函數的模組套件，可以從 **sklearn** 中引進 **metrics** 套件模組，指令為 **from sklearn import metrics**，請先將下列斜體 Python 程式碼指令輸入到程式碼區塊中並且執行，如圖 11.1.18 所示：

```
from sklearn import metrics
```

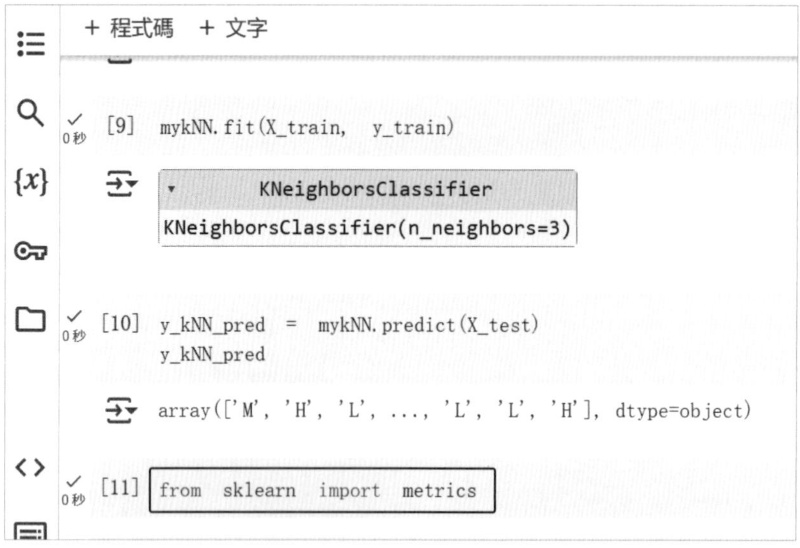

+ 程式碼 + 文字
[9] mykNN.fit(X_train, y_train)
KNeighborsClassifier
KNeighborsClassifier(n_neighbors=3)
[10] y_kNN_pred = mykNN.predict(X_test)
y_kNN_pred
array(['M', 'H', 'L', ..., 'L', 'L', 'H'], dtype=object)
[11] from sklearn import metrics

^ **圖 11.1.18** 引入績效指標模組

整個模型的預測正確率（Accuracy）是衡量分類模型預測績效的最基本指標。同第八章，我們使用 metrics 模組套件中的 accuracy_score() 函數就可以得到答案，指令為 **acc_kNN = metrics.accuracy_score(y_test, y_kNN_pred)**。第一個參數是測試資料集中的目標變數 **y_test**，第二個參數是模型預測結果的 **y_kNN_pred** 變數，並將計算完後的結果儲存在 **acc_kNN** 變數中輸出。以下我們以 **print()** 函數進行輸出，在 **print()** 函數中加入 **format()** 函數可以自定輸出格式，**.2f** 就是指顯示出小數點兩位。本處我們輸出指令訂為 **print("Accuracy: {:.2f}".format(acc_kNN))**。

在 Python 2.6 後可以新增了一種格式化字符串的函數 **str.format()**，這種種方法增強了字符串格式化的表達功能。基本語法是透過 **{}** 和 **:** 來代替以前的 **%** 符號。例如 w = 1.2378，接著在 Python 中撰寫這兩個 **print('%.2f'%w)** 與 **print('{0:.2f}'.format(w))** 指令，因為四捨五入的關係，所以兩個輸出答案皆為 **1.24**。在執行 **print("Accuracy: {:.2f}".format(acc_kNN))** 後，得到整個分類模型的預測正確率（Accuracy）為 0.76。這表示以鄰居數量（k）為 3 的最近鄰（kNN）演算法為基礎所建立的 mykNN 最近鄰（kNN）模型的預測績效表現算是不錯，正確率可以高達 76%。請先將下列斜體 Python 程式碼指令輸入到程式碼區塊中並且執行，如同第八章和第十章，要檢視模型的正確率可以執行 print("Accuracy: {:.2f}".format(acc_rfc))。請將下列斜體 Python 程式碼指令輸入到程式碼區塊中並且執行，如下圖 11.1.19 所示：

```
acc_kNN = metrics.accuracy_score(y_test, y_kNN_pred)
print("Accuracy: {:.2f}".format(acc_kNN))
```

```
+ 程式碼   + 文字

[10] y_kNN_pred = mykNN.predict(X_test)
     y_kNN_pred

array(['M', 'H', 'L', ..., 'L', 'L', 'H'], dtype=object)

[11] from sklearn import metrics

[12] acc_kNN = metrics.accuracy_score(y_test, y_kNN_pred)
     print("Accuracy: {:.2f}".format(acc_kNN))

Accuracy: 0.76
```

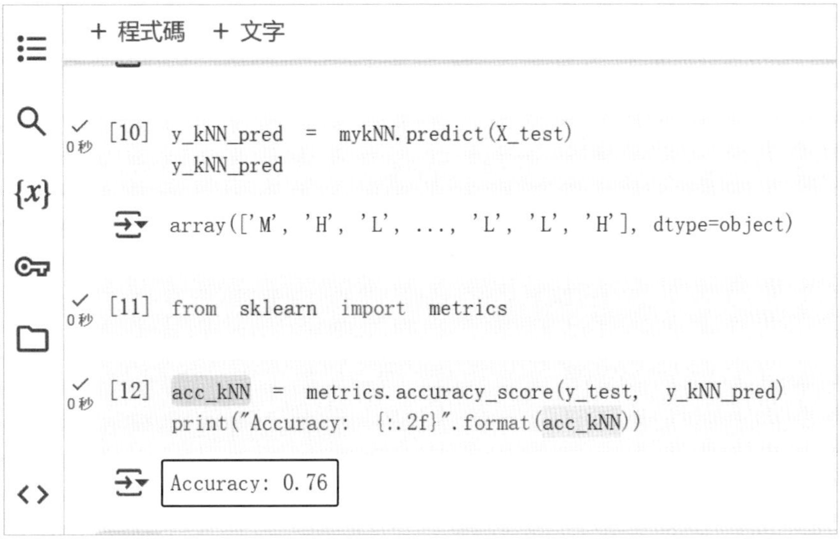

^ **圖 11.1.19** 計算 Accuracy

除了正確率（Accuracy）表達模型的分類預測之外，通常還可以另外建立一個矩陣數據來說明模型的績效表現，這一個矩陣稱為混淆矩陣（Confusion Matrix）。關於混淆矩陣的說明請參考第八章混淆矩陣相關的內容。

在 Python 中也提供輸出混淆矩陣的函數 **confusion_matrix()**，指令為 **mycm_kNN = metrics.confusion_matrix(y_test, y_kNN_pred)**。第一個參數是測試資料集中的目標變數 y_test（可以想像成考卷的標準答案），第二個參數是模型預測結果的 y_kNN_ pred 變數（可以想像成學生答題的答案），請先將下列 Python 程式碼指令輸入到程式碼區塊中並且執行，如下圖 11.1.20 所示：

```
mycm_kNN = metrics.confusion_matrix(y_test, y_kNN_pred)
print('Confusion Matrix: \n', mycm_kNN)
```

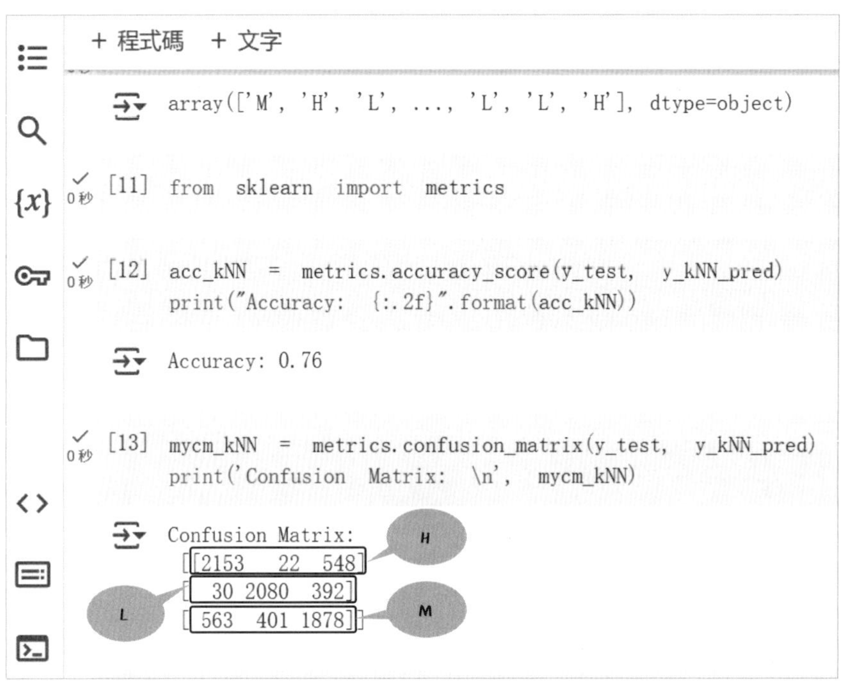


^ **圖 11.1.20** 輸出簡易的混淆矩陣

由於上面的混淆矩陣資訊較為簡略，解讀上比較不容易辨別出哪一個類別有多少筆資料，如上圖需要自己確認 H、L、M 的位置，因此 Python 的 **metric** 模組套件另外提供一個 **ConfusionMatrixDisplay()** 方法便於使用者繪製出比較容易解讀且視覺化的工具，指令為 **metrics.ConfusionMatrixDisplay(confusion_matrix = mycm_kNN, display_labels = mykNN.classes_).plot()**。**ConfusionMatrixDisplay()** 是一個繪製資訊較為完整的混淆矩陣工具，主要有兩個參數要設定，第一個參數是指定一個混淆矩陣 **confusion_matrix =**，在此範例為 **mycm_kNN** 變數，第二個參數是顯示混淆矩陣的類別名稱 **display_labels =**，這裡指定 mykNN 模型中目標變數欄位 customer_vlaue 所有的類別值（H、L、M）就可以完成，可以指定這個值 **mykNN.classes_**，最後使用 **plot()** 函數繪製出混淆矩陣。請先將下列斜體 Python 程式碼指令輸入到程式碼區塊中並且執行，如下圖 11.1.21 所示：

```
metrics.ConfusionMatrixDisplay(confusion_matrix = mycm_kNN, display_labels = mykNN.classes_).plot()
```

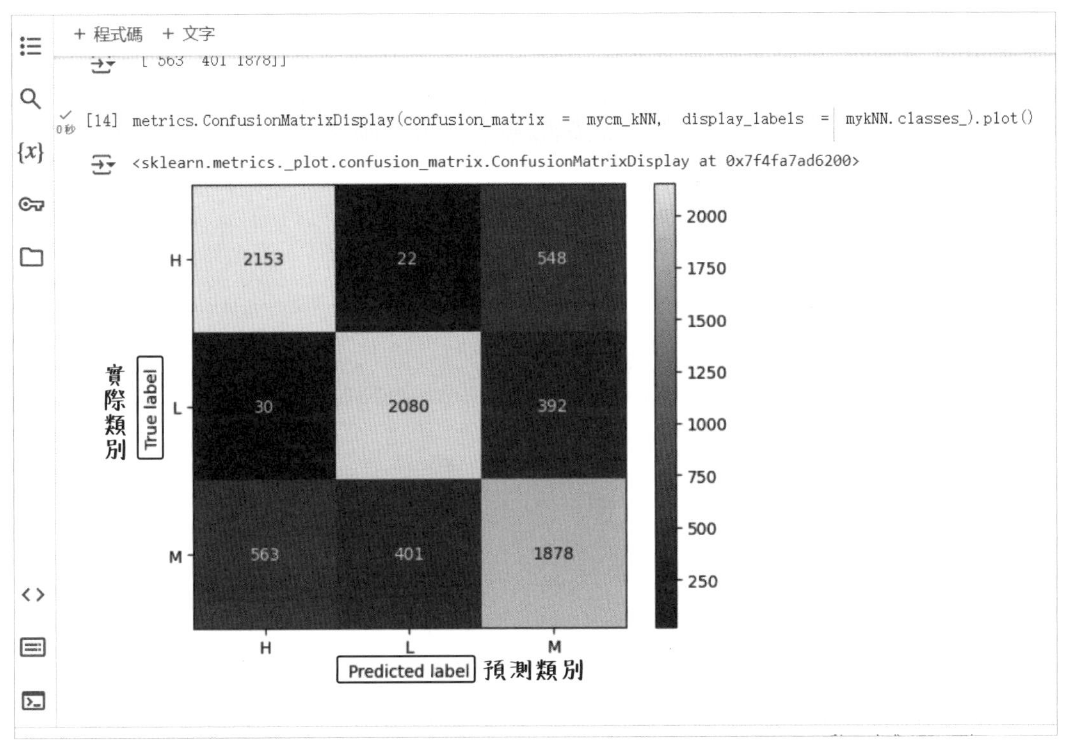


^ **圖 11.1.21** 繪製混淆矩陣

## 步驟六、預測未知類別的新資料

通常到第五步驟已經完成大部分的建立分類模型的工作。但是建模的目的就是為了將來有新客戶資料產生的時候可以依此分類模型進行判斷新客戶資料的等級歸屬。是 H 貢獻度嗎？還是屬於 L 貢獻度呢？還是說是屬於 M 貢獻度呢？如果分類模型預測的正確率不夠高，則會影響到公司對於每一位新客戶的行銷規劃方案的後續擬定方向，不可不慎重。

在此我們假設有兩位新客戶資料產生了，如下：

第一位新客戶資料如下：

- **目標變數欄位**：customer_value = 未知
- **自變數欄位**：R = 5.0、F = 2.0、M = 2100

第二位新客戶資料如下：

- **目標變數欄位**：customer_value = 未知
- **自變數欄位**：R = 1.0、F = 6.0、M = 5000

啟動該分類模型 **mykNN** 進行預測，請先將下列 Python 程式碼指令輸入到程式碼區塊中並且執行，如下圖 11.1.22 所示：

```
newdata = [[5.0, 2.0, 2100], [1.0, 6.0, 5000]]
print(newdata)
y_newpred_kNN_c = mykNN.predict(newdata)
print(y_newpred_kNN_c)
```

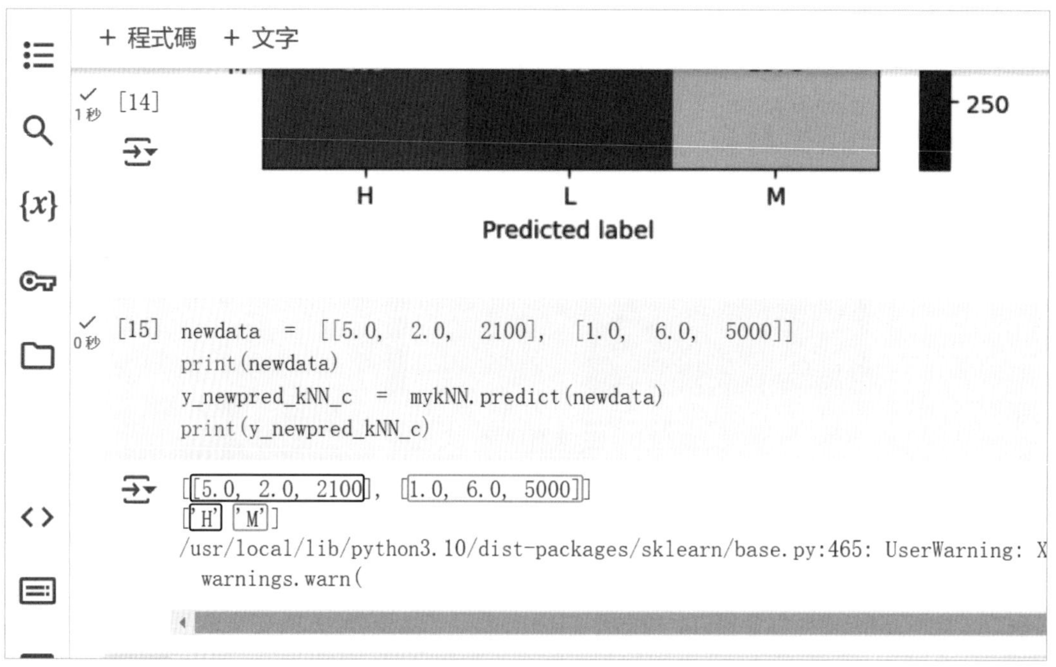


^ **圖 11.1.22** 新客戶資料預測結果

經過 mykNN 的 3 位最鄰近（kNN）分類模型的預測，可以判斷第一位新客戶的貢獻度為中度價值（M），第二位新客戶的貢獻度為高度價值（H），後續所產生的新客戶等級資料可以依此方式預測客戶價值等級類別，將預測結果的資料分享給行銷部門參考，以利推動不同類型的客戶所擬定的行銷方案。

# 11.2 結果解釋

本章節的介紹和第八章以及第十章相近，均是關乎預測，但是需記得：任何的預測都有不準確的可能性。儘管過往數字顯示某些結果，但不保證未來的走向一定可以吻合模型的預測，因為模型參數的選擇具有不確定性，否則，股市就不會反覆歷經牛市、熊市的循環，即便靠著股市專家長期的觀察與資料佐證，也未必，就能一直推高股價。但相較於類神經網路可以看到當下適配的完美的答案，但幾乎無法用肉眼去推敲那一堆隱藏層到底埋了多少機關，以致無法「解釋」預測結果，kNN 演算法提供了更多可解釋的預測結果，如可最近鄰中找出一些端倪來進行解釋。藉以推測出可能的關鍵因子。

本章結果有助了解客戶狀況，並為不同重要性的客戶制定顧客關係管理策略。再次重申，建議分析者需從質化的角度去審視客戶特徵，問題包括：該客戶年齡層、性別、職業類別與收入區間是否與其他重要性的客戶有差異？這些質化的內容有助針對客戶設計進行適當的促銷。

解釋至關重要，當我們模型顯示出來某位客戶屬於高價值的客戶（Excellent），往往表示表示我們會強化資源以對待這一個顧客，因此仍須站在決策者的角度來確認預測的過程是否與他心裡的既定印象或邏輯。根據公司主要的營收項目與重點，呈現客戶過往的消費紀錄，包含購物的內容、頻率、金額與最近一次的購物時間等去強化預測結果的邏輯支持，透過實際證據去分析而非臆測，藉以驗證資料探勘的價值。商管人必須要從客戶已經給定的資料中去彙整，而彙整過程可能還會引入其他的演算法來探究。比如：透過序列分析來針對客戶的購物紀錄觀察購物內容，找出其購物內容的規則；如果可以找出規則，我們就可以推測客戶下次購物的內容。如果是透過購物籃分析（關聯規則），也可以看到同一次的購物中哪些東西會一起被購買，透過了解商品組成，提出搭售的促銷活動，吸引該客戶多購入商品。

此外，kNN 的應用範圍廣泛，例如圖像辨識與推薦連結。在農業採收的情境下，提供已完成分類的圖像讓電腦學習，就能快速判斷整批農獲中的等級（如，偏紅的是第一級；偏綠的是第二級等等）並加速裝箱、標價的流程。透過足夠的訓練素材，在初次分群完成之後也能被應用在如車牌辨識、性別年齡辨識或文章推薦，進而達到超乎預期的效果。

## 本章心得

kNN 就是預測，這樣的預測不似過往的類神經演算法那樣不可捉摸。

## 回饋與作業

1. k 最近鄰演算法的參數（就是 k）如果設定過大或過小會造成什麼結果？

## 本章習題

1. （　）關於 kNN 預測分析以下何者正確？
   (A) 設定 k 必須要是奇數　(B) 只能餵入偶數筆資料
   (C) 預測結果可以有多個答案　(D) 設定 k 必須要設定成 0
2. （　）分類模型又可以稱為？
   (A) 分類器　(B) 分歧器
   (C) 橢圓曲線加密器　(D) 迴歸解密器
3. （　）所謂「近朱者赤，近墨者黑」的觀念類似下列哪一種商業數據分析的技術？
   (A) 決策樹　(B) k 最近鄰演算法
   (C) 簡單貝氏法　(D) 奇異值分解法
4. （　）建立模型過程中，基本上會將資料集切割成兩部分，其一為測試資料集，另一為？
   (A) 開放資料集　(B) 訓練資料集
   (C) 結案資料集　(D) 半折資料集
5. （　）整個建立模型過程中的啟動點在於資料的取得與區分，如果將測試資料集與訓練資料集合併在一起就等同於？
   (A) 原始資料集　(B) 開放資料集
   (C) 驗證資料集　(D) 鑑證資料集

## 參考文獻


- Hunt, E.B., Marin, J., Stone, P.T. (1966). Experiments in Induction. *Academic Press*, 12(4), 123-135

CHAPTER

# 12

# 類神經

## 本章目標

1. 了解企業為何需要類神經預測
2. 知道類神經運作原理
3. 了解 ChatGPT 基本概念

## 本章架構

前面針對監督與非監督式的探勘進行了廣泛的探討，但有一個很古老主題一直沒能進行說明，那就是**預測（Prediction）**。透過類神經（artificial neural network, ANN）演算法，可以進行深度學習，模仿人腦運作來修正學習結果並回饋到下次的預測，以增加準確度。以下將針對類神經進行介紹。

## 12.1 預測

預測行為自古就存在；古人利用龜殼、骨刻等方式記錄或進行預測。這種做法旨在透過統計計數或問卜活動來預測事務的吉凶，無論是狩獵成果或是生存預期，皆依靠卜卦以尋求天意的指引，確保行動的成功並保障生存。此外，儘管古人缺乏參考資料，但逐漸認識到預測時存在一些可供決策參考的因素，例如軍隊實力、天氣狀況、地形及過往戰績。歷史上不乏少數勝多數的例子，如赤壁之戰與桶狹間之戰（桶狭間の戦い，織田信長以 3 千人擊潰一方霸主今川義元的 2 萬 5 千軍隊，並造成今川義元的陣亡，從此開始了日本戰國時代的新篇章），顯示即使在有利條件下，仍可能受其他因素影響。同理，體育競賽中，即使擁有全明星球員，也不必然贏得冠軍。因此，除了明顯的數據因素外，還需識別並理解可能影響結果的其他因素，進一步輔助決策者判斷資源投入是否能達到預期效果。

現代商業競爭的激烈程度，已經達到影響公司生死存亡的地步，這種競爭的激烈程度與實際作戰無異，特別是在現代對於數據的收集範圍更廣、更全面且自動化的背景下，商業預測的應用變得極其廣泛。與古代相比，現代的商業預測可以考量的面向大幅增加，不僅包括競爭對手，還有客戶反應、產品品質良率、上游供應商的供貨情況，甚至是消費者購買時的天氣狀況等，都可以透過各種方式收集資料進行分析，以判斷這些觀察面向的可能變化。

除了商業競爭，公司內部管理也極需預測。資訊管理室的分析師可以獲取來自其他部門的大量參考資料，若能適當分析，則有助於實現公司的最大效益。例如，員工離職率的變化直接影響公司業績的成長。在離職率正常情況下，管理層可輕鬆估算每年的人事成本；然而，高離職率則會使這一預估變得困難，增加訓練和交接的額外成本。因此，了解可能屬於高風險離職群體的員工，或預判未來一年內可能離職的員工，對於人資管理至關重要。如果能夠基於員工的年齡、性別、星座、血型、工作內容、工作項目及總工時等資料進行離職風險預測，則有助於公司提前規劃應對策略和預算。此外，透過資料挖掘發現的規律，還可以進一步進行質性探究，找出潛在原因，並嘗試透過改善這些因素來降低員工離職率。

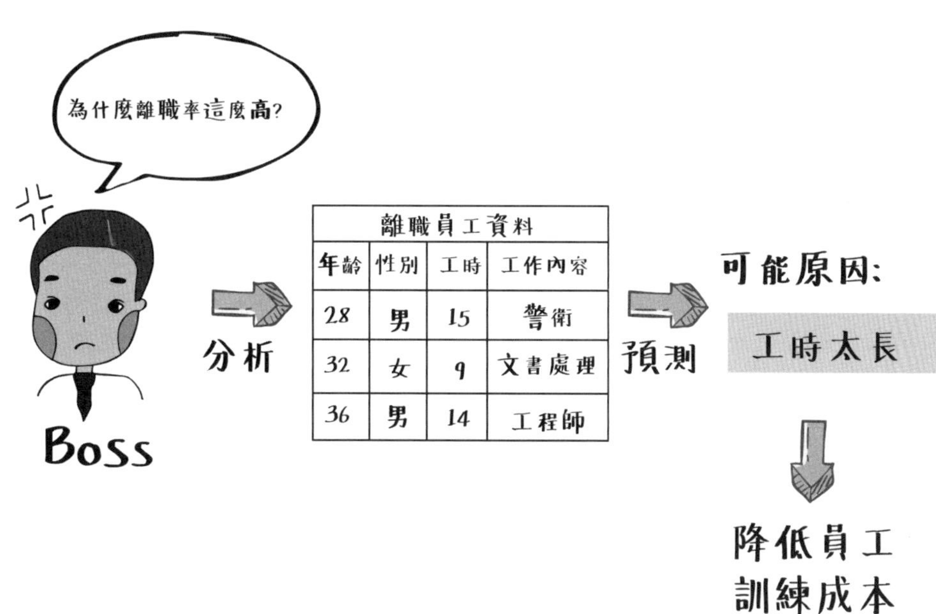


^ 圖 12.1.1 離職率預測分析

## 12.2 預測的基本概念

在資料豐富的情況下，有更大的機會將所有可能面向納入預測模型進行考慮。意即，為了進行預測，需要根據對象（數據表中的每條記錄）的特性（即欄位，亦即上一節提及的考量面向）的觀察值來估算目標欄位（特性）的可能數據。例如，如果手頭有班級同學的性別、身高、體重、年齡等資料，在一個人走進班級時，想要預測該人的性別，就可以透過預測的方法分析上述欄位來進行計算。

傳統商業管理統計學中，預測多是透過迴歸分析來尋求可能的結果。迴歸分析旨在探索兩個或多個變量之間是否存在相關、相關的方向及其強度，並建立數學模型以觀察特定變量的變化，從而預測研究者感興趣的變量的可能結果。換言之，迴歸分析可以揭示因變量（Y）如何因自變量（X）的變化而變化。以下是一個典型的迴歸方程式，其中 $Y$ 為因變量，$X$ 為自變量。若應用於前述例子，$X$ 可以分別代表身高、年齡、體重，而 $Y$ 則是待預測的性別，$\varepsilon$ 則表示誤差項。

$$Y = \beta_1X_1+\beta_2X_2+\beta_3X_3+\cdots+\varepsilon$$

在資料量龐大時，執行統計分析將耗用大量計算資源及時間。此外，迴歸預測在統計上存在限制，例如必須假設母體具常態分布、變量間需獨立、且變異數需恆定等嚴格條件（Longford, 1995）。對於大數據而言，因資料量過大，傳統的統計假設檢定常呈現顯著，但這反而可能失去原有檢定的意義。迴歸分析的另一問題是其假設性，假定預測可透過直線完成，這限制了考慮不同可能性的範圍，可能降低預測的準確性。

預測不僅限於迴歸分析。隨著電腦技術的進步，面對大量數據時，電腦演算法成為進行預測的有效工具。假設有一班級學生的資料，想要預測一個進入教室的人的性別，可以透過類神經網路（Artificial Neural Network, ANN）來計算性別預測。

1. 將「訓練資料集」（即班級學生的資料）如身高、年齡、體重等信息輸入到神經網路的輸入層。
2. 在隱藏層中，每個神經元對輸入的數據加權後進行計算，並透過激勵函數調整其輸出結果。
3. 若該結果未達到特定門檻值（即計算後的性別數值未達到設定的標準），則不向下一層輸出；若達到門檻值，則輸出該數據。
4. 經過層層計算，若數值符合預期，則進行到下一神經元並與其他數據整合，如圖 12.2.1 所示。
5. 經多層計算後，最終產生可能的性別，並由輸出層神經元提供答案。
6. 若最終輸出的性別與訓練資料的實際結果不符，則需對系統參數進行調整和修正，持續優化直至能準確預測性別為止。

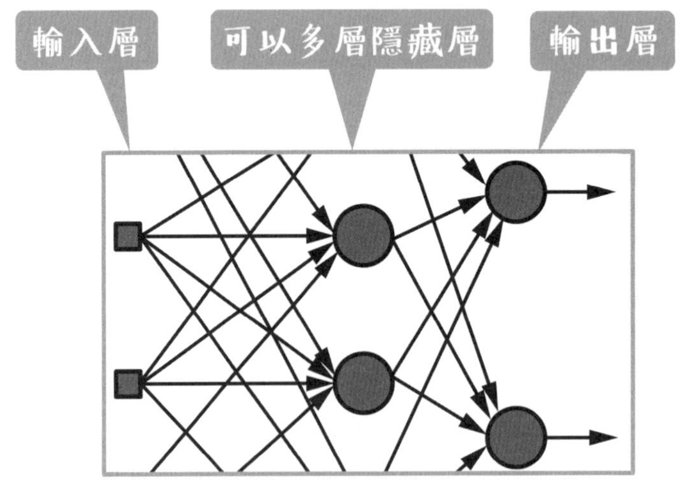


^ 圖 12.2.1　類神經網路分層運作

ANN 預測分析通常提供的是質化而非量化的結果，即結果屬於某一類別，如男性或女性。為了確認預測結果的準確性，需要透過後續的驗證過程，利用測試數據與混淆矩陣來檢驗模型的準確度。

進行學生性別預測時，需設置訓練數據集與測試數據集兩部分。這涉及將班級學生資料透過 k-fold 方法劃分為**訓練組**（例如，75% 的數據）和**測試組**（剩餘的 25% 數據）。首先，訓練組數據被輸入至 ANN 進行模型訓練，隨後測試組數據用於檢驗訓練好的模型的預測效能。然而，不能假定訓練過程中確定的模型權重在測試階段能夠展現出良好的表現，即預測結果的準確性不是必然的。因此，應進行多次的隨機抽樣以及訓練和測試組的設定，透過反覆的演練，尋找到能產生最準確預測結果的模型參數。

類神經網路演算法的運作過程是頗為複雜的，因為電腦需要不斷地進行訓練與測試，以尋找最佳的解答。透過 ANN 演算法進行模型訓練時，可能會產生過度擬合的問題，這類似於給同一人反覆進行同樣測試，並允許其修正錯誤，最終必然能達到滿分的情況，但如果請這人做其他衍生題目可能就無法回應。

除了利用 k-fold 交叉驗證之外，如果條件允許（即有足夠的時間和預算來收集或獲取更多數據進行測試和驗證），使用新數據進行測試可以提高模型的準確度。然而，在現實中，往往受到成本的限制，公司無法等待新數據的測試結果來編制年度預算或進行業務規劃。

此外，由於隱藏層與神經元之間的複雜相互作用，類神經網路演算法產生的結果幾乎無法解釋，因此常被視為一種「黑箱」操作。這種不透明性使得分析人員難以向管理層解釋並說服他們接受基於這些模型的決策。

這種情況類似於 2002 年湯姆•克魯斯主演的電影電影關鍵報告（Minority Report），其中特警部隊能夠透過一種犯罪預知系統來預測並阻止犯罪發生。然而，在現實世界中，犯罪的動機和原因通常在犯罪發生後才能被推理出來，而無法提前預知。因此，當企業領導面對一個無法解釋原因的「黑箱」結果時，他們不太可能僅憑對演算法推理的信任來推動商業決策。

## 12.3 類神經如何運作

（ANN）的概念源自於模仿人類大腦神經元對刺激的處理和反應機制。在人類大腦中，當外部刺激被神經元接收後，會經過一系列的處理過程產生反應。例如，當看到一張照片時，大腦開始回想這人是誰，進而做出判斷。這一過程包括了接收刺激（看到照片）、進行思考（思考是否是某人），以及最終做出決定（判斷是否是某人）的連續步驟，顯示了腦神經如何逐步進行計算以得出結果。

人類大腦的運作機制極其複雜，科學家至今仍在不斷探索其工作原理。如圖 12.3.1 目前所了解的是，大腦透過神經元間的化學物質傳遞進行溝通，這些化學物質經由多個樹突從不同來源輸入（input）到神經元的細胞核中，細胞核會根據這些刺激作出相應的反應。當輸入訊號的總強度超過一定閾值（threshold）時，化學物質會通過軸突和突觸被傳遞到下一個神經元。此過程涵蓋了從接收刺激（例如看到照片的刺激或者是來自先前的神經元處理後的化學物質）、細胞核對這些刺激進行處理（神經細胞核針對目標與問題進行決策判決）並作出決策，到最終將處理後的訊號輸出到下一級神經元或直接作出行動決策（將新的化學物質送到下一層神經元或者輸出決策）的全過程。

在此過程中，神經元的工作可以分為接收輸入（例如，視覺刺激或來自其他神經元的訊號）、處理訊號（細胞核對刺激做出反應）以及產生輸出（將訊號傳遞至下一個神經元或產生決策）三個主要階段。神經元會盡可能產生一個合理的結果，即透過綜合考量多個因素後得到的邏輯上正確的輸出，這類似於人類在學習過程中參考內外部因素調整想法並做出正確決定的過程。

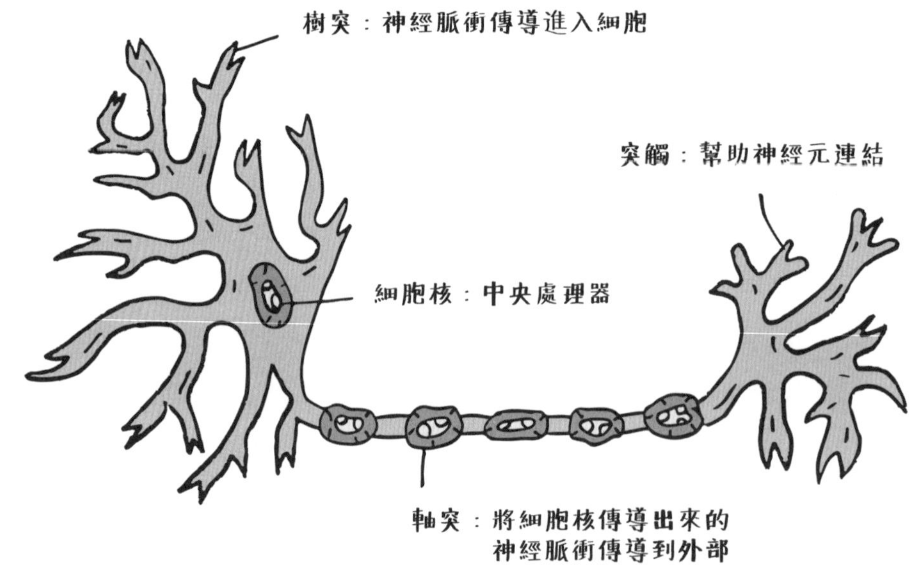


^ 圖 12.3.1　腦神經元示意圖

類神經演算法就是嘗試以電腦模擬人類的思考歷程：從外部輸入刺激、神經元處理接受刺激後該如何回應、最後綜合神經元處理結果輸出決定。類神經網路演算法依據其複雜度，可以有一個到幾萬個神經元組成，但個別神經元運作原理會與上述的神經網路思考過程相似。

以下以一個最簡單類神經運作幫助各位了解類神經的處理過程，這神經網路以一個輸入、一顆神經元、一個輸出來說明類神經運作過程。假設看到一張照片，如圖 12.3.2 右邊所示要思考這是否是十年不見的阿娟。

^ **圖 12.3.2**　阿娟的 10 年演變圖

1. 首先確認輸入的資料與預期的輸出。

 (1) 隨機給定權重值（$w_{11}$ 與 $\theta_1$）。以上面看照片確認是否認識該人為例子，其中 $w_{11}$ 就是人們再回想照片時會做的猜測（比如：多少百分比會像是十年前的阿娟），可以這樣類比：當在思考照片與記憶中的人物哪一位類似的時候，可能會想說這眼神可能是阿娟，所以會給定一個參考數據作為基本資料。$\theta_1$ 是神經元考量之之後加入的變化，比如：印象中是 20 歲的阿娟，如果調整到十年後了，也就是 30 歲，是否就該長胖一點？

 (2) 假設已經有一個訓練好的類神經網路，如圖：12.3.3 所示 $I_1$ 是輸入（就是上述看到照片），透過神經元處理（也就是思考是否是十年後的阿娟），$O_1$ 為輸出（判別是否是十年前的阿娟）。

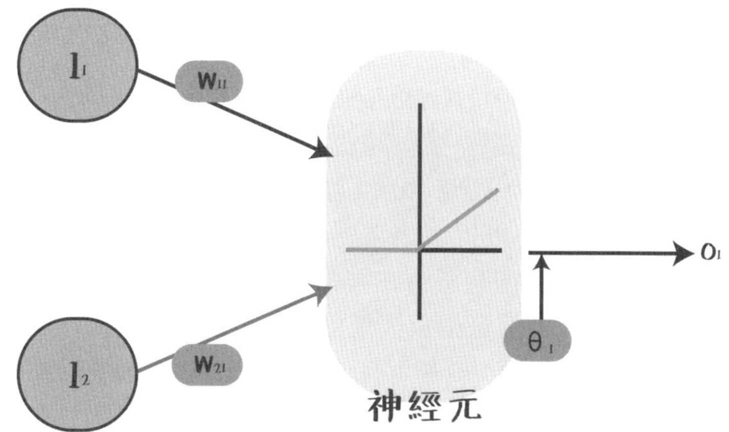


^ **圖 12.3.3**　類神經網路

2. 從 $I_1$ 開始輸入資料進行前向輸入（inputs forward）。然後輸出數據（$O_1$），並預期輸出結果應該是 1（確定是十年前的阿娟）。

(1) 假設輸入數據為 1（1 表示看到照片感覺有點像是十年前的阿娟），接下來執行路徑上的權重（weight, $W$，$-1 \le W \le 1$, 這邊給定 $w_{11}$ 是 0.4, $w_{21}$ 是 0.7）。權重就是每一個輸入的數據需要進行加權計算。所謂的加權就是針對輸入的數據乘以一個加權的百分比之後獲得的數據（比如前面提到的在思考照片與記憶中的人物哪一位類似，就是一種加權的感覺）。這可以視為在面對外界刺激的時候，選擇微調哪些部分好接近心中的認知。不過，就算某一個刺激可以納入考量，每個神經元對於該刺激在心中的地位（權重），不見得都會一樣。權重可以是正數也可以是負數，因為思考的過程中，正面與負面的刺激（輸入）皆有之（回想之後，阿娟十年前眼睛應該比較大或者或者較小）；所以權重就應為一個大於 -1 但小於 1 的百分比數值（來比比看是否眼睛大小與印象中有差異）。偏權值 $\theta_1$ 是指在權重計算過程中，給定的一個誤差數據，可以將結果進行一定程度的平移（或可稱為偏移）。假設現在在判斷這人是否是阿娟，如果資料結果上呈現為阿娟，但在經過輸入數據、進行權重計算與神經元調整後，十年後 30 歲的阿娟應該還是要胖一點比較貼切，那就需要做胖一點的調整。在此，本例子將偏權值（調整平移的程度 bias, $\theta_1$ 給定為 0.4）。

(2) 神經元計算與**輸出**（$O_1$）結果。

就是計算數值與權重的乘積之後之後加上偏權值。計算式子如下。

$$O_1 = X_1 \times w_{11} + \theta_1$$

所以

$$O_1 = 1 \times 0.4 + 0.4 = 0.8$$

這邊已經計算出 $O_1$，但還需要經過激勵函數判斷或調整其數據。所謂激勵函數就是一種非線性調整，如圖 12.3.2 可以看到神經元是以折線圖表示並不是參數，在類神經演算上，這折線表現的就是激勵函數（activation function）。類神經演算上會透過激勵函數避免在神經網路結果上呈現「線性輸出」。所謂線性，就是直線輸出，也就是指量與量之間的關係若透過直角坐標系表示出來時會是一條直線（資料來源：維基百科，https://zh.wikipedia.org/wiki/ 線性關係）。所以「線性輸出」可以理解為該輸出的結果是可以被預期到的。從電腦計算的角度去看，電腦若給定了程式就會照程式去跑，但程式都是固定的迴圈、條件變數組合的，在不加入數學函數的情況下，所有的結果多是可以預期的，也就是結果應該是會被猜到的。但人類不是機器，人類的神經元運作形成了每日生活的所有操作，一定會包含不確定性，這邊所謂的不確定性就是結果是無法預

期的。所以，類神經演算法透過引入數學上的激勵函數的方式來產生非線性資料。常

見的激勵函數包含 Sigmoid（$O_n = \frac{1}{+e^{-I_n}}$，$O_n$ 為輸出，$I_n$ 為函數的輸入值）以及 ReLU（Rectified Linear Unit，修正線性單元，如果 $O_n > 0$，輸出 $O_n$）。Sigmoid 需要進行指數計算，ReLU（圖 12.3.4）只需要判斷步驟上輸入到激勵函數中值是否大於零，如果大於零才輸出，不大於零就不輸出。這點可以思考成該神經元遇到結果為負數就選擇不輸出數據。

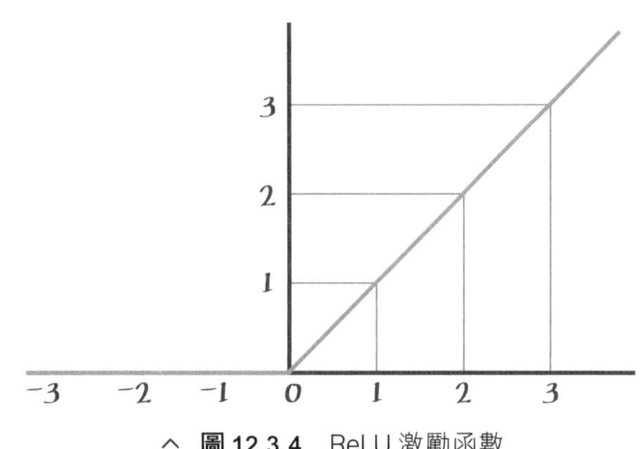


^ **圖 12.3.4** ReLU 激勵函數

*（出處：改自 Qef - Own work by uploader, hand-written SVG., 公有領域, https://commons.wikimedia.org/w/index.php?curid=4310272）*

案例資料經過計算得出非負值（0.8），如果此處的激勵函數為 ReLU，根據圖 12.3.4，輸出就是 0.8 ($O_1$=0.8)。但根據 ReLU 的規範，這還不是 1.0，所以，神經元無法判斷這是不是阿娟。可是這案例兩張照片上都是阿娟，所以還需要進行進一步的訓練，讓數值可以修正並得以輸出 1，也就是要修正參數直到準確判斷出這就是阿娟。

## 12.4 類神經如何訓練

上面介紹完類神經運作概念，接下來本節透過倒傳遞神經網路模式來幫助各位了解如何訓練一組神經網路模型。所謂的訓練，實務上就是修正參數。實務上常用 Sigmoid 或 ReLU 作為激勵函數，並據以微分以求取快速計算的結果。但為了為了方便讀者理解，並減少額外理解數學的負擔，本處採用直觀的感知器（Perceptron）作為激勵函數來說明如何進行倒傳遞的參數修正（Tan, Steinbach, Kumar, & Karpatne, 2019）。感知器演算法僅有兩種輸出值：1（吻合條件）與 -1（不吻合條件）。換言之，超過門檻（threshold）就輸出 1，否則輸出 -1。如果輸入的資料不符合預期，回頭修正的方式不用經過微分來計算，僅需計算輸出數據與實際數據的差異便可。

1. 確認輸入的訓練資料與其預期輸出。

(1) 給定一組訓練資料集（表 12.4.1），資料集中的欄位包含了訓練用輸入資料（$X_1$ 與 $X_2$，$X_1$ 為是否買肉醬，1 表示有買，0 表示沒買，$X_2$ 為是否買洗髮精，1 表示有買，0 表示沒買）以及目標欄位（因為是訓練資料，在此訓練資料集必須要有實際的輸出結果，所以 $Y$ 就是實際輸出的數據）。如表 12.4.1 所示 Y 顯示出兩個案都不是「優質客戶」（1 表示是優質客戶，-1 表示不是優質客戶）

**表 12.4.1**　訓練用四筆資料

| No | $X_1$ | $X_2$ | Y |
|---|---|---|---|
| 01 | 1 | 0 | -1 |
| 02 | 0 | 1 | 1 |

(2) 接下來隨機給定權重值（$w_1, w_2, \theta_1$），且為訓練類神經網路，需給定學習率（learning rate）$l$ 並指定輸出規則（表 12.4.2）。於此指定規則為輸出數據 >0.5，則產生 1 這個輸出結果，否則輸出 0。

**表 12.4.2**　給定資料

| $w_1$ | $w_2$ | $\theta_1$ | L學習率 |
|---|---|---|---|
| 0.8 | 0.2 | -0.5 | 0.9 |

(3) 給定一個前向輸入的網路架構，如圖 12.4.1 所示 $I_1$ 是輸入，中間是神經元，$O_1$ 為輸出，中間的激勵函數為感知器。假設計算後的 $O_1$ 輸出數據 >0，則產生 1 這個輸出結果，否則輸出 -1。

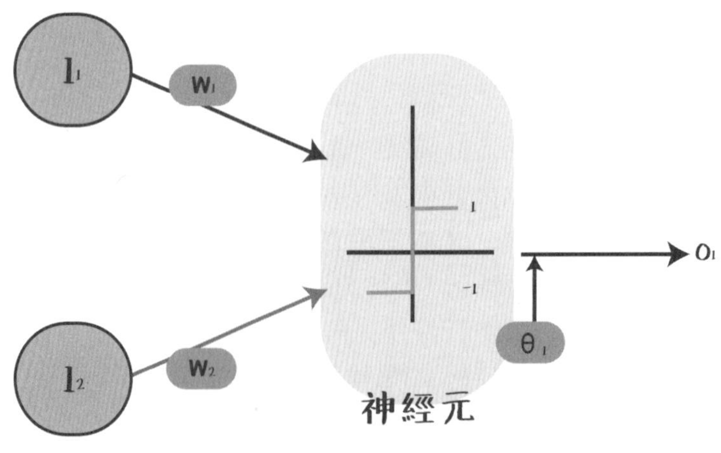


^ **圖 12.4.1**　類神經網路

**2.** 開始訓練，從 $I_1$ 與 $I_2$ 開始進行表 12.4.1 的逐筆前向資料輸入（inputs forward）。

**(1)** $X_1$ 透過節點 $I_1$，$X_2$ 透過節點 $I_2$ 輸入。

**(2)** 對**每一個神經元**計算輸入的資料。

**(3)** 計算輸出的結果：

計算數值與權重的乘積之後之後加上偏權值（Bias, 在此以 $\theta_1$ 表示）。計算式子如下。

$$X_1 \times w_1 + X_2 \times w_2 + \theta_1$$

$O_1$ 需要經過激勵函數判斷或調整其數據。第一筆 No.1 案例資料經過計算得出 1.3，該數值大於 0 的門檻值，所以輸出 1。

$$O_1 = 1$$

最後的結果為 1，這點不符合實際上輸出的 Y（No. 1 訓練資料的實際輸出 $Y$ 為 -1，不是優質客戶），所以需要進行修正。

接下來使用倒傳遞方式來根據輸出結果修正參數，也就是會將輸出的數據經過處理，回過頭來修改原始給定的權重以改變神經元以及輸出所產生的數據，讓所輸出的結果資料儘量的接近實際數據（Han et al., 2011）。演算的步驟如下：

**1.** 透過倒傳遞方法計算誤差以修正權重：

**(1)** 對每一個輸出的 $O_n$（本例子只有一個輸出）計算誤差 $Err_n$（$Y$ 就是輸入資料中正確的結果，例子 No.01 的真實輸出結果為 0），下列式子為感知器 $Err_n$ 計算公式，就是直接以實際資料與模型輸出數據的差異相減求出誤差。

$$Err_{O_1} = Y - O_1$$

所以上面算式計算結果如下。接下來會將此誤差回溯至上一層進行修訂。

$$Err_{O_1} = -1 - 1 = -2$$

**(2)** 計算完成需要調整的誤差之後，據以計算網路中的權重修正量 $\Delta w_m$，然後求出新的 $w$。$m$ 表示參數位置，$L$ 為學習率，本例子中設定為 0.9。也就是透過調整輸入的數據與修正的誤差來相乘，以了解需要根據誤差調整多少才能讓輸出數據更符合實際資料，此外，還需要乘以一個學習率，學習率的大小可以調整，藉以確認需要調整的參數改變的大小，學習率不一定很大。

$$\Delta w_m = X_m \times \mathrm{L} \times Err_{O_1}$$

所以

$$\Delta w_1 = 1 \times 0.9 \times -2 = -1.8$$
$$\Delta w_2 = 0 \times 0.9 \times -2 = 0$$

計算新的 $w_m$

$$w_m' = w_m + \Delta w_m$$

$w_1'$ 與 $w_2'$ 為修正後權重，

$$w_1' = w_1 + \Delta w_1$$
$$w_2' = w_2 + \Delta w_2$$

計算如下。

$$w_1' = 0.8 + (-1.8) = -1.0$$
$$w_2' = 0.2 + (0) = 0.2$$

(3) 計算偏權值的修正量。因為偏權值是經過激勵函數轉換後加入的平移，計算上就不納入原始輸入數據，而是直接以學習率乘以誤差項來作為修正便可。

$$\Delta\theta_1 = (L) \times Err_{O_1}$$

所以

$$\Delta\theta_1 = 0.9 \times -2 = -1.8$$

接下來計算新的 $\theta_1$

$$\theta_1' = \theta_1 + \Delta\theta_1$$

上面算式計算如下。

$$\theta_1' = 0.5 + (-1.8) = -1.3$$

2. 接下來套入原數據，再次進行上述的計算，

$$O_1 = 1 \times -1.0 + 0 \times 0.2 + (-1.3) = -2.3$$

因為小於 0，輸出 -1，吻合表 12.4.1 的實際輸出。

3. 將上述參數資料套入第二筆資料繼續進行建立模型

表 12.4.3 修正後參數資料

| w1 | w2 | θ1 | L學習率 |
|---|---|---|---|
| -1.0 | 0.2 | -1.3 | 0.9 |

$$O_1 = 0 \times -1.0 + 1 \times 0.2 + (-1.3) = -1.1$$

因為小於 0，所以輸出 -1。對照表 12.4.1，答案不一致。所以重複步驟 1 與 2 進行修正計算，得到新的 $w_1'$ (0.8)，$w_2'$ (0.2)，與 $\theta_1'$ (0.5)。

所以

$$O_1 = 0 \times 0.8 + 1 \times 0.2 + (0.5) = 0.7$$

因為大於 0，所以輸出 1。對照表 12.4.1，答案一致。

假設上述模型建立完成，接下來帶入測試資料來看準確度；假設應用 k-fold 的方式將表 12.4.4 的 No.3 與 No.4 兩筆視為測試資料，接下來輸入 $X_1$ 及 $X_2$。經過計算，客戶 No.3 計算的結果為 1.5，大於 0，所以輸出為 1 與實際的輸出不相同（非優質客戶）；客戶 No.4 輸出結果為 0.5，大於 0，所以輸出為 1，與實際輸出一致（優質客戶）。所以準確度（accuracy）為 50%。

表 12.4.4 測試結果

| No | X1 | X2 | O | Y |
|---|---|---|---|---|
| 03 | 1 | 1 | 1 | -1 |
| 04 | 0 | 0 | -1 | 1 |

## 12.5 類神經背後原理

了解了類神經運作方式以及訓練類神經的方法後，接下來簡要介紹類神經運作背後原理。假設有表 12.5.1 的資料，包含了客戶名稱、過去一年購買金額、是否買電熱毯等資料，要建立模型類神經透過「過去一年購買金額」來預測新進的消費者是否會購買電熱毯。

**表 12.5.1** 預測資料集

| 編號 | 客戶 | 過去一年購買金額 | 是否購買電熱毯 |
|---|---|---|---|
| 1 | 阿丁 | 30.5 | 是 |
| 2 | 阿龍 | 26.8 | 否 |
| 3 | 阿花 | 40.2 | 否 |
| 4 | 小方 | 33.5 | 是 |
| 5 | 小陳 | 41.5 | 否 |
| 6 | 小黃 | 42.3 | 否 |
| 7 | 珍珍 | 28.6 | 是 |

將上表依照「過去一年購買金額」欄位的數值大小排序，可以先製作出下圖 12.5.1。其中 Y 軸為是否會買的電熱毯，會買表示 1.0，不買表示 0.0。想要透過「過去一年購買金額」預測「是否買電熱毯」事實上就是希望透過建立趨勢線（圖 12.5.2）來設法使該線可以走訪過所有的資料。

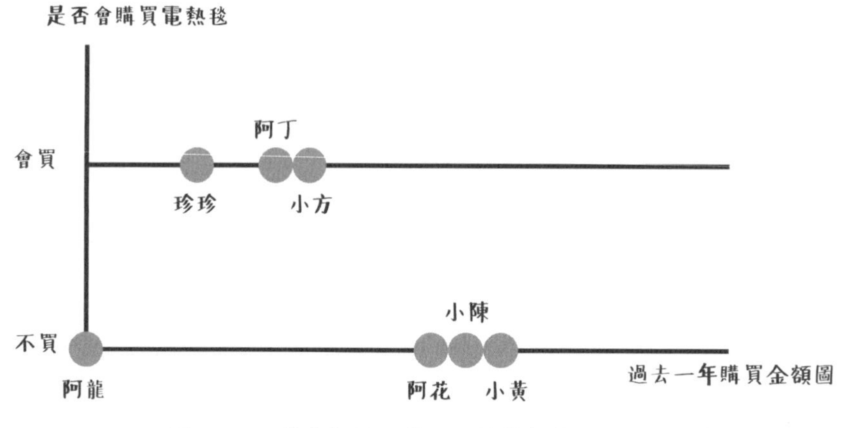


^ **圖 12.5.1** 消費者是否購買電熱毯與購買金額關係圖

何謂趨勢線？趨勢線就是統計上的迴歸線。圖 12.5.2 上方的「加上趨勢線…」是 Microsoft EXCEL 的內建功能，透過此功能可以針對所給定一堆看似沒有規則的資料繪製其趨勢。在圖 12.5.2 下方可以看到資料的迴歸線（一到八月購買金額）有著斜率向上（由左下向右上，為正斜率）的趨勢（X 軸為月份，Y 軸為購買金額）。

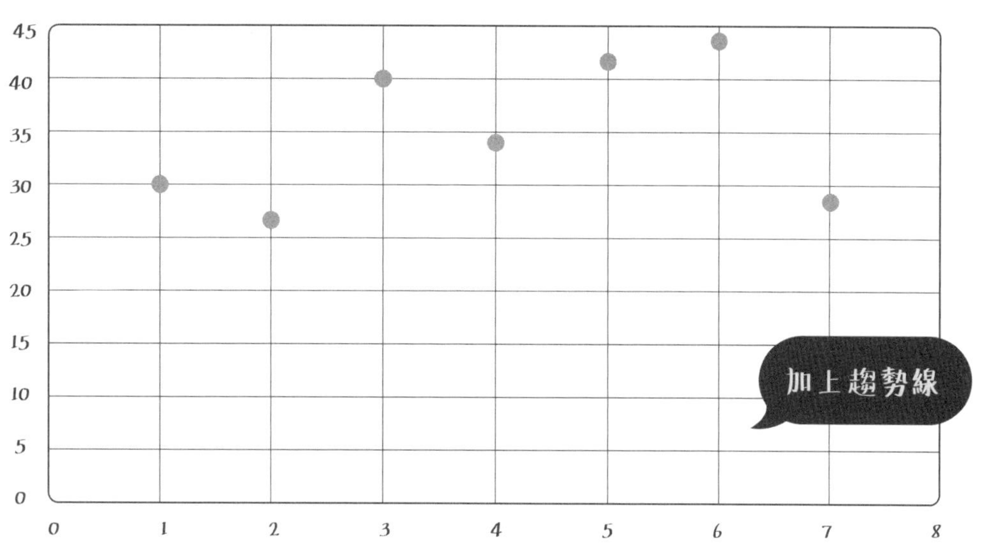


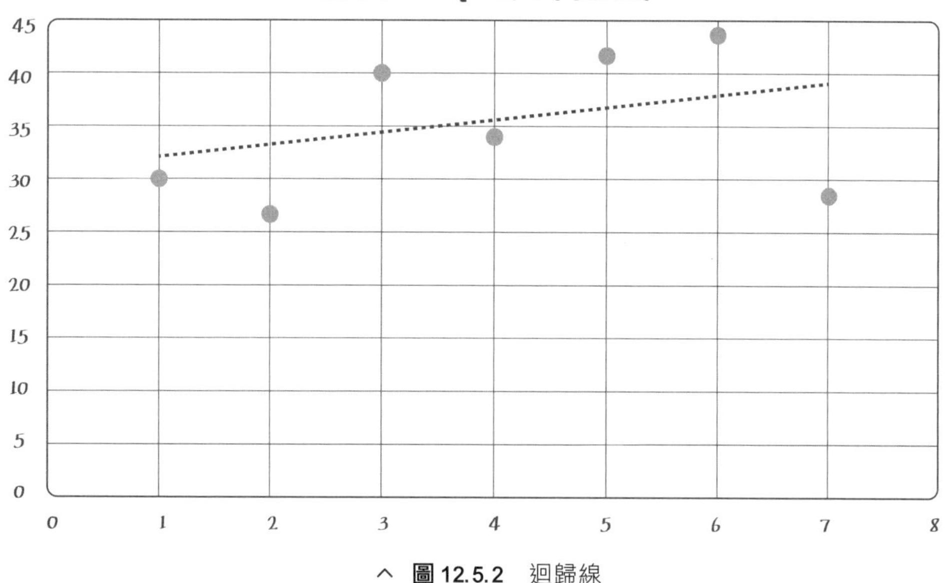


^ **圖 12.5.2** 迴歸線

製作上述的迴歸線，就是希望可以透過建立趨勢線，找到最可能接近所有實際數值的結果。實務上就是透過調整圖 12.5.3 上虛線（迴歸線）的斜率與截距來縮短圖上迴歸線與實際數據的差異，換言之就是希望找出圖 12.5.3 上七段粗實線段長度總和最小的可能。所謂總和最小就表示該迴歸線與實際數據上的誤差最小，透過該迴歸線在猜測實際數據時可以更準。如果圖 12.5.3 上虛線（迴歸線）是已經確認可被用以進行預測，若給定一個 X 數值，對應該迴歸線就可以確認預測的 Y 軸結果。

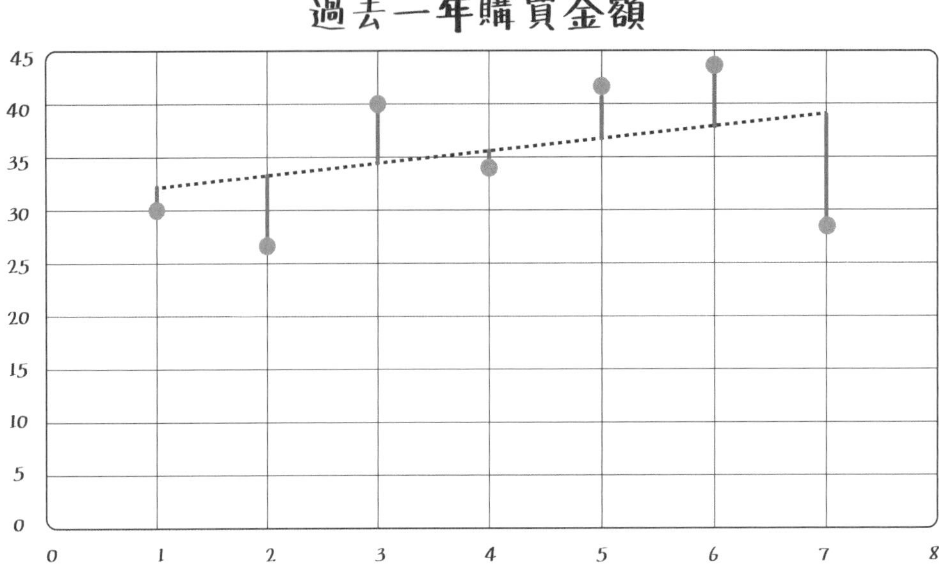


^ 圖 12.5.3　實際與預測的差異

若將上述的資料進行整理，以建立模型類神經來透過「過去一年購買金額」預測新進的消費者是否會購買電熱毯。整理後呈現為圖 12.5.4，X 軸為過去一年購買金額，Y 軸為是否會購買電熱毯（1 表示會買，0 表示不買）並將其依照過去一年購買金額進行順序排列。透過圖 12.5.4，若能產生一條迴歸線可以繞行通過線上所有的資料點，就可以完成預測（類神經）的建模；因為只要知道「過去一年購買金額」對應到 Y 軸就可以知道其「是否有買電熱毯」。

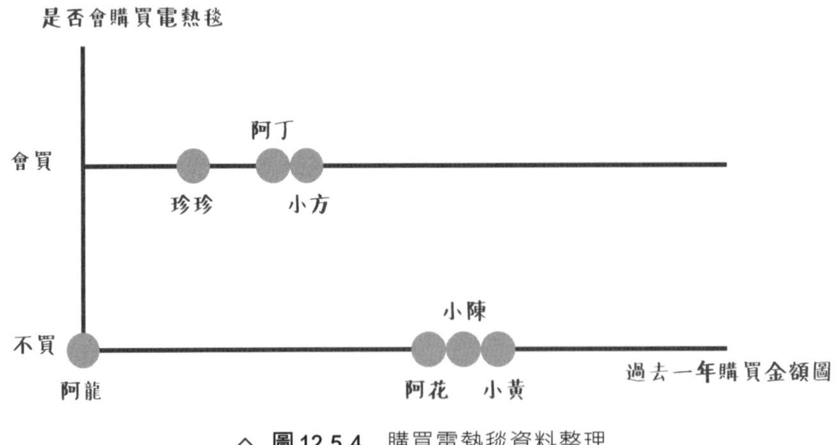


^ 圖 12.5.4　購買電熱毯資料整理

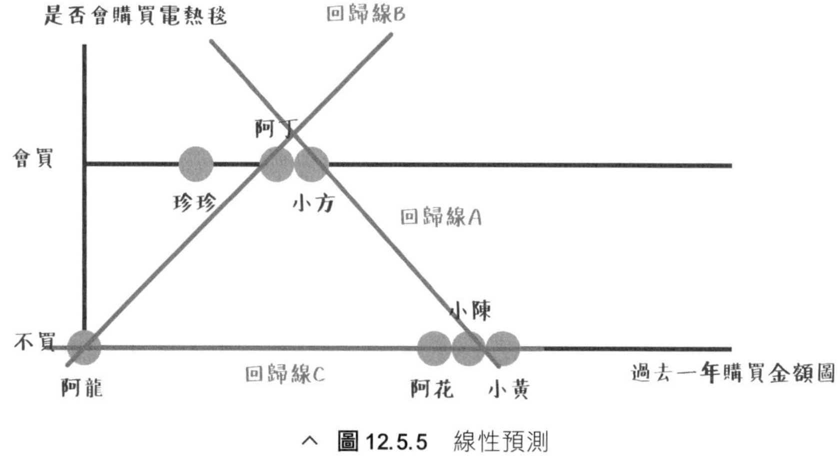


^ **圖 12.5.5** 線性預測

但如果仿照圖 12.5.3 的方式將圖 12.5.4 的資料建立直線的迴歸線，應該可以建立出圖 12.5.5 的 A, B, C 三條迴歸線，但不管是 A, B 或者 C 皆無法完整地包含到目前所有資料可能的預測結果。換言之，僅透過一條直線是無法達成預測的要求。所以在這情況下，必須要能製作出非線性（也就是曲線形式）的迴歸線（類似圖 12.5.6）。

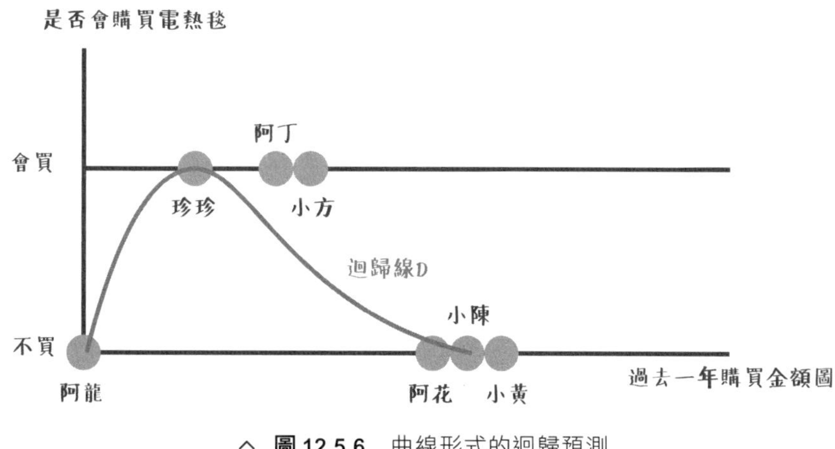


^ **圖 12.5.6** 曲線形式的迴歸預測

綜言之，在 12.3 與 12.4 兩節介紹的類神經演算法中設定權重與截距，就是要希望可以透過演算法進行參數調整與計算，以繪製出如圖 12.5.6 的非線性迴歸線。另外，如果資料更多，可以觀察到建立迴歸線就必定會變成多重曲線（像是迴歸線 E）的樣子，如圖 12.5.7 所示。要預測是否會買電熱毯，就是直接輸入客戶過去一年購買金額，就應該能預測出該客戶是否會購買電熱毯了。

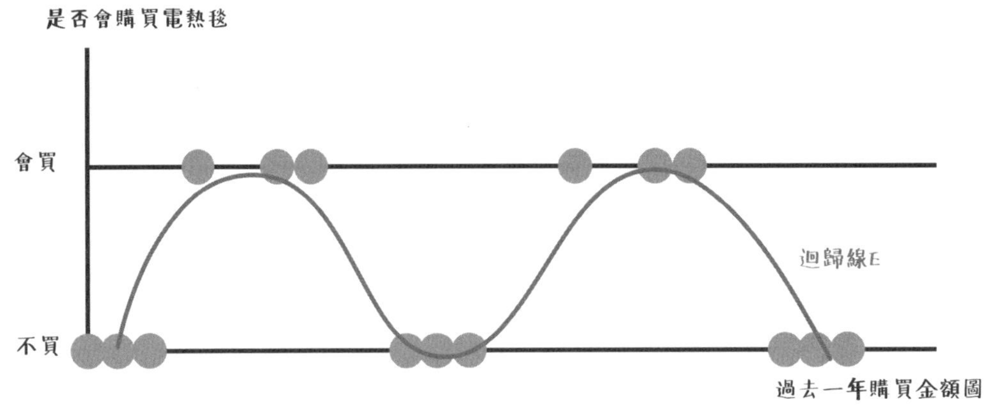


^ **圖 12.5.7** 多曲線形式的迴歸預測

但要從圖 12.5.5 演變到圖 12.5.6 甚至於圖 12.5.7，不僅需要透過調整權重與截距等參數，還需要透過多個神經元來進行計算加總後得以建立起非線性的模型，過程較為複雜，本書暫不說明。以下進一步說明為何透過調整權重與截距就可以改變模型。假設給定一線性迴歸模型如下：

$$Y = 斜率 \times X + 截距$$

其中 X 為輸入數據，Y 為輸出數據。如果想要將趨勢線從圖 12.5.5 下方的點向上方的三個點繪製，原始的迴歸線就需要調整「截距」（+10），也就是向上平移十單位（圖 12.5.8 上的原始資料線向上平移到第二條線），調整「斜率」（從 1 增加到 2），則原始的資料就會逆時針旋轉（圖 12.5.8 上的第二條線向左旋轉到第三條線），的反之則為順時針旋轉。經過這樣計算，就會產生較佳的迴歸線。由此可知，類神經建模就是要透過改變參數（斜率與截距）使預測的迴歸曲線可以儘量接近實際數據，也就是找到可以對應到資料最合適的線。

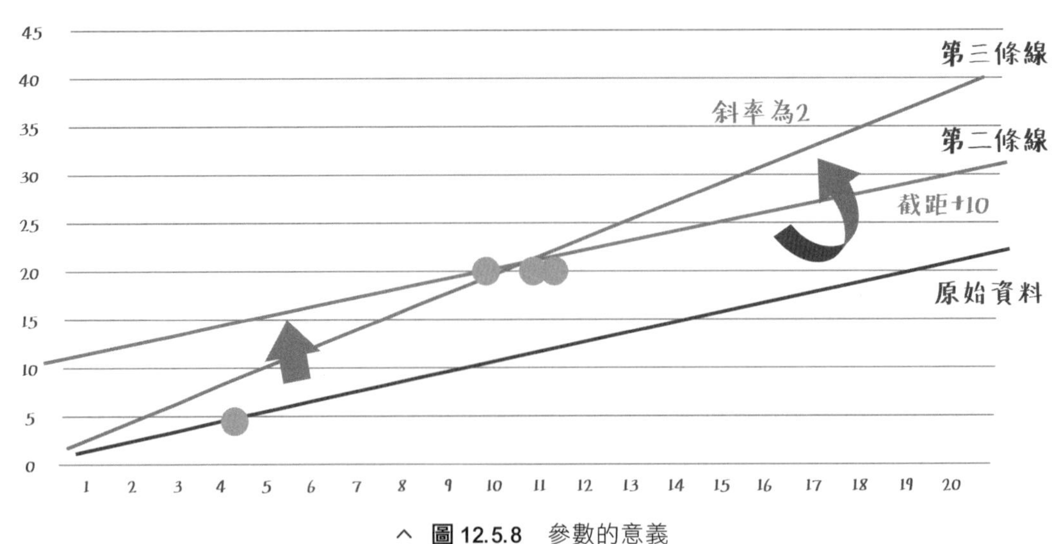


^ **圖 12.5.8** 參數的意義

圖 12.5.8 上面改變斜率與截距就會降低「殘差平方和」（Sum of Squares of Residual, SSR）。所謂的「殘差平方和」就是用於判斷模型品質好壞之用的參考參數。若建立起的類神經網路模型其「殘差平方和」越小，則該模型的品質越佳。可以將「殘差平方和」視為透過調整斜率與截距以降低圖 12.5.3 上的各粗實線段的長度平方和。如編號 1 的阿丁，過去一年購買金額為 30.5（原始數據），但對應到迴歸線上的數字為 31.921（結果數值如圖 12.5.9）。所以「殘差平方」（Square of Residual, SR）應該是 2.019（也就是 $(30.5-31.921)^2=2.019$）（圖 12.5.9）。經過計算，該迴歸線（Y=0.95X+30.971，截距為 30.971）與所有資料的「殘差平方和」為 227.643。

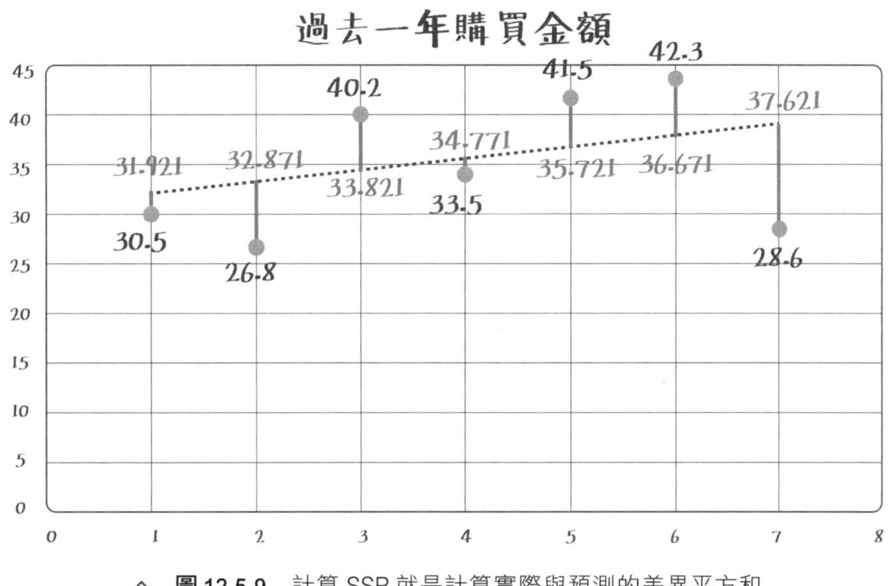


圖 12.5.9　計算 SSR 就是計算實際與預測的差異平方和

但要找出最低「殘差平方和」就要進行大量的計算，如迴歸線為 Y=0.95X+40，截距為 40，「殘差平方和」則是 789.25；如迴歸線為 Y=0.95X+20，截距為 20，則「殘差平方和」為 1070.25……（圖 12.5.10 上的第三條線）。但若能應用導函數的概念，應該可以透過梯度下降（Gradient Descent）（Arviel, 2003）的方式加速找出最低的「殘差平方和」。所謂透過梯度下降方式找最低的殘差平方和就是要找出切線斜率絕對值近似零的「殘差平方和」。如圖 12.5.10 的五條實線就是殘差平方和線的切線，切線斜率為零就是最低殘差平方和數值（圖 12.5.10 中最低殘差平方和為 227.64427）。由上面的說明應該可以幫助各位進一步明白類神經演算法的背後原理（Han, Pei, & Kamber, 2011）。但要找切線，就需要透過導函數計算來求解，如 ReLU 與 Sigmoid 演算法的 $Err_n$ 須不似 12.4 節的演算法那樣的簡要，而是需要透過微分求解。這方面的計算牽涉微積分，本書就不深入說明梯度下降與倒傳遞神經網路的導函數計算。

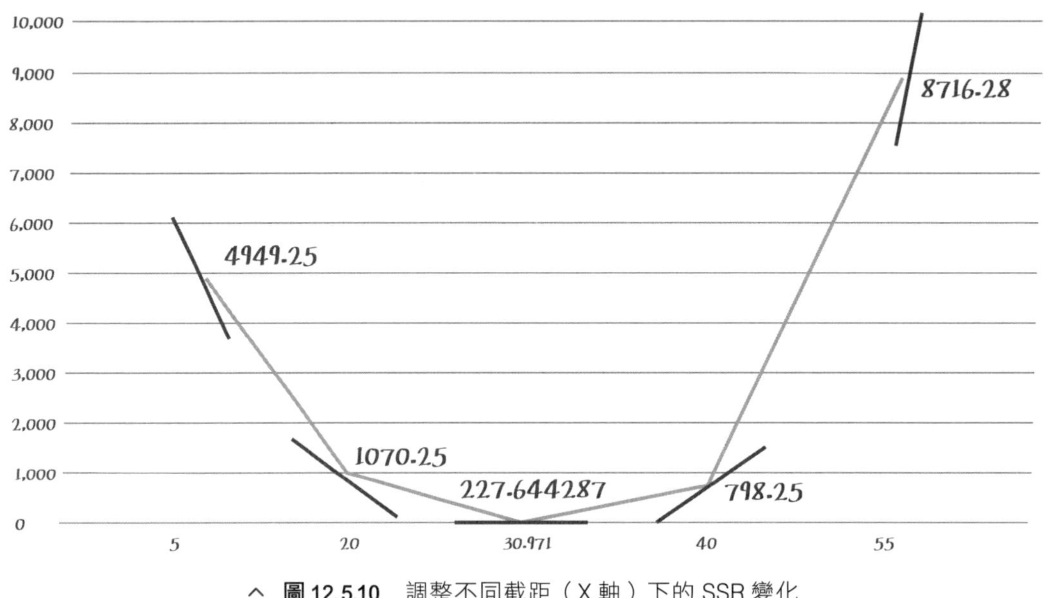


^ 圖 12.5.10　調整不同截距（X 軸）下的 SSR 變化

## 12.6 類神經應用範例

類神經網路與其他演算法之間的區別，在於它透過將預期輸出的結果與實際結果進行誤差計算來「學習」如何完美呈現所需的結果。這個過程類似於人類學習駕駛時的經驗累積，需要透過大量的實踐來修正駕駛技巧。類神經網路在處理複雜情境時，如自動駕駛技術的發展，透過收集的數據預測可能的行動，並根據預測結果的偏差進行調整和學習，逐步提高準確性（Richard, 2022）。

iPhone 的語音助理 Siri，同樣也是透過深度類神經學習模式，學習用戶獨特的語音特徵和調用方式，使得即使在嘈雜環境中也能準確識別用戶的指令（Siri Team, 2017）。這展示了類神經網路如何透過不斷的學習和調整，提高系統的響應準確率和用戶體驗。

類神經網路的訓練和測試過程，雖然能夠透過大量數據學習和預測複雜的模式，但也面臨「過度擬合」的風險，即模型可能過於貼合訓練數據，而無法準確預測新的數據情況。因此，需要透過適當的數據分割和反覆測試，以確保模型的泛化能力和預測的準確性。

然而，類神經網路的「黑箱」特性，即其內部運作機制難以解釋，對於需要透明度和可解釋性的應用場景來說，是一個挑戰。這要求開發者和研究人員不僅要注重模型的性能，也要探索提高模型可解釋性的方法。

# 12.7 生成式人工智慧簡介

自 2022 年底 ChatGPT 橫空出世，使類神經網路的發展達到新的里程碑，更給人類帶來了深刻的影響。ChatGPT 是由 OpenAI 開發的一種基於大型類神經網路的語言模型（Brown et al., 2020），其設計目的在於理解和生成自然語言文本。ChatGPT 是在 GPT（Generative Pre-trained Transformer）系列模型的基礎上演化而來的，特別針對對話式交互進行了優化和訓練，以實現更自然、更流暢的人機對話體驗。

## 背景

在深度學習和自然語言處理領域，早期的類神經網路模型多聚焦於特定的任務，如文本分類、情感分析等。隨著技術的進步，研究者開始探索更為通用的語言模型，這些模型可以在大量文本數據上預訓練，然後應用於多種自然語言處理任務上。GPT 系列模型的出現便是在這樣的背景下，它透過在大量語料上進行預訓練和微調的方式，在廣泛的語言理解和生成任務中達到了優異的表現。

## 開發背景和目標

ChatGPT 的開發背景是基於對於進一步提升機器理解和生成人類語言能力的需求。OpenAI 希望開發一種能夠與人類進行自然對話的 AI，不僅能理解用戶的意圖，還能提供相關、合理、有趣的回答。這不僅對提升人機互動體驗有著重要意義，也對推動自然語言處理技術的發展有著深遠的影響。

## 與傳統類神經網路模型的區別

ChatGPT 與傳統類神經網路模型的主要區別在於其規模、訓練方式和應用範疇。傳統模型往往針對特定的自然語言處理任務進行訓練和優化，而 ChatGPT 作為一種基於 Transformer 的大型語言模型，透過在大量多樣化的文本（context）數據上進行預訓練，掌握了廣泛的語言知識和理解能力。這使得 ChatGPT 能夠進行跨任務的學習和遷移，並在多種語言生成任務中展現出卓越的性能。此外，ChatGPT 在對話理解和生成方面進行了特別的優化，使其不僅能夠生成連貫、有邏輯的文本，還能夠根據對話上下文進行動態的回應，這一點是傳統類神經網路模型難以達到的。綜言之，ChatGPT 的開發不僅標誌著類神經網路技術在自然語言處理領域的一大進步，也為未來的人機交互和智能系統的發展開創了新的可能性。

## 12.8 人工智慧生成句子推演過程

以 ChatGPT 為例，以下透過簡要的例子來演示一遍是如何運作的。假設我問 ChatGPT「**我想去海邊我該如何說服我情人陪我去**」，它會使用深度學習模型來生成答案。首先

### 一、ChatGPT 會將輸入的文字轉換成嵌入（Word Embedding）向量

假設我們有以下簡化的二維的嵌入向量：

- " 我 ": [0.1, 0.2]
- " 想 ": [0.2, 0.1]
- " 去 ": [0.3, 0.4]
- " 海邊 ": [0.4, 0.3]
- " 該 ": [0.5, 0.6]
- " 如何 ": [0.6, 0.5]
- " 說服 ": [0.7, 0.8]
- " 情人 ": [0.8, 0.7]
- " 陪 ": [0.9, 1.0]
- " 我 ": [0.1, 0.2]
- " 去 ": [0.3, 0.4]

上述的嵌入向量是透過預訓練的詞嵌入模型生成的，這些模型在大量的語料庫（圖 12.8.1）上進行訓練，以學習每個詞的語義。詞嵌入模型（如 Word2Vec、GloVe、BERT 等）會學習每個詞的語義並生成向量表示式，這些向量可能根據上下文動態變化（Gan et al., 2022）。

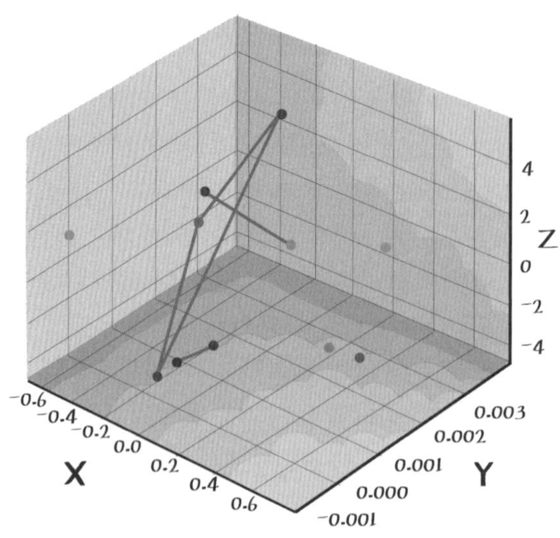


^ **圖 12.8.1** 語料庫空間

訓練過程中，模型會透過多層神經網路（通常是多層感知器或卷積神經網路）將每個詞轉換為嵌入向量。接下來會透過損失函數（如負對數似然損失，Negative Log-Likelihood Loss，NLL Loss）來優化模型。亦即透過損失函數衡量模型預測的機率分布與真實標籤之間的差異使得相似詞的嵌入向量在向量空間中更加接近，而不相似詞的向量則相距較遠。

在訓練過程中，模型會根據上下文調整詞嵌入向量，使其能夠捕捉詞與詞之間的語義關係。例如，詞「海邊」的嵌入向量會根據其在訓練語料中的上下文資料進行調整，使其與「沙灘」、「海洋」等詞的向量較為接近。

確定嵌入向量後，透過 Transformer 編碼器來處理這些嵌入向量。也就是透過位置編碼（Positional Encoding）來進行編碼。但 Transformer 模型沒有順序。在此我們簡單的以正弦和餘弦函數進行位置編碼。

$$\begin{gathered}\text{Pos}(1):[0.01,0.02]\\ \text{Pos}(2):[0.03,0.04]\\ \text{Pos}(3):[0.05,0.06]\\ \cdots\cdots\end{gathered}$$

假設位置矩陣的編碼如下：

$$P=\begin{bmatrix}0.01 & 0.02\\ 0.03 & 0.04\\ 0.05 & 0.06\\ 0.07 & 0.08\\ 0.09 & 0.10\\ 0.11 & 0.12\\ 0.13 & 0.14\\ 0.15 & 0.16\\ 0.17 & 0.18\\ 0.19 & 0.20\\ 0.21 & 0.22\end{bmatrix}$$

然後將嵌入向量加入位置矩陣：

$$E=X+P=\begin{bmatrix}0.1 & 0.2\\ 0.2 & 0.1\\ 0.3 & 0.4\\ 0.4 & 0.3\\ 0.5 & 0.6\\ 0.6 & 0.5\\ 0.7 & 0.8\\ 0.8 & 0.7\\ 0.9 & 1.0\\ 0.1 & 0.2\\ 0.3 & 0.4\end{bmatrix}+\begin{bmatrix}0.01 & 0.02\\ 0.03 & 0.04\\ 0.05 & 0.06\\ 0.07 & 0.08\\ 0.09 & 0.10\\ 0.11 & 0.12\\ 0.13 & 0.14\\ 0.15 & 0.16\\ 0.17 & 0.18\\ 0.19 & 0.20\\ 0.21 & 0.22\end{bmatrix}+\begin{bmatrix}0.11 & 0.22\\ 0.23 & 0.14\\ 0.35 & 0.46\\ 0.47 & 0.38\\ 0.59 & 0.70\\ 0.71 & 0.62\\ 0.83 & 0.94\\ 0.95 & 0.86\\ 1.07 & 1.18\\ 0.29 & 0.40\\ 0.51 & 0.62\end{bmatrix}$$

產生了包含位置的輸入矩陣 E。然後進入下一步處理。

## 二、透過自注意力機制（Self-Attention Mechanism）來計算新的向量

在這一步中，模型會計算每個詞對其他詞的影響力。首先計算查詢向量（Q, query），鍵向量（K, key）以及值向量（V, value）。對於每個詞的嵌入向量，透過線性變換得到查詢向量（Q）、鍵向量（K）和值向量（V）。為方便說明起見，我們於此假設上述三者的線性變換矩陣皆為單位矩陣（所謂的單位矩陣是一個方陣，在主對角線上的元素全為 1，其餘元素全為 0），下面是 2×2 的單位矩陣，假設其為權重矩陣

$$W_Q = W_K = W_V = \begin{bmatrix} 1 & 0 \\ 0 & 1 \end{bmatrix}$$

若線性變換矩陣皆為單位矩陣則嵌入向量轉換後的 $Q$、$K$、$V$ 會與原始的嵌入向量相同。所以

$$Q = E \cdot W_Q = E$$
$$K = E \cdot W_K = E$$
$$V = E \cdot W_V = E$$

$$Q = K = V = E = \begin{bmatrix} 0.11 & 0.22 \\ 0.23 & 0.14 \\ 0.35 & 0.46 \\ 0.47 & 0.38 \\ 0.59 & 0.70 \\ 0.71 & 0.62 \\ 0.83 & 0.94 \\ 0.95 & 0.86 \\ 1.07 & 1.18 \\ 0.29 & 0.40 \\ 0.51 & 0.62 \end{bmatrix}$$

接下來計算查詢向量 $Q$ 與鍵向量 $K$ 的點積（關於點積計算請參考備註 1）。

所以，據此計算查詢向量 $Q$ 與鍵向量 $K$ 的點積（也就是注意力分數，attention scores）為：

$$\begin{bmatrix} 0.11\times0.11+0.22\times0.22 & 0.0561 & \cdots \\ 0.23\times0.11+0.14\times0.22 & 0.23\times0.23+0.14\times0.14 & \cdots \\ \vdots & \vdots & \ddots \end{bmatrix}$$

然後將上述的矩陣除以一個縮放因子（通常是鍵向量維度的平方根 $\sqrt{d_k}$ ，這個縮放操作可以避免在高維度時點積值變得過大，從而使得 softmax 的輸出分布過於極端。在此鍵向量為二維，所以 $\sqrt{d_k} = \sqrt{2}$ 。

$$\text{scaled scores} = \frac{\text{attention scores}}{\sqrt{2}}$$

補充說明：在此簡化例子中，鍵向量為二維，所以 $\sqrt{d_k}=\sqrt{2}$ ，但實際應用中鍵向量的維度通常更高。

例如：對於第 1 個詞「我」，縮放後的注意力分數如下：

attention scores$_{我}$=[0.0605,0.0561,0.1397,0.1353,0.2189,0.2145,0.2981,0.2937,0.3773,
0.1199,0.1925]

也就是上面點積矩陣的第一列（第一個字詞是「我」）。

然後透過 softmax 函數轉換：

attention weights=softmax([0.0605,**0.0561**,0.1397,0.1353,0.2189,0.2145,0.2981,0.2937,
0.3773,0.1199,0.1925])

Softmax 函數計算如下：

$$soft\max(x_i)=\frac{e^{x_i}}{\sum_j e^{x_j}}$$

所以若以第一列（「我」字）為例：

*e*0.0605≈1.0624, *e*0.0561≈1.0576, *e*0.1397≈1.1500, *e*0.1353≈1.1448, *e*0.2189≈1.2447,
*e*0.2145≈1.2395, *e*0.2981≈1.3474, *e*0.2937≈1.3418, *e*0.3773≈1.4588, *e*0.1199≈1.1275,
*e*0.1925≈1.2123

加總後 $\sum_j e^{x_j}=18.3868$

假設經過轉換後得出第一列的權重

attention weights$_{我}$=softmax[0.0605,**0.0561**,0.1397,0.1353,0.2189,0.2145,0.2981,0.2937,
0.3773,0.1199,0.1925]=(1.0624/18.3868,1.0576/18.3868,⋯⋯
1.1275/18.3868)

然後逐列算完整體的 *attention weights*。

接下來使用注意力權重矩陣與值向量 V 進行矩陣乘法，得到新的內容（context）：

$$V = E = \begin{bmatrix} 0.11 & 0.22 \\ 0.23 & 0.14 \\ 0.35 & 0.46 \\ 0.47 & 0.38 \\ 0.59 & 0.70 \\ 0.71 & 0.62 \\ 0.83 & 0.94 \\ 0.95 & 0.86 \\ 1.07 & 1.18 \\ 0.29 & 0.40 \\ 0.51 & 0.62 \end{bmatrix}$$

$$context = V \cdot attention\_weights = \begin{bmatrix} 0.583758 & 0.621708 \\ 0.586204 & 0.618852 \\ 0.622686 & 0.664090 \\ 0.639804 & 0.683112 \\ 0.714244 & 0.762264 \\ 0.745324 & 0.793824 \\ 0.887008 & 0.940304 \\ 0.932804 & 0.987592 \\ 1.056024 & 1.119568 \\ 0.452228 & 0.487368 \\ 0.659124 & 0.698208 \end{bmatrix}$$

## 三、透過前饋神經網路（Feedforward Neural Network, FNN），對新的向量進行非線性轉換，以進一步提升模型的語義表達能力

前饋神經網路（Feedforward Neural Network, FNN）在 Transformer 中用於對每個位置的表示進行非線性變換，進一步提升模型的表達能力。據此，將新的表示輸入到前饋神經網路進行進一步處理。假設有一個簡單的線性層，該層的權重矩陣 $W$ 和偏誤量 $b$ 定義如下：

$$W = \begin{bmatrix} 0.5 & 0.6 \\ 0.7 & 0.8 \end{bmatrix}, b = \begin{bmatrix} 0.1 \\ 0.2 \end{bmatrix}$$

將 $context$ 進行線性轉換

以第一列作例子（其他列請自行計算）

$$\begin{bmatrix} 0.5 & 0.6 \\ 0.7 & 0.8 \end{bmatrix} \cdot \begin{bmatrix} 0.583758 \\ 0.621708 \end{bmatrix} + \begin{bmatrix} 0.1 \\ 0.2 \end{bmatrix} = \begin{bmatrix} 0.5 \times 0.583758 + 0.6 \times 0.621708 \\ 0.7 \times 0.583758 + 0.8 \times 0.621708 \end{bmatrix} + \begin{bmatrix} 0.1 \\ 0.2 \end{bmatrix}$$

$$= \begin{bmatrix} 0.664904 \\ 0.905997 \end{bmatrix} + \begin{bmatrix} 0.1 \\ 0.2 \end{bmatrix} = \begin{bmatrix} 0.764904 \\ 1.105997 \end{bmatrix}$$

$$z = W \cdot context + b = \begin{bmatrix} 0.5 & 0.6 \\ 0.7 & 0.8 \end{bmatrix} \cdot \begin{bmatrix} 0.583758 & 0.621708 \\ 0.586204 & 0.618852 \\ 0.622686 & 0.664090 \\ 0.639804 & 0.683112 \\ 0.714244 & 0.762264 \\ 0.745324 & 0.793824 \\ 0.887008 & 0.940304 \\ 0.932804 & 0.987592 \\ 1.056024 & 1.119568 \\ 0.452228 & 0.487368 \\ 0.659124 & 0.698208 \end{bmatrix} + \begin{bmatrix} 0.1 \\ 0.2 \end{bmatrix}$$

$$= \begin{bmatrix} 0.664904 & 0.905997 \\ 0.664413 & 0.905425 \\ 0.709797 & 0.967152 \\ 0.729769 & 0.994353 \\ 0.814480 & 1.109782 \\ 0.848956 & 1.156786 \\ 1.007686 & 1.373149 \\ 1.058957 & 1.443037 \\ 1.199753 & 1.634871 \\ 0.518535 & 0.706454 \\ 0.748487 & 1.019953 \end{bmatrix} + \begin{bmatrix} 0.1 \\ 0.2 \end{bmatrix} = \begin{bmatrix} 0.764904 & 1.105997 \\ 0.764413 & 1.105425 \\ 0.809797 & 1.167152 \\ 0.829769 & 1.194353 \\ 0.914480 & 1.309782 \\ 0.948956 & 1.356786 \\ 1.107686 & 1.573149 \\ 1.158957 & 1.643037 \\ 1.299753 & 1.834871 \\ 0.618535 & 0.906454 \\ 0.848487 & 1.219953 \end{bmatrix}$$

經過 ReLU 函數轉換找到輸出值：

$$\text{output} = \text{ReLU}(z)$$

因為 ReLU 函數若輸入為負值皆為 0，若為正值則不變，所以在 $z$ 皆正的情況下

$$output = \begin{bmatrix} 0.764904 & 1.105997 \\ 0.764413 & 1.105425 \\ 0.809797 & 1.167152 \\ 0.829769 & 1.194353 \\ 0.914480 & 1.309782 \\ 0.948956 & 1.356786 \\ 1.107686 & 1.573149 \\ 1.158957 & 1.643037 \\ 1.299753 & 1.834871 \\ 0.618535 & 0.906454 \\ 0.848487 & 1.219953 \end{bmatrix}$$

## 四、應用 softmax 函數轉換上述輸出為機率分配以生成下一個字詞

softmax 函數將模型的輸出轉換為一個機率分布，且具有非負性，也就是所有輸出值都是非負的，即 [0,1] 範圍內；此外，softmax 還具備了歸一性，也就是所有輸出值的總和為 1，這使得輸出值可以解釋為機率。上述這些特性使得 softmax 函數特別適合用於多分類問題，在自然語言生成中，這對應於從詞彙表中選擇下一個詞。

softmax 函數的輸出可以轉換為每個詞的生成機率分布，這使得模型的決策過程更加透明和可解釋。例如，如果某個詞的 softmax 輸出機率為 0.45，這意味著模型認為這個詞是下一個詞的機率為 45%。

此外，softmax 函數具有平滑性，這意味著即使輸入的值之間的差異很小，輸出的機率分布也會相應地平滑變化，避免生成結果過於極端；這對於自然語言生成中的多樣性和連貫性非常重要。因為使用 softmax 函數來預測下一個詞的機率，能將模型的輸出轉換為一個有效的機率分布，這具有非負性和歸一化的特性，使得輸出值可以直接解釋為機率，使得其特別適合用於自然語言生成任務。

據此，根據當前的輸出值，接下來使用 softmax 函數來預測生成回應字詞的機率分布：

$$probabilities = softmax\left(\begin{bmatrix} 0.764904 & 1.105997 \\ 0.764413 & 1.105425 \\ 0.809797 & 1.167152 \\ 0.829769 & 1.194353 \\ 0.914480 & 1.309782 \\ 0.948956 & 1.356786 \\ 1.107686 & 1.573149 \\ 1.158957 & 1.643037 \\ 1.299753 & 1.834871 \\ 0.618535 & 0.906454 \\ 0.848487 & 1.219953 \end{bmatrix}\right)$$

softmax 函數計算如下：

$$softmax(x_i) = \frac{e^{x_i}}{\sum_j e^{x_j}}$$

$$e^{0.764904} \approx 2.1489$$
$$e^{1.105997} \approx 3.0216$$

加總 2.1489 ＋ 3.0216 ＝ 5.1705

所以機率為：

$$probabilities = \left[\frac{2.1489}{5.1705}, \frac{3.0216}{5.1705}\right] \approx [0.4083, 0.5917]$$

假設對應的詞彙表中的字詞為「你」和「我」，計算後確認機率最高的為後者「我」(0.5917)。

逐列完成所有機率值計算以及算出所有的可能生成詞彙。就上述例子而言，十一個組詞彙的計算結果都顯示最高者為「我」。因此確認回應時的第一個字應該為「我」（註：這是為了簡化示例，實際生成的詞應該根據真實的計算結果而定）。

如果上面是一個結果有不一致的答案的時候，我們該如何去做處理？我們有下列幾種策略來因應：

1. 只選擇最高機率的詞彙貪婪搜尋（Greedy Search）。
2. 保留多個機率值最高的選擇（Beam Search），生成過程中納入這些選擇來找出最佳解。
3. 隨機取樣（Sampling），也就是透過隨機選取多個機率高的選擇。
4. 改變 softmax 的係數（Temperature Scaling，溫度係數）來改變生成字詞的分佈。

所謂的溫度係數就是在 softmax 公式中加入一個參數 T，$\frac{e^{x_i/T}}{\sum_j e^{x_j/T}}$。如果降低 (T<1) 溫度，模型會傾向選擇機率最高的字詞，生成結果更確定。如果升高溫度 ($T$>1) 會使機率分佈更平滑，模型有更大的隨機性與多變的結果。換言之，若 $T$ 趨近於 0，模型的選擇將極度集中在機率最高的詞，反之，$T$ 越大，所有詞的機率分布會變得相近，使選擇更隨機。

## 五、更新輸入

再來將新生成的詞（「我」）添加到第一步驟的輸入序列之後，並納入嵌入向量重新計算。再來就是重複上述過程，直到生成完整的回應句子。上述例子，生成的可能回應句子就會是「我要用浪漫與美麗的想像來說服情人」（註：這裡生成的句子是為了案例而假設的）。而隨著持續改善，生成完整回應句子的過程會持續進行，直到滿足以下任一條件：

- **生成特殊標記**：模型生成了特定的結束標記（如 <|endoftext|>），這是模型預訓練時設置的，用來表示句子的結束。
- **達到最大長度**：生成的句子達到了預設的最大長度。這個長度是訓練和推理時設置的參數，用來防止生成過長的句子。
- **內容合理性**：根據上下文和語義，模型生成的句子在語義上和結構上看起來完整。這通常需要透過人工或其他規則來判斷。

# 12.9 人工智慧的挑戰與未來發展

使用人工智慧（ChatGPT）等先進的自然語言處理技術，在為我們的生活帶來便利的同時，也面臨著一系列挑戰和問題，需要我們認真考量和解決。ChatGPT 雖然能夠生成極為真實的文本，這在某些情況下可能被不當利用，如製造假新聞、欺騙性文本或其他有害內容，這對社會造成的影響是非常嚴重的。此外，個人隱私泄露也是一個重要問題，因為人工智慧在學習過程中可能會接觸到大量的個人數據。

此外， AI 模型的學習依賴於大量的數據。如果這些數據存在偏見，則模型生成的內容也可能帶有偏見，這會導致對特定群體的不公平對待，並加劇社會分裂。解決數據偏見需要從數據收集、處理和模型訓練等多個環節入手，確保數據的多樣性和公正性。

雖然 ChatGPT 在許多應用場景中表現出色，但其決策過程依然是前面曾言的「黑箱」的，難以直觀的解釋模型如何達到特定的輸出。這對於需要高度準確性和可回溯性了解緣由的應用，如醫療診斷或法律審判等構成了限制。若能提高模型的可解釋性，使其決策過程更加透明，可能是未來的一個重要發展方向。此外，ChatGPT 的應用範圍將進一步擴展，從目前的文本生成和對話系統拓展到更多領域，如更加智慧化的個人助理、自動化創意設計、個性化教育和培訓等。換言之，跨領域的整合應用也將是未來的一個重要發展趨勢，專門與類 GPT 系統溝通的「詠唱師」等工作也因應而生。

在應用上，ChatGPT 常常是被作為縮短學習曲線的核心工具，舉例而言，過往一個略通程式語言的使用者，可能只精於某一種程式語言，或者略精於程式邏輯，而 ChatGPT 的使用，則讓學習一門新的程式語言的門檻下降到可忽略不計，就能正確地執行另一種不熟悉的程式語言，並且完成專案。這邊讀者需要注意，雖然 GPT 類型的工具好用，但還是需要掌握基礎的知識，才能夠正確地利用（回頭看他的原理原則，人類的使用也是他的計算一環）。

## 本章心得

讀完上面介紹預測的類神經演算，可以得知透過類神經演算可以納入多個變數進行大量的模型訓練提升準確度，讓公司得以依賴輸出結果進行準確預測。因為類神經演算法就是反覆將誤差值配上權重丟入隱藏層一直訓練，直到訓練成功（預測準確）為止。雖然類神經有著上述的優點，但還是有著過度擬合（Overfitting）的問題；而且產生答案的過程是黑箱，並無法知道內部是如何運作的，有時會無法給出合理的解釋。

## 回饋與作業

1. 類神經分析的參數是在調整什麼？

## 本章習題

1. ( ) 類神經元的神經元運作，以下何者為非？

   (A) 有範圍
   (B) 答案通常就是二元值（True/False）
   (C) 仿照大腦神經元運算原理去施作
   (D) 可以天馬行空去思考

2. ( ) 關於迴歸分析以下何者為是？

   (A) 多個因變數 (B) 一個自變數
   (C) 因變數就是預測的結果 (D) 自變數一定要是類別變數

3. ( ) 類神經運算能否合於預期的判斷方式不在於？

   (A) 要有訓練組 (B) 要 有測試組
   (C) 不需要生成函數 (D) 逐步修正錯誤值

## 參考文獻


- Avriel, M. (2003). *Nonlinear Programming: Analysis and Methods.* Dover Publishing. ISBN 0-486-43227-0.
- Brown, T. B., Mann, B., Ryder, N., Subbiah, M., Kaplan, J., Dhariwal, P., ... & Amodei, Dario. (2020). Language models are few-shot learners. Advances in Neural Information Processing Systems, 33, 1877-1892. https://arxiv.org/abs/2005.14165
- Chatterjee, S., & Hadi, A. S. (2015). *Regression analysis by example.* John Wiley & Sons.
- Devlin, J., Chang, M. W., Lee, K., & Toutanova, K. (2018). Bert: Pre-training of deep bidirectional transformers for language understanding. arXiv preprint arXiv:1810.04805. https://arxiv.org/abs/1810.04805
- Gan, L., Teng, Z., Zhang, Y., Zhu, L., Wu, F., & Yang, Y. (2022). Semglove: Semantic co-occurrences for glove from bert. *IEEE/ACM Transactions on Audio, Speech, and Language Processing, 30,* 2696-2704.
- Goodfellow, I., Bengio, Y., & Courville, A. (2016). Deep learning. MIT press.

- Han, J., Pei, J., & Kamber, M. (2011). *Data mining: concepts and techniques*. Elsevier.
- LeCun, Y., Bengio, Y., & Hinton, G. (2015). Deep learning. Nature, 521(7553), 436-444. https://doi.org/10.1038/nature14539
- Richard, I. (2022). Tesla FSD AI: Neural Network Features 'Many Layers' Says Elon Musk—Different with Statistical Learning? Retrieved from:
- https://www.techtimes.com/articles/271781/20220213/tesla-fsd-ai-neural-network-features-many-layers-elon-musk—different.htm
- Radford, A., Narasimhan, K., Salimans, T., & Sutskever, I. (2018). Improving language understanding by generative pre-training. URL https://s3-us-west-2.amazonaws.com/openai-assets/research-covers/language-unsupervised/language_understanding_paper.pdf
- Siri Team (2017). Hey Siri: An On-device DNN-powered Voice Trigger for Apple's Personal Assistant. Retrieved from:
- https://machinelearning.apple.com/research/hey-siri
- Vaswani, A., Shazeer, N., Parmar, N., Uszkoreit, J., Jones, L., Gomez, A. N., … & Polosukhin, I. (2017). Attention is all you need. Advances in Neural Information Processing Systems, 30, 5998-6008. https://arxiv.org/abs/1706.03762


**註解**

當我們談論點積（內積）時，通常指的是兩個向量之間的一種代數運算，其結果是一個純量（數字）。點積的計算在機器學習和支持向量機（SVM）等領域中非常常見，因為它是計算核函數和決策函數的基礎之一。兩個向量 $a=(a_1,a_2,a_3,\cdots\cdots,a_n)$，$b=(b_1,b_2,b_3,\cdots\cdots,b_n)$ 的點積（內積）為：$a \cdot b = \sum_{i=1}^{n} a_i b_i = a_1 b_1 + a_2 b_2 + \ldots + a_i b_i$ 。$n$ 是向量的維度。

假設 $Q_i \cdot K_j$ 表示表示第 $i$ 個詞的查詢向量與第 $j$ 個詞的鍵向量的點積。例如對於第 1 個詞「我」和第 2 個詞「想」的點積為：

$$Q_1 \cdot K_2=[0.11,0.22] \cdot [0.23,0.14] = 0.11\times0.23 + 0.22\times0.14 = \mathbf{0.0561}$$

CHAPTER 13

# 執行類神經網路 ANN

## 本章目標

1. 透過 Google Colab 實作 Python 以理解 ANN 學習與預測的結果。

## 本章架構

13.1 淺談架構 ANN 分類器的概念

13.2 跑一次 ANN 演算法

13.3 結果解釋

在先前章節介紹過三種方式來建立資料的分類模型，分別為分類與迴歸樹（Classification and regression tree, CART）、隨機森林（Random forests）、k 最近鄰演算法（k nearest neighbor, kNN），其中前兩種是以樹狀（Tree）結構為基礎的分類模型（或稱為分類器 Classifier），已經在第八章、第十章中以 Python 工具一步步實例建構出這兩種分類模型（分類器）與預測方式，除此之外，也介紹過以多數決投票方式來決定資料類別值的 kNN 演算法，分析師可以自定不同的 k 值（鄰居數量）來建立分類模型，此方法的 Python 實作在第十一章中介紹過，本章會引進另一種模仿生物神經網路（特別是大腦）的方式來建立資料分類模型與預測，稱為類神經網路（Artificial neural network, ANN）又可稱為人工神經網路，經常簡稱為神經網路（Neural network, NN），此方法在人工智慧（AI）與機器學習（ML）研究中是一個很重要的領域，也是目前深度學習（Deep learning，DL）方法的重要基礎。

## 13.1 淺談架構 ANN 分類器的概念

類神經網路的發展比電腦（Computer）出現的時間還要更早，遠在 1943 年就有學者 McCulloch 和 Pitts 首度提出用數學模型來模擬生物大腦的神經元（Neurons）、神經網路（那時電腦還沒被發明出來，直到 1946 年人類才創造了第一部電腦，稱為 ENIAC），所以當時只能使用數學方式推論與假設類神經網路架構，接著在 1957 年 Frank Rosenblatt 提出了一種簡單形式的人工神經網路，稱為感知機（Perceptron）或稱感知器、感應機，當時的感知機僅有單一個就可以做為分類器運作，如圖 13.1.1 所示，簡單來說感知機是生物神經細胞（Nerve cell）的簡單抽象概念，神經細胞又稱為神經元（Neuron），我們以人類的大腦神經細胞為例，感知機就是模擬神經細胞行為發展出來的，其功能就是可以做資料的分類（即分類器），就是將一個感知機運作比喻（或類比）為單一個腦神經細胞的行為，當時的感知機已經可以分辨二元資料（例如會回購、不會回購，兩種類別資料），且是一種二元線性分類器（Linear binary classifiers），透過不斷的修正權重（Weight）與偏權值（Bias），讓感知機的期待輸出值與實際計算結果值很接近（即讓預測結果的誤差值最小），這樣不斷地修正方式有點像「知錯能改」的行為。

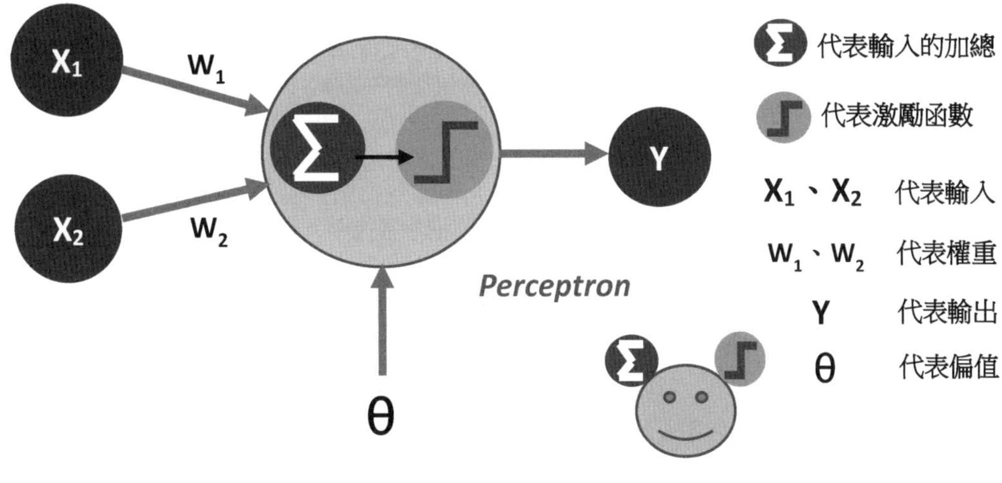


^ 圖 13.1.1 （單一）感知機

通常 Bias 也可簡稱為偏值，常以符號 $\theta$（Theta，西塔）來表示，也可以直接以字母 b 表示偏值，而感知機之所以被稱為二元線性分類器的概念就是對於資料（點）的分佈無論其散佈狀況如何，一定可以找到一條直線將所有資料切分開來成兩種類別的資料，這樣的情形稱為線性可分性（Linear separability），如圖 13.1.2(a) 與 (b) 所示，(a) 是 AND（且）資料狀況，(b) 是 OR（或）資料狀況，X1 與 X2 是輸入資料欄位，Y 是期待輸出資料欄位，分別將圖 13.1.2(a)、(b) 中的四筆資料散佈在 X1，X2 座標平面上，圖上的每一條直線就是一個感知機分類器，可以將資料切分成實心圈圈類別資料 "0" 與實心星星類別資料 "1"，如果不能找到這樣的一條直線將資料分成兩類資料，則感知機就失去原有預測的二元線性分類器的功能，這樣的情形稱為線性不可分性（Linear inseparability），如圖 13.1.2(c) 最右邊 XOR（互斥或 / 異或）所示，圖 13.1.2(c) 上無法只使用一條直線將資料切分成實心圈圈類別與實心星星類別資料，至少需要兩條直線（就是兩個感知機），因此使用單一感知機分類器對於 XOR 的資料就無法切分為兩類資料，由於無法解決數位邏輯上 XOR 資料問題，類神經網路的發展路上遇到了障礙而進入所謂的低潮黑暗期。

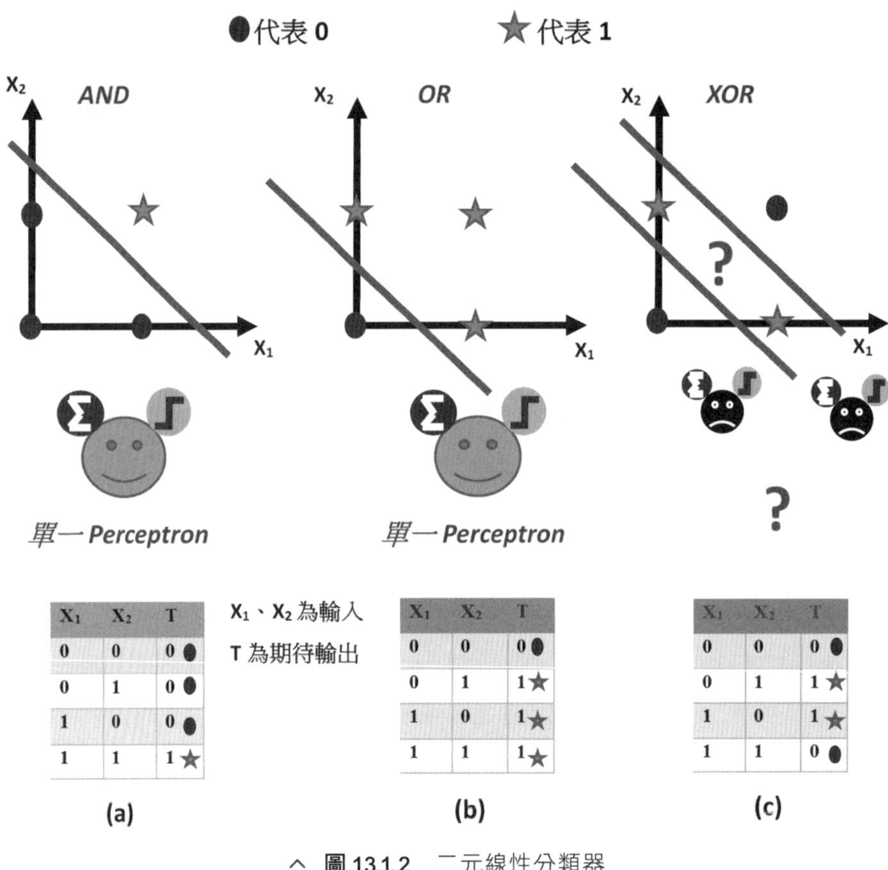


(a)

| $X_1$ | $X_2$ | T |
|---|---|---|
| 0 | 0 | 0 ● |
| 0 | 1 | 0 ● |
| 1 | 0 | 0 ● |
| 1 | 1 | 1 ★ |

(b)

| $X_1$ | $X_2$ | T |
|---|---|---|
| 0 | 0 | 0 ● |
| 0 | 1 | 1 ★ |
| 1 | 0 | 1 ★ |
| 1 | 1 | 1 ★ |

(c)

| $X_1$ | $X_2$ | T |
|---|---|---|
| 0 | 0 | 0 ● |
| 0 | 1 | 1 ★ |
| 1 | 0 | 1 ★ |
| 1 | 1 | 0 ● |

^ **圖 13.1.2**　二元線性分類器

隨著剛開始的單一感知機分類模型的出現，漸漸有學者提出許多複雜的感知機架構來解決解決線性不可分性的問題，譬如在單一層中搭配多個感知機（Single layer perceptron, SLP）方式的神經網路架構，甚或架構出多層感知機（Multi-layer perceptron, MLP）的複雜神經網路，即在輸入層（Input layer）與輸出層（Output layer）的中間添加了一些隱藏層（Hidden layer），其基本的組成還是感知機的運作原理，如圖 13.1.3：

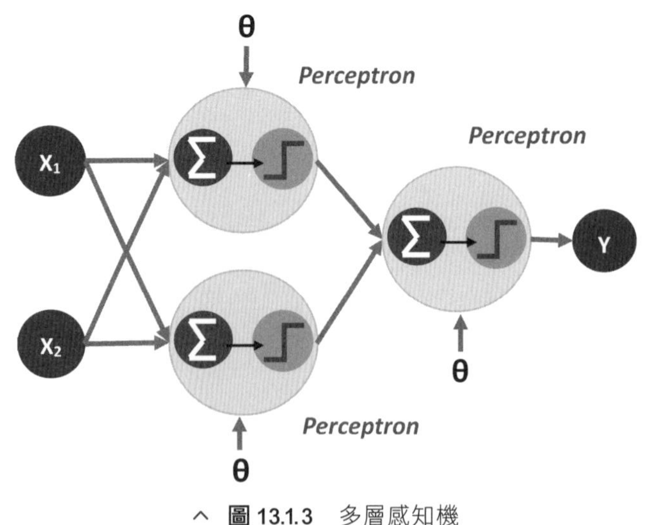


^ **圖 13.1.3**　多層感知機

不一樣的地方在於 MLP 是將每一個感知機處裡完成的資料一層一層地傳遞給下一層的感知機繼續處理，直到輸出層輸出最後結果，並且計算此輸出結果與期待輸出值的差異值或誤差值，但是這樣的差異值是大？是小？或可容忍嗎？因引進一個評估機制，此機制可以評估神經網路模型的差異程度（分岐程度）即損失函數（Loss function）的概念，但是伴隨而來的大量、複雜的計算屏障需要突破，一些學者也持續努力找尋出突破的方法，而其中有一個梯度下降法（Gradient descent）就可以幫助在最小化誤差值（或損失值）的條件下找到最佳權重（Weight）與偏值（Bias）參數的組合，而誤差變化的程度就是梯度，基本上梯度就是任一曲線上的資料點的切線斜率概念，到了 1986 年，Rumelhar 和 Hinton 等學者提出了反向傳播（Back Propagation），算法，又名為倒傳遞演算法，解決了神經網路所需要的複雜計算量的問題，從而帶動了另一波類神經網路的研究熱潮。但是好景不常，過了不久又遇到了計算技術上的瓶頸，當時只要神經網路架構太多層就幾乎沒有分類與預測的良好效果，此即梯度計算上不太穩定所產生的問題，又稱不穩定的梯度（Unstable gradient），其一稱為梯度消失（Vanishing gradient），就是指離輸入層較近的隱藏層，其梯度值可能因為太小而消失，進而無法正確修正相關的權重參數值，另一稱為梯度爆炸（Exploding gradient），就是指離輸入層較近的隱藏層，其梯度值可能太大而影響模型的訓練，譬如神經網路架構中超過 3 層隱藏層就會發生如此不穩定的梯度狀況，使得透過倒傳遞方法的神經網路無法達到多層的運算，因此在使用多層式感知機架構的神經網路發展上遇到了些困境，而在同時許多研究也改變採用機器學習方法中的支援向量機（Support Vector Machine, SVM）方式技術進行資料分類與預測，在當時 SVM 方法非常受到歡迎，尤其在處理垃圾電子郵件（Spam）的分類上有著非常準確的預測效果。

終於在 2006 年由多倫多大學的 Geoffrey Hinton 教授找到了解決方法，提出了非常有名的限制玻爾茲曼機（Restricted boltzmann machine, RBM）模型，終於突破瓶頸成功達成訓練多層的神經網路架構，不再受限於 3 層神經網路架構的困境，Hinton 教授特地將可以突破多層神經網路架構執行的方法重新命名為「深度學習（ Deep learning ）」，與之前的年代所提出的各式深度神經網路（Deep neural network, DNN）有所區隔，但是當時受限於 CPU 硬體運算能力尚未有很足夠的能力，通常一個模型需要耗費好幾天才會跑完，如果有錯誤，需要在修正參數後再跑一次模型，此時又要經過許多天才能跑完模型，因此建模的速度相當地緩慢，直到 2012 年 Hinton 教授帶著兩位學生使用深度學習（DL）技術搭配 GPU 硬體的方式在 ImageNet 圖像識別比賽中奪得冠軍，突破的主要關鍵在於硬體計算方式的提升改善，例如 NVIDIA 公司的 CUDA 運算架構，讓開發者可以寫程式運用顯示卡上的數百顆 GPU 進行運算，才真正發揮深度學習的威力，也讓 AI 的發展邁入重要的里程碑。

在之前章節中使用 Python 引進 Sk-learn（完整名稱為 SciKit-Learn）模組套件來產生迴歸樹（Classification and regression tree, CART）、隨機森林（Random forests）、k 最近鄰演算法（k nearest neighbor, kNN）三種分類模型（分類器），而本章我們在 Python 中另外使用 TensorFlow 與 Keras 模組套件的搭配方式快速完成類神經網路為基礎的分類模型。

TensorFlow 本身是 Google 所開發出來用於人工智慧的框架，在 Python 上直到現在也都是主流的深度學習套件，可讓您建構、優化大型的機器學習系統，TensorFlow 名字的由來可以拆成兩方面來看，張量（Tensor）與流動（Flow），基本上在人工智慧領域中張量的概念類似一個可以裝許多數據的空的容器（Container），且此種空的容器可以儲存指定某種維度（Demension）的資料，譬如說只儲存單純的一個數字 30，就是純量（Scalar）的意思，30 就是零維資料；也可以儲存一組數字 [30, 78, 29, 16]，就是向量（Vector）的意思，即一維的概念；也可以儲存多組數字 [[30, 78, 29, 16], [20, 30, 65, 70], [80, 95, 4, 64]]，就是矩陣（Matrix）的意思，即二維的意涵，換言之，若以不同維度來描述張量，則零（個）維（度）的張量就是一個純粹的數值，稱為純量（Scalar），一（個）維（度）的張量類似大家熟知的向量（Vector），二（個）維（度）的張量類似大家熟知的矩陣（Matrix），當然張量還可以有其他三維以上高維度的概念，而 TensorFlow 就是指張量這一個容器在計算圖（Computational Graph）中的流動，基本上 Google 希望在 TensorFlow 中，可以將機器學習的整個過程被表示成一張計算圖，在此圖中可以呈現資料（即剛剛所描述的各種形式的張量）如何流經整個機器學習系統，進而說明機器學習的過程，包含一般計算、加總以及連鎖偏微分後的修正 w 與 b 眾多參數的活動，如圖 13.1.4 所示。

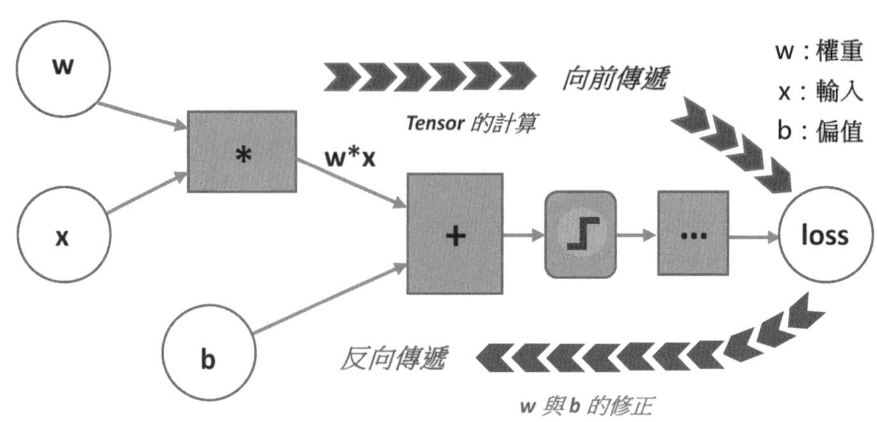


^ **圖 13.1.4** TensorFlow 的計算圖

由於 TensorFlow 在架構神經網路上較為複雜，對於初學者而言有一定的學習門檻，因此後來有了 Keras 套件的出現，讓進入深度學習的門檻降低，可以利用簡單的 Python 語法輕鬆架構出類神經網路（ANN）或者深度學習（DL）的模型出來。相較於

TensorFlow 的複雜程度，在實作上 Keras 是屬於一種高階的類神經網路或深度學習模組套件，Keras 在 2014 年由 Google 工程師 Francois Chollet 所開發出來，其本身是 Python 的一個套件，但其背後（即後端的底層）需架構在 TensorFlow 模組套件上才能順利運作，也就是使用上需要先設定好後端的底層架構為 TensorFlow，換言之，希望能夠以更輕鬆容易建構類神經網路或深度學習模型的方式就是 "Keras + TensorFlow"，兩者之間的密切配合的關係如圖 13.1.5 所示：

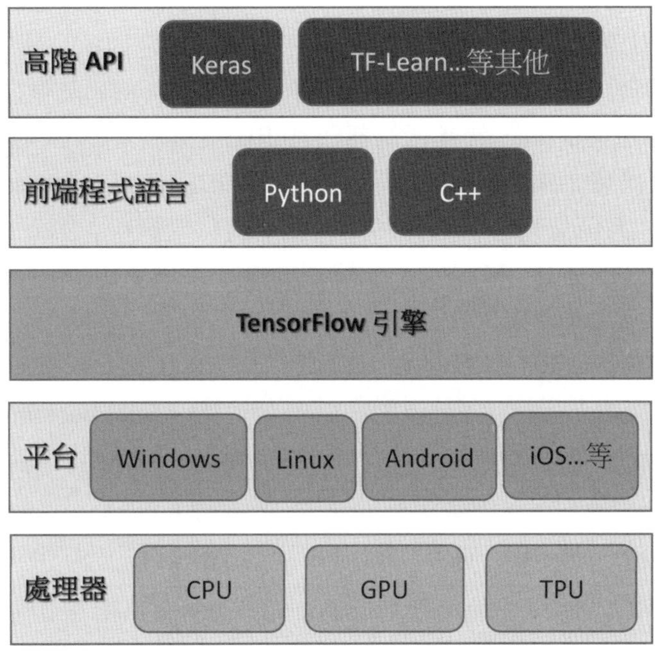


^ **圖 13.1.5** TensorFlow 與 Keras 的關係

以目前的技術發展而言，張量不只可以在一般的熟知的 CPU 上執行，也可以在 GPU 甚或 TPU 上執行，邏輯上，使用者不管在選擇哪一種處理器與平台之後，接著先安裝好 TensorFlow 模組套件，再來就是引進 Keras 套件，不用太複雜的 Python 指令就可以以輕易（就是指高階的方式）佈置出神經網路的框架來建立分類、預測模型，這樣的方式會在 Python 實作中一開始就佈置好，譬如一般 PC 桌機或個人筆電就是使用 CPU 搭配 Windows 或 MAC 作業系統，如果桌機或筆電有安裝高階的 NVIDIA 顯示卡，也可以使用 GPU 版本的 Tensorflow。而在 Google 的 Colab 環境中就可以在輕易使用 Ubuntu（這是屬於 Linux 的作業系統）中搭配 CPU、GPU 或 TPU 然後進行 TensorFlow 與 Keras 套件佈置。

目前 TensorFlow 已經發展到 2.X 版（2022/05/20），如果是使用 TensorFlow 做為 Keras 的底層，可以建議使用內建的 tf.keras 版本，因為 Keras 的簡單好用特性，所以 TensorFlow 在 2.0 版後將 Keras 納入其中當作一個子套件，除了盡可能與原 Keras 版本相容外，也隨著 TensorFlow 版本更新，也陸續增加獨有的功能，並可與其他 API

（Application Programming Interface，應用程式介面）整合，這在整體的整合性與效能都有不錯的表現。

## 13.2 跑一次 ANN 演算法

根據第十二章所介紹 ANN 的理論概念，接下來我們就透過 Python 一步一步進行建立一個 ANN 模型與預測，資料集是跟第八章相同資料集是描述公司客戶價值的資料，依照貢獻的價值等級分為高價值客戶（H）、中價值客戶（M）及低價值客戶（L）。而評估客戶價值的欄位有三個，就是行銷部門常用的最近一次消費（Recency）、消費頻率（Frequency）及消費金額（Monetary），資料集的檔案名稱為 **classification_ANN_Ex1.csv**，第一個欄位為數值資料，第二到四個欄位則為數值資料，第五個欄位是類別資料儲存客戶類別值，分別是 H、M 以及 L 三種，資料如表 13.2.1 所示：

**表 13.2.1**　客戶價值資料集

| cid | R | F | M | customer_value |
|---|---|---|---|---|
| **1069** | 19 | 4 | 486 | M |
| **1113** | 54 | 4 | 557.5 | M |
| **1250** | 19 | 2 | 791.5 | M |
| **1359** | 87 | 1 | 364 | L |
| **1823** | 36 | 3 | 869 | M |
| … | … | … | | … |
| **2179544** | 1 | 1 | 3753 | M |
| **2179568** | 1 | 1 | 406 | L |
| **2179605** | 1 | 1 | 6001 | M |
| **2179643** | 1 | 1 | 887 | L |
| **20002000** | 24 | 27 | 1814.63 | H |

資料分類的工作程序基本上同先前章節所敘述的有六個步驟，分別為資料載入與準備、訓練與測試資料切割、訓練（學習）與建立分類模型、產生測試資料集的預測結果、評估測試資料集在分類模型的績效表現以及預測未知類別的新資料，這一整套資料分類的程序與第八章的說明相同，如圖 13.2.1 所示，唯一不同就是所選用演算法不同。這次選用類神經網路（ANN）方法當做建立分類模型的演算法，因此在實作上 Python 會因為所選的不同演算法而使用不同的函數建立模型。

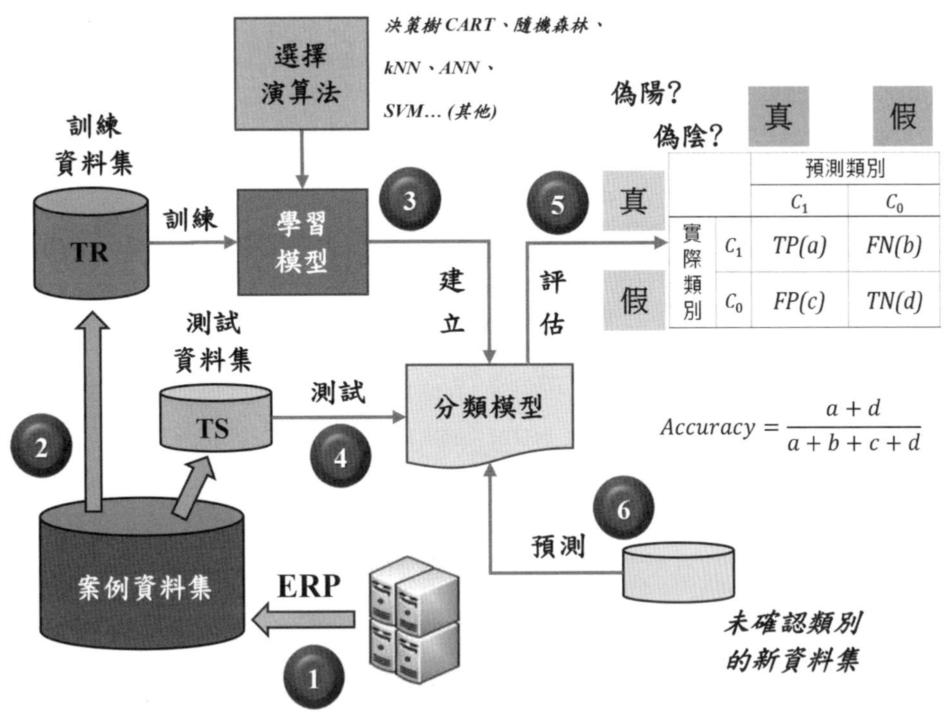


^ 圖 13.2.1 模型建立步驟

根據第十二章中對於使用類神經網路（ANN）的方法所產生的分類模型原理。在此以客戶價值貢獻度資料帶領各位一步一步完成類神經網路（ANN）分類模型與預測分析。資料來源是以一個客戶價值資料集 **classification_ANN_Ex1.csv** 為主建立一個客戶資料分類模型。

如同第八章方式，首先開啟一個全新的空白的 Colab 筆記本，不管預設檔案名稱為何，先將檔案名稱修改為 **Classification_ANN1.ipynb**，並按「**連線**」按鈕讓筆記本連到 Google 雲端資源，接著如果各位需要更高運算力（Computing power）的需求，即會用到高效能計算的處理器，則請到「**編輯→筆記本設定**」將硬體加速器選項中預設的「CPU」選項更改為「**T4 GPU**」選項（輝達公司的 NVIDIA Tesla T4 GPU），最後執行「**檔案→儲存**」。接下來先將 **pandas** (pd)、**numpy** (np) 以及 **pyplot** (plt) 經常使用的模組套件引進到程式區塊中如圖 13.2.2 所示，上述的執行過程請參酌附錄一基本 Python 內容介紹。

```
import pandas as pd
import numpy as np
from matplotlib import pyplot as plt
```

＋程式碼　＋文字

```
import pandas as pd
import numpy as np
from matplotlib import pyplot as plt
```

^ **圖 13.2.2**　引進常用模組套件

接著將架構 ANN 神經網路會使用到的 TensorFlow 與 Keras 模組套件也依序引進到程式區塊中，並且顯示 TensorFlow 與 Keras 模組套件的版本別，其中顯示 TensorFlow 模組套件的指令為 tf.__version__，而顯示 Keras 模組套件的指令為 ks.__version__，其中 __version__ 指令是 version 這一個單字的前面與後面各有兩個底線（請勿輸入錯誤 !!），其執行結果如圖 13.2.3 所示，目前 Google Colab 所提供的 TensorFlow 的版本是 **2.17.0**，而 Keras 的版本是 **3.4.1**，皆是屬於 2.0 版以後的版本，其相容性很高，Python 實作使用上也較為穩定。

```
import tensorflow as tf
tf.__version__
```

```
from tensorflow import keras as ks
ks.__version__
```

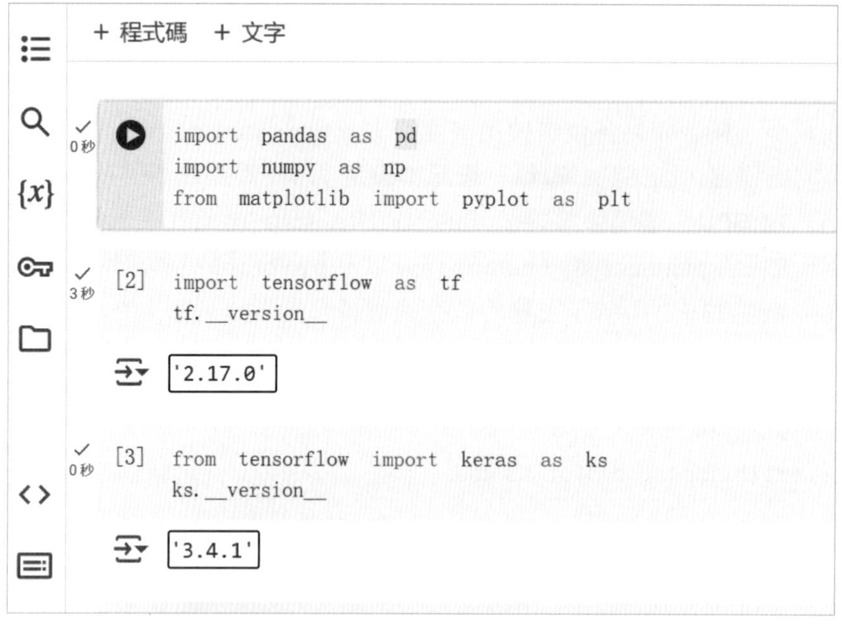


^ **圖 13.2.3**　引進 TensorFlow 與 Keras 模組套件

緊接著我們要來建立類神經網路（ANN）方法的預測模型。使用 Python 語言來建立分類模型時，其步驟有著非常高的標準化程序，通常可以使用六個步驟完成建立分類模型與預測的工作，如圖 13.2.1 所示，圖上有六個數字分別對應以下六個工作步驟，分述如下：

## 步驟一、資料載入與準備

我們先將表 13.2.1 的客戶價值資料集內容讀入 Colab 環境中。客戶價值資料集是透過 ERP 系統中下載客戶交易資料與客戶基本資料後經過 R、F、M 的計算所得到的客戶價值資料，並且也邀請行銷領域專家、學者評估每一位客戶價值資料後給予高（H）、中（M）、低（L）價值標籤處理，最後儲存成 csv（逗號分隔值，Comma-Separated Values）檔案資料，檔案名稱為 **classification_ANN_Ex1.csv**，總共有 32,266 筆資料，描述 32,266 位公司客戶的貢獻價值狀況。請先將 **classification_ANN_Ex1.csv** 檔案上傳到 Colab 雲端環境中，並將下列斜體 Python 程式碼指令輸入到程式碼區塊中執行來查看整個客戶價值資料集。如下圖 13.2.4 所示：

▲ **圖 13.2.4** 匯入 classification_ANN_Ex1.csv 檔案到 Colab 雲端

接著使用 read_csv() 指令將 **classification_ANN_Ex1.csv** 檔案讀進到 Python 程式區塊中，並且以一個資料框（DataFrame）的變數 df 儲存下來，如下圖 13.2.5 所示：

```
df = pd.read_csv('/content/classification_ANN_Ex1.csv')
df
```

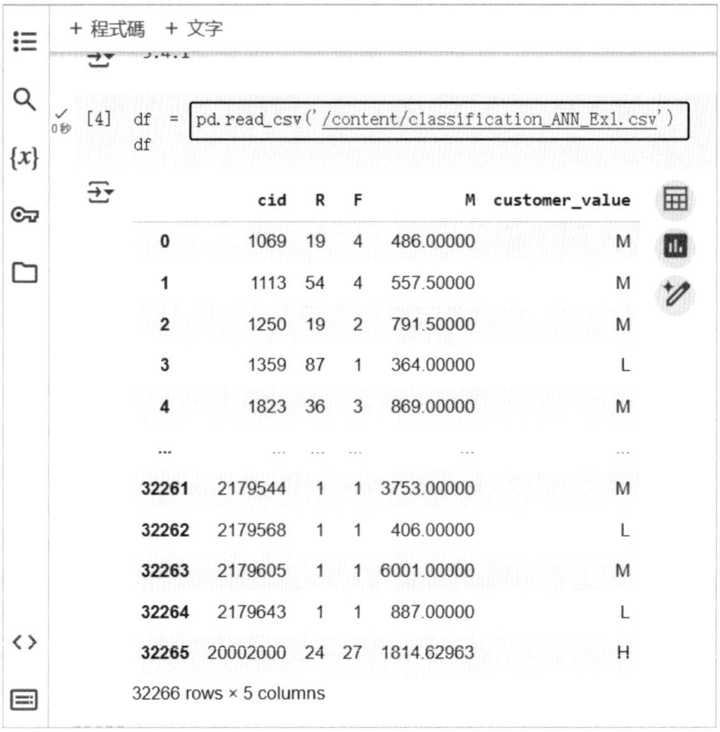

+ 程式碼 + 文字

```
[4] df = pd.read_csv('/content/classification_ANN_Ex1.csv')
    df
```

| | cid | R | F | M | customer_value |
|---|---|---|---|---|---|
| **0** | 1069 | 19 | 4 | 486.00000 | M |
| **1** | 1113 | 54 | 4 | 557.50000 | M |
| **2** | 1250 | 19 | 2 | 791.50000 | M |
| **3** | 1359 | 87 | 1 | 364.00000 | L |
| **4** | 1823 | 36 | 3 | 869.00000 | M |
| **...** | ... | ... | ... | ... | ... |
| **32261** | 2179544 | 1 | 1 | 3753.00000 | M |
| **32262** | 2179568 | 1 | 1 | 406.00000 | L |
| **32263** | 2179605 | 1 | 1 | 6001.00000 | M |
| **32264** | 2179643 | 1 | 1 | 887.00000 | L |
| **32265** | 20002000 | 24 | 27 | 1814.62963 | H |

32266 rows × 5 columns

^ **圖 13.2.5** 顯示資料集檔案內容

因為 ANN 方法基本上也是屬於監督式機器學習方法，如第八章所言，在建立模型的過程中需要先行決定兩件事情：模型的**目標變數**與**自變數**。目標變數通常指的就是建立分類模型後，我們想要使用模型幫我們預測什麼事情。譬如我們想建立分類模型來預測新的客戶價值，因此 customer_value 欄位就會是我們的目標變數欄位。當然接著要去想我們需要使用哪一些資料來預測新客戶的價值等級呢？通常會需要透過顧客價值分類的專家或學者提供意見協助挑選出會影響的欄位（以此當作自變數），如果沒有這方面專家學者的意見，通常就會使用剩下的欄位全部投入當作會影響顧客貢獻度判定的欄位（剩下的欄位全部當作自變數，但是唯一性質高的 cid 欄位不會納入自變數中）；這些會影響目標變數判定的欄位稱為自變數欄位，如圖 13.2.5 中的 R、F、M 欄位。與第八章相同的目的，在客戶價值資料集的範例中，**目標變數**與**自變數**這兩個變數分別為：

- 目標變數欄位：customer_vlaue
- 自變數欄位：R、F、M

（請注意：通常編碼、代碼等欄位的資料值因為唯一性特質很強，所以不太會被納入自變數欄位，譬如 cid。）

在 Python 中為了方便後續建立 ANN 模型以及模型的評估工作，原先在目標變數 customer_value 中的類別資料 "H"、"M" 與 "L" 建議先轉換成數值資料型態 0、1 與

2，透過土法煉鋼方式將 "H" 轉換成 2，"M" 轉換成 1，而 "L" 轉換成 0，並且在 df 中新增一個新的欄位用來儲存轉換後的數字 1 與 0 的資料，欄位名稱為 customer_value_trans，指令很簡單，使用 apply() 函數再搭配 if…else 就可以輕易轉換。完整指令為 df['customer_value'].apply(lambda x:0 if x == 'L' else (1 if x == 'M' else 2))，apply() 函數會將 customer_value 欄位中的每一筆資料檢查一遍，apply() 函數中資料處理功能就是寫一個條件判斷（if…else）函數 lambda，而 lambda x:0 if x == 'L' else (…) 的意思就是假如資料是 "L" 就轉換成 0，如果不是就再進行括弧內的判斷，在括弧內假如資料是 "M" 就轉換成 1，如果不是就轉換成 2。lambda 在 Python 中就是函數的意思，執行結果如圖 13.2.6 所示：

```
df['customer_value_trans'] = df['customer_value'].apply(lambda x:0 if x == 'M'
else (1 if x ==  'L'  else 2))
df.head()
```

```
[5] df['customer_value_trans'] = df['customer_value'].apply(lambda x:0 if x == 'L' else (1 if x == 'M' else 2))
    df.head()
```

| | cid | R | F | M | customer_value | customer_value_trans |
|---|---|---|---|---|---|---|
| 0 | 1069 | 19 | 4 | 486.0 | M | 1 |
| 1 | 1113 | 54 | 4 | 557.5 | M | 1 |
| 2 | 1250 | 19 | 2 | 791.5 | M | 1 |
| 3 | 1359 | 87 | 1 | 364.0 | L | 0 |
| 4 | 1823 | 36 | 3 | 869.0 | M | 1 |

後續步驟： 使用 df生成程式碼　查看建議的圖表　New interactive sheet

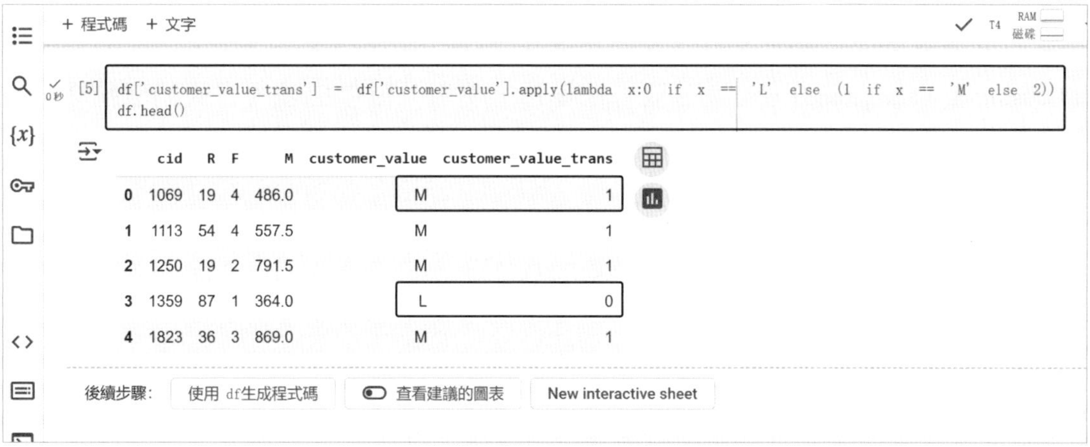

^ **圖 13.2.6**　讀入並顯示資料集檔案內容

接下來必將目標變數與自變數資料分別儲存，將三個自變數 R、F、M 儲存在變數 **CustomerData** 中，儲存的指令為 df[['R', 'F', 'M']]，一次取多個欄位，使用兩層中括號方式撰寫，所以 CustomerData 會是一個 DataFrame 資料型態，執行結果如圖 13.2.7 所示：

```
CustomerData = df[['R', 'F', 'M']]
CustomerData.head()
```

^ **圖 13.2.7** 自變數 CustomerData 處理

而目標變數 customer_value_trans 則儲存在變數 **CustomerTarget** 中，儲存的指令為 df['customer_value_trans']，一次只取一個欄位，使用一層中括號的方式撰寫指令，此時 CustomerTarget 變數會是一個 Series 資料型態（因為只有一個欄位），執行結果如圖 13.2.8 所示：

```
CustomerTarget = df['customer_value_trans']
CustomerTarget.head()
```

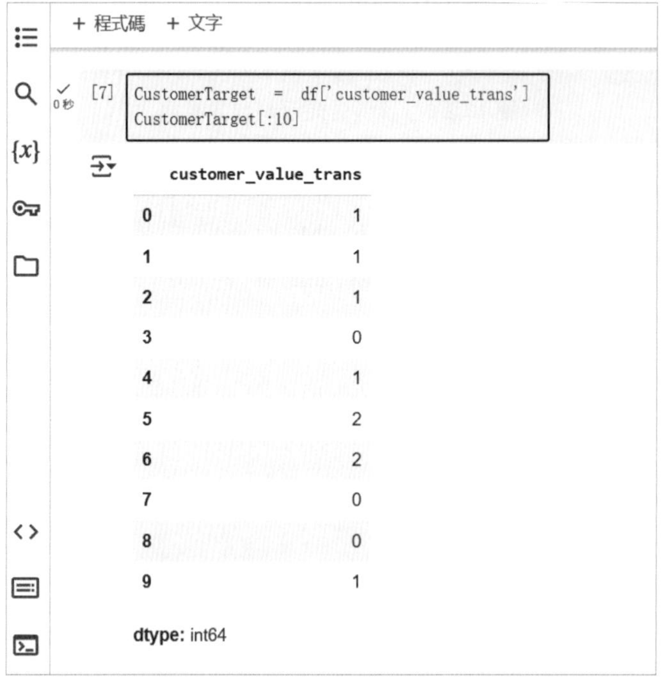

^ **圖 13.2.8** 目標變數 CustomerTarget 處理

## 步驟二、訓練與測試資料切割

接下來會把讀入的資料集切割成兩部分，其一為訓練資料集（Training dataset），簡稱為 TR，另一為測試資料集（Testing dataset），簡稱為 TS。但以實務的觀點，客戶的 R、F、M 三個欄位的全距（Range）差異太大（在第四章有說明過），此現象稱為資料的**尺度（Scale）**差異太大，因此可以針對這三個自變數（R、F、M）進行資料標準化（Normalization）的轉換工作以求尺度（Scale）一致，這裡所指的轉換方法即**標準化方法（Normalization Method）**，又可以被稱**歸一化**方法，常見的資料轉換方式有兩種，**(0,1) 標準化**與 **Z-score 標準化**，（0,1）標準化就是將欄位資料轉換到 0 到 1 範圍之內，Z-score 標準化就是指統計學所說的將資料轉換成標準常態分配（Standard normal distribution）方式，將資料轉成平均數（Mean）為 0，標準差（Standard Deviation, SD）為 1 的常態分配，而（0,1）標準化方式處理，轉換公式很簡單

$$\text{新的資料值} = \frac{((\text{原始資料值} - \text{原始資料中最小值}))}{((\text{原始資料中最大值} - \text{原始資料中最小值}))}$$

公式中的分母項（Denominator），**（原始資料中最大值 - 原始資料中最小值）**，就是就統計學所說的**全距（Range）**概念，而分子項（Numerator）就是**（原始資料值 - 原始資料中最小值）**。在此選擇最小最大標準化方法（Min-Max Normalization）(即（0,1）標準化），先引進最小最大標準化的模組套件，我們從 **sklearn** 的 **preprocessing** 中引進 **MinMaxScaler** 函數，可以很快速將自變數 R、F、M 資料進行最小最大標準化轉換，轉換後的自變數 R、F、M 值都會介於 0 與 1 之間，請先將下列斜體 Python 程式碼指令輸入到程式碼區塊中並且執行，如圖 13.2.9 所示：

```
from sklearn.model_selection import train_test_split
```

^ **圖 13.2.9**　引入最小最大標準化的模組套件

接下來就執行最小最大標準化轉換工作，並且將轉換後的 CustomerData 資料儲存在 CustomerData_mm 變數中，這裡稍微說明一下，scaler = MinMaxScaler() 指令的意思就是先透過 MinMaxScaler() 函數建立一個最小最大標準化轉換的框架，名稱為 scaler（此時只是一個變數名稱尚未轉換，即 scaler 是一個資料轉換工作的空框架），接著執行這一個指令 CustomerData_mm = scaler.fit_transform（CustomerData）才是真正做資料轉換，並將轉換後的自變數訓練資料儲存在新的變數 CustomerData_mm 中，請先將下列斜體 Python 程式碼指令輸入到程式碼區塊中並且執行，如圖 13.2.10 所示：

```
scaler = MinMaxScaler()
CustomerData_mm = scaler.fit_transform(CustomerData)
```

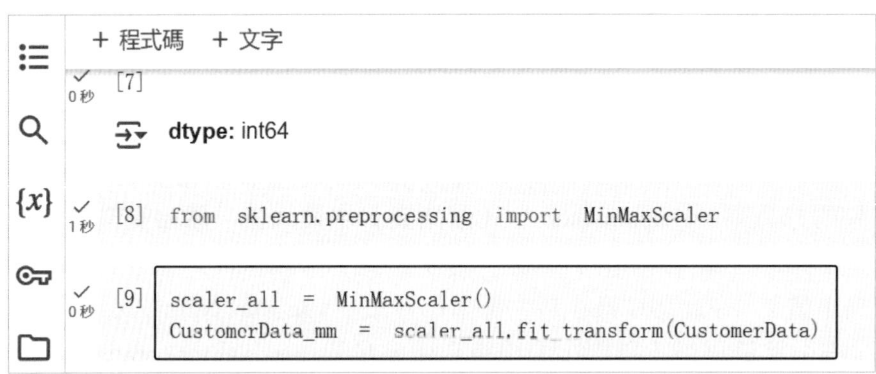


^ **圖 13.2.10**　執行最小最大標準化轉換工作

當資料轉換完成後，接下來就將轉換完成的資料拆分成訓練與測試資料。同第十一章，我們從 **sklearn** 的 **model_selection** 中引進 **train_test_split** 函數，可以快速按照使用者的規劃比例切割訓練資料集（TR）與測試資料集（TS）的比例，如下圖 13.2.11 所示：

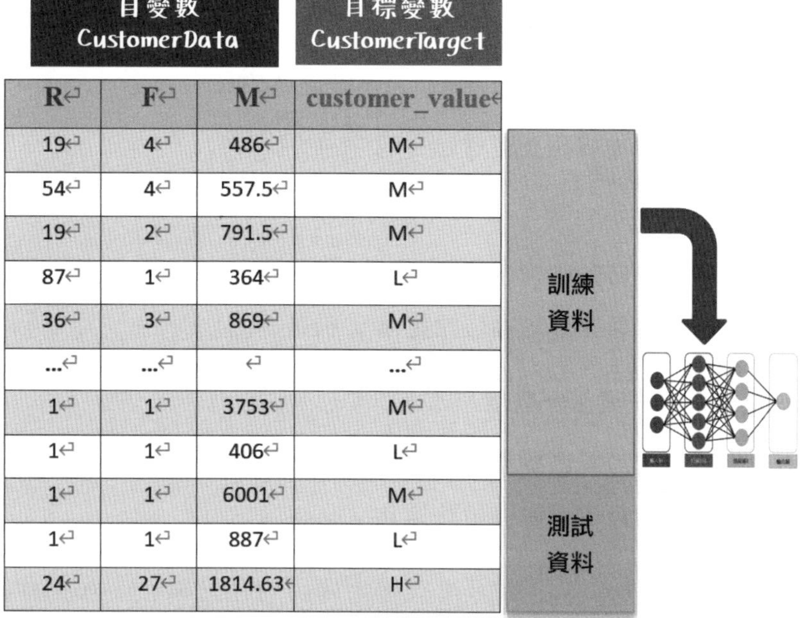

| R | F | M | customer_value |
|---|---|---|---|
| 19 | 4 | 486 | M |
| 54 | 4 | 557.5 | M |
| 19 | 2 | 791.5 | M |
| 87 | 1 | 364 | L |
| 36 | 3 | 869 | M |
| ... | ... | | ... |
| 1 | 1 | 3753 | M |
| 1 | 1 | 406 | L |
| 1 | 1 | 6001 | M |
| 1 | 1 | 887 | L |
| 24 | 27 | 1814.63 | H |



^ **圖 13.2.11**　切割訓練資料與測試資料的概念

在客戶價值資料集中取 75% 為訓練資料集，剩下的 25% 為測試資料集，可以依需求自行調整，原則是訓練資料集的筆數不可以比測試資料集的筆數少，請先將下列斜體 Python 程式碼指令輸入到程式碼區塊中並且執行，如圖 13.2.12 所示：

```
from sklearn.model_selection import train_test_split
```

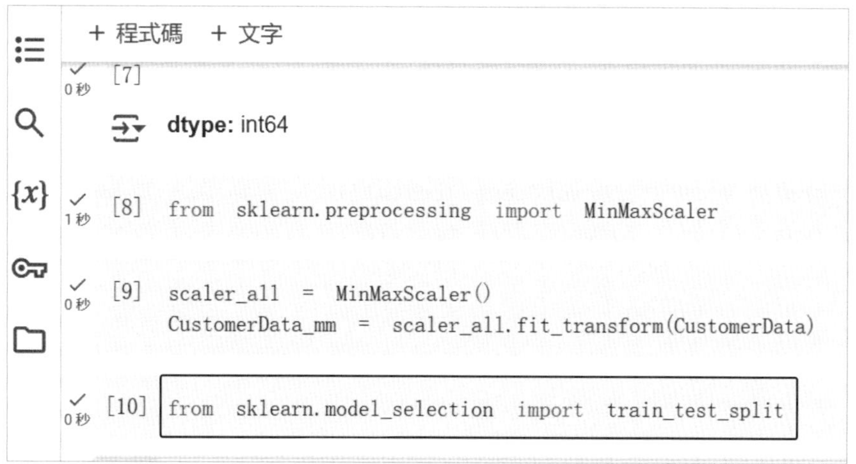



^ **圖 13.2.12**　引入分割資料模組套件

分割比例說明如下，也是同前面三個實作章節（決策樹、隨機森林、kNN）。當然，各位也可以自行設定改變：

- **訓練資料集（Training dataset）大小設定為 75%**
- **測試資料集（Testing dataset）大小設定為 25%**

訓練資料集中分成兩部分儲存：

- **訓練資料集的自變數欄位設定為 X_train**
- **訓練資料集的目標變數欄位設定為 y_train**

測試資料集中也分成兩部分儲存：

- **測試資料集的自變數欄位設定為 X_test**
- **測試資料集的目標變數欄位設定為 y_test**

接著使用 **train_test_split()** 函數將資料指定隨機切割變數後，分別存放在 **X_train, X_test, y_train, y_test** 四個變數中，並顯示出美變數中資料的筆數。請先將下列 Python 程式碼指令輸入到程式碼區塊中並且執行，如圖 13.2.13 所示：

```
X_train, X_test, y_train, y_test = train_test_split(
    CustomerData_mm,
    CustomerTarget,
    train_size = 0.75,
    stratify = CustomerTarget,
    random_state = 42
)

print("X_train: {:.0f}".format(len(X_train)))
print("X_test: {:.0f}".format(len(X_test)))
print("y_train: {:.0f}".format(len(y_train)))
print("y_test: {:.0f}".format(len(y_test)))
```

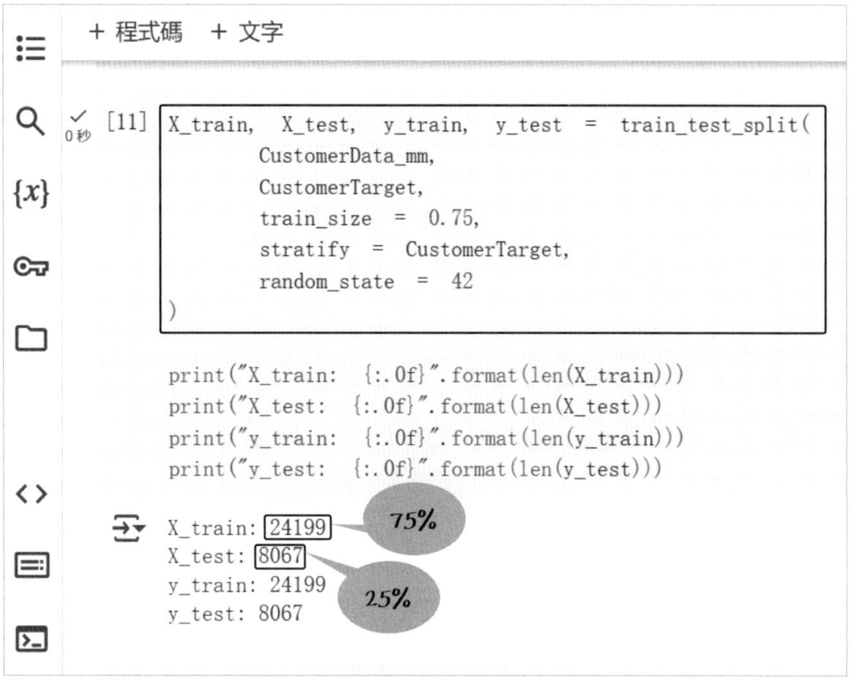

```
+ 程式碼   + 文字

[11] X_train, X_test, y_train, y_test = train_test_split(
         CustomerData_mm,
         CustomerTarget,
         train_size = 0.75,
         stratify = CustomerTarget,
         random_state = 42
     )

     print("X_train: {:.0f}".format(len(X_train)))
     print("X_test: {:.0f}".format(len(X_test)))
     print("y_train: {:.0f}".format(len(y_train)))
     print("y_test: {:.0f}".format(len(y_test)))

X_train: 24199
X_test: 8067
y_train: 24199
y_test: 8067
```



^ **圖 13.2.13** 存放變數

上述的參數資料的設定必須整理起來，可以作為後續模型調整參數時候的參考依據，如表 13.2.2 所示：

**表 13.2.2** 分割好的資料集

| 訓練資料集（Training dataset） | 75% | 測試資料集（Testing dataset） | 25% |
|---|---|---|---|
| 自變數欄位 | 目標變數欄位 | 自變數欄位 | 目標變數欄位 |
| X_train | y_train | X_test | y_test |
| 24,199 筆 | 24,199 筆 | 8,067 筆 | 8,067 筆 |
| 總筆數：32,266 | | | |

由於目標變數 y_triain 及 y_test 是屬於多類別分類，因此要把原來單一 0, 1, 2（Label enconding）的資料型態轉換成 One hot enconding 的型式，可以從 **tensorflow.keras.utils** 中引進 **to_categorical** 函數，將下列 Python 程式碼指令輸入到程式碼區塊中並且執行，如圖 13.2.14 所示：

```
from tensorflow.keras.utils import to_categorical
```

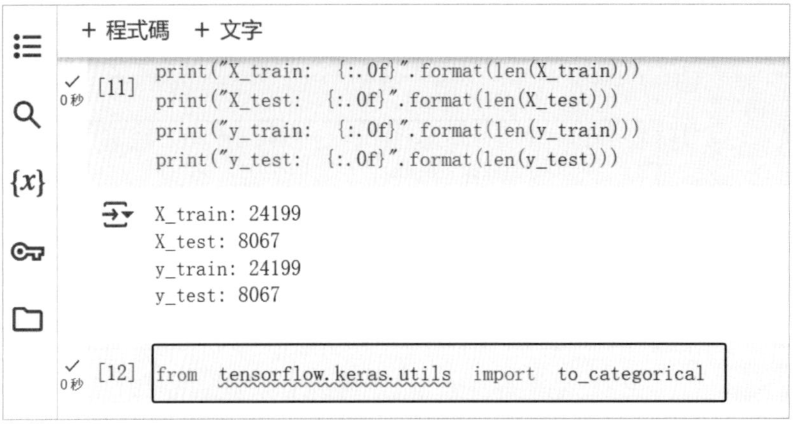

```
+ 程式碼  + 文字
[11] print("X_train:  {:.0f}".format(len(X_train)))
     print("X_test:  {:.0f}".format(len(X_test)))
     print("y_train:  {:.0f}".format(len(y_train)))
     print("y_test:  {:.0f}".format(len(y_test)))

     X_train: 24199
     X_test: 8067
     y_train: 24199
     y_test: 8067

[12] from tensorflow.keras.utils import to_categorical
```

^ **圖 13.2.14**　載入 One hot enconding 模組

接下來就把訓練與測試集的目標變數分別帶入進行轉換，並把轉換後的結果分別存入 onehot_y 及 onehot_y_test 變數中，轉換結果如圖 13.2.15 所示：

```
onehot_y = to_categorical(y_train)
onehot_y
```

```
onehot_y _test = to_categorical(y_test)
onehot_y _test
```

```
+ 程式碼  + 文字
[13] onehot_y = to_categorical(y_train)
     onehot_y

     array([[0., 0., 1.],
            [0., 0., 1.],
            [1., 0., 0.],
            ...,
            [0., 1., 0.],
            [0., 1., 0.],
            [0., 1., 0.]])

[14] onehot_y_test = to_categorical(y_test)
     onehot_y_test

     array([[0., 0., 1.],
            [1., 0., 0.],
            [1., 0., 0.],
            ...,
            [0., 0., 1.],
            [0., 1., 0.],
            [0., 0., 1.]])
```

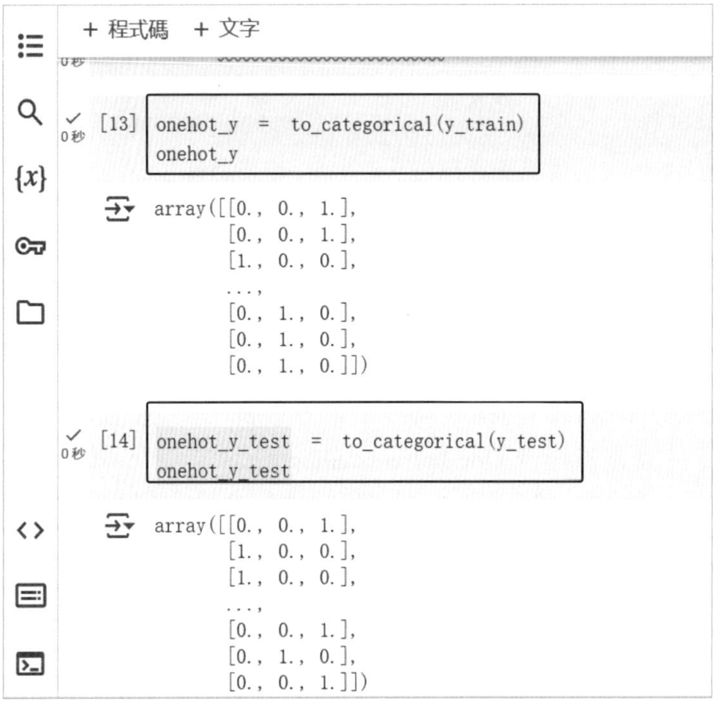

^ **圖 13.2.15**　轉換成 One hot enconding 資料型態

## 步驟三、訓練（學習）與建立分類模型

在建立 ANN 相關分類模型之前必須先規劃神經網路模型資訊，主要有六個資訊，分別為：

1. 輸入層內神經元的數量為多少？
2. 需要幾層隱藏層？
3. 每一層隱藏層內需要多少數量的神經元（或稱神經網路節點數量）？
4. 輸出層內神經元的數量為多少？
5. 指定隱藏層的神經元使用哪一種的激勵函數？
6. 指定輸出層的神經元使用哪一種的激勵函數？

這裡我們規劃神經網路模型資訊如下：

1. 輸入層內神經元的數量為多少？

   ANS：**3 個**

2. 需要幾層隱藏層？

   ANS：**2 層**

3. 每一層隱藏層內需要多少數量的神經元（或稱神經網路節點數量）？

   ANS：**第一層 128 個，第二層 64 個**

4. 輸出層內神經元的數量為多少？

   ANS：**3 個**

5. 指定隱藏層的神經元使用哪一種的激勵函數？

   ANS：**ReLU 函數**

6. 指定輸出層的神經元使用哪一種的激勵函數？

   ANS：**Softmax 函數**

有了充分的資訊之後，接下來就在 Python 中實作出神經網路模型，不過比較不同的是這一次始使用較高階的 Keras 方式建構模型，Keras 提供兩種建立神經網路模型的方式，一種是序列式（Sequential），另一種為函數式（Function），而序列式（Sequential）是最常使用的方式，可以向疊積木一樣，一層層將神經網路堆疊起來。首先，先從 **tensorflow.keras.models** 模組套件中引進 **Sequential** 函數，以及從 **tensorflow.keras.layers**

模組套件中引進 **Dense** 函數，如圖 13.2.16 所示，Sequential() 是一個序列函數，是建立神經網路模型的開端，想像成建立一個空的框架，然後在這一個空的框架中陸續加入輸入層、隱藏層、輸出層等相關資訊，譬如神經元數量與激勵函數名稱，加入的方式是透過 add() 函數搭配 Dense() 函數，Dense 函數的目的是密集的意思，說明每一個神經元都會與上一層的每一個神經元完全連接，此種完全緊密連接的概念稱為全連接層（Fully connected layer），是 Keras 在設計隱藏層時候常用的方式。

```
from tensorflow.keras.models import Sequential
from tensorflow.keras.layers import Dense
```

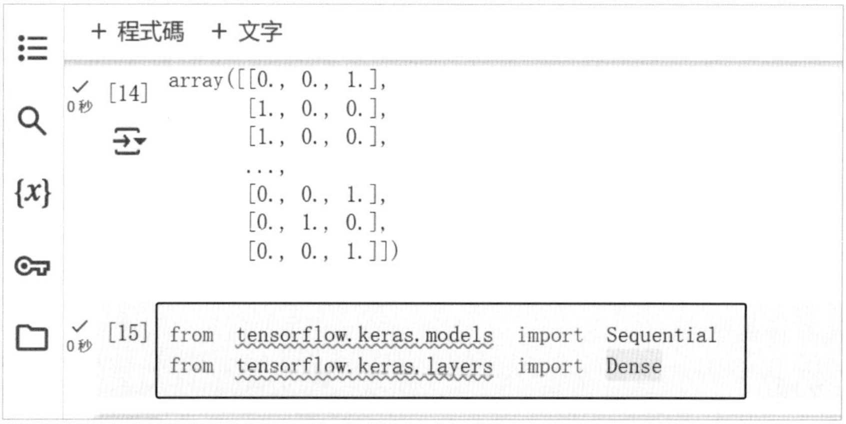

^ **圖 13.2.16** 引進 Sequential 與 Dense 函數

接著以指令 model_1 = Sequential() 實作出一個名稱為 model_1 的四層神經網路模型（輸入層、第一隱藏層、第二隱藏層、輸出層），其中 model_1.add(Dense(128, input_dim = 3, activation = 'relu')) 是第一隱藏層的描述，Dense() 函數中的 128 就是第一隱藏層的神經元數量，input_dim = 3 說明輸入層使用 3 個神經元，activation = 'relu' 就是指定第一隱藏層中的 128 個神經元所使用的激勵函數為 ReLU，同理，model_1.add(Dense(64, activation = 'relu')) 是第二隱藏層的描述，Dense() 函數中的 64 就是第二隱藏層的神經元數量，而 activation = 'relu' 就是指定第二隱藏層中的 64 個神經元所使用的激勵函數為同樣為 ReLU。

為何在隱藏層都使用 ReLU 做為激勵函數呢？因為 ReLU（Rectified linear unit）是目前最受歡迎使用的激勵函數，其特色為小於 0 的輸入值其輸出值都是為 0，大於 0 的輸入值，都傳回原來的值，如圖 13.2.17 所示。另外，model_1.add(Dense(3, activation = 'softmax')) 是輸出層的描述，Dense() 函數中的 3 就是輸出層的神經元數量，activation = 'softmax' 就是指定激勵函數為 Softmax 函數，而整個建立四層的神經網路模型指令的執行結果如圖 13.2.18 所示：

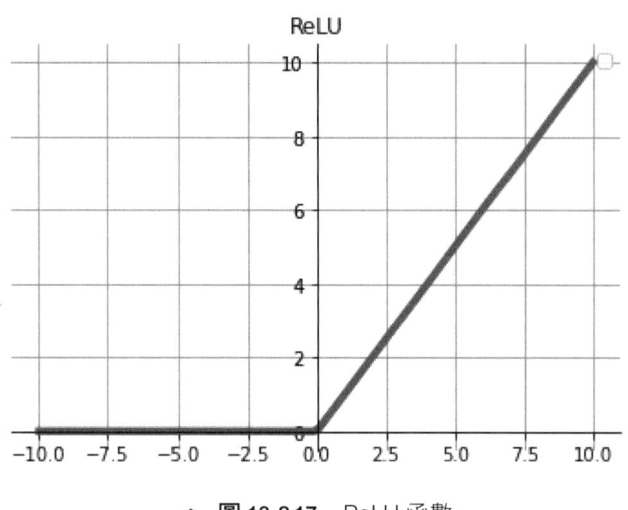


^ 圖 13.2.17 ReLU 函數

```
model_1 = Sequential()
model_1.add(Dense(128, input_dim = 3, activation = 'relu'))
model_1.add(Dense(64, activation = 'relu'))
model_1.add(Dense(3, activation = 'softmax'))
```

+ 程式碼 + 文字

```
[14]        [1., 0., 0.],
            [1., 0., 0.],
            ...,
            [0., 0., 1.],
            [0., 1., 0.],
            [0., 0., 1.]])

[15] from tensorflow.keras.models import Sequential
     from tensorflow.keras.layers import Dense

[16] model_1 = Sequential()
     model_1.add(Dense(128, input_dim = 3, activation = 'relu'))
     model_1.add(Dense(64, activation = 'relu'))
     model_1.add(Dense(3, activation = 'softmax'))

/usr/local/lib/python3.10/dist-packages/keras/src/layers/core/dense.py:87
  super().__init__(activity_regularizer=activity_regularizer, **kwargs)
```

第 1 隱藏層
輸入層
第 2 隱藏層
輸入層

^ 圖 13.2.18 建立四層的神經網路模型

當建構好四層的神經網路模型 model_1 之後，就可以透過 summary() 顯示出模型相關摘要資訊，執行結果如圖 13.2.19 所示，Layer (type) 中的 dense (Dense) 就是描述第一隱藏層的參數狀況，因為輸入層中有 3 個神經元（即 R、F、M），第一隱藏層中有 128 個神經元，如果是完全緊密連接的全連接層（Fully connected layer）概念設計輸入層與隱藏層的串接，則會有 384（＝ 3×128）個權重（Weight）參數，再加上第一隱藏層中每一個神經元會有 1 個偏值（Bias）參數，所以有 128 個偏值（Bias）參數，因此加總後有 512（＝ 3×128 ＋ 128）個參數在第一隱藏層。同理，Layer （type）中的 dense_1 (Dense) 就是描述第二隱藏層的參數狀況，因為第一隱藏層中有 128 個神經元，第二隱藏層中有 64 個神經元，如果是完全緊密連接的全連接層（Fully connected layer）概念設計輸入層與隱藏層的串接，則會有 8192（＝ 128×64）個權重（Weight）參數，再加上第二隱藏層中每一個神經元會有 1 個偏值（Bias）參數，所以有 64 個偏值（Bias）參數，因此加總後有 8256（＝ 128×64 ＋ 64）個參數在第二隱藏層中，即 dense_1 (Dense)，最後 Layer (type) 中的 dense_2 (Dense) 就是描述輸出層的參數狀況，在輸出層中有 3 個神經元，且第二隱藏層與輸出層的串接也是全連接層（Fully connected layer）概念設計，所以輸出層中有 64（＝ 64×3）個權重（Weight）參數，再加上 3 個偏值（Bias）參數，所以在輸出層中總共有 195（＝ 64×3 ＋ 3）個參數在其中，即 dense_2 (Dense)，綜合以上，Total params: 8,963 與 Trainable params: 8,963 顯示出總共（Total params）有 8,963 個參數，後續需要訓練的參數（Trainable params）也相同總有 8,963 個參數，相關資訊呈現在圖 13.2.19 中。

```
model_1.summary()
```

＋程式碼　＋文字

[17] model_1.summary()

Model: "sequential"

| Layer (type) | Output Shape | Param # |
|---|---|---|
| dense (Dense) | (None, 128) | 512 |
| dense_1 (Dense) | (None, 64) | 8,256 |
| dense_2 (Dense) | (None, 3) | 195 |

```
Total params: 8,963 (35.01 KB)
Trainable params: 8,963 (35.01 KB)
Non-trainable params: 0 (0.00 B)
```

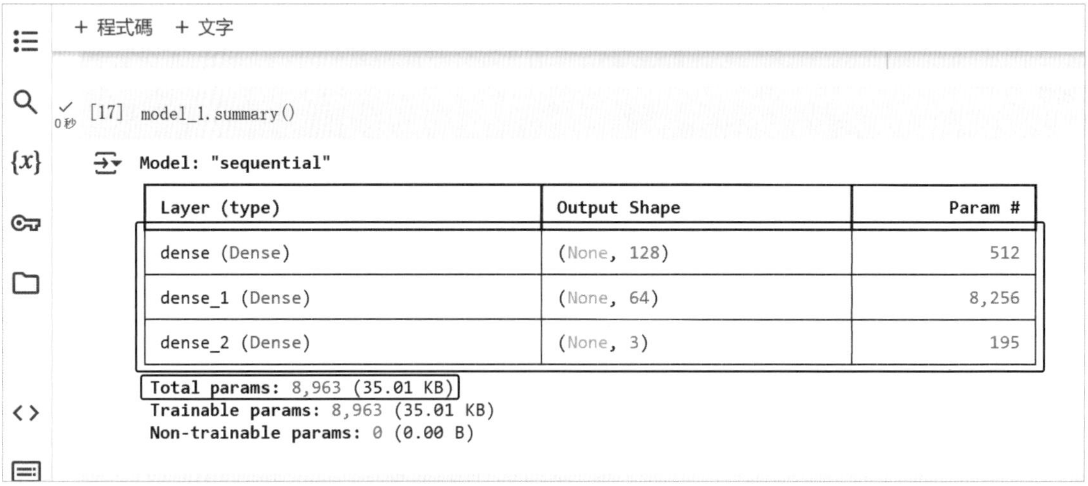

^ 圖 13.2.19　神經網路模型摘要資訊

在建構神經網路模型完成後就是訓練模型了，但是在訓練模型資料之前必須要加註一些調整資訊，即註明等一下模型在訓練資料時的狀態調整方式，此項工作又可以稱為組態設定，包含三件事情（亦可以稱為三個參數），分別為損失函數（Loss function）、優化器（Optimizer）、評估準則（Metrics）的設定，此時需要 compile() 函數協助達成，這裡使用常見的參數設定，如下：

1. 損失函數（Loss function）：

   ANS： loss = 'categorical_crossentropy'

2. 優化器（Optimizer）：

   ANS： optimizer = 'sgd'

3. 評估準則（Metrics）：

   ANS： metrics = ['accuracy']

其執行結果如圖 13.2.20 所示，categorical_crossentropy 是損失函數中的一種選擇方式，神經網路在處理多類別資料問題的時候建議使用 categorical_crossentropy 作為損失函數。利用優化器（又稱優化算法）可以找出一組可讓預測值與真實值差距最小的權重與偏誤值的組合，這裡選擇的是 sgd 參數是指隨機梯度下降法（Stochastic gradient descent）的縮寫，根據微分中的切線斜率觀念找到誤差值達到最小的方法，最後一個是評估準則（Metrics）參數，這裡設定為 accuracy，即預測正確率的意思，用來評估訓練資料時候神經網路模型學習的成效。

```
model_1.compile(loss = 'categorical_crossentropy',
                optimizer = 'sgd',
                metrics = ['accuracy'])
```

+ 程式碼 + 文字

[17]

| Layer (type) | Output Shape | Param # |
|---|---|---|
| dense (Dense) | (None, 128) | 512 |
| dense_1 (Dense) | (None, 64) | 8,256 |
| dense_2 (Dense) | (None, 3) | 195 |

```
Total params: 8,963 (35.01 KB)
Trainable params: 8,963 (35.01 KB)
Non-trainable params: 0 (0.00 B)
```

[18]
```
model_1.compile(loss = 'categorical_crossentropy',
                optimizer = 'sgd',
                metrics = ['accuracy'])
```

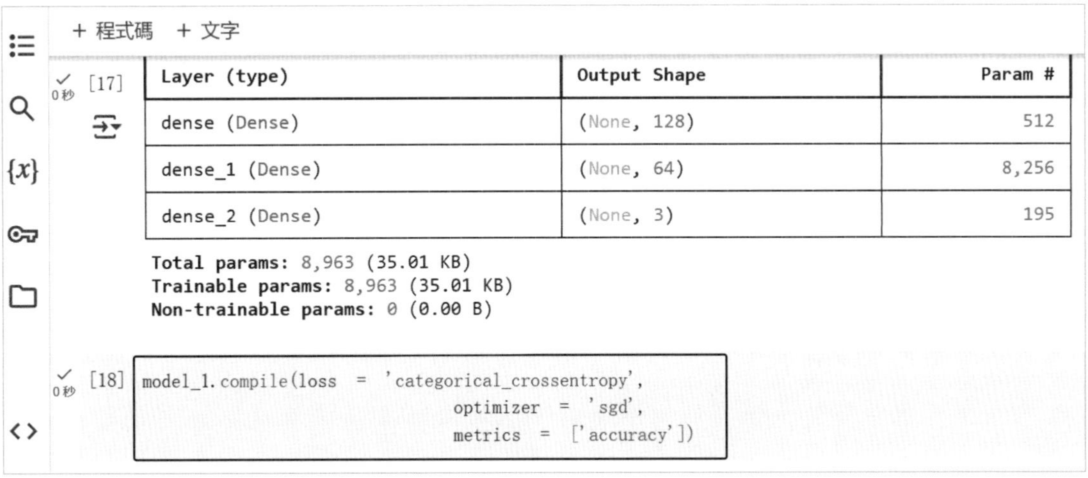

^ 圖 13.2.20　神經網路模型相關組態調整設定

最後執行訓練資料工作，這是一個神經網路模型的重頭戲碼，在此使用 fit() 函數來訓練資料，需要將之前切割出來的訓練資料集中的自變數與目標變數填入，訓練資料集中的自變數是 X_train （就是經過最小最大標準化轉換過的資料），訓練資料集中的目標變數是 onehot_y，指令為 model_1.fit(X_train, onehoty, epochs = 30, validation_split = 0.2)，而 epochs = 100 是指訓練資料集中的每一筆資料都要被訓練 100 次（或稱回合），validation_split = 0.2 是指從訓練資料集中 " 再 " 切出 20% 當作訓練模型過程中的驗證資料集（Validation dataset），又驗證資料的幫助就可以知道模型是否有過度配適（Overfitting）訓練的情形，比對這兩部分（指訓練資料集與驗證資料集）在模型訓練過程中的正確率變化（Accuracy）以及誤差（Loss）的變化，並將訓練過程資訊儲存在變數 history_1 中，執行結果如圖 13.2.21 以及圖 13.2.22 所示：

```
history_1 = model_1.fit(X_train, onehot_y, epochs = 100, validation_split = 0.2)
```

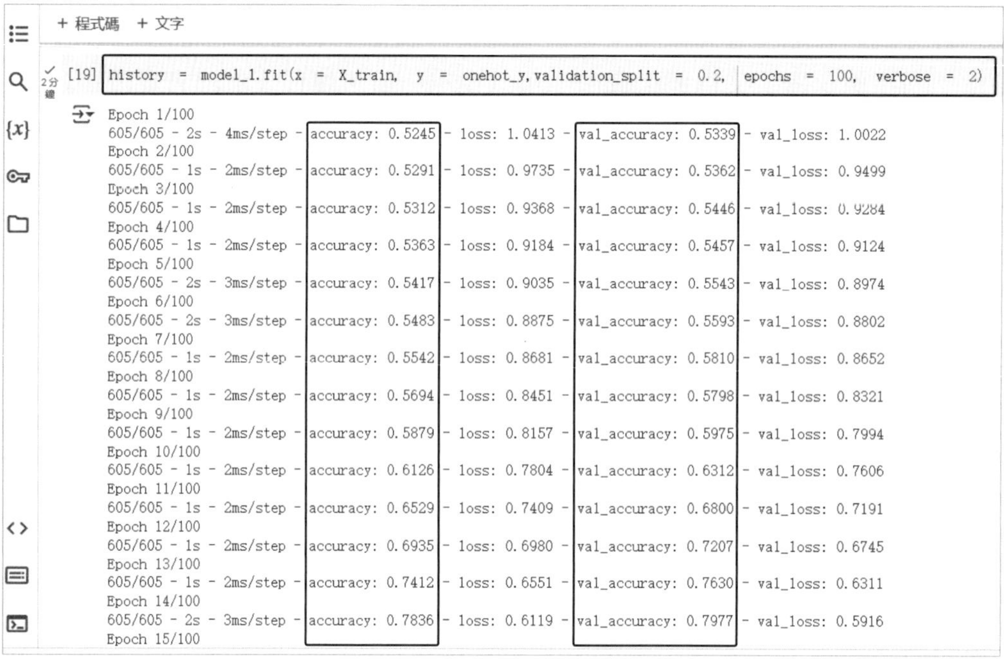

```
+ 程式碼  + 文字

[19] history = model_1.fit(x = X_train, y = onehot_y,validation_split = 0.2, epochs = 100, verbose = 2)

Epoch 1/100
605/605 - 2s - 4ms/step - accuracy: 0.5245 - loss: 1.0413 - val_accuracy: 0.5339 - val_loss: 1.0022
Epoch 2/100
605/605 - 1s - 2ms/step - accuracy: 0.5291 - loss: 0.9735 - val_accuracy: 0.5362 - val_loss: 0.9499
Epoch 3/100
605/605 - 1s - 2ms/step - accuracy: 0.5312 - loss: 0.9368 - val_accuracy: 0.5446 - val_loss: 0.9284
Epoch 4/100
605/605 - 1s - 2ms/step - accuracy: 0.5363 - loss: 0.9184 - val_accuracy: 0.5457 - val_loss: 0.9124
Epoch 5/100
605/605 - 2s - 3ms/step - accuracy: 0.5417 - loss: 0.9035 - val_accuracy: 0.5543 - val_loss: 0.8974
Epoch 6/100
605/605 - 2s - 3ms/step - accuracy: 0.5483 - loss: 0.8875 - val_accuracy: 0.5593 - val_loss: 0.8802
Epoch 7/100
605/605 - 1s - 2ms/step - accuracy: 0.5542 - loss: 0.8681 - val_accuracy: 0.5810 - val_loss: 0.8652
Epoch 8/100
605/605 - 1s - 2ms/step - accuracy: 0.5694 - loss: 0.8451 - val_accuracy: 0.5798 - val_loss: 0.8321
Epoch 9/100
605/605 - 1s - 2ms/step - accuracy: 0.5879 - loss: 0.8157 - val_accuracy: 0.5975 - val_loss: 0.7994
Epoch 10/100
605/605 - 1s - 2ms/step - accuracy: 0.6126 - loss: 0.7804 - val_accuracy: 0.6312 - val_loss: 0.7606
Epoch 11/100
605/605 - 1s - 2ms/step - accuracy: 0.6529 - loss: 0.7409 - val_accuracy: 0.6800 - val_loss: 0.7191
Epoch 12/100
605/605 - 1s - 2ms/step - accuracy: 0.6935 - loss: 0.6980 - val_accuracy: 0.7207 - val_loss: 0.6745
Epoch 13/100
605/605 - 1s - 2ms/step - accuracy: 0.7412 - loss: 0.6551 - val_accuracy: 0.7630 - val_loss: 0.6311
Epoch 14/100
605/605 - 2s - 3ms/step - accuracy: 0.7836 - loss: 0.6119 - val_accuracy: 0.7977 - val_loss: 0.5916
Epoch 15/100
```

▲ 圖 13.2.21　神經網路模型訓練過程（I）

+ 程式碼 + 文字

```
[19] 605/605 - 1s - 2ms/step - accuracy: 0.8872 - loss: 0.2663 - val_accuracy: 0.8727 - val_loss: 0.3038
Epoch 86/100
605/605 - 1s - 2ms/step - accuracy: 0.8821 - loss: 0.2751 - val_accuracy: 0.8905 - val_loss: 0.2647
Epoch 87/100
605/605 - 1s - 2ms/step - accuracy: 0.8838 - loss: 0.2690 - val_accuracy: 0.8343 - val_loss: 0.3872
Epoch 88/100
605/605 - 1s - 2ms/step - accuracy: 0.8805 - loss: 0.2771 - val_accuracy: 0.8944 - val_loss: 0.2568
Epoch 89/100
605/605 - 2s - 3ms/step - accuracy: 0.8833 - loss: 0.2706 - val_accuracy: 0.8880 - val_loss: 0.2534
Epoch 90/100
605/605 - 2s - 4ms/step - accuracy: 0.8818 - loss: 0.2693 - val_accuracy: 0.8948 - val_loss: 0.2553
Epoch 91/100
605/605 - 1s - 2ms/step - accuracy: 0.8814 - loss: 0.2738 - val_accuracy: 0.8841 - val_loss: 0.2769
Epoch 92/100
605/605 - 1s - 2ms/step - accuracy: 0.8809 - loss: 0.2700 - val_accuracy: 0.8924 - val_loss: 0.2633
Epoch 93/100
605/605 - 1s - 2ms/step - accuracy: 0.8842 - loss: 0.2669 - val_accuracy: 0.8727 - val_loss: 0.2923
Epoch 94/100
605/605 - 1s - 2ms/step - accuracy: 0.8855 - loss: 0.2665 - val_accuracy: 0.8793 - val_loss: 0.2641
Epoch 95/100
605/605 - 1s - 2ms/step - accuracy: 0.8835 - loss: 0.2698 - val_accuracy: 0.8339 - val_loss: 0.3508
Epoch 96/100
605/605 - 1s - 2ms/step - accuracy: 0.8833 - loss: 0.2707 - val_accuracy: 0.8814 - val_loss: 0.2599
Epoch 97/100
605/605 - 1s - 2ms/step - accuracy: 0.8834 - loss: 0.2670 - val_accuracy: 0.8800 - val_loss: 0.2618
Epoch 98/100
605/605 - 1s - 2ms/step - accuracy: 0.8851 - loss: 0.2652 - val_accuracy: 0.8948 - val_loss: 0.2597
Epoch 99/100
605/605 - 2s - 3ms/step - accuracy: 0.8816 - loss: 0.2694 - val_accuracy: 0.8415 - val_loss: 0.3705
Epoch 100/100
605/605 - 2s - 3ms/step - accuracy: 0.8871 - loss: 0.2640 - val_accuracy: 0.8928 - val_loss: 0.2474
```

^ **圖 13.2.22** 神經網路模型訓練過程（II）

通常在訓練好神經網路模型後表示所有的權重（Weight）與偏值（Bias）都在損失函數（Loss function）、優化器（Optimizer）、評估準則（Metrics）的設定下訓練好了，接著可以透過 evaluate() 函數先做訓練階段的模型評估（Evaluate），使用指令為 model_1.evaluate(X_train, onehot_y, verbose = 0)，並顯示 loss 值與 accuracy 值，在此先使用訓練資料評估這一個訓練好的神經網路模型能力一遍，包含訓練資料集中的自變數 X_train_mm 與訓練資料集中的目標變數 y_train，執行結果如圖 13.2.23 所示，Loss: 0.24，Accuracy: 89.85%，其結果還算錯，正確率到可以到 89.85%，損失值有持續下降到 0.24，其中參數 verbose = 0 是指安靜模式，執行過程中不需要顯示執行過程中其他相關記錄與資訊。

```
loss, accuracy = model_1.evaluate(X_train, onehot_y, verbose = 0)
print("\nLoss: %.2f, Accuracy: %.2f%%" % (loss, accuracy * 100))
```

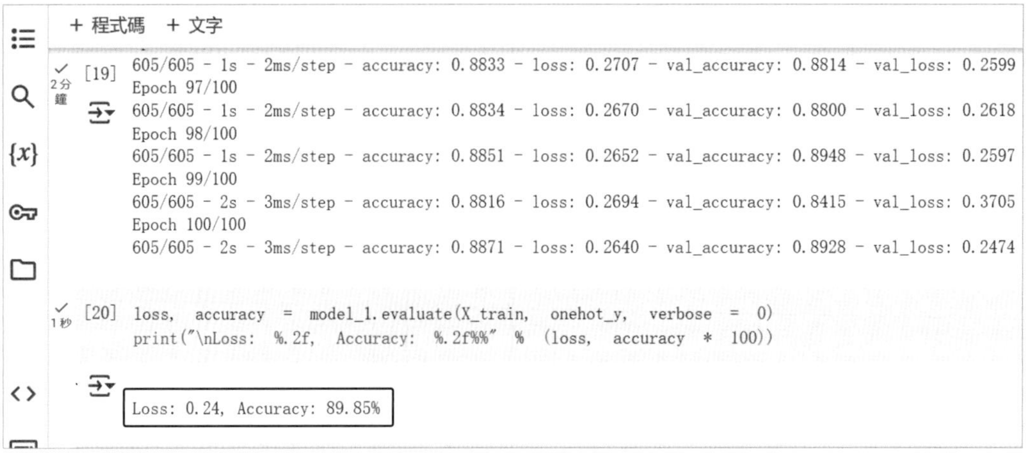

+ 程式碼　+ 文字

```
[19]
605/605 - 1s - 2ms/step - accuracy: 0.8833 - loss: 0.2707 - val_accuracy: 0.8814 - val_loss: 0.2599
Epoch 97/100
605/605 - 1s - 2ms/step - accuracy: 0.8834 - loss: 0.2670 - val_accuracy: 0.8800 - val_loss: 0.2618
Epoch 98/100
605/605 - 1s - 2ms/step - accuracy: 0.8851 - loss: 0.2652 - val_accuracy: 0.8948 - val_loss: 0.2597
Epoch 99/100
605/605 - 2s - 3ms/step - accuracy: 0.8816 - loss: 0.2694 - val_accuracy: 0.8415 - val_loss: 0.3705
Epoch 100/100
605/605 - 2s - 3ms/step - accuracy: 0.8871 - loss: 0.2640 - val_accuracy: 0.8928 - val_loss: 0.2474
```

```
[20]
loss, accuracy = model_1.evaluate(X_train, onehot_y, verbose = 0)
print("\nLoss: %.2f, Accuracy: %.2f%%" % (loss, accuracy * 100))
```

```
Loss: 0.24, Accuracy: 89.85%
```

^ **圖 13.2.23** 神經網路模型評估（使用訓練資料集）

因為 100 回合的 epochs 在 loss 與 accuracy 的數字跳動變化不太容易被解讀，因此可以透過繪製訓練過程的圖形來判定訓練資料集與驗證資料集在模型訓練過程中的正確率變化以及誤差的變化，基本上就是將剛剛記錄整個訓練過程的 history_1 變數的 history 資料放入資料框（DataFrame）中就可以，指令為 pd.DataFrame(history_1.history) 再搭配 plot() 函數，執行結果如圖 13.2.24 所示，可以看出訓練過程沒有過度配適（Overfitting）的現象，因為 accuracy 與 val_accuracy 的兩條曲線幾乎重疊在一起，且 loss 與 val loss 兩條曲線也是幾乎重疊在一起，另外，可以觀察到 loss 與 val_loss 的值都持續往下降，神經網路模型的訓練結果尚可。

```
pd.DataFrame(history_1.history).plot(figsize = (8, 5))
plt.grid(True)
plt.gca().set_ylim(0, 1)

plt.show()
```

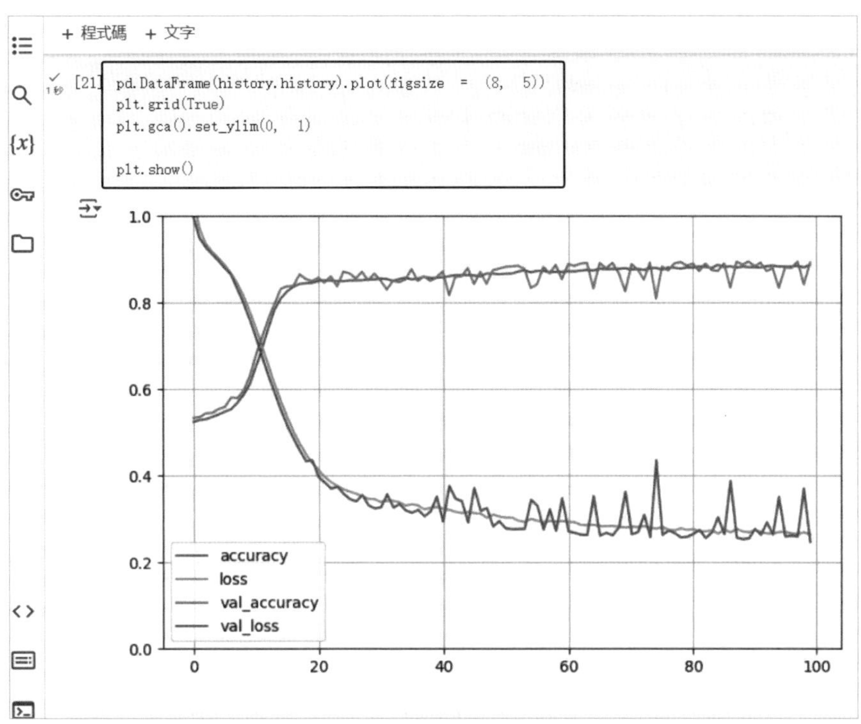


^ **圖 13.2.24** 神經網路模型訓練過程（使用訓練資料集）

## 步驟四、產生測試資料集的預測結果

使用 predict() 函數搭配剛剛訓練好的四層的神經網路模型 model_1 將測試資料集（X_test）中的每一筆資料進行預測， model_1.predict(X_test) 指令，執行結果如圖 13.2.25 所示：

```
predictions_1 = model_1.predict(X_test_mm)
predictions_1
```

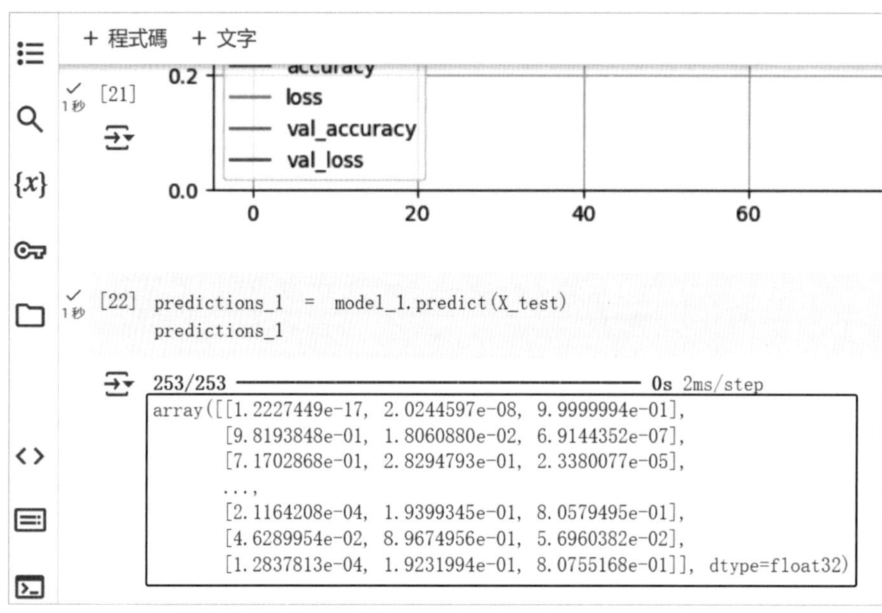


^ **圖 13.2.25** 產生測試資料集的預測結果

而使用 predict() 所返回（即得到）的結果是該筆資料的每個類別的機率值，所以要判定該筆資料是屬於哪種類別（H, M, L 其中一種，如前面轉資料說明，H 是 2，M 是 1，L 是 0）就取該類別的機率值最高的就當做是該類別，指令為 np.argmax(predictions_1, asix = 1)，執行結果如圖 13.2.26 所示：

```
classes_y1 = (predictions_1 > 0.5).astype("int32")
classes_y1
```

```
+ 程式碼  + 文字
[22] predictions_1 = model_1.predict(X_test)
     predictions_1

253/253 ━━━━━━━━━━━━━━━━━━━━ 0s 2ms/step
array([[1.2227449e-17, 2.0244597e-08, 9.9999994e-01],
       [9.8193848e-01, 1.8060880e-02, 6.9144352e-07],
       [7.1702868e-01, 2.8294793e-01, 2.3380077e-05],
       ...,
       [2.1164208e-04, 1.9399345e-01, 8.0579495e-01],
       [4.6289954e-02, 8.9674956e-01, 5.6960382e-02],
       [1.2837813e-04, 1.9231994e-01, 8.0755168e-01]], dtype=float32)

[23] classes_y1 = np.argmax(predictions_1, axis = 1)
     classes_y1

array([2, 0, 0, ..., 2, 1, 2])
```

^ **圖 13.2.26** 產生測試資料集的 " 類別 " 預測結果

## 步驟五、評估測試資料集在分類模型的預測績效表現

最後，對於剛剛訓練好的模型 model_1 對於測試資料集的預測成果會是如何呢？可以使用 evaluate() 函數來評估（Evaluate），使用指令為 model_1.evaluate(X_test, onehot_y_test, verbose = 0)，並顯示 loss 值與 accuracy 值，在此使用測試資料（X_test）來評估這一個訓練好的神經網路模型預測能力，包含測試資料集中的自變數 X_test 與測試資料集中的目標變數 onehot_y_test，執行結果如圖 13.2.27 所示，其預測正確率結果不錯，比訓練階段表現還好，Loss: 0.26，Accuracy: 89.65%，其中參數 verbose = 0 是指安靜模式，執行過程中不顯示執行過程相關記錄與資訊。

```
loss, accuracy = model_1.evaluate(X_test, onehot_y_test, verbose = 0)
print("\nLoss: %.2f, Accuracy: %.2f%%" % (loss, accuracy * 100))
```

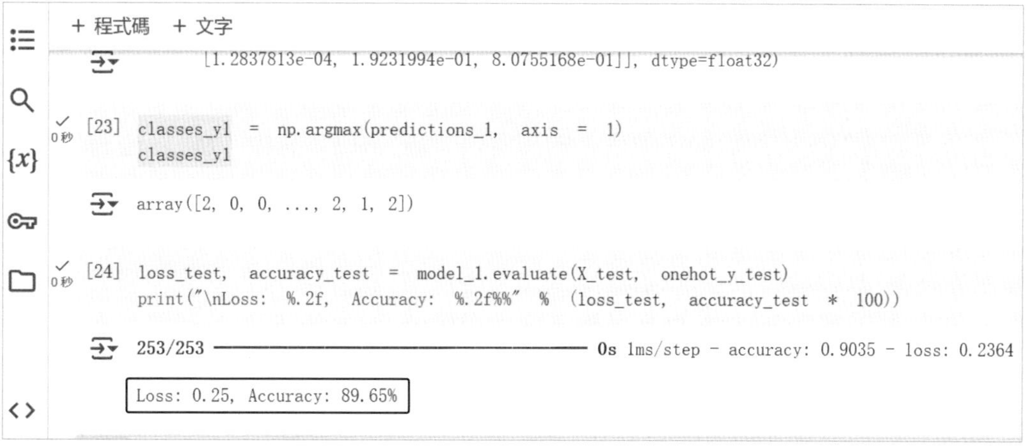

```
+ 程式碼  + 文字
    [1.2837813e-04, 1.9231994e-01, 8.0755168e-01]], dtype=float32)

[23] classes_y1 = np.argmax(predictions_1, axis = 1)
     classes_y1

     array([2, 0, 0, ..., 2, 1, 2])

[24] loss_test, accuracy_test = model_1.evaluate(X_test, onehot_y_test)
     print("\nLoss: %.2f, Accuracy: %.2f%%" % (loss_test, accuracy_test * 100))

     253/253 ━━━━━━━━━━━━━━━━━━━━ 0s 1ms/step - accuracy: 0.9035 - loss: 0.2364

     Loss: 0.25, Accuracy: 89.65%
```

^ **圖 13.2.27** 神經網路模型評估（使用測試資料集）

## 步驟六、預測未知類別的新資料

建模的目的就是為了將來有新客戶資料產生的時候可以依此分類模型進行判斷新客戶資料的等級歸屬是什麼等級。如果分類模型預測的準確度夠高，則會影響到公司對於每一位新客戶的行銷規劃方案的後續擬定方向，在此使用測試資料的前十五筆資料來模擬，即假如有十五位尚未客戶判定客戶等級（價值）的 R、F、M 資料，請使用 model_1 來預測其客戶等級（價值）是高（H）、中（M）、或是低（L），如果高就會顯示 2，如果中就會顯示 1，如果低就會顯示 0，執行結果如圖 13.2.28 所示：

```
predictions_unknown = model_1.predict(X_test [:15])
classes_unknown= np.argmax(predictions_unknown, axis = 1)
classes_unknown
```

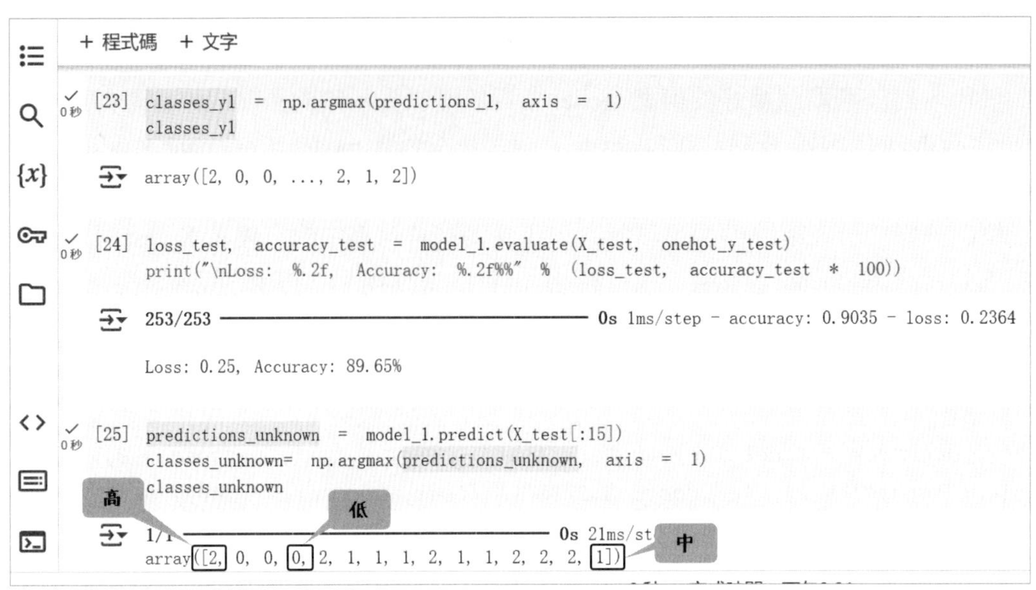


^ **圖 13.2.28** 測試新進客戶等級

這十五位客戶的客戶等級（價值）的預測值有高（H）、有中（M）、也有低（L），如第一位客戶就是被預測等級為高，因為其類別值為 2，第四位客戶就是被預測等級為低，因為其類別值為 0，第十五位客戶就是被預測等級為中，因為其類別值為 1，後續所產生的新客戶貢獻資料也可以依此方式預測客戶價值的貢獻程度，同時將此預測結果的資料分享給行銷部門參考，以利推動不同類型價值的客戶所擬定的行銷方案。

# 13.3 結果解釋

在本章節中，我們延續第八章和第十章所討論的內容，深入探討類神經網路（ANN）的應用與實作。與其他分類模型相比，ANN 具有更強的非線性擬合能力，這使得它在面對複雜的資料時更具優勢。然而，預測的準確性仍然受到多種因素的影響。我們必須意識到，過去的資料模式並不保證未來的結果會完全吻合，就如異想天開拿過去威力彩開獎資料來計算出新一期的得獎號碼，這未必會準確。

透過 ANN 我們能夠從輸入資料中提取特徵，並利用多層結構進行更深層的學習。在這個過程中，隱藏層的設置及其激勵函數的選擇是影響模型效能的關鍵因素。我們需要反思：這些設置是否與我們對資料的理解相符？是否能夠解釋預測結果，以便決策者能夠認同這些結論？因此，我們應該根據預測的結果，回顧該類別客戶的過往行為。透過分析這些客戶的消費模式、頻率和金額，來支撐預測的合理性。

ANN 除了用於客戶預測外，在其他領域也受到廣泛應用，如圖像辨識和語音識別等，透過提供足夠的訓練資料，能夠精確地學習複雜模式，並作出相應的預測。因此，無論是在商業應用還是日益進步的科技運用中，ANN 都扮演著越來越重要的角色。

## 本章心得

ANN 的預測方式是目前深度學習方法的基礎，也是目前 AI 應用必須學習的話題，其實用性非常高，但是在每一次執行過程中有許多隨機抽取（選取）資料的過程以至於每次結果會有些許出入，但對於最後預測判斷的影響性不大，這是學習 ANN 過程中會遇到的事情。

## 回饋與作業

1. ANN 的網路架構、超參數與組態設定等都有許多更優化方法，各位可以試著修改設定看看不同結果是否更優呢？

## 本章習題

1. （　）下列哪一選項是模仿生物神經網路（特別是大腦）的方式來建立資料分類模型與預測？

   (A) 類神經網路　　(B) 隨機森林
   (C) k 最近鄰演算法　　(D) 關聯規則

2. （　）Perceptron 是一種簡單形式的人工神經網路，稱為？

   (A) 運算元　　(B) 感知機
   (C) 運算子　　(D) 關聯表

3. （　）類神經網路（Artificial neural network, ANN）又可稱為人工神經網路，經常簡稱為？

   (A) NN　　(B) AI
   (C) BI　　(D) ERM

4. （　）下列哪一個選項不是類神經網路中 Perceptron 的名稱？

   (A) 感知器　　(B) 感應機
   (C) 純量機　　(D) 感知機

**5.**（　）類神經網路發展過程中曾遇到了計算技術上的瓶頸，當時只要神經網路架構太多層就幾乎沒有分類與預測的良好效果，此即梯度計算上不太穩定所產生的問題，如果離輸入層較近的隱藏層，其梯度值可能因為太小而消失，進而無法正確修正相關的權重參數值，稱為？

(A) 梯度爆炸　　(B) 梯度加強

(C) 梯度消失　　(D) 梯度平方

## 參考文獻


- Mohammed J. Zaki, Wagner Meira Jr (2020). Data Mining and Machine Learning Fundamental Concepts and Algorithms. *Cambridge University Press*, Second edition, 637-670

CHAPTER

# 14

# 支援向量機

## 本章目標

1. 了解支援向量機運作原理
2. 了解支援向量機應用

## 本章架構

想像一下，有一天上帝給了你一個考驗：你必須用一根棍子將兩個不同顏色的書分開。你成功地找到了一個放置棍子的方式，將這兩種不同顏色的書分開。然而，上帝又創造了更多的書，你發現原先的棍子位置容易造成未來產生的書的分類錯誤。於是你意識到應該調整棍子的位置，以便更準確地分類未來產生的書（這就是支援向量機的核心概念）。接著，上帝再次考驗你，要你如何正確分類以下的書。你觀察到紅書和藍書的材質不太一樣。你靈機一動，將這些書飛到空中，然後拿一張白紙摺成碗狀就將它們分開（圖 14.1）。從正上方的視角來看，紅書和藍書就像被一條虛擬的圓線分開了。這條虛擬的圓線就是支援向量機（support vector machine, 簡稱 SVM） 找到的最佳分隔線。SVM 透過找到最大化差異（Margin，就是邊緣，也就是虛線到最近的書的距離）的紅線，來找到最好的分隔線。而從分隔線到那些虛線上的點的方向與長度，在數學上就是向量（圖 14.2 的 W），在大數據分析的 SVM 中就是所謂的支援向量，指的就是分隔兩邊的那四個紅色的點（數據點），因為他們支撐了這個超平面，所以它們在計算最大化差異時具有支援作用，稱之支援向量。

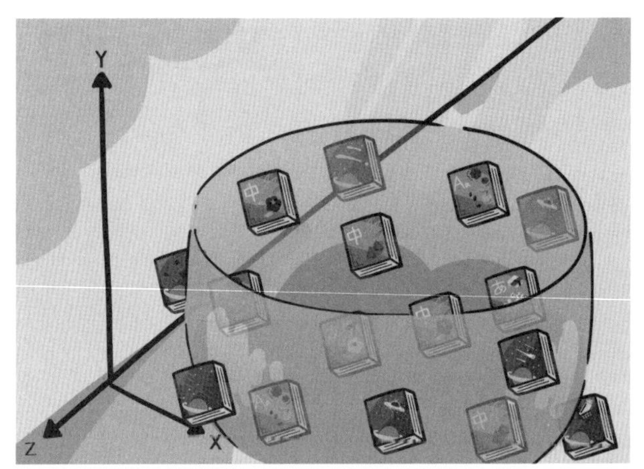


^ **圖 14.1** 上帝的分隔線

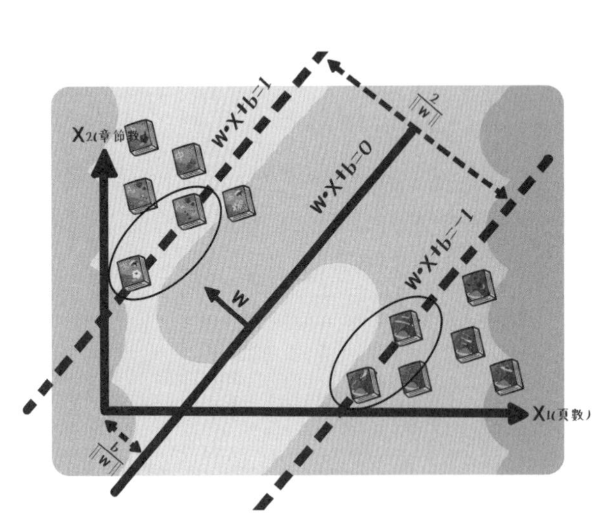


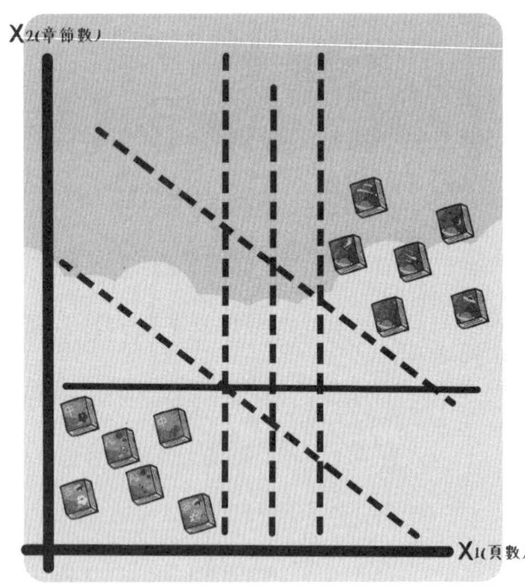


^ **圖 14.2** 支援向量

## 14.1 有效的分類客戶

在充滿競爭的行銷世界裡，假設一家新興的電子商務M公司希望能夠更精準地定位其目標客戶，從而提高其廣告活動的轉化率（轉成真實營收）。M公司收集了大量的客戶數據，包括客戶的瀏覽歷史、購買記錄、性別、年齡以及對過去廣告活動的反應等資料。目標是要預測哪些客戶最有可能對即將推出的新產品感興趣，從而使行銷活動更加精準。

如果透過支援向量機（SVM），在其原理下，應該能夠在客戶特徵（Features, 也就是客戶資料的欄位）之間的關係非常複雜的情況下也能將客戶妥善分類。M公司數據科學團隊首先使用客戶的歷史數據作為訓練集，將客戶分為兩類：一類是對類似產品表示出高度興趣的客戶（正類 , +1），另一類則是對這些產品不感興趣的客戶（負類 , -1）。透過對客戶的瀏覽歷史、購買紀錄、性別、年齡以及對過去廣告活動的反應等資料進行核函數（Kernel Function）（Patle & Chouhan, 2013）計算以及後續的建模步驟，應能在多軸空間中找到一個最適當的超平面，以最大化正類（+）和負類（-）之間的邊界。這個超平面即可作為判斷 M 公司客戶是否對新產品感興趣的決策邊界。在模型訓練完成後，M 公司可以利用這個建立好的 SVM 模型來針對新的資料預測新客戶是否對新產品產生興趣。這樣，公司就可以將行銷資源集中在那些最有可能轉化為購買的客戶上，從而提高行銷活動的 ROI（Return of Investment，投資回報率）。同樣的案例也可以在工業環境中的良率測試上實現，透過找到良品與不良品的界線，來降低錯誤成本。

## 14.2 支援向量機

本章節主要介紹資料探勘分析方法中的機器學習法 - 支援向量機（Support Vector Machine）分類演算法的基礎概念（Pisner et al., 2020; Suthaharan & Suthaharan, 2016）。支援向量機（SVM） 之所以取名為「支援向量機」，是因為其運作方式與支援向量息息相關。在 SVM 中，支援向量是位於超平面兩側的數據點，它們與超平面的距離最近。支援向量在 SVM 中起著重要作用，因為它們決定了超平面的位置和方向。

**支援向量機的「機」一字，在中文中有多種含義，其中一種是「機器」或「機械」。在大數據分析中，這邊的「機」字代表的是「機器學習算法」。**

所謂的支援向量機，在此可以被定義為：

**「在大量資料中找出能最大化距離差異的明顯界限以進行分類的機制」**

在此定義下，當資料能通過一條直線分開時，我們稱這些資料為線性可分的。支援向量機（SVM）在這種情況下尋找一個可最佳分類的超平面。

> **注意：所謂的超平面（superplane），在一維中是一個點，在二維中就是一條直線，三維中就是一個面，三維以上無法繪製，但上述不管是點線或者面都可稱為超平面。**

為了找到最佳分割超平面，SVM 利用一種稱為邊界（Margin）的概念，邊界是最接近超平面的訓練資料點，也就是所謂的「支援向量點」到這個邊界（也就是超平面）的距離。假設是二維平面中的線，這條直線必須要能最大化兩類資料點之間的邊界（也就是圖 14.2 中左邊那兩條虛線）。想要找到這樣的直線，我們會考慮所有可能的直線，然後選擇邊界最大的那條（也就是中間那條實線），這樣選出來的直線才能對接下來新進入用以判別的數據具有好的分類效果。SVM 透過計算和比較每條可能的邊界來實現這一點，並選擇可以產生最大邊界的直線作為最終的決策邊界。SVM 的建模就是最大化這個邊界，以達到最好的分類效果。但這樣的分類不是想像中那般單純而是具備了複雜的演算機制；所以，科學家為了確定這樣的超平面，會利用一些數學技巧將問題轉換為一個「受限制的最優化問題」並求解。

所謂的「受限制的優化問題」是指在滿足某些限制條件的情況下，求出「最優解」（**最佳的答案但不是傳統算數算出的唯一答案**）的問題。**在 SVM 中，為了正確分類的目標所以最優解在此指的「最大化分類的間隔」，限制條件就是「使所有數據點都被正確分類」**。如圖 14.2 右圖，可以看到裡面可以有很多條線都可以「使所有數據點都被正確分類」，但「最優解」只能是正中間那一條線。

在找到最大邊界的超平面後，就可以確定訓練完成這一個 SVM 模型並透過這個模型來預測新進資料的類別。為了找出最佳的分割超平面，SVM 將問題轉化為一個受限的優化問題，透過電腦計算與數學技巧找到支援向量，即透過最靠近分割線的所有數據點來定義（支撐或支援）這個超平面。支援向量（就是支援超平面的資料數據點）是分類決策中最關鍵的元素，因為它們直接影響該如何建立起這個分類超平面，也就是所謂的建模。而透過建模產生的超平面，可以妥善將訓練資料進行分類，廠商或者研究者就可以預測新進數據點的歸類，實現對所有數據的有效分類。此外，根據理論，透過 SVM 即使在高維數據中也能保持良好的泛化能力，減少過度擬合的風險。

在機器學習中，所謂的泛化能力（Generalization Ability）指的是模型對於未見過的新數據（即不在訓練集中的數據）的預測能力。一個具有良好泛化能力的模型能夠在新的、未知的數據上表現得很好，不僅是在它被訓練的數據上。泛化是衡量任何機器學習模型性能的關鍵指標之一。

# 14.3 人類是如何進行分類

想像一下，你是一位圖書館員，面前擺放著各種各樣的書籍，你的任務是將這些書籍分類到不同的書架上：文學、科學或藝術等。這個過程就很是人類的分類行為，你會根據書的特徵（比如書名、封面、作者或者書的內容摘要）來決定每本書的類別。

SVM 在這個過程中的角色，可以想像成一個你手中的神奇分類工具（或者想像成哈利波特裡面的分類帽也行），幫助你更有效地完成這項分類任務。如果我是圖書館員針對眼前一堆已知文學與科學的書，我開始要分類：

## 首先針對書本在內心畫出區隔線

首先，圖書館員會在這些書籍之間畫出一條看不見的線（也就是 SVM 裡面的超平面），試圖將不同類型的書籍分開。對應到 SVM，就是在心中畫了一條界限，一邊是文學書籍，另一邊是科學書籍。然後，這樣分類還是無法完全將所有書籍進行分類的話，圖書館員會嘗試找出差異。

## 最大化兩類書籍的差異

圖書館員不僅想將文學和科學書籍分開，還希望它們在書架上有明確的空間分隔，不至於在新來的書籍到館的時候，不知道該如何擺放。對應到 SVM，就是 SVM 不僅僅畫出一條線，它還試圖讓這條線與最近的書籍之間的擺放距離差異最大化。所以，圖書館員必須要進一步觀察各類特徵（Features）變化來妥善分類。

在這個過程中，圖書館員會考慮書籍的各種特徵試圖找出可能的分類準則。這就像是你觀察書的封面、閱讀摘要或了解作者等特徵（Features，在資料表就是欄位，比如：頁數、章節數、年份、作者國籍或語言別等）來決定它屬於哪個類別。

^ 圖 14.3　圖書管理員的分類工作

# 14.4 電腦上的支援向量機如何分類

## 線性的角度來看 SVM

但從圖 14.2 右圖我們可以知道，在機器學習領域中，常需要從無窮多的分割線中找出一條「最佳」分割線，以期此線對未知數據的分類錯誤率最低。但該如何尋找這條最佳線呢？

支援向量機（SVM）就是要尋找能有最大間隔的超平面（邊界）來達成對未知數據的分類錯誤率最低的目標。圖 14.2 右圖呈現了五個可能的超平面及其相關的間隔（就是線上的五條虛線）。這五個超平面都能正確地區隔，也就是可以分類所有給定的數據元組。然而，我們會預期具有較大間隔的超平面，因著其面對未來可能的新進書籍的頁數與章節數的不同，可能可以具備較為寬容的錯誤成本（也就是分類上出現錯誤的情況），這樣才能儘可能準確分類新進書籍。所以在 SVM 學習（或訓練）階段會尋找具有最大間隔的超平面，即最大邊緣超平面（也就是「大邊界」，Maximal Margin Hyperplane, MMH）。這個 MMH 提供的間隔可以最大化不同書籍類別之間的分離距離。最大邊緣超平面（MMH）的優點包含了：

1. **提升泛化能力**：大邊界可以減少模型在訓練數據上的過擬合，從而提升在測試數據上的表現。
2. **更強的韌性**：大邊界使得模型對於小的數據擾動不敏感，具有更強的韌性（robustness）。
3. **降低複雜度**：選擇大邊界意味著模型選擇了一個較簡單的解，有助於降低模型的複雜度。
4. **容錯能力**：在大邊界下，錯誤分類的數據點對決策邊界的影響較小，模型對錯誤分類有更好的容錯能力。

據此，我們可以說，間隔可以定義為「**從超平面到其一邊邊緣的最短距離等於從超平面到另一邊邊緣的最短距離**」，換言之，**兩邊界須平行於超平面，座落於邊界上的數據點就是所謂的「支援向量」**。在處理最大邊界超平面時，這段距離就是**從 MMH 到最近的訓練數據元組（不論屬於哪一類書）的最短距離**。

以下我們逐步說明線性分類的 SVM 處理方式。假設有下列資料集 D 被定義為 $(X_1,y_1),(X_2,y_2),\cdots\cdots(X_N,y_N)$，n 為資料筆數，$X_n=(x_{1n},x_{2n})$ 是訓練用資料（也就是數據向量），$y_n$ 則是對應的書的標籤。上例中書的標籤 $y_n=+1$ 是科學類書，$y_n=-1$ 是文學類書。換言之，每本書的標籤不是 +1 就是 -1。假設頁數（$x_{1n}$）為圖 14.3 的 $X_1$ 軸的數值，章節數（$x_{2n}$）為圖 14.3 的 X2 軸的數值。從圖 14.3 可以看到所有的虛線都可以將兩本

書的資料分開（也就是完整的分類）。這就是一種線性分類器。我們將分類中間的這條線寫為

$$W \times X + b = 0$$

其中 $W$ 表示為一個集合（也就是權重），$W=\{w_1,w_2,\cdots\cdots w_M\}$，$w_M$ 表示權重向量，$X$ 表示特徵向量 $X = (x_1,x_2)$，$b$ 表示 bias（是一種偏誤量，同前面類神經章節的參數調整概念類似，也就是一種平移）。***b* 也可視為 scalar，就是一種只有數值沒方向性的純量。**而下面列式中，$x_{1n}$ 表示某 $n$ 這本書頁數軸上的數值，$x_{2n}$ 表示某這本書在章節數軸上的數值，將上式套用到圖 14.2 左圖，則

$$w_1x_{1n}+w_2x_{2n}+b = 0$$

上面這個式子就是用以表示超平面的方程式。若

$w_1x_{1n}+w_2x_{2n}+b > 0$，表示該資料落於超平面上方；

若

$w_1x_{1n}+w_2x_{2n}+b < 0$，表示該資料落於超平面下方。

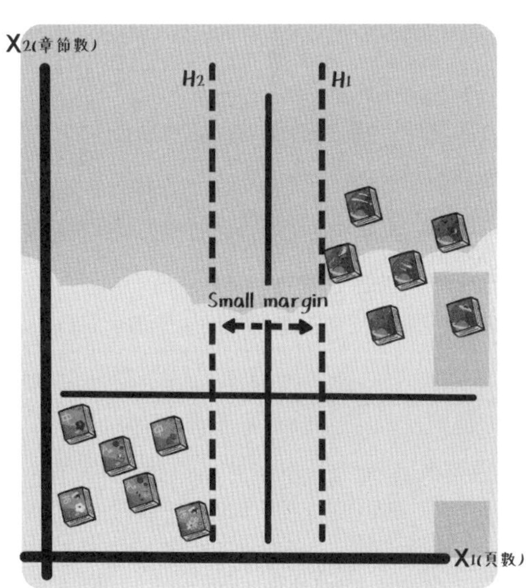

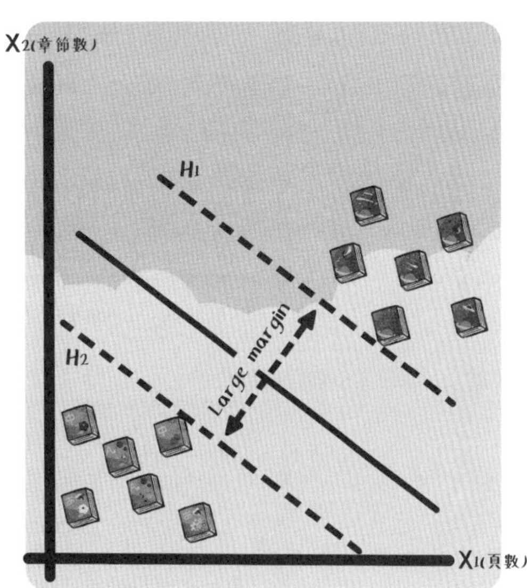


^ **圖 14.4** 大小邊界（Margin）

假設我們有兩類數據（表 14.1），分別代表兩種不同類型的書籍：文學類書籍和科學類書籍，我們希望透過章節數和書的頁數來區分這兩類書籍。

表 14.1 書籍分類

| 書籍ID | 章節數<br>（Feature 1, 也就是X1） | 頁數<br>（Feature 2, 也就是X2） | 類別（Feature3） |
| --- | --- | --- | --- |
| SV0 | 3 | 1 | 文學（-1） |
| SV1 | 4 | 1 | 文學（-1） |
| SV2 | 2 | 2 | 文學（-1） |
| SV3 | 7 | 3 | 科學（+1） |
| SV4 | 8 | 2 | 科學（+1） |
| SV5 | 6 | 4 | 科學（+1） |

在沒有大邊界的情況下任意的劃分邊界（圖 14.5 上圖，數據為標準化後的數值），雖然可能可以分類，但我們的分類超平面（中間那一條實線）可能會因此貼合（也就是側傾）到某一側（圖 14.5 上圖裡面就是傾向左下方）的數據點（也就是一種過度擬合）。

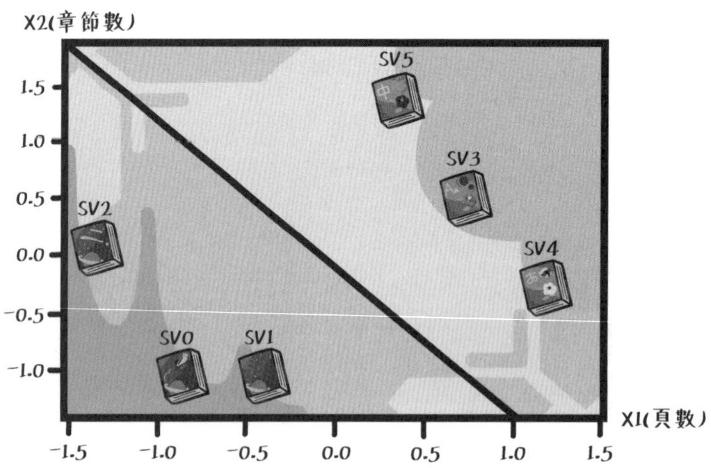


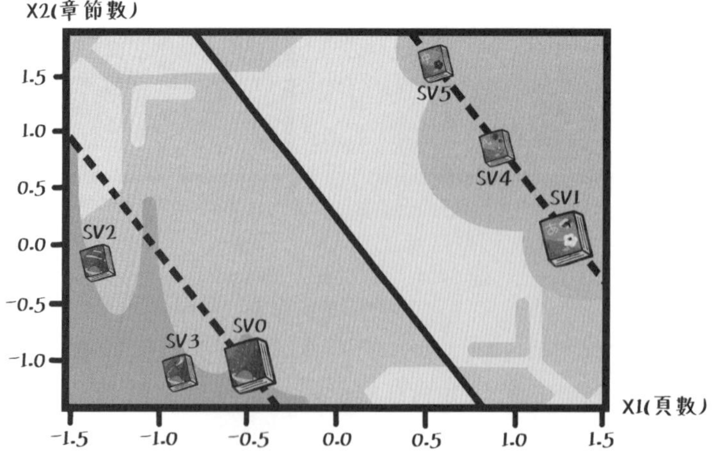


^ 圖 14.5 有無大邊界的差異（圖上 $X_1$ 章節數與 $X_2$ 頁數為標準化後的數據）

在有「大邊界」（MMH）的情況下，我們的分類超平面會盡量遠離所有數據點，以最大化邊界（圖 14.5 下圖的虛線）。在圖 14.5 下圖中，我們可以看到分類超平面在兩類數據點之間有了明顯的邊界且與超平面（中間的實線）等距離，這個邊界最大化了兩類數據點到分類超平面的距離。透過一個邊界最大的超平面來分離兩類數據，這樣可以提高模型的泛化能力，對未知數據有更好的預測效果。

接下來將式子套用於剛才書本分類的案例來繼續說明，假設訓練階段得出的超平面表示 $n$ 這本書的參數計算結果為 $(w_1x_{1n}+w_2x_{2n}+\mathrm{b}) \geq 1$，就代表該書計算上是科學類書，若 $(w_1x_{1n}+w_2x_{2n}+\mathrm{b}) \leq -1$ 就代表該書計算上是文學類書。其中 $x_1$ 表章節數（Feature1）的值，$x_1$ 表示頁數（Feature2）的值，一本書的分類（Feature3）為 y，在此案例 $y$ 有兩種值，$y = +1$，代表是科學類，$y = +1$ 則是文學類。**若 $(w_1x_{1n}+w_2x_{2n}+\mathrm{b})$ 計算結果剛好是 +1 或 -1 則表示該筆資料即為「支援向量」**。換言之，這些支援向量資料與最大邊緣超平面（MMH）等距離（也就是距離為 1）。**在此可以看出所謂的支援向量也就是指最難以區隔的資料集**；因為離超平面最近，分類不好就落入 MMH 另一邊。數學上我們可將上述兩式合併為下面，就是對具備 $M$ 個 Features 的資料 i 而言，具備下面的結果：

$$y_i\left(w_1x_{1i}+w_2x_{2i}+\ldots+w_{Mi}x_{Mi}+b\right)\geq 1, \forall i \in \{1..N\}$$（$\forall i$ **表示對所有的資料**）

既然提到了遠近，我們就要去算出距離，也就是要去看支援向量距離超平面的長度。在本書，我們就透過大家已經熟悉的歐幾里德距離（可參考第三章集群中的概念）去進行距離計算。計算超平面與支援向量的距離就是：

$$\frac{1}{\sqrt{W \times W}}$$

在 $W=\{w_1, w_2, \ldots\ldots w_M\}$ 下，

$$\frac{1}{\sqrt{W \times W}}=\frac{1}{\sqrt{w_1^2+w_2^2+\ldots+w_M^2}}$$

這是**超平面到某一側支援向量的距離**，而兩側支援向量的總距離就是上面數值乘以 2，所以就是下面的數值：

$$\frac{2}{\sqrt{W \times W}}$$

我們可以理解到**當 $\frac{1}{\sqrt{W \times W}}$ 分母**越**小，距離就會越大**。所以，可以理解為在限制為 $y_i\left(w_1x_{1i}+w_2x_{2i}+\ldots+w_{Mi}x_{Mi}+b\right)\geq 1, \forall i$ 下，求解 $w_1^2+w_2^2+\ldots+w_M^2$ 最小的結果。這樣數學上就會是下列的目標函數

$$\min(w_1^2+w_2^2+\ldots+w_M^2)$$

與限制式

$$s.t. y_i\left(w_1x_{1i}+w_2x_{2i}+\ldots+w_{Mi}x_{Mi}+b\right)\geq 1, \forall i\in\{1..N\}$$

上面敘述的就是一種**硬邊界的 SVM 線性分類器（hard-margin linear SVM）**。要計算上面的限制式求解，就需要透過二次規劃問題（quadratic programming problem）來進行處理。二次規劃問題求解在經濟學、管理科學、工程設計以及機器學習中的支持向量機等領域有廣泛的應用。二次規劃問題通常需要透過算法找到最優解，這些算法可以有效地處理目標函數和限制式之間的關係。

以下我們繼續以表 14.1 的例子來來幫助讀者理解如何計算。我們希望透過 SVM 找到一條最佳的分割線（超平面）來將案例中具備兩種 Features（章節數與頁數）的這兩類書籍分隔成科學類與文學類書籍。這條線就需要盡量最大化兩類書籍之間的間隔（Margin）。

首先定義一個超平面方程式：

$$w_1x_1+w_2x_2+\mathrm{b} = 0$$

其中，$w_1$ 和 $w_2$ 是權重，$x_1$ 和 $x_2$ 分別是書籍的頁數和章節數，$b$ 是偏誤量。

接下來分類規則：

- 若 $w_1x_1+w_2x_2+\mathrm{b} > 0$，則書籍屬於科學類（標籤 +1）。
- 若 $w_1x_1+w_2x_2+\mathrm{b} < 0$，則書籍屬於文學類（標籤 -1）。

接下來尋找最大間隔：我們希望找到一條超平面，使得兩類書籍到超平面的最短距離最大。這樣的超平面稱為最大邊緣超平面（Maximal Margin Hyperplane, MMH）。

假設訓練數據中得到 $w_1 = 0.3$, $w_2= 0.2$, $b = -2$，則超平面方程為：

$$0.3x_1+0.4x_2+(-2) = 0$$

若有一本新書的頁數和章節數的標準化後數值分別是（5, 3），將這個數據帶入超平面方程式：

$$0.3\times 5 + 0.4\times 3 - 2 = 1.5 + 1.2 - 2 = 0.7$$

計算結果大於 0，則這本書屬於科學類。反之，如果小於 0，則屬於文學類。

這樣看似是**很完美的硬邊界的分類器，其主要是適用於可以直接被區分類別**的書籍。但也極大可能的會遭遇到書本不好分類的情況，就需要其他方式來處理。亦即我們需要能夠「允許分類錯誤」，才能解開這狀況。

SVM 演算法提供了一種方式來解決書本可能區隔邊界的問題，就是透過提出一個鬆弛變數（slack variable）$\xi_n$ 來嘗試解決這類問題

$$\min(w_1^2 + w_{2i}^2 + \ldots + w_{Mi}^2) + C\sum_{j=1}^{N}\xi_j$$

$$s.t.y_i\left(w_1 x_{1i} + w_2 x_{2i} + \ldots + w_{Mi} x_{Mi} + b\right) \geq 1, \forall i \in \{1..N\}$$

如果我們針對每個訓練組資料 $i$ 引入一個非負鬆弛變數 $\xi_i \geq 0$，若 $\xi_i = 0$ 表示相對應的訓練組資料 $X_i$ 可以被超平面正確分類，亦即 $\left(w_1 x_{1i} + w_2 x_{2i} + \ldots + w_M x_{Mi} + b\right) \geq 1$。如果 $\xi_i > 0$ 則表示有部分訓練組資料是被分類錯誤，其數值 $\xi_i$ 的大小指示訓練數組與其對應邊界的距離有多遠（即正訓練例子對應科學類書，負訓練例子對應文學類書）（圖 14.6）。

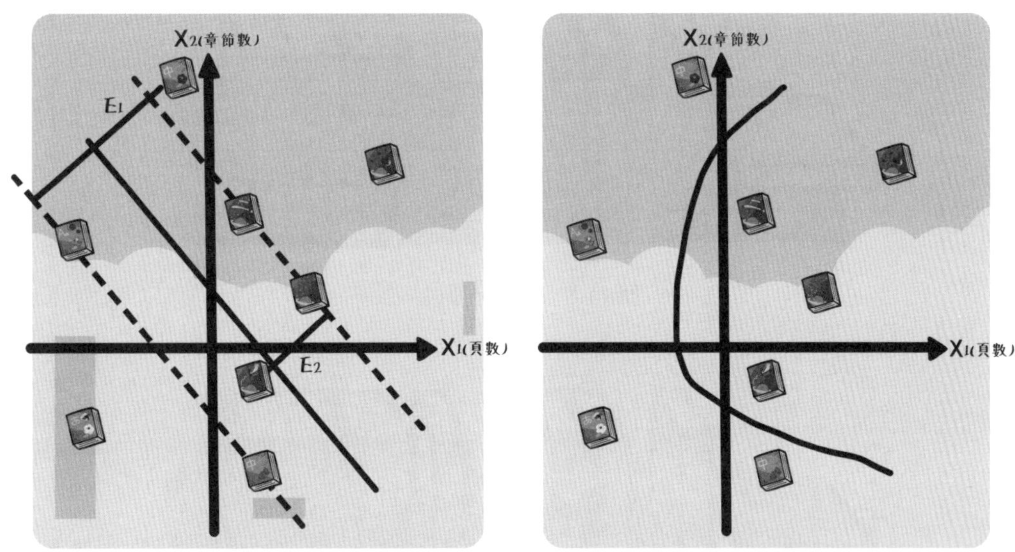


^ **圖 14.6** 包含部分錯誤（也就是分類錯誤的成本）的線性模型（左）以及非線性模型（右）

上述納入計算錯誤成本（C）的方式就稱為軟邊界 SVM 線性分類器（soft-margin linear SVM）。式子中 $i$ 為訓練資料的總數，$C > 0$ 則是我們可以自行設定用以調整間隔大小的參數。從上面敘述可以知道**就線性分類器而言是支援向量的數量而非維度（軸數）決定了分類器的良宥**。支援向量（支援建立起超平面的訓練資料集）可以用來計算錯誤成本，不是透過軸數多寡來決定錯誤成本。

從圖書分類的例子上也可看到納入鬆弛變數後分類較佳的例子。我們假設有兩批的書（圖 14.7），根據頁數取平均值剛好可以分類為科學與文學兩類。然而，現在有一本黑色的文學類的書，頁數是 201 頁，從圖 14.8 可以看到，若依照分類線，這本書被歸

類在科學。但從圖上可以看出這不合理，因為它離右邊的文學類的書比較近。這時，我們身為圖書館員，我們就重新調整這分類依據，不會是 200 頁作為判別標準，而是再取一次平均，使其符合新書的實際狀況。

上述這樣取中間值的作法就是如前章節所言試圖讓這條線與最近的兩類書籍之間的「**距離差異最大化**」。這樣的做法，因為是取中間值，與兩邊的距離都一樣，所以就是最大差異，偏頗另一方都不會與任一方產生最大差異，所以這樣取中間值就命名為**最大差異邊界分類器（Maximal Margin Classifier）**。但如果出現一個離異值（**outlier，就是與其他同類數據差異很遠的數值**），那這時候我們取的最大差異邊界分類器就變得與兩邊的差異很小（圖 14.8 上的差異標記）而且與原先的文學類書籍（幾乎都在左邊），差異非常遠，這時候最大差異邊界分類器就不好用，因為文學與科學類書籍的分類上差異非常的小，很難進行妥善的分類。

^ **圖 14.7** 已經分類的兩批書

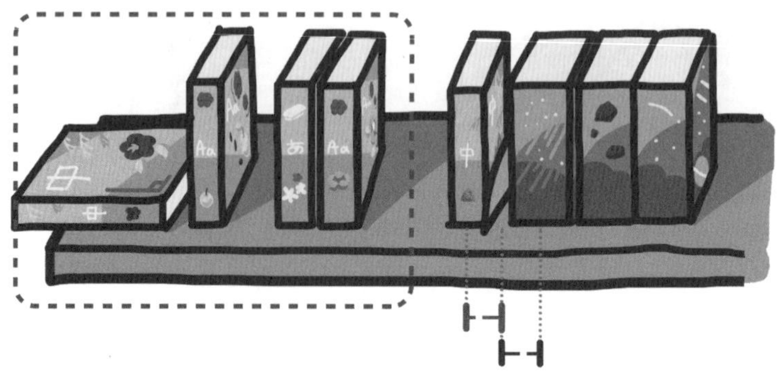

^ **圖 14.8** 新書入庫但無法透過最大差異邊界分類器來妥善區隔

如果是可以容許少許分類錯誤（也就是納入鬆弛變數），這時候我們可以不用頻繁的去調整最大差異邊界分類器。這樣這中間的線就是軟邊界。但這樣可以容許錯誤的軟邊界與原先我們一定要 100% 正確分類的情況有差異。所以，我們如果要追求**分類器品質最大化（也就是錯誤成本最低）就要進行交叉驗證（cross validation），透過交叉驗證去找出不同的鬆弛變數下，分類書籍時分類錯誤個數最少的，那就是最佳的軟邊界**。所謂「交叉驗證」也就是要針對所有可能的軟邊界進行比較以確定哪個比較好。換言之，就是很直觀就是看兩種軟邊界產生的書籍分類錯誤數量（misclassfications）哪個少，就代表具備較佳的品質。如圖 14.6 左圖所呈現的，從圖片上來看，如果這就是最佳的分類器，**在交叉驗證下就表示我們可以容許「兩個書籍分類錯誤，以及六個書籍正確分類」**，這代表了這分類器的**品質**。

## 非線性的角度來看 SVM

對於線性不可分的情況（例如，圖 14.6 右圖），找不到一條直線能夠完美地分隔各類。但我們應該可以可以擴展先前提到的硬邊界和軟邊界線性支持向量機（SVM）的方法建立起一個非線性 SVM，以分類那些線性不可分（又稱非線性可分或簡稱為非線性）的數據（即找出非線性超平面）。

我們該如何建立起一個非線性 SVM？可以透過以下兩個主要步驟得到非線性 SVM。第一步，我們使用非線性映射將原始輸入數據轉換到更高維度（也就是更多軸）的空間。在這一步中可以使用幾種常見的非線性映射。一旦數據被轉換到新的多軸空間後，第二步就是在新空間中尋找可能的線性分隔超平面。也就是在新空間中找到的最大間隔的超平面，然後回推到原來的維度（較少軸）去看結果。

想像我們手上有一批包含三軸（也就是三個 Features）的書，各軸分別是 $X_1$（頁數），$X_2$（章節數），$X_3$（圖片數）。若我們用一個特殊的放大鏡看這本書，該放大鏡可以將原本的三軸世界擴展到六軸空間。在這個六軸空間中，書的每一軸都獲得了新的表現形式：第一軸數值就是 $x_1$，第二軸是 $x_2$，第三軸是 $x_3$；但多出了下面新的三軸：第四軸是 $x_1$ 的平方，第五軸是 $x_1$ 和 $x_2$ 的乘積，第六軸是 $x_1$ 和 $x_3$ 的乘積。

然後，我們要在這個被放大的六軸世界裡，我們要找一個超平面，也就是一個完美的界限，可以來分開科學與文學類書。超平面的方程式是用我們剛剛放大得到的六個維度（軸）來表示的，形式就像是：

$$d(H) = w_1x_1 + w_2x_2 + w_3x_3 + w_4x_1^2 + w_5x_1x_2 + w_6x_1x_3 + b$$

這裡的 $w_1$ 到 $w_2$ 是我們在六軸空間裡選擇的權重，而 $b$ 是一個額外的誤差值，它幫助我們調整超平面的位置。這樣一來，原本三軸世界中無法以一條直線明確區隔科學與文學類書籍的複雜界限，在這個新空間裡反而變成了一條簡單的直線或平面（如圖 14.1 那樣的。然後，我們把這個方程式帶回三軸世界，它就變成了一條曲線或曲面，這樣就是一種非線性（也就是非直線可以區隔）。

但是上述的狀況可能會產生問題，想像你在做一個非常大的拼圖，但這個拼圖太大了，放在你家的桌子上根本拼不下。但我們可以把拼圖攤在一個虛擬的、更大的空間上，這樣我們就有足夠的空間來拼湊每一片。在機器學習中，我們可以透過把數據映射到一個更高維度（更多軸）的空間來達成這一點，使原本無法分開的數據變得可以分開。但問題是，這種轉換需要很多的計算，就像是需要更多的時間和空間來攤開和組合那個巨大的拼圖。

在大數據支援向量機的設計中，我們不用真的去攤開拼圖，也不需要計算那些複雜的轉換。取而代之的是使用核函數來解決這問題。核函數就是一個特殊的放大鏡，你只需透過它看你手邊的小拼圖，放大鏡就會告訴你，如果你在那個虛擬的更大空間裡，這片拼圖應該放在哪裡。這樣你就可以在不真正攤開拼圖的情況下完成拼圖。簡而言之，這個核函數技巧允許我們在原始的數據空間內簡單地計算，而不需要真正進行繁重的數學轉換，這大大簡化了整個過程。

假如我們有下面的資料 $X_1$（標準化後頁數）以及 $X_2$（標準化後章節數）也就是二軸的資料（表 14.2），經過轉換後，可以看到新的三軸，包含了 $X_1^2$, $X_2^2$, 以及 $\sqrt{3}X_1X_2$。然後我們先繪製原始二軸的圖，如圖 14.9 的上圖，可以看到該圖形上，科學類書與文學類書無法被明確以「一條直線」進行區隔。若我們多加新的軸（$X_1^2$, $X_2^2$, 以及 $\sqrt{3}X_1X_2$），透過計算可以看到在三軸空間中的新圖片（圖 14.9 的下圖），且也可以看到一個新的超平面空間 $d(H)$ 來區隔數據

$$d(H)=(-0.24007591)X_1^2+(-0.24005512)X_2^2+(0.09240591)\sqrt{3}X_1X_2+1.88082262)$$

上述的超平面就可以妥善區隔出科學類書與文學類書。假設這經過計算，在新三軸可以看到的最佳的超平面空間，若回推二軸，就會形成一個圓（圖 14.10），該圓的方程式為 $X_1^2+X_2^2=3$，剛好可以將兩種書妥善區隔。

**表 14.2　二軸轉三軸非線性資料**

| 書代碼 | 原始二軸 | | | | | 分類 |
|---|---|---|---|---|---|---|
| | $X_1$（標準化後頁數） | $X_1$（標準化後章節數） | $X_2^2$（轉換後的頁數） | $X_1^2$（轉換後的章節數） | $\sqrt{3}X_1X_2$（轉換後的章節數與頁數的乘積） | |
| 1 | 1.21 | 1.45 | 1.46 | 2.10 | 3.04 | 科學 |
| 2 | 1.03 | 1.77 | 1.06 | 3.13 | 3.16 | 科學 |
| 3 | 1.04 | 1.89 | 1.08 | 3.57 | 3.40 | 科學 |
| 4 | 1.32 | 1.52 | 1.74 | 2.31 | 3.48 | 科學 |
| 5 | 1.01 | 1.01 | 1.02 | 1.02 | 1.77 | 文學 |
| 6 | 1.21 | 1.67 | 1.46 | 2.79 | 3.50 | 文學 |
| 7 | 1.02 | 1.05 | 1.04 | 1.10 | 1.86 | 文學 |
| 8 | 1.41 | 1.32 | 1.99 | 1.74 | 3.22 | 文學 |

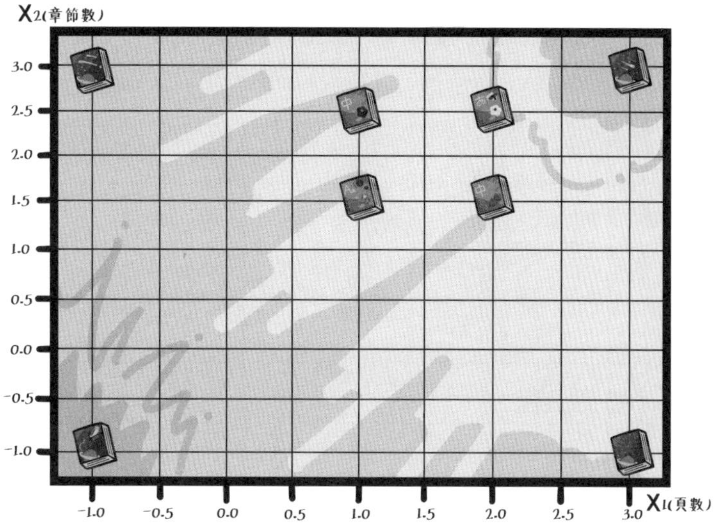


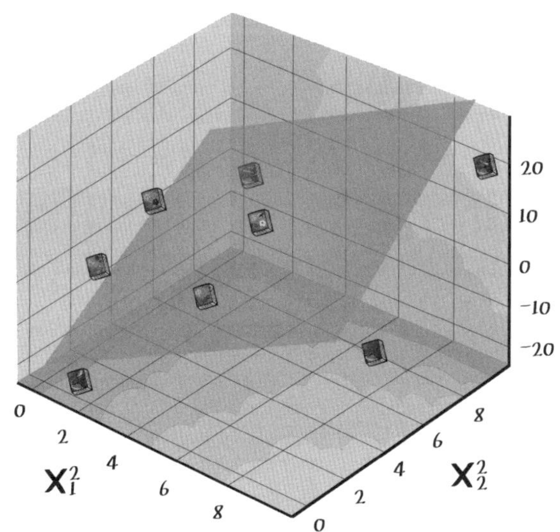


^ 圖 14.9　二軸與三軸的繪圖

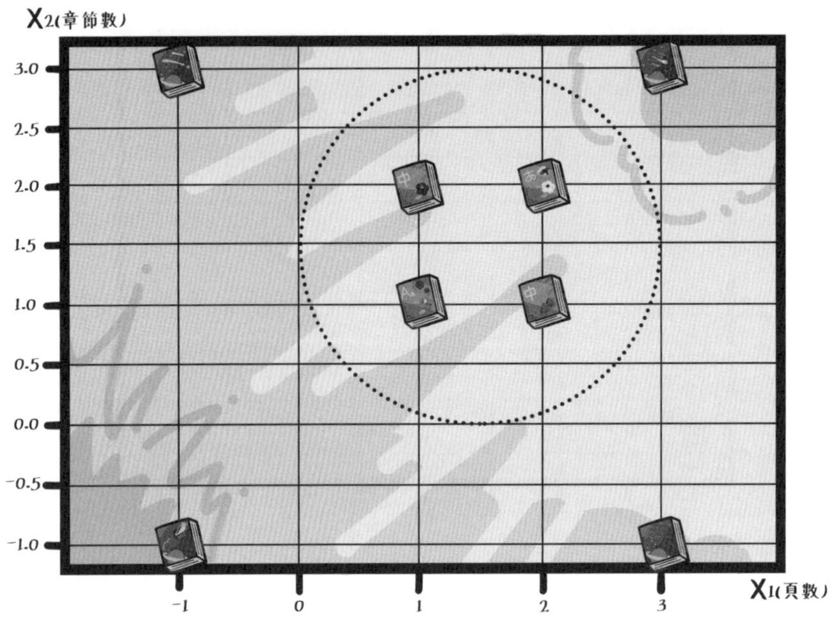


^ **圖 14.10** 在二軸圖上可以非線性明確區隔開科學與文學的書

# 14.5 建立支援向量機模型

在介紹完前面的 SVM 電腦運作基本說明後，我們接下來進一步說明如何建立支援向量機模型。首先，我們必須要先了解何謂核函數（Kernel Function）（ Patle & Chouhan, 2013）以及其他與 SVM 相關概念 （Schölkopf, 2000）。

支援向量機運作上主要是**透過將特徵值進行分類計算以增加維度（軸數）來嘗試在多軸數的情況下找出超平面**，所謂的增加維度（軸數）就是種核函數（Kernel Function） 的概念。在支援向量機演算法中有許多的核函數。其中多項式核函數（Polyminal Kernel）（Suthaharan & Suthaharan, 2016）就是一種常見的核函數，多項式核函數列示如下：

$$K(x,y)=(\gamma \times xy+c)^d$$

其中 $K(x, y)$ 表示核函數，$x, y$ 表示不同的數據資料，參數 $\gamma, c$ 則需要進行設定，$c$ 是常數，大多數會設定為 1， $d$ 是多項式的階數（就是次方數）。若設定參數 $\gamma = 1, c = 0, d = 2$，那這多項式核函數就會是 $K(x) = x^2y^2$。所以我們若針對 $\gamma, c$ 與 $d$ 進行參數設定，隨著不同的參數變化可以建立起無限多的超平面，然後找出可以產生最小分類錯誤（misclassfication）下的超平面。例如，表 14.3 的三本書**若想找到最少錯誤分類（misclassified）的超平面，那就是要找到最佳的 $\gamma, c$ 與 $d$ 參數下分類錯誤最少的多項式核函數**。以下將依據表 14.1 之例來說明建立及應用 SVM 模型的步驟。

## 步驟一、設定核函數的參數

假設參數 $\gamma = 1, c = 0, d = 2$。則多項式核函數便為 $K(x, y) = x^2y^2$。

## 步驟二、計算核函數的核值

在上述參數下進行計算後核值分別為（整理在表 14.3）：

$$K(A,\ A) = (3\times3+1\times1)^2 = 100$$
$$K(A,\ B) = (3\times4+1\times1)^2 = 169$$
$$K(A,C) = (3\times2+1\times2)^2 = 6$$

**表 14.3** 核值計算

| 書籍ID1 | 書籍ID2 | 核函數值 $K$（$x_1, x_2$） |
|---|---|---|
| A | A | 100 |
| A | B | 169 |
| A | C | 64 |
| A | D | 576 |
| A | E | 676 |
| A | F | 484 |
| B | B | 289 |
| B | C | 100 |
| B | D | 961 |
| B | E | 1156 |
| B | F | 784 |
| C | C | 64 |
| C | D | 400 |
| C | E | 400 |
| C | F | 400 |
| D | D | 3364 |
| D | E | 3844 |
| D | F | 2916 |
| E | E | 4624 |
| E | F | 3136 |
| F | F | 2704 |

計算核值（kernel value）就是**計算出內積（dot product），也就是計算出兩本書之間的區隔差異**。然而，代換不同的參數會看到不同的區隔。接下來，我們先說明**內積（dot product）**的算法與意義以幫助讀者理解上述計算的原理。從算式中，可以看到 $a$ 與 $b$ 代表兩本預計要進行分類的書的頁數，若參數在 $\gamma = 1, c = 1, d = 2$ 情形下，算式就會是

$$\begin{aligned}(\mathbf{x}_1\mathbf{x}_2+1)^2 &= (\mathbf{x}_1\mathbf{x}_2+1)\times(\mathbf{x}_1\mathbf{x}_2+1)\\ &= 2\mathbf{x}_1\mathbf{x}_2+\mathbf{x}_1^2\mathbf{x}_2^2+1\end{aligned}$$

而上面以**內積（dot product）**表示，就會成為**兩個向量相乘的表示式：**

$$(\sqrt{2}\mathbf{x}_1,\quad \mathbf{x}_1^2,\quad 1)\ (\sqrt{2}\mathbf{x}_2,\quad \mathbf{x}_2^2,\quad 1)$$

$(\sqrt{2}\mathbf{x}_1,\ \mathbf{x}_1^2,\ 1)$ 就是第一個向量，將這三個數值映照在一個包含 $X_1, X_2, X_3$ 三軸的空間，則 $\sqrt{2}\mathbf{x}_1$ 表示該向量在 $X_1$ 軸上的數值，$\mathbf{x}_1^2$ 表示該向量在 $X_2$ 軸上的數值，1 則是該向量在 $X_3$ 軸上的數值。$(\sqrt{2}\mathbf{x}_1,\ \mathbf{x}_1^2,\ 1)$ 就是第二個向量。也就可以看出這兩向量的三軸上的數值各別相乘就會是原先算式 $2\mathbf{x}_1\mathbf{x}_2+\mathbf{x}_1^2\mathbf{x}_2^2+1$。換言之：

$\sqrt{2}\mathbf{x}_1\times\sqrt{2}\mathbf{x}_2$ 就會等於 $2\mathbf{x}_1\mathbf{x}_2$

同理，$\mathbf{x}_1^2\times\mathbf{x}_2^2=\mathbf{x}_1^2\mathbf{x}_2^2$

$1\times1 = 1$

為何要這樣表示？因為透過此，可以將原先二軸的數據轉為三個軸來進行矩陣（也就是增加維度）計算。此外，本例中 $X_3$ 軸上的數值（三本書皆然）都是「1」，換言之，在 $X_3$ 上數字都一樣，因為對分類沒有任何幫助。若忽略不看 $X_3$ 數據，就會變成兩軸的呈現。

## 步驟三、找出最佳的參數組合

再來需要透過電腦計算來從上面**多項式核函數的計算要找出最佳的 $\gamma$ 與 $d$ 的（如果 c 是固定不變的）**，這步驟就需要經過前面提及的**交叉驗證**，也就是要去比較看不同的 $\gamma$ 與 $d$ 組合所產生的超平面會產生最少的分類錯誤（misclassfications）。來確定來找出最能區隔兩種書的核值。而這邊的交叉驗證與找尋最佳的參數值，計算龐雜，因此必須透過電腦程式來進行反覆的計算以求出最佳的數值解。

# 14.6 核函數算完後……

依照 SVM 的推演過程，首先是準備資料並必須要仿照之前計算距離時的要求需要將資料先標準化以免因為數值過大而影響分類，然後是透過交叉驗證來找出核函數的最佳參數。核函數算完後，接下來的步驟就是訓練模型、完成模型訓練並找到支援向量，最後就是應用這模型來預測新數據的類別。

## 步驟四、訓練模型

使用選定的核函數（以下繼續以前述多項式核為例），將訓練數據映射到多軸空間，並在該空間中尋找能夠最大化正負樣本邊距的超平面。而訓練過程中，需要計算出每個訓練數據點的拉格朗日乘子值（Lagrange Multipliers），用以求算超平面空間的方程式。以下是一個簡單的例子來幫助各位理解拉格朗日乘子值的概念及其計算方法。

仿前例（表 14.1），我們希望透過 SVM 找到一條最佳的分割線（超平面）來將這兩類書籍分開。這條線需要盡量最大化兩類書籍之間的間隔。 首先我們先定義超平面

$$w_1x_1+w_2x_2+\mathrm{b} = 0$$

其中，$w_1$ 和 $w_2$ 是權重，$x_1$ 和 $x_2$ 分別是書籍的頁數和章節數，$b$ 是偏誤量。我們可以透過拉格朗日乘子法來求解 $w_1, w_2$ 以及 $b$：

如果要最小化以下的目標函數：

$$\min\frac{1}{2}\left(w_1^2+w_2^2\right)$$

且需滿足限制

$$y_i\left(w_1x_{1i}+w_2x_{2i}+\ldots+w_{Mi}x_{Mi}+b\right)\geq 1, \forall i\in\{1..N\}$$

或簡寫為

$$y_i\left(w\cdot \mathrm{x}_i+b\right)\geq 1, \forall i\in\{1..N\}$$

構建以下拉格朗日函數：

$$L(w,b,\alpha)=\frac{1}{2}\|w^2\|-\sum_{i=1}^{N}\alpha_i\left[y_i(w\cdot x_i+b)-1\right]$$

其中，$\alpha = (\alpha_1, \alpha_2, \ldots, \alpha_N)$ 是拉格朗日乘子，$w$ 為權重向量，$x_i$ 為特徵向量，$N$ 為資料總數。

對 $w$ 和 $b$ 取偏導數（關於偏導數概念請參考註解）並設為零

$$\frac{\partial L}{\partial w_1} = 0 \Rightarrow w_1 = \sum_{i=1}^{N} \alpha_i y_i x_{1i}$$

$$\frac{\partial L}{\partial w_2} = 0 \Rightarrow w_2 = \sum_{i=1}^{N} \alpha_i y_i x_{2i}$$

$$\frac{\partial L}{\partial b} = 0 \Rightarrow \sum_{i=1}^{N} \alpha_i y_i = 0$$

其中 $x_{1i}$，$x_{2i}$ 分別代表了第 i 筆資料的第一個特徵（Feature1）與第二個特徵（Feature1）。

解決目標函數對偶問題：

$$\max_{\alpha} \sum_{i=1}^{N} \alpha_i - \frac{1}{2} \sum_{i=1}^{N} \sum_{j=1}^{N} \alpha_i \alpha_j y_i y_j (x_i \cdot x_j)$$

內積 $x_i \cdot x_j$ 表示第 $i$ 個和第 $j$ 個樣本的特徵向量之間的內積，用於計算數據點之間的相似度。

且需滿足下列限制：

$$\alpha_i \geq 0 \forall i$$

$$\sum_{i=1}^{N} \alpha_i y_i = 0$$

這些拉格朗日乘子值反映了相應數據點對找到的超平面的貢獻大小。部分 $\alpha$ 對應的數據點是支援向量，權重 $w$ 用來確定分類超平面的方向，偏誤量 $b$ 用來確定分類超平面的位移。

依照表 14.1 數據，我們手動做一次運算來求算 $w_1$，$w_2$ 與 b。首先建立起目標函數：

$$\max_{\alpha} \sum_{i=1}^{6} \alpha_i - \frac{1}{2} \sum_{i=1}^{6} \sum_{j=1}^{6} \alpha_i \alpha_j y_i y_j (x_i \cdot x_j)$$

然後計算內積矩陣：

$$\max_{\alpha}\sum_{i=1}^{6}\alpha_i-\frac{1}{2}\sum_{i=1}^{6}\sum_{j=1}^{6}\alpha_i\alpha_j y_i y_j K_{ij}$$

其中

$$K_{11} = x_1 \cdot x_1 = 3\times 3 + 1\times 1 = 9 + 1 = 10$$

$$K_{12} = x_1 \cdot x_2 = 3\times 4+1\times 1 = 12 + 1 = 13$$

……

$$K_{65} = x_6 \cdot x_5 = 6\times 8 + 4\times 2 = 48 + 8 = 56$$

$$K_{66} = x_6 \cdot x_6 = 6\times 6 + 4\times 4 = 36 + 16 = 52$$

最後成為下面的矩陣

$$K=\begin{pmatrix} 10 & 13 & 10 & 24 & 28 & 22 \\ 13 & 17 & 12 & 31 & 34 & 28 \\ 10 & 12 & 8 & 23 & 26 & 20 \\ 24 & 31 & 23 & 58 & 59 & 55 \\ 28 & 34 & 26 & 59 & 68 & 52 \\ 22 & 28 & 20 & 55 & 56 & 52 \end{pmatrix}$$

解決目標函數對偶問題：

要求解這個優化問題，我們將這些值帶入拉格朗日函數並計算拉格朗日乘子 $\alpha_i$ 的值。

計算權重 $w$ 和偏誤量 $b$：

$$w=\sum_{i=1}^{N}\alpha_i y_i x_i$$

支援向量是那些拉格朗日乘子 $\alpha_i$ 值不為零的數據點。然後應用支援向量 $x_m$ 計算 $b$：

$$b_k = y_k - \sum_{i=1}^{N}\alpha_i y_i (x_i \quad x_k)$$

假設我們已經求解得到下列六個拉格朗日乘子值 $\alpha_i$ ：

（0.4, 0.0, 0.0, 0.2, 0.0, 0.2）

因為有部分 $\alpha_i$ 不為 0，所以六個點都是支援向量，接下來計算權重 $w$

$$w_1 = 0.4 \cdot (-1) \cdot 3 + 0.2 \cdot 1 \cdot 7 + 0.2 \cdot 1 \cdot 6 = 1.4$$

$$w_2 = 0.4 \cdot (-1) \cdot 1 + 0.2 \cdot 1 \cdot 3 + 0.2 \cdot 1 \cdot 4 = 1.0$$

再來使用支援向量計算偏移量 $b$：

以第四筆資料為何 $(x_{14}, x_{24}) = (7,3)$ 是支援向量，對應的第四個拉格朗日乘子值 $\alpha_4 = 0.2$，所以

$$b = y_4 - \sum_{i=1}^{6} \alpha_i y_i (x_i \cdot x_4)$$

$$b = 1 - \left(0.4 \cdot (-1) \cdot 24 + 0.2 \cdot 1 \cdot 58 + 0.2 \cdot 1 \cdot 54\right) = 1 - \left(-9.6 + 11.6 + 10.8\right) = -11.8$$

假設經過上述計算後求出下面的超平面（superspace） 方程式如下：

$$1.4x_1 + 1.0x_2 + (-11.8) = 0$$

## 步驟五、完成模型訓練並找到支援向量

在找到超平面之後，可以據以計算每個數據點（$x_{1i}, x_{2i}$）到超平面的距離為 $\frac{超平面方程式}{\|w\|}$。其中 $\|w\|$ 為權重向量的範數（norm），就是計算歐幾里德距離 $\frac{1}{\sqrt{W \times W}} = \frac{1}{\sqrt{w_1^2 + w_2^2 + \ldots + w_n^2}}$，在此就是 $\frac{1}{\sqrt{1.4^2 + 1.0^2}} \approx \frac{1}{1.72}$

所以，每個數據點的距離計算如下：

數據點（3,1）：

$$\frac{\left|1.4 \times 3 + 1.0 \times 1 + (-11.8)\right|}{1.72} \approx 3.84$$

數據點（4,1）：

$$\frac{\left|1.4 \times 4 + 1.0 \times 1 + (-11.8)\right|}{1.72} \approx 3.02$$

數據點（2,2）：

$$\frac{\left|1.4 \times 2 + 1.0 \times 2 + (-11.8)\right|}{1.72} \approx 4.07$$

數據點（7,3）：

$$\frac{|1.4\times 7+1.0\times 3+(-11.8)|}{1.72}\approx 0.58$$

數據點（8,2）：

$$\frac{|1.4\times 8+1.0\times 2+(-11.8)|}{1.72}\approx 0.81$$

數據點（6,4）：

$$\frac{|1.4\times 6+1.0\times 4+(-11.8)|}{1.72}\approx 0.35$$

## 14.7 應用產生的 SVM 模型來分類

以下假設我們已經訓練出上述模型，然後打算應用該訓練出的模型判斷一本章節數為 6 頁數為 4 的書是科學類（+1）還是文學類（-1）。我們首先需要計算這本書的核函數值，然後使用拉格朗日乘子值和偏置項來計算決策函數的值。

假設多項式核的參數為 $\gamma = 1$，$c = 0$，$d = 2$，**我們首先計算該書與每本訓練資料書籍之間的核函數值。**

$K(x_i,x_j)=(\gamma\times x_i x_j+c)^d$，新書特徵向量為 $x = (6,4)$，假設依照前面計算負類書籍訓練樣本之特徵向量為 $w = (1.4, 1.0)$，偏誤量 $b$ 為 -11.8，則核函數值為

$$K(x,x_1)=({}^{3}\times x\cdot x_1+c)^d=(6\times 1.4+4\times 1.0)^2=(8.4+4.0)^2=153.76$$

因進行實際計算新書上哪一種分類需要知道所有的支援向量 $\alpha_i$, $y_i$, 和對應的特徵向量 $x_i$（註），且正負類別各有至少一個支援向量才能計算。在此假設僅考慮一對正負類別的支援向量。

**註解**

在理想情況下，決策函數的值由這些支援向量共同決定，因為每個支援向量對應的拉格朗日乘子和標籤值滿足

$$\alpha_i \ge 0 \forall i$$

$$\sum_{i=1}^{n}\alpha_i y_i = 0$$

為了簡化計算與幫助理解，接下來我們直接假設一本正類書籍訓練樣本之特徵向量為 $w$ = (6.1, 2.3)，則正類的核函數值為

$$K\left(x,x_2\right)=\left({}^{3}\times x\cdot x_2+c\right)^d=\left(6\times 6.1+4\times 2.3\right)^2=\left(36.6+45.8\right)^2=2097.64$$

接下來進行決策函數計算。決策函數定義為：

$$f\left(x\right)=\sum_{i=1}^{n}\alpha_i y_i K\left(x,x_i\right)+b=\alpha_1 y_1 K\left(x,x_1\right)+\alpha_2 y_2 K\left(x,x_2\right)+b$$

所以，在已知

正類 $\alpha_1=1, y_1=1, x_1=\left(6.1,2.3\right)$ 以及負類 $\alpha_2=1, y_2=-1, x_2=\left(1.4,1.0\right)$ 還有偏誤量 $b$ = -11.8 情況下，

$$f\left(x\right)=\alpha_1 y_1 K\left(x,x_1\right)+\alpha_2 y_2 K\left(x,x_2\right)+b$$

$$f\left(6,4\right)=1\cdot 1\cdot 2097.64+1\ \left(-1\right)\ 153.76-11.8=1932.08$$

因為 $f(6,4)$ = 1932.08>0。根據決策函數，如果 $f(x)$ > 0 則被分類為科學類，我們可以判斷這本書是科學類（+1）。

## 14.8 支援向量機的實務應用

上面的說明概要介紹了支援向量機（SVM）的原理，支援向量機是一種強大的監督式學習演算法，廣泛用於分類、迴歸和異常檢測等多種領域。以下是一些實務上已經應用 SVM 的案例：

1. **金融市場分析**：SVM 被用於預測股票市場的趨勢、信用卡詐騙檢測和客戶信用評分。透過分析歷史交易數據，SVM 可以幫助金融機構做出更精確的預測和風險管理。如 Johri (2021) 的研究探究了 SVM 在股市預測中的應用，與傳統的線性回歸方法相比較。該研究可以看到 SVM 的架構提供了一種有效預測股市動向的方法，透過分析股市數據的模式，幫助投資者做出更準確的投資決策。Tellez et al. (2022) 的研究比較了人工神經網路（ANN）、SVM 和線性回歸（Linear Regression, LR）在預測企業資本結構表現方面的差異。結果顯示，這些先進的機器學習工具提供了對傳統財務模型的有效補充，對於精確預測企業的資本結構具有重要意義，而這無論是對於財務監管單位或者是一般投資者，也都是重要的指標。同時，SVM 的應用也對於破產的預警有正面幫助。Klepáč & Hampel (2016) 研究運用 SVM 預測歐盟 850

家中型零售業公司中 48 家於 2014 年宣告破產的可能性。研究表明，使用第三階多項式核能更準確地預測破產事件，相較於線性和徑向基核的結果為佳 。

2. **與消費者有關的應用**：Ebrahimi et al. (2022) 這項研究評估了初創企業的技術創新和客戶關係管理績效對顧客參與、價值共創和消費者購買行為的影響。研究採用 SVM 進行分析，結果顯示技術創新和 CRM 績效對顧客參與和價值共創有正面影響，進而促進消費者購買行為。此外，價值共創在技術創新、CRM 績效與消費者購買行為之間起到關鍵中介作用。

3. **社會科學應用**：Gründler & Krieger (2016) 就針對政治體制進行過分析，這兩位研究者以 SVM 為基礎，開發出了一個指數稱為 Support Vector Machines Democracy Index 支援向量機民主指數（SVMDI），透過分析民主指標得出民主國家的特徵是人口教育程度較高、投資較高但生育率較低，而社會再分配的水準則不明顯。另外在台灣近年來資訊戰議題甚囂塵上，甚至有使用者自行開發了 plug-in，將社群論壇裡面與自己政治立場相悖的其他用戶遮蔽，Javed et al. (2024) 就將 twitter（現稱 X）上的用戶相關的政治推文透過 SVM 將用戶進行政治派別的分析。據此，這種過去被認為需要人工判別的語意內容，也開始能透過機器學習的方式進行判別。

4. **品質測試**：在工業環境中，良率是一個非常嚴肅的課題，良率不足代表著生產的成本與銷售的風險均高，因此將良率控制在合理的範圍，則是每個生產者最重要的環節，如何更快速、更大量的進行品質檢測，而非單純以抽查的方式進行，也是一直以來的重要課題。Tseng et al. (2016) 就運用 SVM 來進行遠端的零件狀況追蹤與品質控制，也顯示這演算法能提供正面影響。除了零件之外，台灣主要的科技產業如半導體、晶圓等的測試難度也相當高，製造系統難以在製造過程中即時檢測品質，而當異常時，基板將會大量報廢，因此成本也將上升，Chou et al. (2010) 就針對晶圓的品質透過 SVM 進行預測系統的建置，顯示 SVM 比徑向基函數網路 Radial basis function neural network（RBFN）與神經反向傳播網路 Back-propagation neural network（BPNN）有更好的準確率。

除了上述之外，Facebook 與 Google 等網路巨擘，也都透過 SVM 來進行影像辨識，而我們常用的 Apple Siri 也同樣採用這樣的技術。更如醫療診斷、詐欺預測、情緒分析、推薦系統、品質控制與自然語言處理等均如是，應用範圍相當廣闊。

## 本章心得

透過這次學習，應能對支援向量機（SVM）有了更深刻的理解，特別是如何透過核函數將資料映射到更高維度，從而解決非線性可分問題。SVM 的強大之處在於它能夠在高維空間中找到最佳的決策邊界。此外，透過簡易的案例說明來了解並能知道如何使用拉格朗日乘子法求解優化問題也可提升了讀者的數學能力。

## 回饋與作業

1. 假設你有一個資料集，其中包含了不同類型的水果的重量和顏色兩個特徵，現在你需要設計一個 SVM 模型來區分這些水果。請選擇合適的核函數並解釋你的選擇理由。此外，請嘗試描述如何訓練你的模型以及如何利用它來預測未知水果的類型。

## 本章習題

1. （　）支援向量機（SVM）的主要目標是什麼？

   (A) 最小化分類錯誤率
   (B) 最大化數據的標籤數量
   (C) 找到能最大化分類間隔的超平面
   (D) 提高數據的維度以降低計算複雜度

2. （　）在 SVM 模型中，哪些數據點對超平面的定義最重要？

   (A) 所有訓練數據點
   (B) 離超平面最遠的數據點
   (C) 與超平面最近的數據點（支援向量）
   (D) 標籤為正類的數據點

3. （　）在支援向量機中，核函數的主要作用是什麼？

   (A) 減少訓練數據的維度
   (B) 將線性不可分的數據映射到更高維度以實現線性可分
   (C) 增加支援向量的數量
   (D) 減少模型的運算時間

4. （　）下列哪一項是 SVM 模型中「大邊界超平面」的優勢？

   (A) 提高過擬合的可能性
   (B) 增強對小數據擾動的韌性
   (C) 增加訓練數據的數量需求
   (D) 降低模型在高維數據中的性能

5. （　）當數據存在離群值或分類邊界不完全明確時，應使用哪種類型的 SVM？

   (A) 線性 SVM
   (B) 硬邊界 SVM
   (C) 軟邊界 SVM
   (D) 無邊界 SVM

## 參考文獻


- Chatterjee, S., & Hadi, A. S. (2015). *Regression analysis by example*. John Wiley & Sons.
- Ebrahimi, M., Salamzadeh, A., Soleimani, M., Khansari, N., Zarea, H., & Fekete-Farkas, M. (2022). The Impact of Technological Innovations and CRM Performance on Customer Engagement, Value Co-Creation, and Consumer Purchase Behavior: An Application of Support Vector Machine. *Big Data and Cognitive Computing*, 6(34). https://doi.org/10.3390/bdcc6020034
- Han, J., Pei, J., & Tong, H. (2022). *Data mining: concepts and techniques*. Morgan kaufmann.
- Johri, P. (2021). Stock Market Prediction Using Linear Regression and SVM. In *Proceedings of the International Conference on Advanced Computing and Innovative Technologies in Engineering* (pp. 629-631). IEEE.
- Klepáč, V., & Hampel, D. (2016). Prediction of bankruptcy with SVM classifiers among retail business companies in EU. *Acta Universitatis Agriculturae et Silviculturae Mendelianae Brunensis, 64*(2), 627-634.
- Patle, A., & Chouhan, D. S. (2013, January). SVM kernel functions for classification. In *2013 International conference on advances in technology and engineering (ICATE)* (pp. 1-9). IEEE.
- Pisner, D. A., & Schnyer, D. M. (2020). Support vector machine. In *Machine learning* (pp. 101-121). Academic Press.
- Suthaharan, S., & Suthaharan, S. (2016). Support vector machine. *Machine learning models and algorithms for big data classification: thinking with examples for effective learning*, 207-235.
- Schein, A. I., & Ungar, L. H. (2007). Active learning for logistic regression: an evaluation. *Machine Learning*, *68*, 235-265.
- Schölkopf, B. (2000). The kernel trick for distances. *Advances in neural information processing systems*, 13-19.
- Tellez Gaytan, J. C., Ateeq, K., Rafiuddin, A., Alzoubi, H. M., Ghazal, T. M., Ahanger, T. A., ... & Viju, G. K. (2022). AI-Based Prediction of Capital Structure: Performance Comparison of ANN, SVM, and LR Models. *Computational Intelligence and Neuroscience, 2022.*

### 註解

**什麼是偏導數？**

想像你在爬一座山，你想知道在不同方向上的爬坡陡峭程度。沿著東西方向爬坡的陡峭程度和沿著南北方向爬坡的陡峭程度可能不同。偏導數就是在多變量函數中，研究某一個變量（例如東西方向）變化時，函數值（例如高度）如何變化。這樣，我們可以分別了解每個方向的變化趨勢。

從數學上來看，如果有一個多變量函數 $f(x,y)$，那麼對 $x$ 的偏導數 $\frac{\partial f}{\partial x}$ $\partial$ 表示當 $y$ 固定時，$x$ 變化時 $f$ 的變化率。反之，對 $y$ 的偏導數表示當 $x$ 固定時，$y$ 變化時 $f$ 的變化率。

SVM 的目標是找到一條最佳的分割線（或超平面）來區分不同類別的數據。這條線需要最大化兩類數據點之間的間隔。這個問題可以用數學上的最小化或最大化問題來描述，也就是我們要優化一個目標函數。在優化問題中，我們需要確定多變量函數（例如權重 $w$ 偏移量 $b$）的最小值或最大值。這就需要用到偏導數，因為偏導數可以告訴我們每個變量變化的趨勢。想像你在爬山，偏導數告訴你每個方向（例如東西方向和南北方向）的坡度。找到最高點（最大間隔）的過程就像找到坡度為零的點。

例如：我們的目標函數是 $\frac{1}{2}\| w^2 \|$，同時滿足所有數據點的分類限制式。為了解決這個問題，我們引入了拉格朗日乘子 $\alpha_i$，構建了一個新的函數（拉格朗日函數），這個函數包含了我們的目標以及限制式。我們對這個拉格朗日函數分別對 $w$ 和 $b$ 求偏導數，並設為零。這是因為在數學上，函數的最小值或最大值處，其偏導數為零。

$$\frac{\partial L}{\partial w} = 0 \Rightarrow w = \sum_{i=1}^{N} \alpha_i y_i x_i$$

$$\frac{\partial L}{\partial b} = 0 \Rightarrow \sum_{i=1}^{N} \alpha_i y_i = 0$$

透過對 $w$ 求偏導並設為零，我們得到了權重 $w$ 的表達式。透過對 $b$ 求偏導並設為零，我們得到了偏移量 $b$ 的限制條件。這些結果幫助我們找到了最佳的分割線，即最大間隔超平面。

簡單來説，偏導數在這裡幫助我們找到了目標函數的最小值，從而找到了最佳的分割線。透過使用偏導數，我們可以有效地確定哪些數據點對分割線的確定最為重要，並計算出這條最佳分割線的具體方程式。

CHAPTER

15

# 執行支援向量機 SVM

## 本章目標

1. 透過 Google Colab 實作 Python 以理解 SVM 的運作方式

## 本章架構

支援向量機（SVM）的出現，很快地就成為當時機器學習模型的主流。在實務的應用上或是學術上都是很常看到使用的演算法。支援向量機（SVM）透過不同的間隔最大化方式，模型可以分成線性可分、近似線性可分和線性不可分等不同的支援向量機（SVM）。這個演算法實際上在 1963 年就由當時蘇聯的數學家 Vapnik 提出了支援向量的概念，隨著他移民到美國後，在這方面的研究受到當時學術界的重視，才讓支援向量機在二十世紀末變得炙手可熱。

整個來說，支援向量機（SVM）是一種強大的機器學習模型，能夠建立線性或非線性的決策邊界。透過決策邊界的建立，來將資料進行區分，進行分類的行為。在深度學習演算法還沒有像現在這麼風行的時候，支援向量機（SVM）可說是當時最閃亮的分類演算法，除了針對結構化數值資料，也有在當時應用到圖片的分類上，像是美國郵遞區號的圖片分類之類的問題處理，在分類的成果上，也有不錯的成果

## 15.1 跑一次支援向量機算法

支援向量機（SVM）就如同先前介紹的決策樹或是隨機森林等，是屬於機器學習領域中的一種監督式學習（Supervised learning）方法，主要用於解決二元分類問題（Classification），但也可以擴展到解決多元分類的問題上。除了分類問題的處理外，針對回歸問題，也可以透過 SVM 來獲得預測結果。

接下將利用 Python 來進行建模與預測，資料集與第八章是相同的資料集，資料內容是描述公司客戶價值的資料，依照貢獻的價值等級分為高價值客戶（H）、中價值客戶（M）及低價值客戶（L）三種。而評估客戶價值的欄位有三個，就是近一次消費（Recency）、消費頻率（Frequency）及消費金額（Monetary），資料集的檔案名稱為 **classification_svm_Ex1.csv**，第一到四個欄位都為數值資料，但嚴格說起來，第一個欄位是表示客戶的編號，基本上可算是 meta data。第五個欄位是類別資料儲存客戶類別值，分別是 H、M 以及 L 三種，資料如表 15.1.1 所示。

**表 15.1.1**　客戶價值資料集

| cid | R | F | M | customer_value |
|---|---|---|---|---|
| **1069** | 19 | 4 | 486 | M |
| **1113** | 54 | 4 | 557.5 | M |
| **1250** | 19 | 2 | 791.5 | M |
| **1359** | 87 | 1 | 364 | L |
| **1823** | 36 | 3 | 869 | M |

| cid | R | F | M | customer_value |
|---|---|---|---|---|
| … | … | … | | … |
| **2179544** | 1 | 1 | 3753 | M |
| **2179568** | 1 | 1 | 406 | L |
| **2179605** | 1 | 1 | 6001 | M |
| **2179643** | 1 | 1 | 887 | L |
| **20002000** | 24 | 27 | 1814.63 | H |

資料分類的程序基本上同先前章節所敘述的有六個步驟，分別為資料載入與準備、訓練與測試資料切割、訓練（學習）與建立分類模型、產生測試資料集的預測結果、評估測試資料集在分類模型的績效表現以及預測未知類別的新資料，這一整套資料分類的程序與第八章的說明相同，如圖 15.1.1 所示。唯一不同就是使用的演算法不同。這次是使用支援向量機（SVM）作為建立分類模型的演算法，在實作上就會因為所選的不同演算法而使用不同的函數來建立模型。

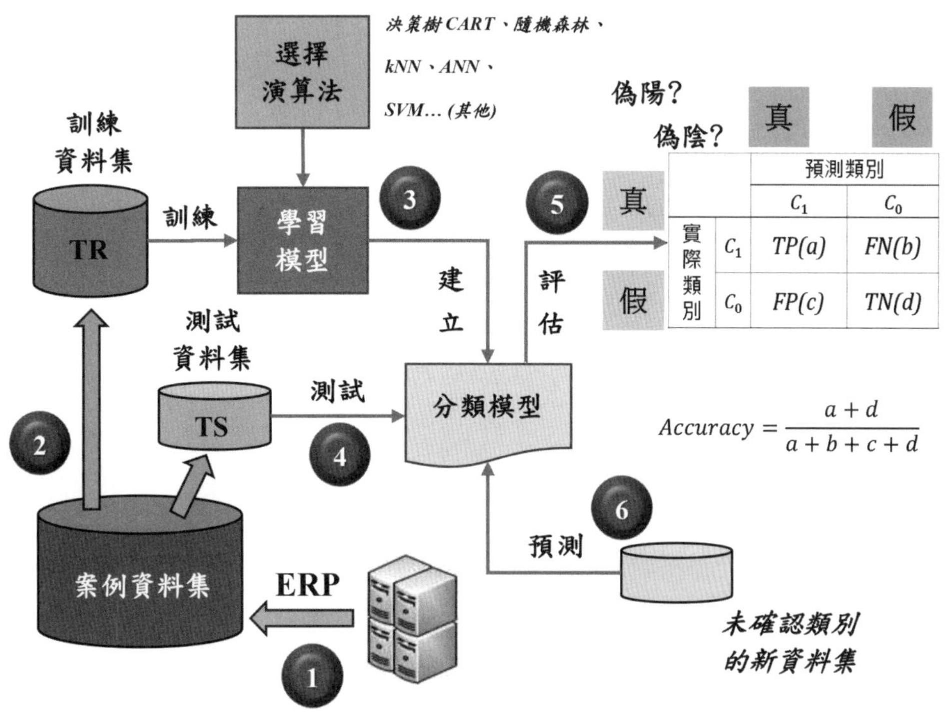


^ **圖 15.1.1** 模型建立步驟

在本章中，以客戶價值貢獻度資料帶領各位完成支援向量機（SVM）分類模型與預測分析。資料來源同前面的章節是以一個客戶價值資料集 **classification_SVM_Ex1.csv** 為主建立一個客戶資料分類模型。

首先開啟一個全新的空白的 Colab 筆記本，不管預設檔案名稱為何，先將檔案名稱修改為 **Classification_SVM1.ipynb**，並按「連線」按鈕讓筆記本連到 Google 雲端資源，接著執行「檔案→儲存」先將開啟的空白筆記本進行儲存。接下來請把經常使用的模組（pandas，以 pd 代稱，以及 numpy，以 np 代稱）引進到程式區塊中。操作說明請參考附錄一。

```
import pandas as pd
import numpy as np
```

緊接著就要來建立支援向量機（SVM）方法的預測模型。使用 Python 語言來建立分類模型時，其步驟有著非常高的標準化程序，通常可以使用六個步驟完成建立分類模型與預測的工作，如圖 15.1.1 所示，圖上有六個數字分別對應以下六個工作步驟，分述如下：

## 步驟一、資料載入與準備

我們先將表 15.1.1 的客戶價值資料集內容讀入 Colab 環境中。客戶價值資料集是透過 ERP 系統中下載客戶交易資料與客戶基本資料後經過 R、F、M 的計算所得到的客戶價值資料，並且也邀請行銷領域專家、學者評估每一位客戶價值資料後給予高（H）、中（M）、低（L）價值標籤處理，最後儲存成 csv（逗號分隔值，Comma-Separated Values）檔案資料，檔案名稱為 **classification_SVM_Ex1.csv**，總共有 32,266 筆資料，描述 32,266 位公司客戶的貢獻價值狀況。請先將 **classification_ SVM _Ex1.csv** 檔案上傳到 Colab 雲端環境中，並將下列斜體 Python 程式碼指令輸入到程式碼區塊中執行來查看整個客戶價值資料集。如下圖 15.1.2 所示。

```
df = pd.read_csv('/content/classification_SVM_Ex1.csv')
df
```

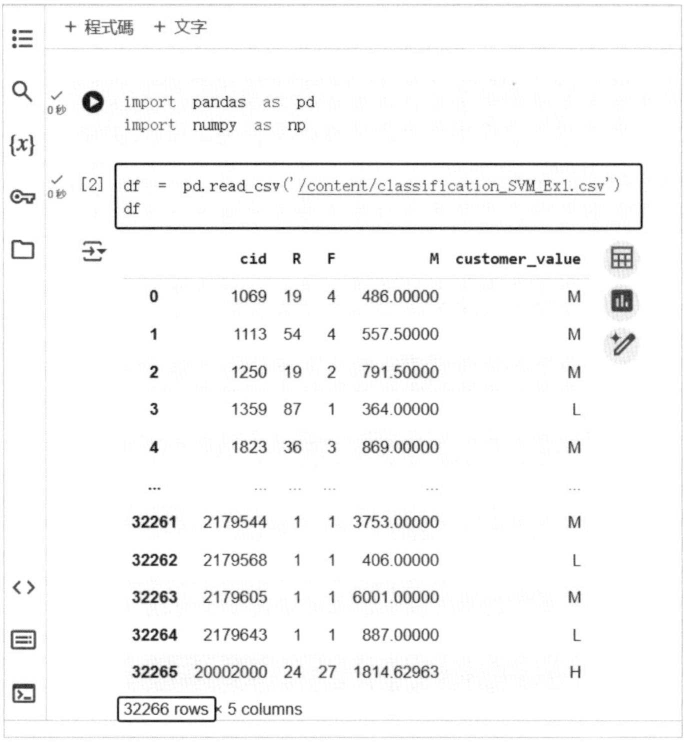

＋程式碼　＋文字

```
import pandas as pd
import numpy as np
```

```
df = pd.read_csv('/content/classification_SVM_Ex1.csv')
df
```

| | cid | R | F | M | customer_value |
|---|---|---|---|---|---|
| 0 | 1069 | 19 | 4 | 486.00000 | M |
| 1 | 1113 | 54 | 4 | 557.50000 | M |
| 2 | 1250 | 19 | 2 | 791.50000 | M |
| 3 | 1359 | 87 | 1 | 364.00000 | L |
| 4 | 1823 | 36 | 3 | 869.00000 | M |
| ... | ... | ... | ... | ... | ... |
| 32261 | 2179544 | 1 | 1 | 3753.00000 | M |
| 32262 | 2179568 | 1 | 1 | 406.00000 | L |
| 32263 | 2179605 | 1 | 1 | 6001.00000 | M |
| 32264 | 2179643 | 1 | 1 | 887.00000 | L |
| 32265 | 20002000 | 24 | 27 | 1814.62963 | H |

32266 rows × 5 columns

^ **圖 15.1.2**　顯示資料集檔案內容

因為支援向量機方法也是屬於監督式機器學習方法，就如同先前介紹的決策樹、隨機森林、kNN 的實作一樣的做法。同第八、十、十二章所言，在建立模型的過程中需要先行決定兩件事情：模型的**目標變數**與**自變數**。目標變數通常指的就是建立分類模型後，想要使用模型幫我們預測什麼事情。譬如我們想建立分類模型來預測新的客戶價值，因此 customer_value 欄位就會是目標變數欄位。接著就要去想是需要使用哪一些資料來預測新客戶的價值等級呢？這些會影響目標變數判定的欄位稱為自變數欄位，如圖 15.1.2 中的 R、F、M 欄位。與第八、十、十一章相同的目的，在客戶價值資料集的範例中，**目標變數**與**自變數**這兩個變數分別為：

- 目標變數欄位：customer_vlaue
- 自變數欄位：R、F、M

（請注意：通常編碼、代碼等欄位的資料值因為唯一性特質很強，所以不太會被納入自變數欄位，譬如 cid。）

在 Python 中為了方便後續建立模型以及模型的評估工作，我們需先將目標變數與自變數資料分別設定後使用。先將三個自變數 R、F、M 儲存在變數 CustomerData 中，而目標變數欄位 customer_value 就儲存在變數 CustomerTagret 內。先將下列斜體 Python 程式碼指令輸入到程式碼區塊中並且執行，如下圖 15.1.3 與 15.1.4 所示：

```
CustomerData = df[['R', F, 'M']]
CustomerData.head()  #head() 功能是顯示前五筆資料
```

| | R | F | M |
|---|---|---|---|
| 0 | 19 | 4 | 486.0 |
| 1 | 54 | 4 | 557.5 |
| 2 | 19 | 2 | 791.5 |
| 3 | 87 | 1 | 364.0 |
| 4 | 36 | 3 | 869.0 |

^ **圖 15.1.3** 將資料存入自變數的變數中

```
CustomerTarget = df['customer_value']
CustomerTarget[:5]
```

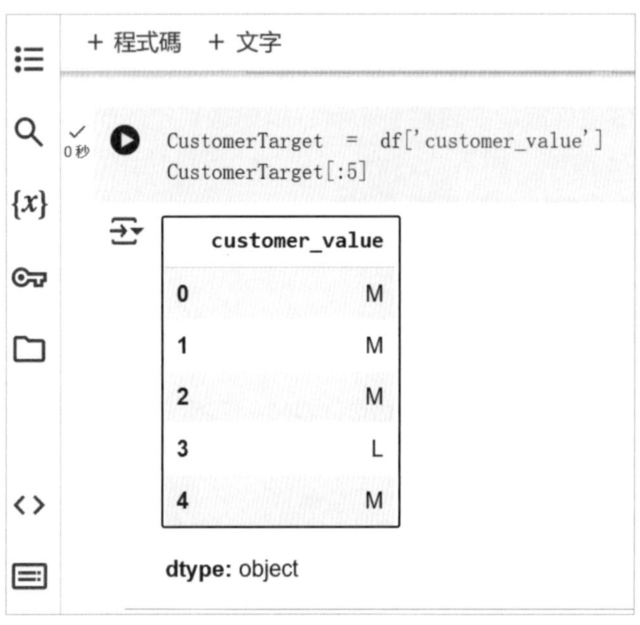


| | customer_value |
|---|---|
| 0 | M |
| 1 | M |
| 2 | M |
| 3 | L |
| 4 | M |

**dtype:** object

^ **圖 15.1.4** 將資料存入目標變數的變數中

## 步驟二、訓練與測試資料切割

接下來把讀入的資料集切割成兩部分，一部分為訓練資料集（Training dataset），簡稱為 TR，另一部分則為測試資料集（Testing dataset），簡稱為 TS。資料的切分可以利用 sklearn 的 model_selection 中引進 train_test_split 函數，透過該函數可快速地按照使用者的規劃資料的比例值切割訓練資料集（TR）與測試資料集（TS）。下圖 15.1.5 所示：

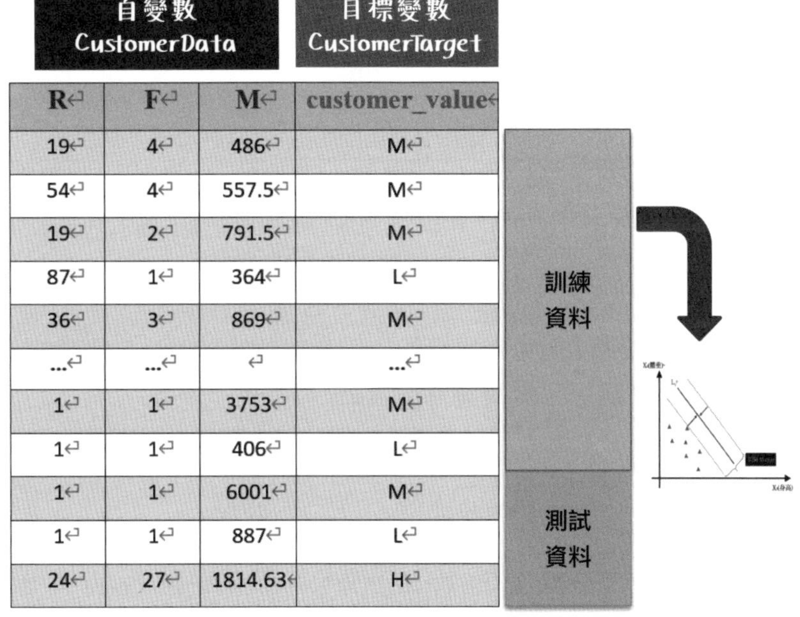

| R↵ | F↵ | M↵ | customer_value↵ |
|---|---|---|---|
| 19↵ | 4↵ | 486↵ | M↵ |
| 54↵ | 4↵ | 557.5↵ | M↵ |
| 19↵ | 2↵ | 791.5↵ | M↵ |
| 87↵ | 1↵ | 364↵ | L↵ |
| 36↵ | 3↵ | 869↵ | M↵ |
| ...↵ | ...↵ | ↵ | ...↵ |
| 1↵ | 1↵ | 3753↵ | M↵ |
| 1↵ | 1↵ | 406↵ | L↵ |
| 1↵ | 1↵ | 6001↵ | M↵ |
| 1↵ | 1↵ | 887↵ | L↵ |
| 24↵ | 27↵ | 1814.63↵ | H↵ |



^ 圖 15.1.5　切割訓練資料與測試資料的概念

此處與第八、十、十一章相同，在客戶價值資料集中取 75% 為訓練資料集，25% 為測試資料集。可以依需求自行調整，原則是**訓練資料集的筆數不可以比測試資料集的筆數少**，請先將下列斜體 Python 程式碼指令輸入到程式碼區塊中並且執行，如圖 15.1.6 所示：

```
from sklearn.model_selection import train_test_split
```

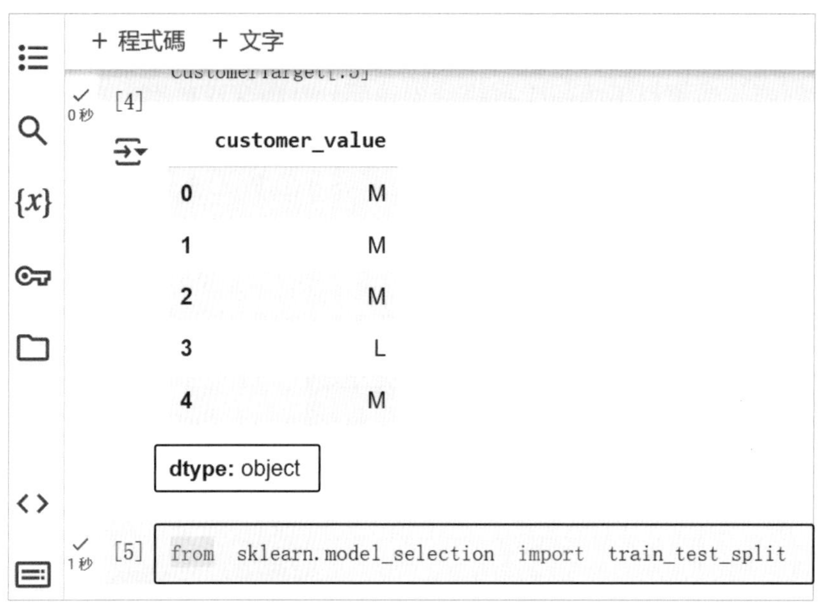

+ 程式碼 + 文字
[4]
customer_value
0 M
1 M
2 M
3 L
4 M
dtype: object
[5] from sklearn.model_selection import train_test_split

^ **圖 15.1.6** 匯入資料分割函數

為了讓資料集切割順暢，避免日後混淆，在資料切割前需要先完整規劃變數。綜上所述，我們需要將自變數與目標變數資料整理如下。

- **訓練資料集（Training dataset）大小設定為 75%**
- **測試資料集（Testing dataset）大小設定為 25%**

訓練資料集中分成兩部分儲存：

- **訓練資料集的自變數欄位設定為 X_train**
- **訓練資料集的目標變數欄位設定為 y_train**

測試資料集中也分成兩部分儲存：

- **測試資料集的自變數欄位設定為 X_test**
- **測試資料集的目標變數欄位設定為 y_test**

接著使用 train_test_split() 函數將資料切割後分存在 X_train, X_test, y_train, y_test 四個變數中。**因為是要將數據載入這四個變數，所以這四個變數會在等號左邊**，而等號後面才是 train_test_split() 函數。該函數中有四個常用參數設定，第一個參數建模使用的為自變數 CustomerData，第二個參數為目標變數 CustomerTarget，第三個參數用以**指定訓練資料集的大小比例**，是使用小數點的方式來表達，而 0.75 就是指 75%，而沒寫到的剩下 0.25（即 25%）就是測試資料集大小。除此之外，為了讓目標變數中的 H、M 以及 L 三類資料按照比例被抽出，我們使用 stratify 參數，讓 stratify = CustomerTarget，

同時使用 **random_state = 42** 讓資料以相同亂數種子 42 抽出，此數字可以自行改變大小，但是如果想讓每一次抽出資料結果相同，可以每一次執行都使用同一個數字即可達到此效果，譬如都填入亂數種子 42。在切割完資料後順便查看一下 **X_train**、**X_test**、**y_train** 以及 **y_test** 筆數各為多少，所以下面斜體的程式碼加上四個 print() 函數以及搭配 {} 格式與 format() 函數，其中格式 f 的前面數字代表需要幾位小數點，0f 表示使用整數顯示。請先將下列斜體 Python 程式碼指令輸入到程式碼區塊中並且執行，如下圖 15.1.7 所示：

```
X_train, X_test, y_train, y_test = train_test_split(
    CustomerData,
    CustomerTarget,
    train_size = 0.75,
    stratify = CustomerTarget,
    random_state = 42
)

print("X_train: {:.0f}".format(len(X_train)))
print("X_test: {:.0f}".format(len(X_test)))
print("y_train: {:.0f}".format(len(y_train)))
print("y_test: {:.0f}".format(len(y_test)))
```

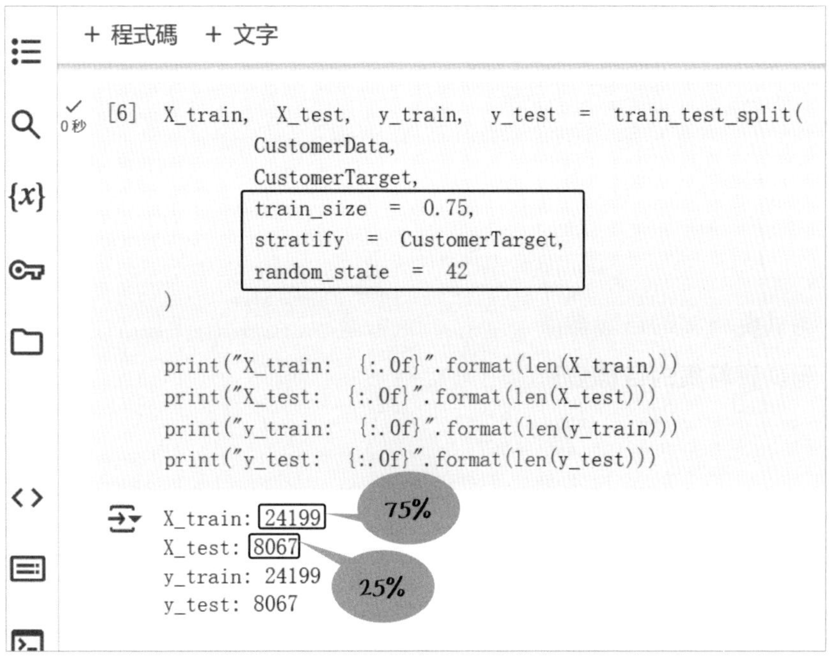


^ **圖 15.1.7** 設定訓練與測試資料的隨機種子

上述的參數資料的設定必須整理起來如下表 15.1.2，可以做為後續模型調整參數時候的參考依據，如下所示：

**表 15.1.2** 分割好的資料集

| 訓練資料集（Training dataset） | 75% | 測試資料集（Testing dataset） | 25% |
|---|---|---|---|
| 自變數欄位 | 目標變數欄位 | 自變數欄位 | 目標變數欄位 |
| X_train | y_train | X_test | y_test |
| 24,199 筆 | 24,199 筆 | 8,067 筆 | 8,067 筆 |
| 總筆數：32,266 | | | |

## 步驟三、訓練（學習）與建立分類模型

這一步驟是建立模型的核心步驟，由於 SVM 可以針對回歸及分類問題來進行處理，而我們是要對客戶的價值（customer_value）進行預測，是屬於分類問題，因此先從 **sklearn** 中引進 **svm** 模組套件，選擇其中一個分類器的函數 **svc()**，這個 svc 的 c 指的是分類的意思。整個指令為 **from sklearn.svm import SVC**，請先將下列斜體 Python 程式碼指令輸入到程式碼區塊中並且執行，如圖 15.1.8 所示：

```
from sklearn.svm import SVC
```

```
+ 程式碼   + 文字

[6]         stratify = CustomerTarget,
            random_state = 42
        )

        print("X_train:  {:.0f}".format(len(X_train)))
        print("X_test:  {:.0f}".format(len(X_test)))
        print("y_train:  {:.0f}".format(len(y_train)))
        print("y_test:  {:.0f}".format(len(y_test)))

        X_train: 24199
        X_test: 8067
        y_train: 24199
        y_test: 8067

[7]     from sklearn.svm import SVC
```

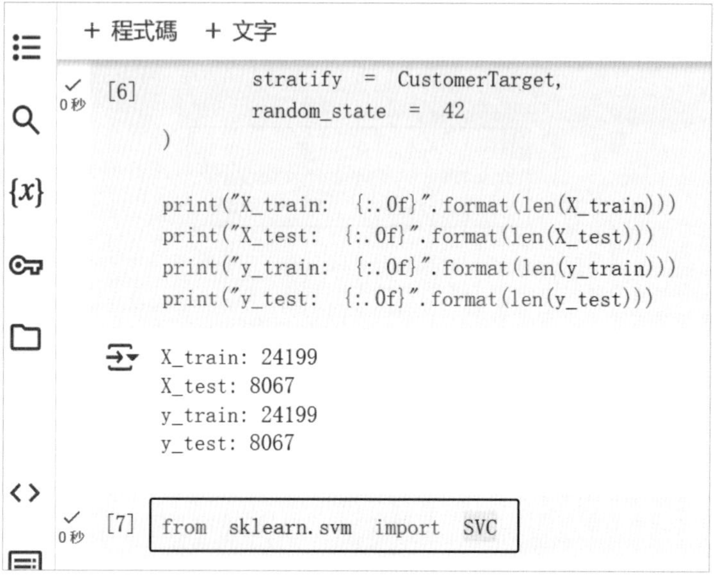

^ **圖 15.1.8** 載入支援向量機（SVM）演算法

接著可以使用 **SVC()** 函數新增一個建立模型的框架變數 **mySVM**。**SVC()** 函數中主要的參數是 SVM 要使用的核函數為何。在 sklearn 中，核函數（kernel）預設是 'rbf'，是屬於一種非線性的轉換，而因為我們的資料相對單純，所以這邊是設定以線性（'linear'）的核函數為主。一般常見的核函數（kernel）除了 linear 線性以外，還有兩了非線性的核函數可以用來設定，分別是 Polynomial ('poly') 高次方轉換及 Radial Basis Function（RBF）高斯轉換。在 **SVC()** 函數中除了用所提供的核函數外，也支持自己定義的核函數，所以支援度蠻高的，就可以針對不同情境的問題，利用不同核函數的轉換，來得到不錯的結果。在 **SVC()** 函數中的其他參數部分就使用預設的內容即可。

在此請先將下列斜體 Python 程式碼指令輸入到程式碼區塊中並且執行，如圖 15.1.9 所示：

```
mySVM = SVC(kernel = 'linear')
mySVM
```

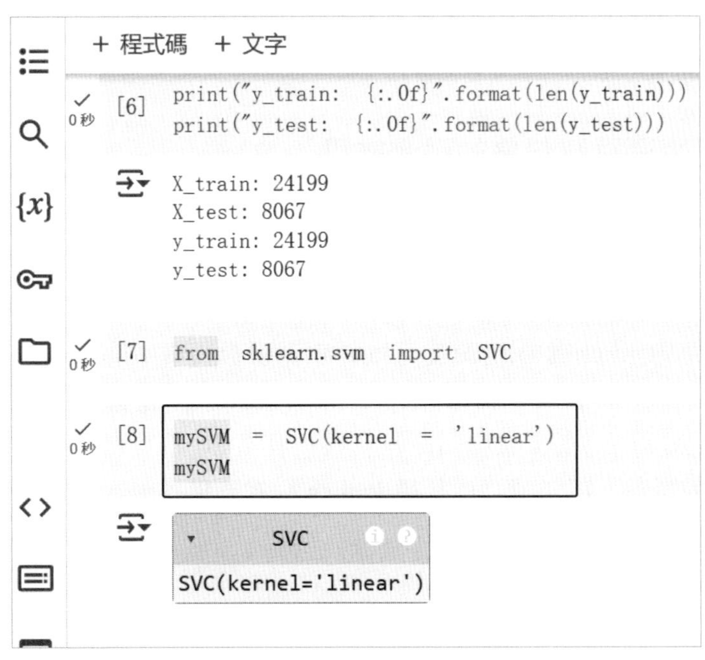


^ **圖 15.1.9** 設定支援向量機參數

接下來引進 24,199 筆的訓練資料集資料進入剛剛架構好的 **mySVM** 框架，並且搭配 **fit()** 函數，指令為 **mySVM.fit(X_train, y_train)**。這裡的第一個參數是訓練資料集中的自變數 **X_train**，第二個參數是訓練資料集中的自變數 **y_train**。請先將下列斜體 Python 程式碼指令輸入到程式碼區塊中並且執行，如圖 15.1.10 所示：

```
mySVM.fit(X_train, y_train)
```

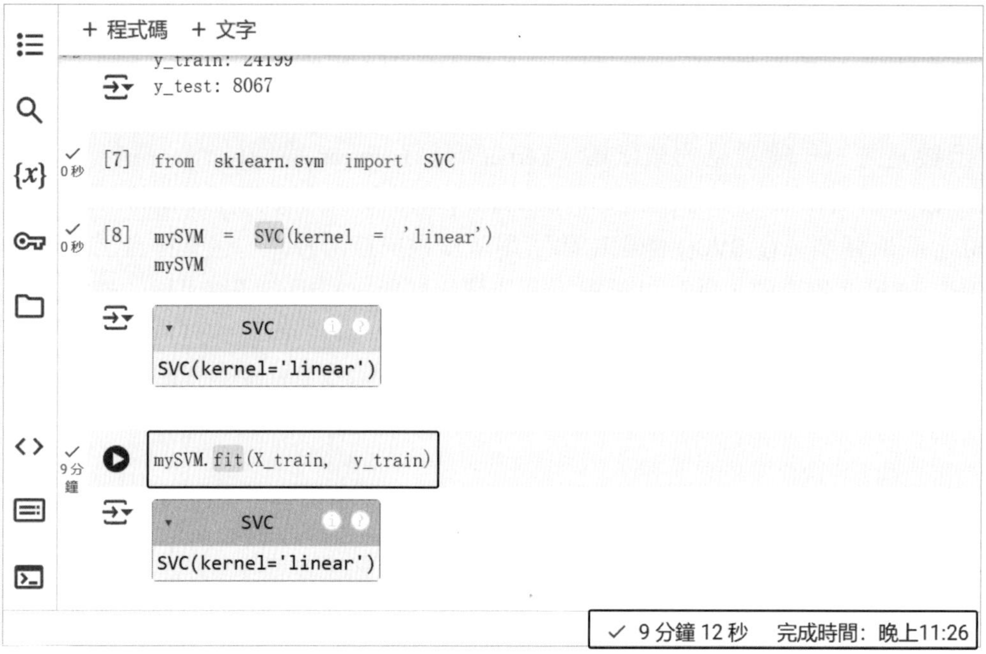

＋程式碼　＋文字

y_train: 24199
y_test: 8067

[7] from sklearn.svm import SVC

[8] mySVM = SVC(kernel = 'linear')
mySVM

SVC
SVC(kernel='linear')

mySVM.fit(X_train, y_train)

SVC
SVC(kernel='linear')

✓ 9 分鐘 12 秒　完成時間：晚上11:26

^ **圖 15.1.10**　放入訓練資料集

## 步驟四、產生測試資料集的預測結果

在這一個步驟中，引進測試資料集讓剛剛訓練好的模型 **mySVM** 可以進行資料預測，基本上就是將測試資料集中的每一筆自變數（**X_test**）餵進去 **mySVM** 支援向量機分類模型中，並同時讓模型判定該筆資料的預測類別值（**H、M、L**）。**mySVM** 支援向量機分類模型搭配使用 **predit()** 函數就可以判定測試資料集中的每一筆是哪一種客戶的類別值，指令為 **y_SVM_pred = mySVM.predict(X_test)**，判定類別結果儲存在 **y_SVM_pred** 變數中。根據資料切割步驟得知測試資料集有 8,067 筆資料，因此這邊執行後會得到 8,067 筆類別值資料，請先將下列斜體 Python 程式碼指令輸入到程式碼區塊中並且執行，如圖 15.1.11 所示：

```
y_SVM_pred = mySVM.predict(X_test)
y_SVM_pred
```

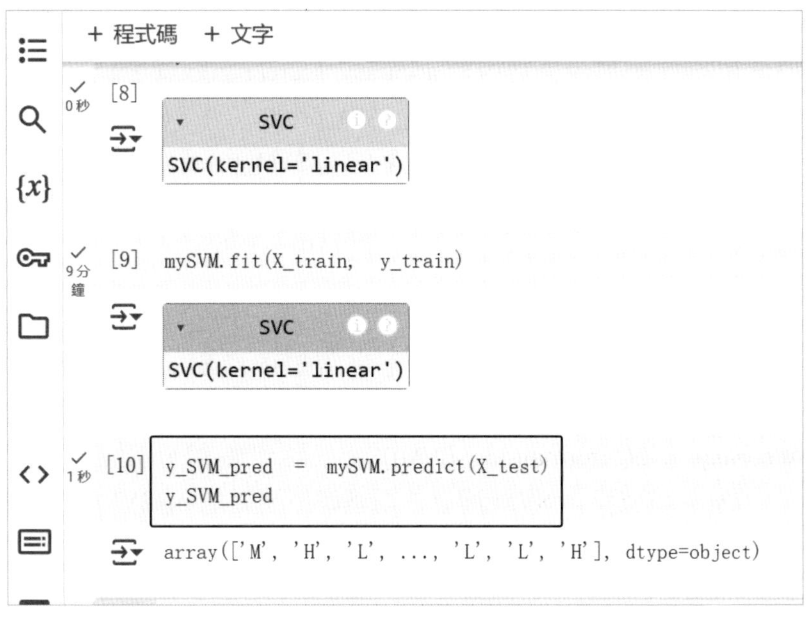


^ **圖 15.1.11** 執行預測

## 步驟五、評估測試資料集在分類模型的預測績效表現

為了了解整個模型在預測測試資料集（8,067 筆客戶貢獻度資料）的表現績效，因此必須引進一些績效指標函數的模組套件，可以從 **sklearn** 中引進 **metrics** 套件模組，指令為 **from sklearn import metrics**，請先將下列斜體 Python 程式碼指令輸入到程式碼區塊中並且執行，如圖 15.1.12 所示：

```
from sklearn import metrics
```

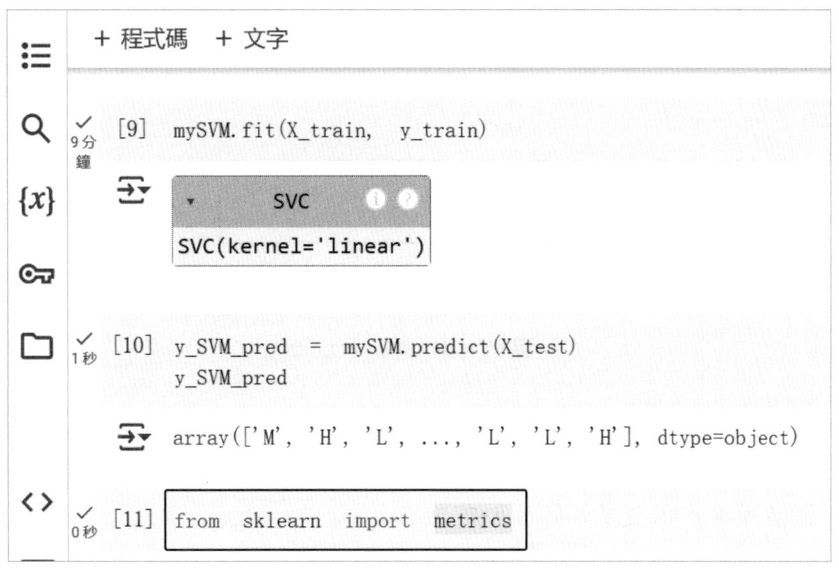


^ **圖 15.1.12** 引入績效指標模組

整個模型的預測正確率（Accuracy）是衡量分類模型預測績效的最基本指標。同第八章，我們使用 metrics 模組套件中的 accuracy_score() 函數就可以得到答案，指令為 **acc_SVM = metrics.accuracy_score(y_test, y_SVM_pred)**。第一個參數是測試資料集中的目標變數 **y_test**，第二個參數是模型預測結果的 **y_SVM_pred** 變數，並將計算完後的結果儲存在 **acc_SVM** 變數中輸出。以下我們以 **print()** 函數進行輸出，在 **print()** 函數中加入 **format()** 函數可以自定輸出格式，**.2f** 就是指顯示出小數點兩位。本處我們輸出指令為 **print("Accuracy: {:.2f}".format(acc_SVM))**。

在 Python 2.6 後可以新增了一種格式化字符串的函數 **str.format()**，這種種方法增強了字符串格式化的表達功能。基本語法是透過 **{}** 和 **:** 來代替以前的 **%** 符號。在執行 **print("Accuracy: {:.2f}".format(acc_SVM))** 後，得到整個分類模型的預測正確率（Accuracy）為 0.88。這表示以 SVM 演算法為基礎所建立的 mySVM 支援向量機模型的預測績效表現算是不錯，預測正確率可以高達 88%。

請先將下列斜體 Python 程式碼指令輸入到程式碼區塊中並且執行，同第八章，要檢視模型的正確率可以執行 print("Accuracy: {:.2f}".format(acc_SVM))。請將下列斜體 Python 程式碼指令輸入到程式碼區塊中並且執行，如下圖 15.1.13 所示：

```
acc_rfc = metrics.accuracy_score(y_test, y_rfc_pred)
print("Accuracy: {:.2f}".format(acc_rfc))
```

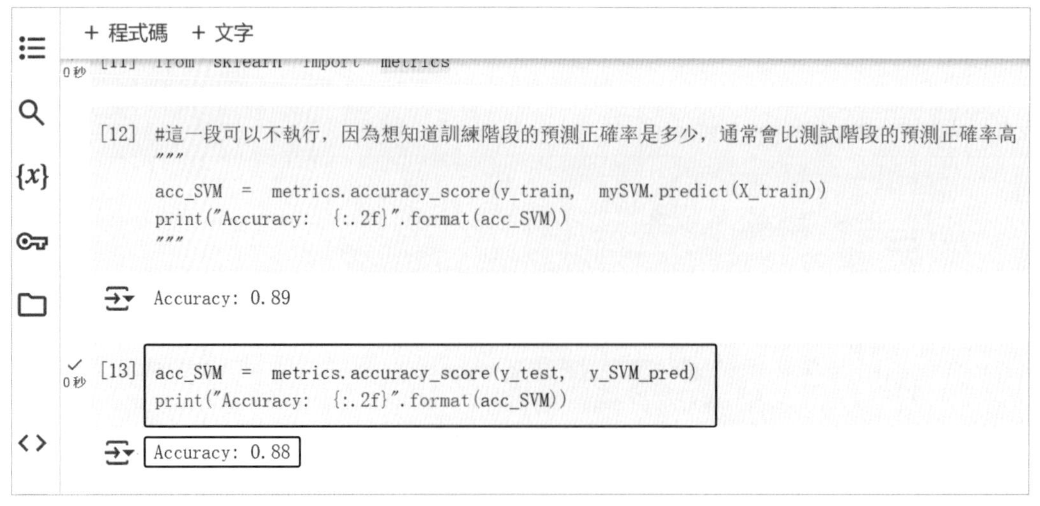


^ **圖 15.1.13** 計算 Accuracy

除了正確率（Accuracy）表達模型的分類預測之外，通常還可以另外建立一個矩陣數據來說明模型的績效表現，這一個矩陣稱為混淆矩陣（Confusion Matrix）。關於混淆矩陣的說明請參考第八章混淆矩陣相關的內容。

在 Python 中也提供輸出混淆矩陣的函數 **confusion_matrix()**，指令為 **mycm_SVM = metrics.confusion_matrix(y_test, y_SVM_pred)**。第一個參數是測試資料集中的目標變數 y_test（可以想像成考卷的標準答案），第二個參數是模型預測結果的 y_SVM_ pred 變數（可以想像成學生答題的答案），請先將下列 Python 程式碼指令輸入到程式碼區塊中並且執行，如下圖 15.1.14 所示：

```
mycm_SVM = metrics.confusion_matrix(y_test, y_SVM_pred)
print('Confusion Matrix: \n', mycm_SVM)
```

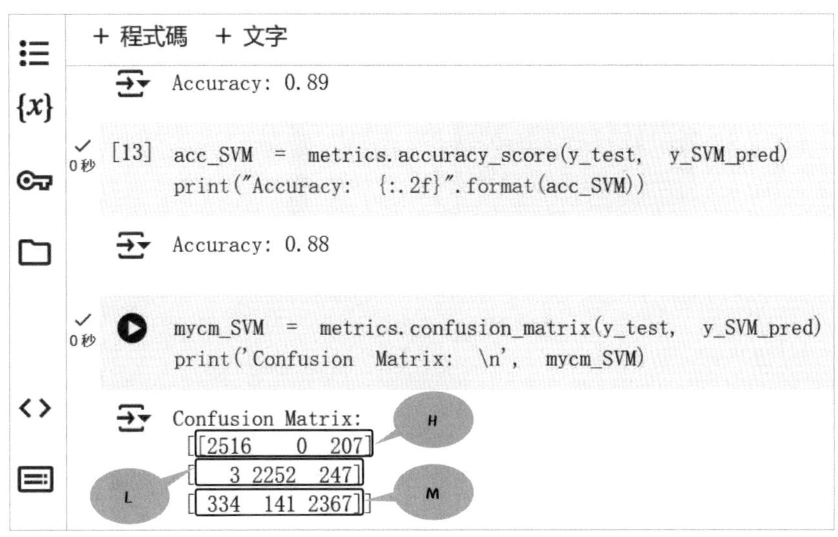


^ **圖 15.1.14** 輸出簡易的混淆矩陣

由於上面的混淆矩陣資訊較為簡略，解讀上比較不容易辨別出哪一個類別有多少筆資料，如上圖需要自己確認 H、L、M 的位置，因此 Python 的 **metric** 模組套件另外提供一個 **ConfusionMatrixDisplay()** 方法便於使用者繪製出比較容易解讀且視覺化的工具，指令為 **metrics.ConfusionMatrixDisplay(confusion_matrix = mycm_SVM, display_labels = mySVM.classes_).plot()**。**ConfusionMatrixDisplay()** 是一個繪製資訊較為完整的混淆矩陣工具，主要有兩個參數要設定，第一個參數是指定一個混淆矩陣 **confusion_matrix =**，在此範例為 **mycm_SVM** 變數，第二個參數是顯示混淆矩陣的類別名稱 **display_labels =**，這裡指定 mySVM 模型中目標變數欄位 customer_vlaue 所有的類別值（H、L、M）就可以完成，可以指定這個值 **mySVM.classes_**，最後使用 **plot()** 函數繪製出混淆矩陣。請先將下列斜體 Python 程式碼指令輸入到程式碼區塊中並且執行，如下圖 15.1.15 所示：

```
metrics.ConfusionMatrixDisplay(confusion_matrix = mycm_SVM, display_labels =
mySVM.classes_).plot()
```

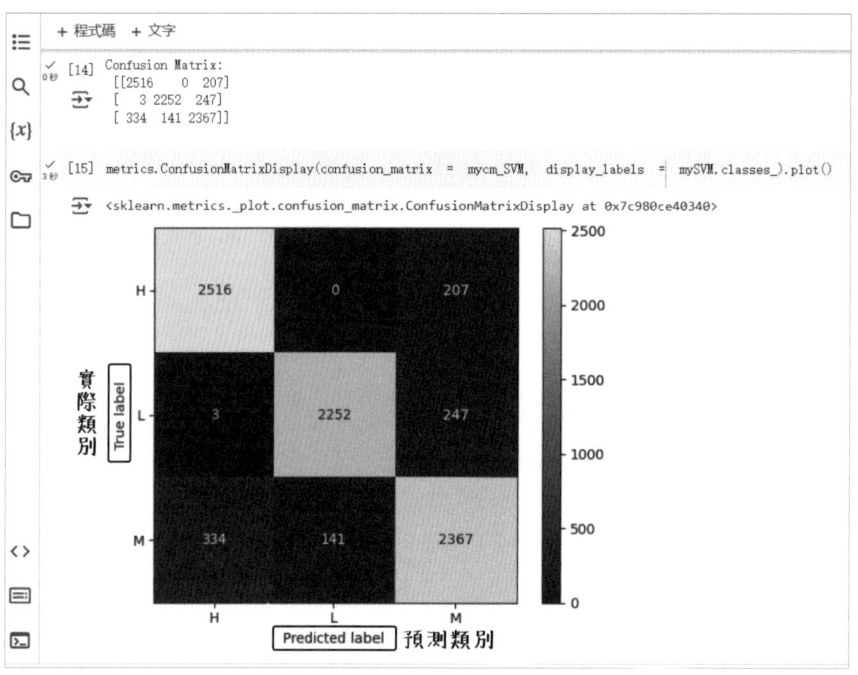


^ 圖 15.1.15 繪製混淆矩陣

## 步驟六、預測未知類別的新資料

通常到第五步驟已經完成大部分的建立分類模型的工作。但是建模的目的就是為了將來有新客戶資料產生的時候可以依此分類模型進行判斷新客戶資料的等級歸屬。是 H 貢獻度嗎？還是屬於 L 貢獻度呢？還是說是屬於 M 貢獻度呢？如果分類模型預測的正確率不夠高，則會影響到公司對於每一位新客戶的行銷規劃方案的後續擬定方向，不可不慎重。

在此我們假設有兩位新客戶資料產生了，如下：

第一位新客戶資料如下：

- **目標變數欄位：customer_value = 未知**
- **自變數欄位：R = 5.0、F = 2.0、M = 2100**

第二位新客戶資料如下：

- **目標變數欄位：customer_value = 未知**
- **自變數欄位：R = 1.0、F = 6.0、M = 5000**

啟動該分類模型 **mySVM** 進行預測，請先將下列 Python 程式碼指令輸入到程式碼區塊中並且執行，如下圖所示：

```
newdata = [[5.0, 2.0, 2100], [1.0, 6.0, 5000]]
print(newdata)
y_newpred_SVM_c = mySVM.predict(newdata)
print(y_newpred_SVM_c)
```

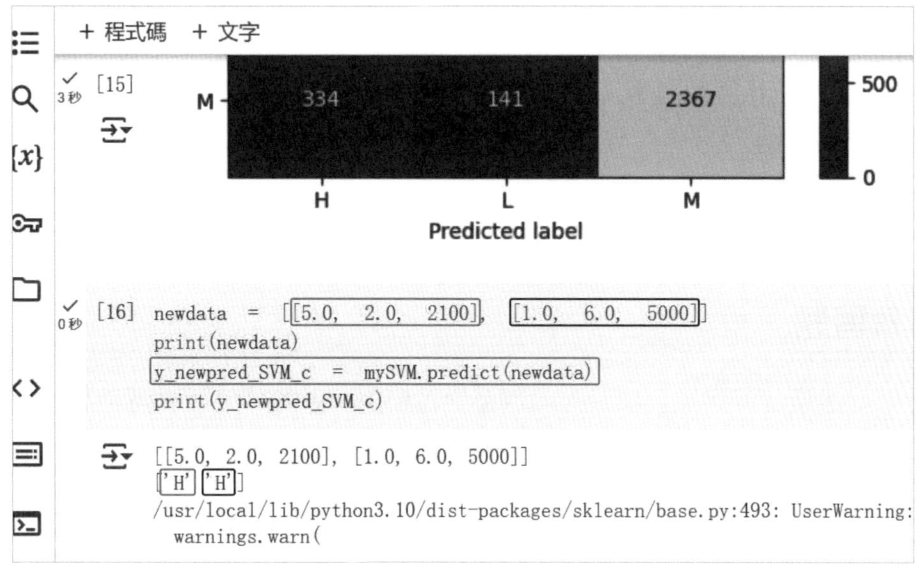


^ **圖 15.1.16** 新客戶資料預測結果

經過 **mySVM** 支援向量機分類模型的預測，可以判斷第一位新客戶及第二位新客戶的貢獻度皆為高度價值（H），後續所產生的新客戶等級資料可以依此方式預測客戶價值等級類別，將預測結果的資料分享給行銷部門參考，以利推動不同類型的客戶所擬定的行銷方案。

## 15.2 結果解釋

支援向量機（SVM）是一個非常有力的工具，能夠在客戶價值分析的過程中進行準確的分類預測。SVM 能有效地處理多維度的客戶特徵數據，例如最近消費、消費頻率及消費金額等。這些數據能夠幫助我們了解這些不同價值的客戶之購買行為，從而進一步優化其行銷策略。舉例來說，對於被分類為低價值的群體，可以透過出格的行銷溝通或者激勵措施來吸引注意，先從提升回購率著手，使其價值提升。在此同時，資料的切割和標準化攸關重要。除了能提高模型的準確性，也能確保了預測結果的可靠性。這些數據的準備工作，能確保後續的分析適當的反映出真實的市場狀況。

最後，我們也能夠透過評估模型的預測績效，如準確率和混淆矩陣，來衡量我們的分類結果。這有助於協助決策者判斷，在未來的行動中如何調整策略及資源配置。例如，如果模型顯示出高準確率，則可放心依賴這些預測結果來設計促銷活動；反之，則需進一步分析模型的不足之處，並根據結果進行調整。

## 本章心得

支援向量機是一個分類很強的演算法，在神經網路沒落的時期中，是一個代替神經網路的方法，不管在處理數值問題或是類別問題都是很有效的。

## 回饋與作業

1. 支援向量機（SVM）演算法為何是監督式演算法？試從實作中說明理由。

## 本章習題

1. （　）下列哪一選項是一種強大的機器學習模型，能夠建立線性或非線性的決策邊界。透過決策邊界的建立，來將資料進行區分，進行分類的行為？

   (A) 梯度降維　　(B) 關聯規則
   (C) 聚類分析　　(D) 支援向量機

2. （　）下列哪一選項是在深度學習演算法還沒有像現在這麼風行的時候，可說是當時最閃亮的分類演算法？

   (A) 關聯式資料庫正規化方法　　(B) 聚類分析
   (C) 支援向量機　　(D) 商業智慧

3. （　）下列哪一選項是監督式學習（Supervised learning）方法？

   (A) 支援向量機　　(B) 聚類分析
   (C) 關聯式資料庫正規化方法　　(D) K-means

4. （　）下列哪一選項是一種強大的機器學習模型，能夠建立線性或非線性的決策邊界來建立分類模型？

   (A) 梯度升維　　(B) kNN
   (C) Apriori　　(D) 支援向量機

5. （　）下列哪一選項是透過不同的間隔最大化方式建立分類模型？

   (A) FP-Tree　　(B) 支援向量機 SVM
   (C) 3NF　　(D) Apriori

# 商用大數據分析(第二版)

作　　者：梁直青 / 鍾瑞益 / 鄧惟元 / 鍾震耀
企劃編輯：江佳慧
文字編輯：江雅鈴
設計裝幀：張寶莉
發 行 人：廖文良

發 行 所：碁峰資訊股份有限公司
地　　址：台北市南港區三重路 66 號 7 樓之 6
電　　話：(02)2788-2408
傳　　真：(02)8192-4433
網　　站：www.gotop.com.tw
書　　號：AED005100
版　　次：2025 年 02 月初版
建議售價：NT$580

國家圖書館出版品預行編目資料

商用大數據分析 / 梁直青, 鍾瑞益, 鄧惟元, 鍾震耀著. -- 初版.
-- 臺北市：碁峰資訊, 2025.02
面；　公分
ISBN 978-626-324-996-7(平裝)
1.CST：大數據　2.CST：資料探勘　3.CST：商業資料處理
4.CST：Python(電腦程式語言)
312.74　　114000092